OMUL CARE CREȘTE

LACRIMI
ȘI CRIZE DE FURIE

CE E DE FĂCUT CÂND BEBELUŞII ŞI COPIII PLÂNG

Aletha Solter

Traducere din limba engleză de
Monica Loşonţi

PONTE

OMUL CARE CREȘTE colecție coordonată de Adina TUDORACHE

Descrierea CIP a Bibliotecii Naționale a României
SOLTER, ALETHA J.
Lacrimi şi crize de furie : ce e de făcut când bebeluşii şi copiii plâng / Aletha J. Solter ; trad.: Monica Loşonți. - Bucureşti : Casa Editorială Ponte, 2013
ISBN 978-606-8405-11-7

I. Loşonți, Monica (trad.)

159.922.7

Original title: Tears and Tantrums: what to do when babies and children cry.

Originally published in English by Shining Star Press for the Aware Parenting Institute (www.awareparenting.com).

Imaginea copertei: Mother comforting her crying little girl © Ilike / fotolia.com

Redactor: Monica REU

Tipărit la Radin Print - prin reprezentantul pentru România - 4 Colours Advertising, www.4colours.ro, 2013

ISBN 978-606-8405-11-7

MULȚUMIRI

Le mulțumesc celor care au organizat atelierele mele pe această temă. Experiențele care dădeau de gândit și întrebările provocatoare ale sutelor de părinți și educatori care au participat la atelierele mele mi-au dat ocazia să-mi rafinez și să-mi clarific acest material. Îi mulțumesc în mod special soțului meu, Kenneth Solter, pentru corectarea grijulie a fiecărui capitol al acestei cărți; îi mulțumesc fiului meu, Nicholas Solter, pentru feedback-ul său perspicace; îi mulțumesc mamei mele, Tonia Jauch, pentru corecturile gramaticale și ortografice pline de răbdare pe care le-a făcut; îi mulțumesc surorii mele, Eldri Jauch, pentru clarificarea unor secțiuni din carte și îi mulțumesc prietenei și colegei mele, dr. Mary Galbraith, pentru comentariile ei editoriale și pentru sugestiile valoroase. Îi sunt totodată recunoscătoare lui Thomas Gordon, creatorul Parent Effectiveness Training, care m-a inspirat, mi-a sprijinit munca și a scris prefața acestei lucrări.

CUPRINS

PREFAȚĂ

de dr. Thomas Gordon

Cititorilor acestei cărți care deschide drumuri li se pregătește ceva special. Mai întâi, ei vor descoperi că este o carte ușor de citit și din care pot învăța ușor. Vor fi, de asemenea, impresionați că autoarea ei nu prezintă cititorilor propriile opinii sau rețete favorite. În schimb, ea este un expert, care, în mod evident, cunoaște cercetările științifice referitoare la dezvoltarea timpurie a copilului și la plâns mai bine decât oricine altcineva. Dr. Solter a studiat de mulți ani motivele pentru care plâng copiii, ce se întâmplă în corpul lor când plâng și ce ar trebui să facă părinții sau cei care au grijă de copii pentru a-i ajuta să facă față stresului într-un mod constructiv.

Această carte îl va surprinde totodată pe cititor. Pe mine m-a surprins. Majoritatea cititorilor vor fi uimiți de ce susține dr. Solter: să li se permite copiilor să plângă (fiind ținuți în brațe), în loc să se încerce diferite metode de a-i opri din plâns. Această carte îl va ajuta, de asemenea, pe cititor să-i înțeleagă pe copii, deoarece autoarea descrie ce se întâmplă în corpurile copiilor și totodată motivul pentru care ei se comportă într-un anume fel.

Această carte le va da cititorilor, fără îndoială, mai multă încredere ca şi părinţi sau persoane care îngrijesc copii, deoarece le pune la dispoziţie abilităţi specifice, în special metode de a face faţă lacrimilor şi crizelor de furie în mod constructiv. Aceste noi abilităţi vor aduce beneficii apreciate de toţi părinţii, precum copii mai sănătoşi, atât fizic cât şi emoţional. Dr. Solter aduce dovezi că aceste abilităţi reduc, în mare măsură, tensiunile şi stresul în familie, prevenind astfel abuzul fizic şi verbal din partea părinţilor, care se simt adesea atacaţi şi se înfurie când copilul plânge fără încetare.

Nu pot decât să susţin ideea subliniată frecvent de dr. Solter, că plânsul, în cazul bebeluşilor, reprezintă modul lor de *a comunica* părinţilor că au *o problemă*. Acesta reprezintă un element cheie în propriul meu model de relaţionare între părinte şi copil, după cum a fost descris în cursul si cartea Parent Effectiveness Training (P.E.T.), unde subliniez importanţa hotărâtoare a recunoaşterii de către părinţi a faptului că cei mici „au" o problemă. Acela este momentul când părinţii trebuie să asculte cu căldură şi empatie, după cum recomandă şi dr. Solter. Amândoi îi sfătuim pe părinţi (şi pe toţi cei care au în îngrijire copii) să evite găsirea unor metode *proprii* pentru a-i opri din plâns pe copii. În schimb, ei ar trebui să aibă încredere în resursele interioare ale copiilor de a face faţă problemelor cu care se confruntă.

Dr. Solter îi sfătuieşte pe părinţi să evite să răspundă plânsului şi crizelor de furie ale copiilor prin căutarea unor soluţii sau „mijloace de control" pentru *a opri* plânsul: prin alimentare, legănare, cântat sau suzetă. În modelul creat de mine şi eu îi sfătuiesc pe părinţi să nu devină stăpâni pe problema copilului, evitând ceea ce eu numesc blocajele de comunicare. În schimb, părinţii sunt sfătuiți să folosească ascultarea activă, care le dă putere copiilor să-şi găsească propriile soluții pentru problemele pe care le au. Dr. Solter subliniază, de asemenea, că părinții ar trebui „să-şi asculte copiii şi să le accepte plânsul".

Dr. Solter este, ca şi mine, împotriva *oricărui tip* de pedeapsă. Noi împărtăşim ideea că plânsul şi crizele de furie reflectă o nevoie reală, şi nu ar trebui să fie considerate „comportamente neadecvate".

Autoarea a adăugat în mod înțelept multe exemple reale care îi ilustrează şi validează ideile şi sfaturile pe care le dă părinților. Cititorii ei sunt ajutați să înțeleagă diferitele motive pentru care plâng copiii şi ce pot face părinții pentru a ajuta în situația dată, *fără* a opri plânsul. Un exemplu este metoda pe care o susține autoarea de a ține copilul în brațe, pentru a împiedica violența împotriva fraților mai mici, în comparație cu pedepsirea copilului, care ar constitui un act de violență în sine. Am fost impresionat de afirmația făcută de dr. Solter „copiii au nevoie de dragoste şi atenție tocmai atunci când par să le merite cel mai puțin".

În final, dr. Solter a crescut valoarea acestei cărți prin adăugarea la sfârşit a feedback-urilor primite de la părinții şi educatorii care i-au citit cărțile sau au participat la atelierele sale de succes. Cititorul va aprecia poveştile lor de succes, dar şi cele mai frecvente întrebări pe care aceştia le au.

Dr. Thomas Gordon
Fondator al Gordon Training International
Autorul cărții *Trainingul părinților eficace*

AVERTISMENT

Această carte este o resursă educațională. Nu are menirea de a înlocui consultațiile sau tratamentul psihologic sau medical. Multe dintre comportamentele şi simptomele discutate (inclusiv plânsul şi crizele de furie) pot indica serioase probleme emoționale sau fizice. Părinții şi educatorii sunt sfătuiți să consulte un medic competent atunci când copiii au probleme de comportament sau emoționale de orice tip sau când suspectează vreo suferință sau boală. Plânsul şi crizele de furie pot indica suferința copilului în urma unei traume severe, cum ar fi abuzul. Mai mult, unele dintre metodele sugerate în această carte pot să nu fie potrivite în toate circumstanțele sau în cazul copiilor care au anumite probleme fizice sau emoționale.

Menționarea terapiilor specifice din această carte este făcută doar în scopuri de informare şi nu atrage după sine adeziunea autoarei. Unele forme de terapie pot fi periculoase dacă sunt efectuate de practicieni care nu au instruirea potrivită. Dacă vă gândiți să alegeți un terapeut pentru dumneavoastră sau pentru copilul dumneavoastră, vă recomand să verificați cu atenție calificările şi recomadările acestuia.

Autoarea şi editorul nu răspund şi nici nu sunt responsabili în legătură cu eventualele daune cauzate sau pretinse de o entitate sau persoană ca fiind consecința directă sau indirectă a informației din această carte.

„Lacrimile sunt pentru suflet
precum săpunul pentru corp."

Proverb ebraic

PARTEA I

CÂTEVA DATE DESPRE LACRIMI ȘI CRIZE DE FURIE

1. INTRODUCERE: O MARE NEÎNȚELEGERE

Plânsul şi crizele de furie ale copiilor sunt două dintre comportamentele pe care părinții le găsesc cel mai greu de gestionat. De fapt, părinții pun mai multe întrebări despre plâns decât despre orice alt subiect. Adesea, sunt consternați când bebeluşii lor se trezesc plângând în miez de noapte, când copiii lor de doi ani au crize de nervi sau când pe la patru ani, copilaşii lor se tânguiesc cât e ziua de lungă. Părinții se întreabă cum ar putea reacționa când cei mici plâng şi care ar fi abordarea potrivită: să-i consoleze, să-i ignore, să le distragă atenția, să-i pedepsească, să le cedeze sau să asculte cu empatie. Unii părinți îşi fac griji că plânsul copilului înseamnă că acesta este imatur, că îi respinge, că îi manipulează sau că, pur şi simplu, este răsfățat.

Cercetez tema plânsului la copii de 25 de ani şi am făcut câteva descoperiri importante în legătură cu rolul plânsului în dezvoltarea sănătoasă a copiilor. Cele două cărți pe care le-am scris până acum, *Bebeluşul meu înțelege tot* (de la naştere până la doi ani) şi *Copiii noştri frumoşi şi sănătoşi* (de la doi la opt ani) descriu o abordare a relației părinte-copil pe care eu o numesc parenting conştient (Aware Parenting). Aceasta este o împletire între filozofia ataşamentului, disciplina non-punitivă şi acceptarea descărcării emoționale (mai precis, a plânsului). Aceste lucrări au fost traduse în mai multe limbi, iar eu am susținut ateliere pentru părinți şi profesionişti în opt țări. Dat fiind că am constatat un interes crescut legat de ideile mele inovatoare asupra plânsului, am strâns toată această informație în cartea de față.

Până acum, a existat o mare neînțelegere față de însemnătatea şi scopul lacrimilor şi crizelor de furie. În Evul Mediu, în Europa, mulți credeau că acei copilaşi care plângeau mult sau se înfuriau adesea erau posedați de un demon sau de diavol. În astfel de cazuri, era chemat un preot care să-l exorcizeze pe copil.

Pe parcursul secolului al XVIII-lea, atitudinile au început să se schimbe. Lacrimile şi crizele de furie erau încă etichetate drept negative, însă tot mai mult, părinții erau cei învinovățiți de faptul că erau prea indulgenți şi îşi „răsfățau" copiii. Sfatul primit de ei era acela de a-şi pedepsi copilul pentru acest comportament inacceptabil sau măcar de a nu „ceda" în fața celui mic. Manualele de creştere a copilului din secolul al XVIII-lea şi până spre finalul secolului XX vorbeau despre „înfrângerea voinței copiilor", pentru ca aceştia să devină docili şi obedienți.

Iată, de pildă, un citat dintr-o carte publicată în Germania în anul 1748:

> În ce priveşte încăpăţânarea, aceasta se exprimă ca o tendinţă naturală încă din fragedă pruncie, de îndată ce copiii pot să-şi facă dorinţele cunoscute prin intermediul unui gest. Ei văd ceva ce-şi doresc, dar nu pot avea; se înfurie, plâng sau încep să se zbată. Sau li se oferă ceva ce nu le este pe plac; aruncă lucrul respectiv şi se pun pe plâns. Acestea sunt neajunsuri periculoase care reprezintă o piedică în calea întregii lor educaţii şi duc la trăsături de caracter indezirabile. Dacă încăpăţânarea şi răutatea nu sunt smulse din rădăcină, este imposibil să oferi unui copil o educaţie aleasă. De îndată ce aceste defecte apar la copii, este momentul ca părintele să se opună ferm, pentru ca răul să nu se înrădăcineze în copii prin obişnuinţă şi aceştia să devină în totalitate vicioşi.[1]

În zilele noastre, un număr surprinzător de cărţi pentru părinţi încă oferă sfaturi similare. Autorii abordează adesea crizele de furie în capitolul care se referă la comportamentele indezirabile, precum lovitul, muşcatul, minciuna şi furtul, şi îi sfătuiesc pe părinţi să ignore sau să pedepsească aceste izbucniri. În cel mai bun caz, părinţii şi educatorii sunt îndrumaţi să-i ajute pe copii să îşi exprime dorinţele şi sentimentele cu ajutorul cuvintelor, şi nu prin plânsete sau crize de furie, considerate a fi imature şi de netolerat. Bebeluşii sunt încă acuzaţi că-şi „manipulează" părinţii prin plâns. Mulţi psihologi şi medici încă îi sfătuiesc pe părinţi să ignore plânsetele copilului pentru a pune capăt acestui obicei şi a-l învăţa pe bebeluş să se aline singur.

La cealaltă extremă se află mai recenta mişcare „înapoi la natură", care ne recomandă să răspundem fiecărui scâncet cu un gest iubitor, de alinare (precum aşezarea copilului la sân sau legănatul), în scopul de a-l linişti pe micuţ. Susţinătorii acestei abordări se impotrivesc, pe bună dreptate, secolelor de sfaturi dăunătoare. Totuşi, această abordare, oricât ar fi ea de iubitoare, tot nu recunoaşte funcţia importantă pe care o are de împlinit plânsul. Mai mult, pune o povară imposibilă pe umerii părinţilor, făcându-i să creadă că este de datoria lor să-i oprească pe bebeluşi şi pe copii din plâns.

Cartea de faţă propune un mod cu totul nou de a privi plânsul şi crizele de furie, reprezentând un progres în înţelegerea nevoilor şi emoţiilor copiilor. Cel mai bine este ca bebeluşii şi copiii care plâng să nu fie ignoraţi niciodată. Plânsul lor ar trebui să atragă o reacţie plină de iubire. Cu toate astea, *plânsul nu este semnalul unei nevoi sau dorinţe imediate în toate cazurile.* În mare măsură, plânsul este un mecanism natural de eliberare de stres, care permite celor mici să se vindece de efectele unor experienţe înspăimântătoare sau frustrante pe care le-au trăit anterior. Copiii folosesc lacrimile şi crizele de furie pentru a vindeca traume şi a se elibera de tensiune. Aşadar, nu este de datoria persoanei care-i îngrijeşte să pună capăt plânsului sau furiei, deoarece aceste comportamente sunt, în sine, nevoi de bază ale fiinţei umane încă de la naştere.

O înţelegere profundă a plânsetelor şi crizelor de furie poate avea consecinţe benefice. În afară de faptul că-i ajută pe copii să se vindece de traume şi să elibereze tensiunile acumulate, acceptarea plânsului şi a crizelor de furie joacă un rol crucial în prevenirea problemelor de disciplină şi în reducerea hiperactivităţii şi acţiunilor dăunătoare îndreptate împotriva celorlalţi (violenţa). Plânsul poate, de asemenea, să contribuie la sănătatea fizică şi emoţională a celor mici, la extinderea orizontului de atenţie şi abilităţii de a învăţa. Un alt beneficiu al acestei abordări este acela că poate ajuta la rezolvarea problemelor de somn (fără a-l ignora pe copil). În cele din urmă, ascultarea empatică a copiilor atunci când simt nevoia să plângă ajută la consolidarea relației adult/copil.

Scopul meu în scrierea acestei cărți este să-i ajut pe părinți și alte persoane care se ocupă de copii mici să înțeleagă și să interpreteze corect plânsul și crizele de furie ale copiilor, dar și să reacționeze în moduri care să asigure dezvoltarea optimă a acestora. Voi discuta sursele de stres care activează nevoia de a plânge, modurile în care adulții reprimă adesea plânsul copiilor și voi sugera abordări care facilitează plânsul ca formă importantă de eliberare emoțională. Am adunat aici informații dintr-o mare varietate de surse: studii de psihologie, de biochimie, de fiziologie și trans-culturale, dar și experiențe personale ale unor părinți și educatori cu care am lucrat.

Lacrimile și crizele de furie ale copiilor trezesc sentimente foarte puternice în adulții care-i înconjoară. Într-un sondaj de opinie american, mai multe proaspete mămici au fost invitate să-și descrie sentimentele atunci când nu sunt capabile să-și calmeze bebelușii când plâng. Mamele au vorbit despre sentimente de exasperare, teamă, anxietate, resentimente și confuzie. Multe aveau o încredere în sine scăzută. Unele chiar dezvoltaseră puternice sentimente de ostilitate față de bebelușii lor.[2] Rezultate similare au fost obținute într-un sondaj efectuat în Marea Britanie și Australia. 80% dintre mamele ai căror copii plângeau de mai multe ori pe zi erau deprimate, iar 50% simțeau un puternic impuls de a-și lovi copiii.[3]

Nu e deloc surprinzător faptul că s-a constatat o legătură între plâns și abuzul asupra copiilor.[4] Într-un studiu realizat pe copii bătuți, *80% dintre părinți au mărturisit că plânsul excesiv al copilului a dus la abuzul respectiv.*[5] După primul an, mulți părinți continuă să se supere foarte tare atunci când copiii lor plâng sau se înfurie. Acest lucru se întâmplă mai ales dacă motivul plânsului nu este clar sau dacă izbucnirile copilului par că nu sunt justificate de incidentul care a cauzat plânsul.

Părinții au nevoie de informație corectă, asigurări și modalități constructive de a gestiona izbucnirile emoționale ale copiilor lor. Acest lucru va contribui foarte mult la reducerea abuzului asupra copiilor și la o viața de familie mai armonioasă. Educatorii și cei care au grijă de copii pot și ei beneficia de această informație.

Această carte este împărțită în patru părți. Partea I oferă informații de bază despre funcția de eliberare a stresului pe care o au plânsul și crizele de furie. În această parte sunt prezentate cercetările care demonstrează beneficiile fiziologice și psihologice ale plânsului, folosirea plânsului în terapia cu copiii și diferențele între bărbați și femei, în ceea ce privește plânsul. Se prezintă totodată conceptele de reprimare a plânsului și tipare de control.

Partea a II-a discută plânsul la bebelușii până la un an, iar Partea a III-a abordează plânsul și crizele de furie la copiii între un an și opt ani.

Partea a IV-a descrie aplicații practice, subliniind ideea de creare a unei siguranțe emoționale pentru copii. Sunt totodată prezentate sentimentele care sunt declanșate în adulți atunci când copiii plâng și au crize de furie. Sunt prezentați pașii care pot fi făcuți pentru ca adulții să se simtă mai toleranți. Există și o secțiune cu experiențe povestite de părinții care au pus în practică această abordare și o altă secțiune în care răspund celor mai frecvente întrebări ale părinților și educatorilor, care mi-au fost adresate în timpul atelierelor. Cartea se încheie cu sfaturi pentru profesioniștii care lucrează cu părinți și recomandă modalități de a-i ajuta pe părinți.

Sper ca informaţia din această carte să-i ajute pe oameni să-i înţeleagă pe copii şi să se înţeleagă pe ei înşişi mai bine, astfel contribuind la crearea unei lumi mai fericite şi mai paşnice.

Mai jos este prezentat un rezumat al celor mai importante puncte.

REZUMAT AL ELEMENTELOR IMPORTANTE

1. Toţi copiii au parte de stres, indiferent cât de iubitori sunt părinţii. O funcţie importantă a plânsului este eliberarea de stres şi susţinerea vindecării.

2. Adulţii încearcă deseori să reprime plânsul copiilor, din cauza faptului că plânsul nu este corect înţeles şi pentru că declanşează propriul stres nerezolvat şi propria nevoie de a plânge. Această reprimare a plânsului se transmite din generaţie în generaţie.

3. Ca răspuns la mediul în care plânsul nu este acceptat, copiii adoptă anumite tipare rigide de comportament pentru a se abţine din plâns.

4. Consecinţele acestei reprimări a plânsului includ probleme emoţionale şi de comportament, eşec în atingerea potenţialului maxim şi, mai târziu, boli cauzate de stres.

5. Aceste consecinţe negative pot fi îndepărtate atunci când adulţii învaţă beneficiile plânsului şi depăşesc propriile obstacole legate de sentimente şi le oferă copiilor siguranţa emoţională de care au nevoie pentru a plânge şi pentru a se vindeca de efectele nocive pe care le poate avea stresul.

---

2. MECANISME DE ELIBERARE A STRESULUI LA COPII

Pentru a înțelege lacrimile și crizele de furie este necesar să cunoaștem tipurile de stres cu care au de-a face copiii în viața lor. Cuvântul „stres" este unul foarte des întâlnit, deoarece toată lumea se simte stresată uneori. Cu toate acestea, noi uităm adesea că și bebelușii și copiii trăiesc experiențe stresante.

Psihologii definesc stresul ca orice eveniment care perturba echilibrul normal al corpului. Acest echilibru reprezintă starea corpului în timpul odihnei, atunci când nu se întâmplă nimic amenințător sau neobișnuit. Este, de obicei, numită „homeostază" (care înseamnă literal „a rămâne la fel"). Stresul este deci orice eveniment care perturbă starea de homeostază a corpului.

Stresul este cauzat de evenimente numite „factori de stres", care sunt de două tipuri: de natură fizică și de natură psihologică. Stresul de natură fizică este determinat de factori care produc traume imediate corpului, cum ar fi o mână ruptă sau un deget tăiat. Poate fi totodată determinat de factori de stres din mediu, cum este foamea.

Stresul de natură psihologică (numit și „stres emoțional") este determinat de factori precum problemele financiare, o ceartă cu partenerul de viață sau un examen apropiat. Sursele stresului psihologic la copii sunt destul de diferite de cele aplicabile adulților. În atelierele mele, le cer participanților să se gândească la surse de stres specifice copiilor. Ele sunt listate mai jos. Acești factori de stres îi fac pe copii să se simtă îngroziți, agitați, nedumeriți, frustrați, mânioși, înșelați, triști sau dezamăgiți.

PRINCIPALELE SURSE DE STRES PENTRU BEBELUŞI ŞI COPII MICI

• **Suferințe provocate de acțiunea altcuiva** (suferințe cauzate direct de către alte persoane):
- abuz fizic, sexual, verbal sau emoțional
- comportament lipsit de respect (insulte, minciuni)
- disciplină autoritară (inclusiv toate formele de pedeapsă)
- presiune pentru învățare, performanță, competiție
- aşteptări nerealist de mari din partea adulților
- reprimare sau respingere a emoțiilor dureroase
- dragoste sau atenție condiționată de natura comportamentului copilului
- rasism, discriminare sexuală

• **Suferințe provocate prin omisiune** (nevoi neîmplinite)
- neglijare fizică sau emoțională
- contact fizic (ținut în brațe) insuficient
- întârziere sau înțelegere greşită a împlinirii nevoilor
- lipsa oportunităților de a dezvolta ataşamente
- lipsa atenției, empatiei sau deschiderii plină de sensibilitate spre ascultare
- lipsa stimulării
- lipsa autonomiei
- promisiuni neîndeplinite
- lipsa informației, întrebări la care nu s-a răspuns

• **Suferințe situaționale** (suferințe indirecte, cauzate de împrejurările vieții)

- traume prenatale sau din timpul naşterii
- boli, răniri, intervenții medicale
- pierderea definitivă a ataşamentului (prin separare sau moarte)
- separări scurte (suferințele depind de vârsta copilului)
- suprastimulare
- frustrări şi frici de creştere
- restricții inevitabile
- schimbări majore (un nou frate/o nouă soră; schimbarea casei sau a şcolii)
- stres parental (nelinişte, durere, mânie, boală)
- dispute parentale, separare, divorț
- abuz de alcool sau droguri în familie
- sistem familial disfuncțional
- dezastre naturale (incendii, inundații, cutremure)
- expunere la violență (în viața reală sau prin intermediul mass-media)
- alte evenimente care determină teamă
- dezamăgiri sau întâmplări neaşteptate
- dispute cu frații sau alți copii

Trebuie făcut orice efort pentru a reduce stresul în viața copiilor. Acest lucru nu este uşor, deoarece sursele de stres nu sunt întotdeauna evidente. Unii copii sunt mai sensibili decât alții şi acelaşi eveniment, cum ar fi o schimbare în rutina zilnică, poate da peste cap un copil, în timp ce altul să nu fie afectat deloc. Adulții trebuie să fie conştienți de procesele de gândire ale copilului, de sentimentele şi nevoile sale şi să facă ce le stă în putință pentru a face viața acceptabilă şi înțeleasă de către copii.

Este totodată important de reținut că un anumit grad de stres este inevitabil. Nu puteți proteja copiii de viața însăși, și învățarea și creșterea implică întotdeauna durere și frustrare. Atunci când am devenit mamă, am crezut că scopul meu este să îmi protejez fiul de toate relele din lume. Deși este un lucru logic până la un anumit punct, am realizat curând că acest scop era nerealist. Mi-am dat seama că voi fi epuizată curând dacă încerc să îl ating! Misiunea mea ca mamă nu presupunea neapărat să-i protejez pe copiii mei de durere, greutăți sau frustrări, ci mai degrabă să îi ajut să învețe cum să facă față emoțiilor rezultate din ele.

Din fericire, copiii știu foarte bine cum să depășească stresul folosind anumite mecanisme de eliberare. Există patru moduri principale prin care copiii fac față stresului: prin verbalizare, joc simbolic, râs și plâns (inclusiv crize de furie).

Verbalizare

Dacă este cineva dispus să asculte, copiii vor vorbi despre evenimentele care i-au supărat. Și adulții fac acest lucru. Cu toții simțim nevoia de a povesti un eveniment traumatizant și cu toții avem nevoie de buni ascultători. Totuși, cu cât este mai mic copilul, cu atât mai puțin probabil este ca el să folosească verbalizarea drept mecanism de eliberare a stresului, și această metodă este evident imposibilă pentru un bebeluș.

Jocul simbolic

Jocul simbolic începe în jurul vârstei de doi ani.[1] În acest tip de joc, copiii reactivază scene din viața reală cu ajutorul jucăriilor și al altor elemente ajutătoare. Acest tip de joacă devine mai complexă pe măsură ce copiii cresc.

Adesea, cei mici fac față unor evenimente tramatizante specifice prin joc simbolic. De exemplu, dacă tatăl unui băiețel a avut un accident de maşină şi a fost internat în spital, copilul se poate juca cu maşini de jucărie şi poate pune în scenă accidentul, într-un efort de a înțelege ce s-a întâmplat şi pentru a asimila evenimentul tulburător.

Când un copil trăieşte un eveniment traumatizant, este foarte bine dacă un adult atent îl observă şi îl ascultă, îi oferă compasiune şi înțelegere, şi îi acceptă sentimentele. Valoarea terapeutică a jocului este recunoscută de câteva decenii. Mulți terapeuți folosesc terapia prin joc cu cei mici, pentru a îi ajuta să îşi rezolve anumite traume şi să facă față fricilor, suferinței şi mâniei.[2]

Râsul

Râsul începe în jurul vârstei de cinci luni. Copiii râd în primul rând pentru a se elibera de frici, nelinişti şi jenă. De exemplu, jocul „cucu-bau" poate fi folosit în scop terapeutic cu bebeluşii pentru a-i ajuta să treacă peste frica de separare. Bebeluşul râde atunci când adultul reapare, eliberând în acest mod tensiunile rezultate din anxietatea de separare. „Cucu-bau" este cel mai eficient după vârsta de şase luni, moment în care apar de obicei primele semne de anxietate de separare.

Cercetătorii au descoperit că râsul este foarte benefic şi are un efect psihologic pozitiv asupra corpului.[3] Acest mecanism de vindecare foarte important este de obicei destul de bine tolerat de adulți, chiar dacă majoritatea oamenilor nu percep râsul ca fiind terapeutic.

Plânsul şi crizele de furie

Plânsul şi crizele de furie sunt mecanisme importante de eliberare a stresului, disponibile începând de la naştere. Atunci când copilul trăieşte orice fel de suferință emoțională, răspunsul natural este plânsul. De exemplu, dacă păpuşa preferată a copilului se rupe, atunci el va începe spontan să plângă. Acest plâns este o eliberare importantă şi sănătoasă, care are efecte fiziologice şi psihologice benefice. Mulți oameni realizează acest lucru şi sunt capabili să ofere dragoste şi sprijin unui copil care plânge într-o astfel de situație.

Alte situații sunt mai dificile. De exemplu, un copil are o criză de furie deoarece nu primeşte o înghețată la cornet sau un bebeluş care se trezeşte plângând de mai multe ori pe noapte. De obicei, părinții şi educatorii sunt deschişi să primească ajutor în astfel de situații, care sunt discutate mai departe în carte.

Există întotdeauna şi posibilitatea unei dureri fizice atunci când un copil plânge. Când se suspectează că este vorba de durere fizică, se recomandă consult şi tratament medical.

Plânsul este şi un posibil indicator de stres major[4], şi le recomand foarte mult părinților şi educatorilor să caute mereu sursele de stres din viața copiilor. Totodată, plânsul este considerat uneori ca un derivat al stresului şi multe persoane au impresia greşită că copiii s-ar simți mai bine dacă ar înceta să plângă. Acest lucru nu este adevărat. Indiferent de natura surselor de stres, *copiii nu se vor simți mai bine până când nu li se va permite să plângă şi să aibă crize de furie, atât cât au ei nevoie.*

Există şi alte modalități de eliberare a stresului care includ căscatul, tremuratul şi transpiratul. Acestea sunt mecanisme silențioase şi mai puțin evidente, dar sunt la fel de importante precum râsul şi plânsul. Uneori, ele însoțesc râsul şi plânsul.

3. FIZIOLOGIA STRESULUI ŞI A PLÂNSULUI

Există multe beneficii de natură fiziologică pe care plânsul le are. Pentru a le înțelege, este important să cunoaştem ce se întâmplă în corpul nostru în momentele de stres.

Stresul

Corpul nostru răspunde tuturor tipurilor de factori de stres în acelaşi mod, chiar dacă factorii de stres sunt de natură fizică, de pildă ruperea unui deget, sau psihologică, cum ar fi vestea că un prieten suferă de o boală gravă. Această reacție fiziologică la stres este numită „reacție la stres" şi are ca scop să ne ajute să facem față urgențelor. Reacția la stres poate salva viața în cazul unui pericol fizic iminent. Dar în cele din urmă, mai ales dacă este vorba despre un stres psihologic cronic, acelaşi mecanism poate avea un efect negativ şi ne poate chiar îmbolnăvi.

Iată un rezumat simplificat al modului în care funcționează reacția la stres. Hipotalamusul începe să trimită semnale de alarmă care stimulează două sisteme diferite în corp: sistemul nervos simpatic şi glanda pitulară.

Sistemul nervos simpatic ajută corpul să se pregătească de acțiune dilatând pupilele, accelerând ritmul cardiac, mărind tensiunea şi direcționând sângele spre muşchi, departe de organele digestive. Această reacție este cunoscută drept reacția „luptă sau fugi". Acest sistem nervos comunică cu diverse organe din corp prin intermediul a două substanțe chimice numite epinefrină şi norepinefrină (cunoscute şi drept adrenalină şi respectiv noradrenalină). Aceste substanțe fac parte dntr-o clasă de substanțe numite catecolamine. Atunci când sunteți dintr-o dată foarte alarmați sau încântați, aveți deseori o senzație de strângere de stomac. Acesta este efectul epinefrinei (adrenalinei).

Glanda pitulară este şi ea activată în timpul stresului şi acest lucru duce la eliberarea unor hormoni. În primul rând, glanda eliberează în sânge un hormon numit ACTH (hormonul adrenocorticotropic). Acest hormon stimulează în câteva minute o altă glandă din corp, şi anume cortexul adrenal, care eliberează hormonii numiți glucocorticoide. (O formă sintetică a glucocorticoidelor este cortizolul, folosit medical împotriva inflamațiilor.) Aceşti hormoni influențează multe părți ale corpului, pentru a-l ajuta să facă față unei urgențe. Funcția principală a glucocorticoidelor este mobilizarea resurselor de energie ale corpului pentru a gestiona stresul.

În mod normal, valori mari ale glucocorticoidelor în sânge determină o scădere a producției de ACTH de către glanda pitulară. Acest mecanism împiedică atingerea unui nivel ridicat al ACTH-ului. Cu toate astea, dacă se acumulează şi alte evenimente stresante, efectul inhibator poate fi anulat determinând o producție mare de ACTH , care stimulează o producție şi mai mare de glucocorticoide. Cortizolul, unul dintre hormoni glucocorticoizi, este în mod curent folosit drept indicator al stresului.

Acest răspuns la stres este foarte potrivit pentru situațiile în care este nevoie să fugiți din calea unui tigru fioros. Stresul principal pe care îl trăiau strămoşii noştri preistorici îşi avea originea în amenințări fizice reale care le periclitau siguranța. Orice eveniment cosinderat periculos determina o nevoie de a rămâne activ şi de a da dovadă de energie, în scopul fugii sau luptei pentru autoapărare.

Pe măsură ce s-a dezvoltat neocortexul, am dobândit abilitatea pentru gândire complexă, imaginație şi pentru sentimente precum dragostea, compasiunea şi conştientizarea. În schimb, acest lucru a făcut să fim predispuşi la forme de stres emoţional care sunt necunoscute în regnul animal, cum ar fi tristeţea, vinovăţia şi frica în legătură cu evenimente viitoare pe care ni le imaginăm în viitor. Mai mult, perioada noastră îndelungată de imaturitate şi dependenţă (pruncia şi copilăria) ne-au mărit vulnerabilitatea la stres psihologic.

Cu toate aceastea, răspunsul nostru psihologic la stres nu s-a modificat. Corpul nostru incă răspunde unui stres emoţional ca şi cum am fi fugăriţi de un tigru fioros! Suntem concepuţi să facem uz de multă energie atunci când trăim emoţii puternice, precum teroarea sau mânia. Totuşi, acest lucru nu este întotdeauna potrivit şi rămânem cu un răspuns fiziologic la stres care este inutil. Acest mecanism este deranjant, de exemplu, atunci când ni se intensifică ritmul cardiac înainte de un interviu important.

Dar aceasta reprezintă numai o mică parte a problemei, deoarece *însuşi răspunsul la stres poate deveni distrugător pe termen lung.* Suferim de fapt de o diversitate mare de boli legate de stres din această cauză. Ambele elemente ale răspunsului la stres (incitarea sistemului nervos simpatic şi hormonii glucocorticoizi) pot contribui la îmbolnăvire.

O stimulare repetată a sistemului nervos simpatic poate duce la hipertensiune arterială şi la ateroscleroză (acumularea de grăsime în vasele de sânge). La rândul lor, acestea pot determina atacuri de cord şi infarcturi, două cauze majore ale mortalităţii, în special în rândul bărbaţilor.[1]

Glucocorticoidele în exces, determinate de stres, pot avea numeroase efecte secundare, inclusiv iritabilitate, aprehensiune şi incapacitate de concentrare. Acest lucru este însă numai o mică parte din problemă.

Un efect secundar mai grav al glucocorticoidelor crescute este suprimarea sistemului imunitar. Persoanele care sunt stresate în mod repetat şi profund au valori mari ale hormonului ACTH şi a glucocorticoidelor. Acest lucru s-a dovedit a fi în legătură cu rezistenţa scăzută la infecţii.[2] De exemplu, adulţii ai căror partener de viaţă a murit recent au un răspuns imunitar scăzut.[3] Stresul duce la creşterea riscului de boli contagioase, cum sunt infecţiile respiratorii, precum şi de boli autoimune, cum este scleroza multiplă. Un nivel mărit de glucocorticoide ca urmare a stresului poate chiar să accelereze creşterea unei tumori din corp.[4]

Glucocorticoidele în exces pot totodată să afecteze o parte a creierului numită hipocampus, care joacă un rol important în procesul de învăţare şi memorare. Acest lucru poate cauza tulburări de învăţare şi poate totodată accelera procesul de îmbătrânire.[5]

Alte efecte negative determinate de aceşti hormoni ai stresului sunt: risc crescut de osteoporoză şi diabet, la vârsta adultă înaintată (diabetul zaharat de tip 2). Cercetătorii sunt de părere că ambele componente ale răspunsului la stres contribuie la instalarea ulcerului, o boala binecunoscută provocată de stres. În cele din urmă, stresul poate constitui un obstacol pentru funcţia sexuală determinând impotenţă, în cazul bărbaţilor, şi inhibând ovulaţia la femei.[6]

O parte dintre aceste boli pot avea şi cauze genetice sau determinate de mediu, dar rolul stresului a fost stabilit ca un factor care îşi aduce contribuţia.

Fiziologia plânsului

Preţul pe care îl plătim pentru sensibilitatea, capacitatea de conştientizare şi inteligenţa noastră constă în suferinţele emoţionale şi bolile legate de stres. Ce au toate aceastea de-a face cu lacrimile şi crizele de furie?

Este foarte posibil ca lacrimile şi crizele de furie, ca urmare a unui stres emoţional autentic, să fi evoluat drept un mecanism care ajută la reducerea efectelor secundare negative ale răspunsului la stresul fiziologic. Există cercetări foarte interesante, de natură fiziologică şi biochimică, care au ca subiect plânsul şi care susţin această teorie a eliberării de stres prin plâns.

Într-un studiu asupra modificărilor fizoiologice din timpul plânsului, cercetătorii au arătat unor studente un film trist. Cele care au plâns au fost mai active din punct de vedere fizic în comparaţie cu cele care nu au plâns. Totodată, cele care au plâns au avut un ritm cardiac mărit şi o conductivitate mai mare a pielii, indicând o stare generală de stimulare fiziologică.[7]

Alte studii au măsurat modificările fiziologice *după* episoade de plâns la adulţi. Persoanele implicate în aceste studii aveau parte de diverse tipuri de psihoterapii, în timpul cărora plângeau şi îşi eliberau furia, uneori pentru o oră sau mai mult. Măsurătorile realizate înainte şi după aceste sesiuni de terapie au arătat tensiuni, puls şi temperaturi mai scăzute, tipare de curent cerebral mai sincronizate după sesiunile de terapie. Acestea sunt considerate modalităţi de relaxare. Unui grup de control i s-a cerut să facă exerciţii fizice dificile pentru o perioadă de timp similară cu aceea petrecută de persoanele care participau la terapie. Au fost măsuraţi aceiaşi parametri fiziologici după sesiunile de exerciţii. Totuşi, persoanele din grupul de control nu au demonstrat acelaşi grad de relaxare ca în cazul persoanelor care au plâns şi şi-au eliberat furia.[8]

Cu alte cuvinte, plânsul este o stare de stimulare fiziologică care precede o relaxare profundă. Este un mod foarte eficient de reducere a tensiunii. Probabil că energia implicată în timpul plânsului ajută la disiparea unei părţi de energie care ar fi fost menită a fi folosită pentru a ne apăra fizic împotriva pericolelor, atunci când fuga sau lupta nu sunt răspunsurile potrivite. Plânsul puternic sau o criză de furie utilizează atât răspunsul sistemului nervos simpatic, cât şi cel al glucocorticoidelor.

Este interesant că termenul „emoţie" provine dintr-un cuvânt latinesc care înseamnă „a se mişca". În limba engleză se foloseşte această semnificaţie atunci când se spune, de exemplu, „Am fost foarte mişcat de film." Acest lucru implică faptul că răspunsul nostru neinhibat şi primitiv la sentimente puternice devine activ fizic. Plânsul şi crizele de furie la copii sunt într-adevăr procese foarte active, care implică întreg corpul. Copiii lovesc cu picioarele, lovesc cu mâinile, folosind o cantitate mare de energie. Şi noi, adulţii, am plânge într-o manieră similară dacă o astfel de exprimare a emoţiilor ar fi aprobată de societate.

În plus faţă de studiile în care plânsul este analizat din punct de vedere fiziologic, s-au făcut şi studii interesante din perspectivă biochimică. Dr. William Frey, biochimist în cadrul Spitalului Regional din St. Paul, Minnesota, a cercetat conţinutul chimic al lacrimilor omeneşti.[9] El a plătit voluntari să vizioneze un film trist şi să-şi colecteze lacrimile (dacă plâng) într-un tub de testare. (Vă imaginaţi ce înseamnă să fii *plătit* ca să plângi!) A numit aceste lacrimi „lacrimi induse emoţional". Mai târziu, el a colectat de la aceeaşi oameni „lacrimi induse de iritaţii", determinate de inhalarea unei cepe tăiate. Apoi, a făcut analize biochimice pe ambele tipuri de lacrimi şi a descoperit că lacrimile rezultate din motive emoţionale erau diferite chimic de cele datorate unui factor iritant, cum este o ceapă tăiată. Acest lucru înseamnă că se întâmplă ceva unic atunci când plângem.

Analize mai detaliate întreprinse de dr. Frey au arătat prezența unor anumite substanțe legate de stres în ambele tipuri de lacrimi. Una dintre substanțele găsite în lacrimi a fost hormonul ACTH (care stimulează producția de glucocorticoide). Astfel, este posibil ca vărsarea de lacrimi să ajute la reducerea acumulărilor în exces de ACTH și alte substanțe care se adună în corp în urma unui eveniment stresant. La rândul său, acest lucru poate împiedica acumularea în exces a glucocorticoidelor. Plânsul poate fi deci comparabil cu alte procese precum urinarea, defecarea, expirația, menstruația și transpirația, toate eliminând produse reziduale din corp.

Dr. Frey a descoperit totodată existența catecolaminelor în lacrimi, pe lângă hormonul ACTH. Exemple de catecolamine sunt epinefrina și norepinefrina. (Acestea sunt mediatorii chimici ai sistemului nervos simpatic care stimulează inima să bată mai tare, cresc tensiunea și măresc fluxul de sânge orientat spre mușchi). Eliminarea acestor substanțe prin lacrimi ar ajuta la reducerea efectelor stimulării sistemului nervos simpatic în timpul unui stres. Dr. Frey a descoperit totodată o substanță numită leucină-enkefalină. Aceasta este una dintre diversele tipuri de endorfine (substanțe de tipul opiumului) care joacă un rol în timpul stresului.[10]

Ambele substanțe (catecolaminele și endorfinele) funcționează drept neurotransmițători în creier, ceea ce înseamnă că ajută celulele nervoase să comunice între ele. Acestea și alți neurotransmițători determină stările noastre și ne condiționează fericirea sau starea de depresie. Unii psihiatri consideră că experiențele de stres și traumă din copilărie pot cauza dereglări în sistemul neurotransmițătorilor.[11] Este foarte posibil ca plânsul să joace un rol crucial în refacerea stării de echilibru a acestor substanţe, reducând astfel simptomele de depresie şi anxietate fără a fi nevoie să se recurgă la medicamente.

De obicei, nou-născuţii nu varsă lacrimi atunci când plâng decât de la vârsta de câteva săptămâni. Cu toate aceastea, ei transpiră considerabil şi totodată îşi folosesc energia. Este nevoie de mai multe studii pentru a determina toate efectele fiziologice ale plânsului în cazul persoanelor de vârste diferite.

Există câteva studii care au descoperit o relaţie între plâns şi sănătatea fizică. Rezultatele unui sondaj au arătat că persoanele sănătoase plâng mai mult şi au o atitudine mai pozitivă în ceea ce priveşte plânsul decât persoanele care suferă de ulcer sau colite.[12] Într-un studiu asupra persoanelor suferind de cancer la sân, cercetătorii au descoperit că femeile care şi-au exprimat liber mânia, frica, depresia şi vinovăţia au trăit mai mult decât cele care şi-au negat sau reprimat emoţiile dureroase.[13] Există totodată cazuri documentate de ameliorare a simptomelor astmului şi de dispariţie a urticariilor atunci când pacientul începe să plângă.[14] Plânsul nu reprezintă o soluţie pentru toate afecţiunile şi nu ar trebui să înlocuiască intervenţiile medicale potrivite. În schimb, eliberarea unor emoţii dureroase într-un mediu favorabil poate fi un element în plus în cadrul unui program de tratament. Doctorii inspiraţi pot oferi în viitor următorul sfat pentru o sănătate optimă: „Mâncaţi multe fructe şi legume, faceţi multă mişcare şi trageţi un plâns bun cel puţin o dată pe săptămână!"

Toate aceste direcţii de cercetare indică faptul că plânsul este un proces fiziologic benefic, care le permite oamenilor să facă faţă efectelor stresului emoţional. Atunci când un răspuns fizic nu este necesar sau potrivit, plânsul ajută la reducerea diferitelor efecte ale răspunsului la stres. Poate fi considerat un proces natural de refacere care readuce corpul într-o stare de echilibru. Plânsul este, deci, nu un produs derivat al stresului, ci o parte importantă a ciclului de eliberare a stresului. Atunci când plângem ca răspuns la un stres emoțional, se eliberează energie, se reducea presiunea şi se micşorează tensiunea, se elimină hormonii de stres şi neurotransmițătorii din corpul nostru prin lacrimi, restaurându-se echilibrul fiziologic (homeostaza).

4. BENEFICIILE PSIHOLOGICE ALE PLÂNSULUI

Copiii care plâng suficient se bucură de câteva avantaje. Ei dau dovadă de sănătate emoțională mai bună, un ataşament mai sănătos de părinți, stimă de sine crescută, este mai uşor să fi în preajma lor şi au o capacitate de învățare mai bună. Aceste cinci beneficii sunt discutate în prezenta secțiune.

Plânsul îmbunătățeşte sănătatea emoțională

Abordarea inițială pe care Freud a avut-o în legătură cu terapia era una în care el recunoştea importanța unei eliberări emoționale cum este plânsul.[1] Totuşi el a abandonat această abordare mai târziu (din motive necunoscute) în favoarea unei abordări terapeutice mai analitice şi bazate pe limbaj.

Când a scris despre boli emoționale, cum sunt nevrozele, Alice Miller afirma: „Nu trauma este cauza bolii unei persoane, ci disperarea inconştientă, reprimată, fără speranță în legătură cu faptul că nu i se permite să exprime ceea ce a suferit."[2]

Cercetările efectuate pe adulți au arătat că terapia care presupune şi mult plâns determină o îmbunătățire psihologică semnificativă. La pacienții care și-au exprimat deschis sentimentele în acest mod, în timpul ședințelor de terapie, s-a constatat tendința de îmbunătățire mai rapidă a stării în comparație cu cei care doar au vorbit cu terapeutul.[3]

Psihologii au studiat plânsul la copii în timpul unei experiențe cu grad înalt de stres, cum este o perioada lungă de spitalizare. Copiii care au protestat în mod deschis, prin plânsete și crize de furie, la începutul șederii lor în spital s-au acomodat mai bine decât cei care au fost pacienți „cuminți" chiar de la început. Cei din urmă au părut că sunt calmi și cooperanți, dar existau șanse să arate semne ale stresului mai târziu, cum ar fi regresie spre moduri de comportament infantile, dificultăți în alimentație și la somn și tulburări de învățare.[4]

Adulții reacționează uneori nepotrivit în cazul anumitor probleme, deoarece ei fac o confuzie între prezent și trecut. De exemplu, un bărbat poate să exagereze în reacția sa emoțională de furie față de o femeie care întârzie mereu la întâlniri, dat fiind că ea îi reamintește de mama lui alcoolică (pe care nu se putea bizui când era beată.) Acest lucru se poate întâmpla și cu copiii. Un copil poate fi îngrozit de câini, chiar și de cei foarte mici, deoarece un câine mare a lătrat tare la el mai demult.

Psihologii numesc acest fenomen „generalizarea unui răspuns emoțional condiționat". *Orice element care îi reamintește persoanei de un eveniment stresant din trecut declanșează o reacție la stres, chiar dacă noua situație este complet inofensivă.* Acest lucru a avut o valoare de supraviețuire în timpul milioanelor de ani de evoluție, atunci când strămoșii noștri primitivi făceau față numeroaselor primejdii de natură fizică. Indivizii care aveau un răspuns rapid și automat la pericolele potențiale aveau cele mai mari șanse să supraviețuiască cel mai mult.

Problema apare atunci când supraviețuirea imediată nu este o prioritate. În cazul stresului psihologic, acest mecanism nu este foarte util, deoarece poate afecta capacitatea noastră de a ne descurca în viață și de a relaționa cu alți oameni. Persoanele care au trăit traume severe suferă, de obicei, de ceea ce poartă numele de „tulburare de stres post-traumatic". Orice element care îi amintește persoanei de traumă declanșează o reacție de alarmă psihologică, ca și cum trauma inițială se întâmplă din nou.[5]

În cele din urmă, răspunsurile condiționate își pierd valoarea dacă situațiile similare se dovedesc a fi inofensive în mod repetat. Atunci când se întâmplă acest lucru, psihologii numesc fenomenul „dispariția răspunsului condiționat". Poate dura mult timp, în funcție de gradul de severitate al traumei inițiale și de forța reacției inițiale.

Cu toate aceastea, procesul de vindecare poate fi foarte mult accelerat prin eliberare emoțională, mai specific prin plâns și crize de furie. Când copiii au posibilitatea să plângă sau să aibă crize de furie, ca urmare a unor experiențe înfricoșătoare sau frustrante, răspunsul la stres nu va fi declanșat mai târziu de situații similare. Procesul psihologic al plânsului atunci când persoana se simte în siguranță convinge cumva creierul că amenințarea a fost depășită și rezolvată. *Plânsul ajută la eliminarea condiționării răspunsului la stres.* Plânsul nu permite creierului să mai asocieze evenimente similare cu pericolul. Un copil care a plâns destul în legătură cu lătratul unui câine (în mediul de siguranță oferit de îmbrățișarea mamei) probabil va reacționa prudent față de alți câini, dar nu va mai fi îngrozit.

Adulții pot plânge în cadrul sesiunilor de terapie pentru a elibera emoțiile rezultate din traume din copilărie. Acest lucru îi ajută să vadă mai clar realitatea prezentului și să răspundă adecvat. Un bărbat care poate plânge și își poate exprima furia față de mama sa alcoolică în cadrul sesiunilor de terapie se poate simți în continuare iritat atunci când femeile întârzie, dar probabil nu își va dezlănțui furia. Este evident faptul că oamenii vor avea o sănătate emoțională mai bună și mai puține probleme în legătură cu alți oameni, dacă experiențele traumatizante din copilărie pot fi eliberate prin plâns curând după ce ele au loc.

Acceptarea plânsului contribuie la crearea unui atașament sănătos între părinte și copil

Psihanalistul britanic John Bowlby a fost prima persoană care a folosit cuvântul „atașament" pentru a se referi la legătura copilului cu mama. El a propus considerarea comportamentelor de atașament precum zâmbetele către mamă, agățarea de ea, plânsul la plecarea ei și urmarea ei atunci când este posibil, drept tendințe instinctive ale bebelușilor și copiilor mici de a căuta și menține o apropiere de mama lor (sau de persoana care îi îngrijește în cea mai mare parte a timpului).[6]

Atașamentele sănătoase sunt esențiale pentru o dezvoltare normală. Cercetătorii au determinat unii dintre factorii care îi ajută pe copii să dezvolte atașamente sănătoase cu părinții lor. În timpul primului an, contactul fizic frecvent pe care copilul îl are cu părinții este crucial. Un alt factor este receptivitatea promptă și adecvată la semnalele copilului. Copiii au nevoie de continuitate în ceea ce-i privește pe cei care au grijă de ei și ei suferă din cauza despărțirilor prelungite de părinți, în special în timpul primilor cinci ani. Abuzul și neglijența pot și ele să afecteze serios atașamanetul dintre părinți și copii.[7]

Pe lângă acești factori, părinții trebuie să accepte întreaga gamă de emoții ale copiilor lor in scopul formării unor atașamente sănătoase. Cercetătorii în domeniul atașamentului consideră că plânsul este modul prin care bebelușul comunică când îi este foame, când are nevoie de dragoste și de protecție. Totodată, ei recunosc și funcția de eliberare de stres pe care plânsul o are și nevoia de empatie în acele momente.[8] Bowlby a scos în evidență faptul că, dacă nu se reușește acceptarea emoțiilor dureroase ale copilului, pot exista consecințe negative. El a susținut faptul că bebelușilor și copiilor ar trebui să li se permită să își exprime suferința în mod deschis, prin plâns, în cazuri de separare sau pierdere. El a criticat tendința persoanelor care au în grijă copii și le spun acestora să nu mai plângă, susținând că acest lucru poate duce la sentimente inconștiente care dor.[9] A susținut totodată că trebuie să li se permită copiilor să își exprime deschis sentimente de ostilitate sau gelozie, chiar atunci când acestea sunt direcționate către părinți. De exemplu, copiilor ar trebui să li se permită să le spună părinților: „Te urăsc!" Dacă sunt pedepsiți sau făcuți de ocară pentru astfel de izbucniri ei pot fie să se răzvrătească, fie să devină nevrotici anxioși.[10]

Este important să se răspundă unui copil care plânge și nu să fie respins sau pedepsit. Când părinții nu reușesc să răspundă unui bebeluș care plânge în timpul primului an de viață, bebelușul poate da mai târziu dovadă de tipare de atașament dereglate. Copilul poate deveni agresiv față de părinți sau extrem de pretențios și de dependent. Unii copii par a fi autosuficienți și se opun apropierii, sau manifestă lipsă de afecțiune. Cercetătorii au observat și copii care, începând chiar de la un an, caută să comunice cu mamele lor doar atunci când sunt mulțumiți, și niciodată atunci când sunt abătuți. Bowlby considera că acest lucru reprezintă o disfuncționalitate a comunicării între mamă și copil. Copiii cu o astfel de manifestare extremă de evitare tind să aibă serioase probleme de comportament și emoționale mai târziu.[11]

Totodată, doar răspunzând copiilor atunci când au nevoie să-și elibereze stresul prin plâns nu este de ajuns. Chiar dacă un părinte nu respinge în mod evident un copil care plânge, *orice încercare de a distrage atenția copilului de la plâns va fi trăită de acesta ca o formă de abandon emoțional.* Copiii au nevoie de părinți care să fie capabili să-i asculte când își exprimă mânia, suferința și frica, și care pot empatiza cu ei. Dacă ei își pot exprima deschis sentimentele începând de la naștere, vor învăța că nu este nevoie să își reprime emoțiile dureroase și se vor simți iubiți în mod necondiționat.

Accepatarea deplină a emoțiilor dureroase ale copiilor poate deci determina un atașament mai sănătos la copii. Bebelușii cărora li se permite să plângă în brațele părinților vor crește simțindu-se înțeleși și acceptați. Ca adolescenți, ei se vor simți confortabil să vorbească cu părinții lor despre propriile probleme și să plângă, dacă au nevoie, știind că pot să aibă încredere că părinții îi ascultă pe deplin.

Din experiența mea de consultant, simptomele unui atașament nesigur (cum ar fi dependența crescută, văicăreala, agresivitatea sau rezistența la apropiere) dispar de cele mai multe ori atunci când părinții sunt capabili să construiască un cadru de siguranță emoțională acasă și să accepte plânsul copiilor lor. Cu cât copiii sunt mai mari, cu atât este mai greu pentru ei să se simtă îndeajuns de în siguranță să își exprime emoțiile, în cazul în care li s-a distras, în mod repetat, atenția de la plâns sau au fost pedepsiți sau ignorați. Cu toate acestea, nu este niciodată prea târziu să se îmbunătățească relația părinte-copil.

Acceptarea plânsului crește stima de sine a copiilor

Când copiii se simt bine în propria piele și se simt încrezători în abilitățile lor, au o stimă de sine crescută. Acest aspect derivă, în mod direct, dintr-un atașament sănătos cu părinții deoarece, pentru a avea o stimă de sine crescută, copiii au nevoie să se simtă iubiți necondiționat și acceptați. Dacă copiilor li se arată iubire și apreciere numai atunci când zâmbesc și sunt fericiți, ei vor învăța să își nege și reprime o parte din ei înșiși pentru a-i mulțumi pe adulți. Cele mai adânci sentimente ale lor vor fi considerate ca fiind neacceptate, chiar și de către ei înșiși. Copiii nu își pot dezvolta stima de sine în lipsa unei acceptări depline a sentimentelor și exprimărilor lor emoționale.

Este mai ușor să fii în preajma copiilor care plâng suficient

Copiii cărora li se permite să plângă și să aibă crize de furie atât cât au nevoie, devin mai maleabili și este mai ușor să trăiești cu ei. Un plâns lung sau o criză de furie nu este, în sine, plăcută. De fapt, poate fi chiar dificil și provocator din punct de vedere emoțional să stai cu un copil în timpul unor astfel de izbucniri. Cu toate acestea, după un plâns bun sau o criză de furie, copiii sunt de obicei fericiți, relaxați, cooperanți, nepretențioși, nonviolenți și independenți.

Transformarea este uneori uimitoare. În locul unui copil care se văicărește, care este plictisit, năzuros, dependent, îngrozitor sau agresiv, adulții descoperă că au un copil relaxat cu care stai de plăcere. Un avantaj suplimentar este acela că bebeluşii care plâng (fiind ţinuţi în braţe, aşa cum recomandă prezenta carte) devin mai puţin dependenţi şi totodată dorm mai bine în timpul nopţii. Acest lucru le permite părinţilor să aibă parte de odihna de care au nevoie.

Copiii care plâng atât cât au nevoie învaţă mai bine

Toţi copiii au la naştere un potenţial intelectual imens. Cu toate acestea, el devine parţial blocat în cazul multor copii din cauza unor experienţe legate de durere, confuzie, frustrare sau frică, care nu au fost procesate şi eliberate prin mecanismul vindecător al plânsului şi al crizelor de furie. Acest blocaj al inteligenţei are loc datorită faptului că emoţii dureroase ocupă atenţia copiilor, micşorând abilitatea lor de a se concentra şi învăţa. De exemplu, pentru un copil este dificil să fie atent la şcoală atunci când părinţii lui sunt pe cale să divorţeze şi el nu ştie cu care dintre ei va locui de acum înainte.

Există numeroase studii care atestă că stresul şi experienţele traumatice din perioada copilăriei pot avea un efect negativ asupra capacităţii de gândire şi de învăţare.[12] Un studiu efectuat pe patru mii de copii de şapte ani a identificat corelaţii între nivelurile de stres şi inteligenţă. Copiii cu un nivel de stres ridicat aveau cele mai mici punctaje ale coeficientului de inteligenţă.[13]

Într-un alt studiu, cercetătorii au măsurat abilităţile intelectuale ale orfanilor români, mulţi dintre ei traumatizaţi prin abuz sau neglijare. Aceşti copii aveau întârzieri în învăţare, lucru care se corela cu excesul de glucocorticoide în sânge (în special cortizol). Copiii cu cele mai scăzute abilităţi intelectuale aveau cel mai ridicat nivel al cortizolului.[14] Aşa cum am afirmat mai devreme, aceşti hormoni sunt produşi de cortexul adrenal în perioadele stresante şi pot distruge o parte a creierului numită hipocampus. Această parte joacă un rol important în procesul de învăţare şi memorare.[15]

Nu se cunoaşte în ce măsură această afectare a creierului cauzată de un exces al hormonilor de stres este reversibilă. Plânsul elimină excesul de ACTH din corp, prin lacrimi, ceea ce contribuie la o scădere a nivelului de glucocorticoide. În consecinţă, este foarte posibil ca acceptarea lacrimilor şi crizelor de furie în cazul unor copii traumatizaţi să poată îmbunătăţi abilitatea lor de a învăţa.

Copiii cărora li se permite să plângă şi să aibă crize de furie oricând sunt supăraţi sau frustraţi sunt capabili să-şi menţină o abilitate uimitoare de gândire şi învăţare. De fapt, educatorii au descoperit că atunci când nevoia copiilor pentru eliberare emoţională este recunoscută şi acceptată, ei devin mai entuziaşti şi au succes în învăţarea lor.[16]

Mai este un motiv pentru care plânsul îi poate ajuta pe copii să înveţe mai bine. Copiii au multe frustrări, unele fiind în directă legătură cu situaţiile de învăţare. Acestea pot fi declanşate mai târziu cu uşurinţă de situaţii similare. Atunci când copiilor nu li se permite să plângă, acest frustrări pot perturba învăţarea ulterioară.

De exemplu, o fetiţă care acumulează frustrări în legătură cu realizarea unor puzzle-uri cât timp este mică poate avea dificultăţi în învăţarea geometriei în liceu. Atunci când ea vede diferite forme, îşi poate reaminti (inconştient) de puzzle-urile care o frustrau, ceea ce poate genera o reacţie de furie. Acest lucru va face gândirea limpede dificilă, deoarece ea reacţionează la o sursă imaginară de durere emoţională.

Aceste situații pot fi minimalizate, dacă copiilor li se permite să plângă și să se înfurie atunci când apar frustrări în perioada copilăriei lor, răspunsul la stres fiind complet rezolvat la acea vreme. În acest fel, copiii pot să facă față unor experiențe noi de învățare cu mai multă obiectivitate, și nu cu un răspuns emoțional neadecvat.

5. FOLOSIREA PLÂNSULUI ÎN TERAPIA CU COPIII

Mulți psihiatri și terapeuți pentru copii privesc plânsul drept o exprimare benefică a sentimentelor, care are o mare valoare terapeutică. Unii terapeuți văd cu ochi buni plânsul spontan al copiilor și recunosc în el o parte importantă a procesului de vindecare. Atunci când copiii au încredere în terapeut și știu că nu vor fi dojeniți pentru că plâng, ei plâng în timpul sesiunilor de terapie prin joc.

Alți terapeuți chiar încurajează copiii să plângă, mai ales în situații care implică pierdere, deoarece știu că plânsul este o parte necesară și importantă a procesului de jelire și revenire.[1]

Rolul plânsului este de un interes special în două abordări terapeutice: terapia de recuperare după naștere și terapia ținutului în brațe. Acestea sunt discutate în secțiunile următoare.

Terapia de recuperare după naștere

Terapeuții specializați în vindecarea traumelor nașterii consideră plânsul un element extrem de benefic. Cercetătorii în domeniul psihologiei perinatale au descoperit că nașterile traumatice pot genera probleme pe viață. Există o legătură între complicațiile perinatale şi susceptibilitatea copiilor la probleme emoţionale şi de comportament.[2] Traumele naşterii pot fi responsabile în parte pentru schizofrenia ulterioară, crime violente, comportament suicidar şi diverse probleme fizice.[3] Este foarte important deci să-i ajutăm pe copii să-şi rezolve traumele naşterii cât de curând posibil pentru a evita probleme ulterioare.

William Emerson, un pionier al psihoterapiei cu copii mici, a dezvoltat un tip de terapie de succes pentru a-i ajuta să se vindece de naşterile traumatice.[4] Una dintre tehnicile folosite de el se numeşte „masaj care simulează naşterea". Terapeutul foloseşte atingerea şi presiunea, aplicate pe corpul bebeluşului, pentru a reproduce senzaţiile trăite în timpul procesului naşterii. Zonelor traumatizate li se acordă o atenţie sporită. De exemplu, dacă un copil s-a născut cu cordonul ombilical înfăşurat în jurul gâtului, terapeutul mângâie uşor gâtul copilului. Bebeluşii plâng într-un mod vindecător în timpul terapiei şi îşi rezolvă traumele legate de naşterea lor. În timp, masajul care simulează naşterea încetează să mai declanşeze emoţii puternice.

Aceste manevre sunt făcute cu dragoste şi în mod conştient, în prezenţa părinţilor, şi numai după ce terapeutul a construit o relaţie de încredere cu bebeluşul. În studiile care au urmat, Emerson a descoperit că acei copii care au fost trataţi cu această terapie atunci când erau mici s-au adaptat foarte bine, au devenit empatici, au dat dovadă de talente şi abilităţi excepţionale.

Un alt terapeut, Peter Levine, a folosit o tehnică similară pe care el o numeşte „renegocierea traumei naşterii". El recomandă oferirea unui element de rezistenţă în dreptul picioarelor copilului, pentru ca el să aibă în ce împinge, şi care să-i permită să acumuleze frustrare. Apoi, cineva poate să îi pună copilului cu blândeţe mâna pe cap. Levine consideră că este important şi terapeutic pentru copii să se întoarcă la un nivel de stimulare a sistemului nervos similar cu nivelul experimentat de ei în procesul naşterii. Copilul va folosi elementul de rezistenţă oferit, în care va împinge din toate puterile. Plânsul care acompaniază acest proces este considerat o eliberare de energie şi frustrare care au fost blocate în timpul procesului real al naşterii.[5]

Terapia ţinutului în braţe

Terapia ţinutului în braţe a fost folosită pentru prima dată cu copii autişti, în anii 1950. Copiii autişti nu relaţionează normal cu alţi oameni, nu dezvoltă deprinderi de limbaj normale şi par că sunt pierduţi în lumea lor în mare parte a timpului. Nu sunt cunoscute cauzele autismului. Cu toate acestea, o formă de autism pare că rezultă dintr-o supraîncărcare emoţională determinată de traume timpurii, cum ar fi traume la naştere, naştere prematură, spitalizare la vârstă mică sau separare prelungită de mamă.

Acest tip de autism răspunde destul de favorabil la terapia ţinutului în braţe, în care mama sau terapeutul este încurajat să ţină copilul în braţe. Copilul deseori se opune apropierii, plânge şi se înfurie. Câţiva terapeuţi au remarcat îmbunătăţiri profunde şi rapide la copiii autişti după ce acestora li s-a permis şi au fost încurajaţi să plângă şi să se înfurie în timpul sesiunilor de terapie prin ţinut în braţe.[6]

Majoritatea celor care propun acest tip de terapie consideră că elementul terapeutic crucial îl reprezintă ţinutul în braţe. Unii sunt de părere că numai mama ar trebui să ţină copilul în braţe. Teoria din spatele acestei abordări este că a existat o ruptură în legătura mamă-copil şi de aceea ţinutul în braţe ar trebui făcut de mamă, pentru a se restabili această legătură. La început, copiii se opun acestei apropieri şi, în general, trec printr-o fază de plâns intens şi de luptă. Apoi, ei accepta pas cu pas să fie ținuți în brațe şi, în final, se cuibăresc afectuoşi în brațele mamei. Alți cercetători consideră că un terapeut poate fi la fel de eficient ca şi mama şi că încrederea care s-a construit între copil şi terapeut poate fi transferată relației mamă-copil.

Totodată, este posibil ca nu neapărat ținutul în brațe să-i permită copilului vindecarea, ci mai degrabă actul fiziologic al plânsului şi înfuriatului, care se declanşează atunci când copilul este ținut aproape şi cu dragoste. Poate că ținutul în brațe îi permite copilului să se simtă îndeajuns de în siguranță pentru a retrăi şi a elibera acumularea de sentimente dureroase care au rezultat din experiențe traumatice precedente sau, pur şi simplu, dintr-o acumulare de stres. Ținutul în brațe îi oferă copilului o limită împotriva căreia să se lupte. Acest aspect poate fi o necesitate pentru vindecare, în special dacă acel copil trebuie să facă față unor traume perinatale, din timpul naşterii, sau unor experiențe trecute de neputință (cum este o perioadă de spitalizare). Totodată, ținutul în brațe oferă un cadru sigur care să „conțină" emoțiile copilului, astfel încât el să nu se rănească pe sine sau pe ceilalți.

Indiferent care este motivul real al succesului acestei abordări, ea a dat rezultate spectaculoase în multe cazuri de copii autişti. Nu există o tehnică unică pentru vindecarea autismului, deoarece această tulburare are probabil o varietate de cauze diferite. Cu toate acestea, terapia ținutului în brațe este o abordare promițătoare pentru mulți copii.

Terapia prin ținere în brațe s-a dovedit eficientă şi la copiii care suferă de tulburări de ataşament.[7] Mă refer aici la probleme emoționale şi de comportament determinate de neglijență severă (fie emoțională, fie fizică) sau de schimbări repetate ale persoanelor celor mai apropiate care îngrijesc copiii, aşa cum se întâmplă când copilul este mutat de la o familie adoptivă la alta. Unii psihoterapeuţi includ în acest grup de copii diagnosticaţi de tulburări de ataşament şi pe copiii care au fost abuzaţi de părinţii lor sau care au suferit o altă formă de traumă care a perturbat dezvoltarea unui ataşament sănătos între părinte şi copil.

Copiii cu tulburări grave de ataşament fie se opun formării unui ataşament, fie denotă o familiaritate excesivă, superficială cu străinii. Ei sunt descrişi ca fiind fără conştiinţă, deoarece par să nu simtă empatie sau remuşcare şi pot fi destul de distructivi sau de violenţi: dau foc, omoară animale sau se rănesc grav pe ei înşişi sau alţi copii. Deseori, aceşti copii mint, fură, şi uneori au întârzieri de limbaj şi de deprinderi conceptuale. Totuşi, ei par a fi destul de „normali" la un prim contact şi pot fi înşelător de încântători.[8]

Copiii cu tulburări de ataşament nu răpsund bine la formele tradiţionale de terapie, deoarece nu sunt capabili să aibă încredere. Fără o încredere reciprocă între terapeut şi copil, nu se poate realiza niciun progres. Terapia prin ţinere în braţe le permite copiilor cu tulburări de ataşament să înveţe că apropierea fără durere este posibilă. La fel ca în cazul copiilor autişti, ţinutul în braţe pare să treacă dincolo de rezistenţa pe care aceşti copii o au faţă de sentimentul de a fi iubiţi. Mai mult, permite eliberarea sentimentelor lor dureroase prin plâns şi crize de furie fără a fi pedepsiţi, ridiculizaţi sau respinşi, astfel vindecându-se de efectele experienţelor traumatice trecute. Treptat, ei învaţă să aibă încredere.

Există dovezi că şi copiii hiperactivi pot beneficia de terapia ţinutului în braţe: îmbrăţişarea fermă, dar iubitoare, în momente în care comportamentul lor frenetic este de necontrolat.[9] Diagnosticul oficial de

ADHD este dat copilor care sunt distraşi uşor sau sunt hiperactivi şi impulsivi. Se estimează că 3-5% dintre copiii din Statele Unite suferă de această „tulburare".[10]

Incapacitatea de a se concentra, impulsivitatea şi hiperactivitatea la copii pot fi cauzate de o supraîncărcare cu stres. Cercetătorii au descoperit că există niveluri foarte ridicate de stres parental în familiile cu copii diagnosticaţi cu ADHD.[11] Bineînţeles că s-ar putea concluziona şi că a creşte un astfel de copil este o cauză a stresului. Dar atunci când stresul parental include disensiuni între soţi, divorţ, spitalizare şi abuz de substanţe (aşa cum arată unele studii), ar trebui luată în calcul posibilitatea că modul cum se comportă copilul este mai degrabă rezultatul, şi nu cauza problemelor familiale.

Există, de asemenea, dovezi că acei copii care sunt abuzaţi sunt hiperactivi, impulsivi şi agresivi şi că acest lucru este un rezultat, şi nu o cauză a abuzului. De fapt, există multe asemănări între simptomele de ADHD şi cele ale tulburării de stres post-traumatic care rezultă din abuz.[12]

Mai mult, un număr mare de copii diagnosticaţi cu ADHD suferă şi de probleme emoţionale, precum depresie şi anxietate, iar unii sunt predispuşi la violenţă. Relaţia cauzală între aceste probleme şi ADHD nu este cunoscută, dar pare destul de plauzibil ca ambele tipuri de probleme să aibă o origine comună, fie din cauza unei situaţii stresante acasă, fie un trecut de stres şi traumă (trauma poate fi una foarte timpurie, poate chiar prenatală).

Copiii hiperactivi sunt predispuşi la crize de furie, care pot fi considerate o încercare sănătoasă de a elibera stresul. Din păcate, aceste crize de furie sunt deseori considerate a fi parte din problemă, în loc să fie recunoscute ca o parte importantă a mecanismului de vindecare. Într-o broşură despre ADHD publicată de Institutul Național de Sănătate Mintală, crizele sunt enumerate la *alte comportamente dezagreabile*: „Este foarte dificil să fii părintele unui copil care are tot timpul activitate necontrolată, face mizerie, are crize, nu ascultă şi nu urmează instrucțiuni."[13] Deşi nimeni nu susține despre crizele de furie că sunt plăcute, fraza sugerează că ele sunt parte a problemei, arătând neînțelegerea care există în considerarea beneficiilor terapeutice potențiale ale crizelor de furie.

Nu susțin aici că orice caz de hiperactivitate sau deficit de atenție (ADHD) este cauzat de stres sau traume combinate cu plâns insuficient. Cu toate acestea, atunci când aceşti factori sunt suspectați, terapia ar trebui să includă încercări de reducere a stresului. La aceasta se poate adăuga încurajarea copiilor să-şi elibereze emoțiile închise în ei prin plâns şi crize de furie. Terapia ținutului în brațe poate să nu fie necesară dacă un copil hiperactiv încearcă deja să îşi elibereze stresul prin plâns spontan sau crize de furie.

Martha Welch, un psihiatru care foloseşte terapia ținutului în brațe, a scris o carte pentru părinți (*Holding Time*) în care această abordare este descrisă în scopul folosirii ei cu copiii normali.[14] Ea descrie paşii obişnuiți într-o sesiune de ținut în brațe (confruntarea, respingerea şi soluționarea). În timpul etapei de respingere, copilul deobicei plânge, are izbucniri de furie şi se luptă să scape. Welch recomandă ca acesta să fie ținut în continuare în brațe. Atunci când se ajunge la etapa de soluționare, apare o schimbare completă față de lupta intensă: copilul încetează plânsul, se relaxează şi devine iubitor şi tandru, deseori dorind să mai rămână în brațele mamei şi să mai fie ținut în brațe.

Concluzii privind terapiile cu copiii

Terapiile care includ plânsul şi crizele de furie la copii nu sunt acceptate la scară largă. Mulţi terapeuţi şi medici preferă să evite orice instrument care generează sentimente puternice. Sunt prescrise deseori medicamente pentru copiii care suferă de probleme emoţionale şi de comportament, chiar dacă nu a fost stabilită nicio cauză neurologică. Deşi unii copii au fost ajutaţi de terapia cu medicamente, tendinţa de a administra medicamente copiilor poate împiedica familia să caute posibile cauze psihologice sau de mediu pentru comportamentul copilului.[15]

Chiar şi atunci când există un dezechilibru în chimia creierului, este important să se conştientizeze că acest lucru poate fi o consecinţă a unei traume.[16] Plânsul are multe beneficii psihologice, inclusiv schimbări la nivelurile hormonilor şi neurotransmiţătorilor. Atunci când copiii au probleme emoţionale sau de comportament, este important să li se ofere ocazii pentru restabilirea echilibrului chimic printr-un proces natural de plâns şi eliberare de furie, înainte de a se recurge la medicamente.

Elementul comun al celor două abordări terapeutice descrise în această secţiune este expunerea copiilor la forme de stimulare care pot declanşa emoţii puternice. Ei sunt atinşi în moduri care declanşează amintiri legate de trauma naşterii (în cazul terapiilor de recuperare după naştere) sau sunt ţinuţi în braţe (terapia ţinutului în braţe). În ambele cazuri, stimulul nu mai determină rezistenţă, anxietate sau mânie după expuneri repetate la respectiva terapie, în timpul căreia copiii au plâns.

Aceste abordări sunt similare cu unele tehnici de expunere folosite de terapeuţii specializaţie în psihologia cognitiv-comportamentală pentru vindecarea fobiilor. Când pacienţii sunt forţaţi să se confrunte exact cu evenimentul care îi înspăimântă, ei află că nu păţesc nimic şi se vindecă de fobii. În terapiile de expunere mai intense, apare o reacţie emoţională puternică, care implică şi plâns.

Terapia de recuperare după naştere şi terapia ţinutului în braţe sunt tehnici puternice de care se poate abuza sau care pot fi folosite în mod nepotrivit. Trebuie să se aibă mare grijă pentru a se evita retraumatizarea copiilor în timpul acestor forme de terapie. Oponenţii terapiei ţinutului în braţe susţin că este abuzivă şi că poate traumatiza copilul şi mai mult. Ţinutul în braţe nu ar trebui niciodată făcut cu scopul pedepsirii sau răzbunării, cu dorinţa de a-i face rău sau de a domina copilul. Dacă este făcut conştient şi în mod sensibil, atunci el poate produce rezultate pozitive spectaculoase.

Când abordăm sursa problemelor copiilor, deseori acest lucru duce la confruntarea cu emoţii puternice. Procesele vindecătoare ale plânsului şi crizelor de furie sunt zgomotoase, dificile, imprevizibile şi necesită timp. Ele cer implicare şi atenţie din partea adulţilor care îngrijesc copilul. Oamenilor le este deseori teamă de emoţiile puternice şi dureroase, şi nu ştiu cum să le facă faţă altfel decât reprimându-le. Următoarea secţiune descrie modurile în care este reprimat plânsul.

6. AMINTIRILE ADULŢILOR ÎN LEGĂTURĂ CU PLÂNSUL DIN TIMPULCOPILĂRIEI: CUM ESTE REPRIMAT PLÂNSUL

Din cauza neînţelegerilor privind importanţa plânsului şi a izbucnirilor de furie, adulţii deseori descurajează şi reprimă aceste mecanisme la copii. Dorinţa de a asigura copiilor o stare de bine, combinată cu lipsa de informare a părinților e posibil să fi dus la descurajarea plânsului acestor adulți în timpul propriei copilării. Eu le cer participanților la atelierele mele să își amintească ce făceau părinții lor atunci când ei plângeau. Gama de răspunsuri este uimitoare. Cele mai comune sunt enumerate în lista de mai jos. Pe măsură ce citiți această secțiune, încercați să vă reamintiți ce făceau părinții dumneavoastră când plângeați.

CUM ESTE REPRIMAT PLÂNSUL LA COPII

- i se spune copilului să nu mai plângă
- pedepsirea (sau amenințarea)
- retragerea dragostei sau atenției, izolarea copilului
- distragerea atenției prin vorbă, muzică, mişcare, jocuri
- i se pune copilului ceva în gură (mâncare, suzetă)
- tachinare, umilire
- negarea sau minimalizarea durerii copilului
- lăudarea copilului când încetează să plângă
- copilul este făcut să vorbească sau să râdă

Mulți adulți îşi amintesc cum au fost pedepsiți în diferite moduri când plângeau. Părinții îi loveau, îi băteau la fund sau îi amenințau cu afirmații precum... „dacă nu încetezi, îți *dau* eu motiv să plângi!"

O altă formă de pedeapsă este retragerea dragostei şi atenției. Mulți îşi amintesc cum au fost trimişi în camera lor pentru că plângeau. Am cerut unei participante la un atelier al meu susținut în Santa Barbara, statul California, să împărtăşească grupului cum a făcut-o să se simtă acest comportament al părinților. A început să plângă, spunând că s-a simțit singură şi respinsă în momente în care avea nevoie ca mama ei să o strângă în brațe. Unii părinți ignoră plânsul şi izbucnirile de furie deoarece le este teamă că vor „încuraja" acest comportament dacă îi dau atenție. O altă participantă a împărtăşit un exemplu extrem al unui astfel de comportament la o prelegere a mea pentru educatori din cadrul Congresului Asociației Naționale pentru Educarea Copiilor Mici, din Los Angeles, Statele Unite. Ea a spus că atunci când plângea, mama ei refuza să vorbească cu ea şi o săptămână! A avut nevoie de mulți ani de terapie pentru a depăşi durerea cauzată de un astfel de abandon emoțional.

Unele persoane îşi amintesc că părinții încercau să le distragă atenția de la sentimentele lor arătându-le ceva sau sugerându-le activități, precum un joc. Uneori, părinții încearcă să îi facă pe copii să râdă în timpul plânsului. Deşi râsul este benefic, el nu poate substitui nevoia de a plânge. *Copiii care plâng trebuie să fie lăsați să îşi continue plânsul cât timp au nevoie.* Tentativa de a transforma plânsul în râs este lipsită de respect, deoarece se transmite mesajul că plânsul nu este adecvat şi se trivializează sentimentele copilului.

Mâncarea poate fi o altă formă de distragere a atenției de la plâns. Oferirea de hrană copiilor care sunt supărați este o modalitate uzuală de a reprima plânsul: „Hai mănâncă ceva, o să te facă să te simți mai bine!" Părinții fac frecvent acest lucru cu copiii mici, deoarece este foarte uşor să se înțeleagă greşit plânsul copiilor mici. (A se vedea Partea a II-a, Secțiunea 5)

Unele persoane îşi amintesc cum au fost tachinate pentru că plângeau. Acest lucru era de obicei făcut de frații mai mari sau de către alți copii, dar uneori chiar și de către părinți („Nu mai fi așa de plângăcios!").

Unii adulți își amintesc că părinții lor adesea le minimalizau durerea. Expresii comune precum: „Nu e așa de grav!" „Nu te îngrijora!" „Nu ai de ce să te temi!" „Nu ai niciun motiv să fii supărat!" „Faci mare tărăboi din nimic !" „Nu merită să plângi pentru aceasta!" „Ce-a fost a fost!" O participantă la un atelier al meu din Paris mi-a spus că tatăl ei obișnuia să îi spună: „Lasă lacrimile pentru mai târziu. Vei avea nevoie de ele!" Aceste răspunsuri nu numai că opresc copiii din plâns (și din vindecare), dar copiii se simt neînțeleși și singuri în durerea lor, care este foarte reală pentru ei. Astfel, copiii se simt abandonați emoțional atunci când li se vorbește în acest fel.

Adulții le spun deseori copiilor să fie „băiat sau fetiță mare" și îi laudă atunci când nu plâng. Un tată îi spune băiatului său: „Sunt mândru de tine, fiule. N-ai plâns nici măcar când ți-ai rupt mâna!" Adulții sunt adesea nerăbdători să-i facă pe copii să vorbească în loc să plângă. Copiilor li se spune: „Nu ajungi nicăieri cu plânsul!" „Nu te pot înțelege atunci când plângi." „Oprește-te din plâns și zi-mi ce s-a întâmplat!" „Nu îți dau nimic până când nu îmi ceri frumos!" „Folosește cuvintele!" etc. După ce copiii învață să vorbească, ne așteptăm uneori să ne explice totul folosind limbajul. Copiilor le este greu să își exprime sentimentele în cuvinte și nu este deloc de ajutor să le cereți să o facă atunci când plâng. Dacă li se permite, copiii vor plânge când au nevoie de plâns și vor vorbi când se vor simți pregătiți.

Limbajul și emoțiile sunt procesate în părți diferite ale creierului, cu puține conexiuni nervoase directe între ele. Deși vorbitul spontan și animat poate determina o oarecare eliberare emoțională pentru copiii mai mari şi pentru adulţi, faptul că un copil este capabil să-şi eticheteze un sentiment nu este suficient pentru a genera o eliberare vindecătoare. Acest lucru îi forţează pe copii să facă trecerea de la nivelul emoţional la un nivel conceptual prematur şi, dacă trecerea este făcută frecvent, poate genera tendinţe de supraintelectualizare la copii. În copil se va produce îndepărtarea de sine.

Foarte puţini adulţi au fost lăsaţi să plângă atât cât au avut ei nevoie când erau mici. De aceea, nu este surprinzător că părinţii şi educatorii au dificultăţi în recunoaşterea acestei nevoi la copii şi în oferirea unei atenţii iubitoare atunci când copilul plânge. Nu vă învinovăţiţi dacă aveţi tendinţa să opriţi copiii din plâns. Vă puteţi surprinde zicând exact aceleaşi fraze pe care părinţii dumneavoastră le-au folosit când aţi plâns, copil fiind. De exemplu, o mamă povestea că mama ei îi spunea întotdeauna „Şt, şt! Nu plânge!" şi ea se surprinde folosind aceeaşi expresie cu fiul ei. Nu a pus la îndoială reacţia ei până când nu a venit în contact cu informaţiile despre plâns din atelierele mele. Este necesar mult timp să se depăşească condiţionările de o viaţă. Poate fi de ajutor să vă faceţi timp să discutaţi cu un alt adult despre propria copilărie şi să vă aduceţi aminte anumite momente în care aţi plâns şi modul cum plânsul v-a fost reprimat (A se vedea Partea a IV-a, Secţiunea 3: „Confruntarea cu propriile sentimente").

Reprimarea plânsului începe deseori la naştere. Cu toate aceastea, majoritatea adulţilor nu îşi amintesc ce se întâmpla când erau bebeluşi şi plângeau. Copiii plâng pentru a transmite o nevoie imediată, dar ei plâng totodată şi pentru a-şi elibera tensiunile şi stresul. Părinţii binevoitori deseori reprimă acest tip de plâns, de regulă distrăgând atenţia.

Un indiciu referitor la cum au reacţionat părinţii dumneavoastră atunci când plângeaţi îl reprezintă propria reacție la plânsul bebelușilor. Simțiți un impuls puternic de a pune ceva în gura bebelușului, de a zice „Șt, nu plânge!" sau a-l legăna pe bebeluș? Poate simțiți că vreți să-l lăsați jos și să plecați din cameră... Primul impuls este probabil modul cum ați fost tratat când plângeați ca bebeluș, chiar dacă nu vă amintiți clar acest lucru.

7. PLÂNSUL - DIFERENȚE ÎNTRE BĂRBAȚI ȘI FEMEI

Băieții plâng la fel de mult ca și fetele înainte de perioada adolescenței. Totuși, în jurul vârstei de 12 ani se înregistrează o scădere bruscă a plânsului la băieți.[1] Acest lucru este probabil datorat atât unor factori biologici, cât și unor factori culturali. Deși există culturi în care bărbații plâng în mod deschis și mai frecvent decât bărbații din țările industrializate, în majoritatea culturilor, bărbații plâng mai puțin decât femeile.[2]

Reprimarea plânsului la băieți este generalizată în culturile occidentale. NU există niciun dubiu că băieții sunt descurajați mult mai mult decât fetele în a-și exprima emoțiile de tristețe și de frică.[3] Băieții sunt educați să creadă că plânsul este o slăbiciune a femeilor. Puterea și masculinitatea sunt asociate cu detașarea emoțională mai degrabă decât cu vulnerabilitatea sau sensibilitatea emoțională. În general, bărbații sunt foarte buni în a vorbi și a analiza propriile sentimente, dar rar sunt capabili să plângă și, de cele mai multe ori, nu sunt conștienți de emoțiilor lor mai puternice. Atunci când băieții se tachinează între ei sau îi tachinează pe copiii mai mici că plâng înseamnă că au internalizat mesajul nefericit că este inacceptabil să îți arăți emoțiile puternice cum ar fi tristețea sau frica.

Biochimistul care a studiat lacrimile umane, William Frey, a făcut o conexiune între faptul că bărbații plâng mai puțin decât femeile şi incidența mai mare a unor boli cauzate de stres la bărbați (atac de cord şi infarct). El a mai subliniat faptul că, în medie, femeile trăiesc mai mult decât bărbații.[4] Un studiu a scos în evidență că bărbații sunt mai predispuți decât femeile să moară în urma unei supărări mari.[5] Bărbații nu suferă neapărat mai multă durere decât femeile, dar acestea din urmă fac față în mod mai eficient durerii, plângând mai mult.

Toți copiii suferă de pe urma reprimării furiei, dar acest lucru are efecte diferite asupra băieților şi fetelor. Studiile au arătat că supraviețuitorii de parte bărbătească a abuzului din perioada copilăriei sunt mai predispuşi să devină violenți față de alții, în timp ce femeile care au supraviețuit abuzului sunt mai predispuse să dezvolte comportamente autodistructive, cum sunt anorexia, propria mutilare sau tendințe suicidare.[6] Reprimarea culturală a exprimării sănătoase a furiei în cazul copiilor care suferă este un posibil factor care contribuie la aceste exprimări denaturate ale furiei în cazul adolescenților şi adulților. De aceea, sugestiile din această carte sunt la fel de importante şi pentru băieți, şi pentru fete.

8. TIPARE DE CONTROL LA ADULȚI

Deoarece celor mai mulți dintre noi ni s-a reprimat plânsul începând de timpuriu, am învățat să ținem în noi sentimentele prin comportamente care se numesc „tipare de control". Acestea sunt obiceiuri sau comportamente pe care oamenii le deprind pentru a nu mai simţi durere emoţională şi a nu plânge. Tiparele de control pot deseori să ia forma unor dependenţe.

TIPARE DE CONTROL COMUNE LA ADULŢI
(comportamente care reprimă plânsul)

- consum de substanţe chimice
- mâncatul în exces
- rosul unghiilor sau alte obiceiuri
- tensiuni musculare
- activitate excesivă
- mijloace de divertisment (ex. televizorul)

O metodă folosită de adulţi şi adolescenţi pentru a reprima plânsul este consumul de substanţe care tulbură mintea, cum sunt tutunul, alcoolul, cafeaua sau drogurile psihoactive (legale sau ilegale). Aceste substanţe chimice acţionează în moduri diferite asupra sistemului nervos şi a celui hormonal pentru a crea un sentiment artificial de stare de bine sau pentru a amorţi emoţiile dureroase. Drogurile ilegale sunt considerate o problemă majoră în ţările industrializate în ziua de azi, mai ales în rândul tinerilor.

Mâncatul în exces poate fi şi el un tipar de control. Mulţi oameni merg la frigider sau se întind după dulciuri atunci când sunt furioşi sau deprimaţi. Mâncatul compulsiv în exces este o cauză majoră de obezitate. În Statele Unite, unul din cinci adulţi este supraponderal. Persoanele care sunt supraponderale au un risc crescut de probleme medicale precum infarcturile, atacurile de cord şi diabetul. Programele de slăbit au de obicei succes numai temporar, dacă nu există o oportunitate de exprimare a emoţiilor puternice care se nasc atunci când oamenii încearcă să-şi schimbe obiceiurile alimentare.

O altă modalitate de reprimare a sentimentelor este prin tensionare musculară cronică, mai ales a feței, umerilor, pieptului şi abdomenului, care sunt părțile folosite în timpul unui plâns puternic. Tensionarea musculară cronică poate fi o sursă de dureri de cap şi poate determina şi alte probleme.

Orice facem în mod repetat sau ca un obicei în scopul de a reprima sentimente poate fi considerat un tipar de control. Unii oameni îşi țin sub control sentimentele devenind ocupaţi şi activi, alţii găsesc distragere de la sentimentele lor în fața televizorului.

Este evident că tiparele de control, pe lângă limitarea exprimării emoţiilor puternice, pot face rău ele însele. Totuşi, aceste comportamente sunt complet de înțeles într-o societate care inhibă exprimarea emoțiilor puternice la copii. Nu ajută cu nimic să vă învinovățiți pentru tiparele de control sau pentru dependențele pe care poate le aveți. Majoritatea oamenilor folosesc o formă sau alta de tipar de control. Dacă părinţii dumneavoastră v-ar fi acceptat plânsul începând de la naştere şi dacă nu v-ar fi fost teamă că le pierdeți dragostea şi atenția când v-ați exprimat emoțiile dureroase, nu ați fi avut nevoie să recurgeți la mecanismele de reprimare pe care le aveți acum. Oamenii au deprins aceste obiceiuri şi dependențe pentru a supraviețui şi pentru a face față vieții de zi cu zi, punând un capac peste emoţii.

Din cauza neînțelegerilor legate de plâns, atunci când adulții încearcă să se vindece prin plâns, alții cred uneori că sunt slabi, că „clachează", că au „o cădere nervoasă". Medicii se grăbesc să prescrie medicamente pentru a-i ajuta să se simtă mai bine, deşi aceste medicamente de multe ori doar maschează problema, fără să rezolve cauzele de fond. De fapt, ele inhibă eliberarea emoțională prin plâns și izbucniri de furie, astfel reducând exact acele comportamente de pe urma cărora persoana ar beneficia.

Medicamentele psihoactive prescrise de medici pot fi benefice în anumite circumstanțe. Cu toate acestea, ele sunt uneori prescrise pentru probleme psihologice în derulare, care ar putea fi rezolvate într-un cadru care sprijină persoanele respective permițând eliberarea vindecătoare a emoțiilor ascunse.

Există multe tipuri de psihoterapie orientată spre a-i ajuta pe adulți să depășească inhibiția de a plânge, întrerupând tiparele de control și astfel permițându-le să-și rezolve traumele timpurii. Pentru ca terapia să fie eficientă la maximum, pacienții sunt rugați să nu consume niciun medicament (nici cafea, alcool sau nicotină) înainte de începerea terapiei; astfel, emoțiile nu vor fi inhbate. Apoi, terapeutul îl ajută pe pacient să retrăiască traumele timpurii, etapă care este acompaniată de obicei de plâns și suspine.

Există un domeniu în plină dezvoltare de psihoterapii concentrate pe lucrul cu corpul. În aceste abordări, terapeuții folosesc atingerea ușoară, tehnici specifice de apăsare puternică sau masaj pentru a ajuta persoanele să facă față rigidităților musculare (tipare de control) care pot fi folosite pentru a reprima emoții puternice. Alte forme de terapie implică exerciții de respirație sau de mișcare și schimbarea poziției corpului pentru a ajuta persoanele să depășească inhibiția legată de plâns.

Când nevoia de a plânge este înțeleasă și recunoscută, oamenii pot să își permită să se vindece prin lacrimi. Acest lucru reduce dependența de tipare de control. Totuși, unele tipare de control sunt mai dificil de învins decât altele şi multe îşi au originea în copilărie. Aceste origini sunt descrise în Partea a II-a.

(Notă: dacă doriţi să întrerupeţi substanţele psihoactive, legale sau ilegale, cel mai bine ar fi să faceţi acest lucru sub supraveghere medicală. Totodată, grupurile de suport sunt benefice pentru toate încercările de oprire a consumului de substanţe, inclusiv alcool şi nicotină. Sprijinul emoţional oferit de un grup poate fi un factor crucial în succesul unui program de întrerupere a consumului de substanţe, deoarece oamenii experimentează deseori emoţii puternice şi necunoscute, care au nevoie de un spaţiu propice pentru eliberare.)

PARTEA A II-A

PLÂNSUL LA BEBELUŞI (de la naştere până la vârsta de un an)

1. EXPLICAŢII ALE PLÂNSULUI BEBELUŞILOR

Copiii mici plâng deseori pentru motive care par fără legătură cu vreo nevoie imediată. Dr. Berry Brazelton a descoperit că ei plâng în medie între o oră şi jumătate şi două ore pe zi, fără un motiv aparent.[1] De regulă, plâng cel mai mult între şase şi opt săptămâni, după care plânsul se reduce treptat. Acest tipar atât de caracteristic pentru copiii occidentali a fost descoperit şi la copiii din tribul Kung din Africa, ceea ce denotă că fenomenul nu este specific ţărilor industrializate. Cu toate aceastea, în culturile tribale indigene, plânsul este în general mai redus.[2]

Explicaţiile convenţionale pentru plânsul intens la copiii mici se concentrează în primul rând pe posibilele cauze fiziologice. Cea mai comună dintre aceste explicaţii este aceea că bebeluşii ar suferi de dureri abdominale. Termenul „colici" se referea la început la durerile legate de balonări, dar a ajuns să însemne plâns prelungit, în general. Un bebeluş care „are colici" sau „un bebeluş cu colici" este unul care plânge mult. Multe persoane consideră colicii rezultatul unui sistem digestiv imatur sau al unei reacţii alergice la vreo substanţă din lapte.

Există câteva motive pentru care teoria sistemului digestiv imatur nu reuşeşte să explice plânsul prelungit la bebeluşi. În primul rând, această teorie nu se potriveşte cu observaţia dr. Spock că „bebeluşii cu colici" se dezvoltă de obicei bine fizic. Ei iau normal în greutate, uneori mai mult decât media, în ciuda atâtor ore de plâns.[3] Mai mult, nu a fost descoperită nicio disfuncţie gastro-intestinală la bebeluşii care plâng mult, cu excepţia câtorva cazuri izolate.[4]

Deşi plânsul se reduce cu vârsta, mulţi bebeluşi mai mari continuă să aibă episoade de plâns, chiar dacă sistemul lor digestiv ar trebui să fie complet matur până atunci. Într-un studiu extins asupra copiilor care plâng, numai 25% au încetat la trei luni, iar 25% continuau să plângă şi la nouă luni.[5]

Radiografiile abdominale făcute copiilor „cu colici" au arătat că nu sunt gaze în timpul episoadelor de plâns, ci mai degrabă după, ca rezultat a înghiţirii de aer din timpul plânsului.[6] Faptul că era prezent gaz după ce copiii încetau plânsul arată că prezenţa gazelor abdominale nu este neapărat dureroasă pentru copii. Deci şi dacă un copil înghite aer, acest lucru nu este cauza plânsului, în cele mai multe dintre cazuri.

Unele persoane cred că alergiile şi sensibilitatea la anumite mâncăruri sunt posibile cauze pentru colici. Atunci când copiii sunt hrăniţi cu biberonul, se suspectează în primul rând o alergie la o proteină din laptele de vacă. Unii bebeluşi sunt alergici la laptele de vacă şi această posibilitate trebuie investigată în toate cazurile de plâns intens. Când unui copil de patru săptămâni cu colici i s-a schimbat laptele de vacă cu unul de soia şi nu s-a înregistrat o scădere în durata sau frecvența plânsului sau a producției de gaze intestinale.[7]

Unele mămici au concluzionat că atunci când ele elimină din dietă anumite mâncăruri, copiii lor alăptați la sân plâng mai puțin. Lista mâncărurilor cel mai des eliminate include laptele de vacă, cafeaua, alcoolul, ouăle, nucile, citricele, legumele, ceapa, căpşunele, strugurii şi grâul. Totuşi, dacă aceste alimente nu sunt întâi eliminate şi apoi reintroduse în dieta mamei pentru a constata dacă plânsul se intensifică din nou, nu se poate şti cu certitudine dacă ele au determinat plânsul.

Într-un studiu care a testat efectele consumului de lapte de vacă în cazul mamelor care alăptează, cercetătorii au descoperit că aproximativ 30% dintre copiii diagnosticați cu „colici" plângeau mai puțin după ce toate produsele lactate au fost eliminate din dieta mamei. S-a realizat şi o continuare a cercetării, în cadrul căreia jumătate dintre mamele ale căror copii au înregistrat o scădere a plânsului după eliminarea produselor lactate au luat pastile care conțineau proteină din laptele de vacă. Cealaltă jumătate a grupului a primit capsule cu amidon de cartofi (mamele nu ştiau ce tip de pastile au primit). Câțiva dintre copiii care aveau colici înainte nu au mai plâns, deşi mamele lor luau doze zilnice de proteină din laptele de vacă în pastile. Acest lucru denotă faptul că nu laptele de vacă era vinovat de plânsul bebeluşilor. Procentul de bebeluşi afectați de laptele de vacă a fost, prin urmare, mai mic de 30% din grupul inițial de bebeluşi cu colici.[8]

Părinții cu copii care plâng recurg uneori la ceea ce psihologii numesc „comportament superstițios". Dacă părinții fac un anumit lucru într-un alt mod și bebelușul plânge mai puțin în ziua următoare, ei atribuie imediat plânsul redus acelui comportament. Această atitudine este de înțeles. Cu toate aceastea, în realitate, după opt și până la unsprezece luni, majoritatea copiilor încep să plângă mai puțin, indiferent de ce fac părinții.

Deoarece explicațiile convenționale referitoare la plânsul bebelușilor sunt nefondate, este necesar să se analizeze și posibilele cauze emoționale. Am considerat util să evidențiez două motive ale plânsului la bebeluși.[9] Funcția principală a plânsului este comunicarea unor nevoi și a unui disconfort care necesită o acțiune din parte celor care îngrijesc copilul. Poate fi vorba despre hrană, atingere, stimulare sau schimbarea poziției. Când un bebeluș își exprimă o nevoie prin plâns, este responsabilitatea celui care îl îngrijește să își dea seama ce nevoie are copilul și să i-o împlinească cât mai prompt.

O funcție secundară a plânsului la bebeluși este aceea de mecanism de eliberare a stresului. Plânsul îi ajută pe copii să elibereze tensiunea rezultată din stres fizic sau emoțional. De exemplu, un bebeluș va plânge dacă un frate mai mare îi va smulge jucăria din mână, și plânsul poate continua și după ce jucăria a fost înapoiată. Acest lucru arată că bebelușul nu plânge numai fiindcă își dorește să aibă jucăria, ci și ca urmare a durerii emoționale determinate de comportamentul fratelui. Bebelușul simte cu siguranță frustrare și indignare, și totodată confuzie și neliniște. Aceste emoții sunt acompaniate de tensiune și stimulare și trebuie să fie eliberate înainte ca bebelușul să revină la starea de calm și să continue să analizeze jucăria. Plânsul, în acest caz, nu este suferința în sine. *Este procesul prin care suferința se exteriorizează.*

Cantitatea de cortizol prezentă în saliva bebelușilor a reprezentat o măsură a stresului. (Așa cum am menționat în Partea I, cortizolul este unul dintre hormonii glucocorticoizi secretați de cortexul adrenal în timpul stresului, în urma stimulării primite prin ACTH de la glanda pitulară.) Nivelul de cortizol este de obicei ridicat la bebeluși la naștere și în perioada post-partum imediată.[10] Există o scădere treptată a nivelului de cortizol până la șase luni, după care nu mai apar decât schimbări minore.[11] Nivelul mare al stresului la bebelușii sub șase luni explică de ce episoadele de plâns sunt mai comune în acea perioadă.

Pentru a descoperi ce anume este stresant pentru bebeluși, cercetătorii au măsurat nivelul de cortizol în timpul unor situații diverse, de la expunere prenatală la cocaină, la lecții postnatale de înot. Au descoperit că *plânsul în sine nu activează răspunsul la stres în cazul bebelușilor.* În schimb, atât plânsul cât și răspunsul la stres sunt determinate de evenimente stresante.[12]

În concluzie, ideea nu este să-i oprim pe copii din plâns, ci să reducem sursele de stres din viața lor. Următoarea secțiune oferă o privire de ansamblu asupra diferitelor tipuri de stres care determină nevoia de plâns la vârste fragede.

2. SURSE DE STRES PENTRU BEBELUȘI

Vă puteți întreba ce este așa stresant în viața unui bebeluș determinând astfel nevoia de plâns. Este tentant să vă gândiți la perioada fragedei copilării ca la o etapă fără stres, fără griji. Deși este adevărat într-un anumit sens (bebelușii nu trebuie să meargă la lucru și nici să plătească impozite), în realitate este incorect. Perioada de fragedă pruncie este una extrem de vulnerabilă şi de stresantă. Unele surse de stres şi de traumă sunt evidente, în timp ce altele nu. Există şase categorii principale de traume sau stress în timpul copilăriei: trauma pre- şi perinatală, nevoi neîmplinite, suprastimulare, frustrări de creştere, durere fizică şi experienţe înspăimântatoare. Acestea sunt discutate mai în detaliu în secţiunile care urmează.

Traume pre- şi perinatale

Specialiştii din domeniul psihologiei prenatale au arătat că bebeluşii sunt sensibili, inteligenţi, receptivi şi extrem de vulnerabili chiar înainte de naştere.[1] Studiile au arătat că plânsul este mai frecvent la bebeluşii ale căror mame au fost extrem de stresate în timpul sarcinii din cauza unor probleme emoţionale, financiare sau medicale, sau a unor urgenţe familiale.[2]

Pentru nou-născut, naşterea în sine poate fi o experienţă dureroasă, derutantă şi înspăimântătoare şi poate contribui la probleme emoţionale şi comportamentale ulterioare (aşa cum am descris în Partea I). Tipurile majore de traume la naştere sunt administrarea de medicamente, folosirea forcepsului, operaţia cezariană, travaliul prelungit sau privarea de oxigen. După naştere, poate fi înfricoşător şi derutant pentru nou-născut să experimenteze frigul, lumina puternică, manevrarea dură, zgomotele sau separarea de mamă.[3] Intervenţiile medicale, precum monitorizarea electronică a fătului, puncţia la nivelul călcâiului, picăturile în ochi, circumcizia sunt de asemenea dureroase şi înfricoşătoare pentru bebeluşi. Nu susţin eliminarea unor intervenţii medicale necesare. Totuşi, este important să fim conştienţi de impactul emoţional pe care aceste proceduri le au asupra copilului şi să recunoaştem în acestea potenţiale cauze pentru plânsul ulterior.

William Emerson, specialist în traumele prenatale şi din timpul naşterii (menţionat în Partea I, Secţiunea 5) a descoperit că 55% dintr-un grup de 200 de copii prezentau semne de traume moderate până la severe în legătură cu naşterea.[4] Copiii ale căror mame au avut un travaliu dificil plâng mai mult decât cei ale căror mame au avut parte de o naştere mai puţin stresantă. Un studiu arată că plânsul la bebeluşi este intensificat în cazul unor intervenţii obstetrice şi dacă mama s-a simţit neputincioasă în timpul procesului naşterii.[5] Un alt studiu arată că bebeluşii care au avut probleme la naştere sunt mai predispuşi să se trezească mai frecvent noaptea plângând în primele 14 luni.[6] Plânsul este intensificat şi dacă mama a născut sub anestezie epidurală.[7]

Bebeluşii care au suferit un stres la naştere sunt deseori tensionaţi şi iritabili, probabil din cauza excesului de hormoni de stres. Acest lucru explică dificultăţile legate de somn observate la copiii care au avut o naştere dificilă. Stimularea sistemului nervos simpatic în timpul stresului inhibă sistemul digestiv. Acest lucru poate determina disconfort după ce bebeluşii care au suferit o naştere traumatizantă sunt hrăniţi. Şi revenim la teoria colicilor! Totuşi, cauza disconfortului digestiv nu este un sistem digestiv imatur, ci propriul răspuns la stres al bebeluşului.

Prin plâns, aceşti bebeluşi pot reduce efectele răspunsului la stres şi pot restabili echilibrul chimic din corpul lor. Eliberarea energiei din timpul plânsului este necesară pentru a finaliza cu succes ciclul stres-relaxare. În cazul în care bebeluşul dumneavoastră a avut o naştere traumatizantă, poate avea nevoie să plângă timp de o oră sau chiar mai mult, pe o perioadă de mai multe luni, pentru a se elibera de stresul cauzat de naştere.

> Fiul meu a suferit o traumă la naştere rezultată dintr-un travaliu foarte lung (48 ore). Bebeluş fiind, plângea întotdeauna când îl îmbrăcam cu haine care trebuiau introduse pe cap. Poate că acest lucru îi reamintea de presiunea resimțită în zona capului în timpul naşterii. A avut multe episoade de plâns în timpul primului an, care nu erau legate de nevoi imediate. L-am ținut în brațe cu dragoste şi i-am acceptat plânsul. Am observat că plânsul se intensifica dacă îmi puneam uşor capul pe fruntea lui. Am considerat că el procesează trauma naşterii sale în acea vreme, eliberând teama şi frustrarea. În final, am reuşit să îl îmbrac şi să îi ating fruntea fără ca el să mai protesteze.

Nevoi neîmplinite

O a doua sursă de stres în timpul fragedei copilării o reprezintă nevoile neîmplinite, mai ales cele legate de atingere şi ținut în brațe. Primele nouă luni după naştere sunt considerate o perioadă critică în ceea ce priveşte nevoia de contact fizic. Bebeluşii se dezvoltă cel mai bine atunci când cei care îi îngrijesc reuşesc să le împlinească această nevoie.

Există un studiu interesant referitor la purtatul bebeluşilor. Cercetătorii au cerut unui grup de mămici să-şi poarte bebeluşii cu două ore în plus în fiecare zi. Unui alt grup de mame (grupul de control) i s-a cerut să crească stimularea vizuală a bebeluşului. La vârsta de şase săptămâni, cercetătorii au comparat cât plâng bebeluşii din fiecare grup. Femeile din grupul mame purtătoare au raportat o oră în minus de plâns pe zi, în comparație cu mamele din grupul de control.[8] Deci, cu cât sunt purtați mai mult, bebelușii au nevoie să plângă mai puțin.

Bebelușii pot beneficia de contact fizic direct nu numai în timpul zilei, ci și al nopții. Mamele din culturile tradiționale dorm, de obicei, împreună cu bebelușii lor. Din păcate, această practică a fost descurajată în societățile dezvoltate tehnologic, în care nevoia copilului de apropiere fizică la vremea culcării și în timpul nopții este deseori desconsiderată.

În timpuri presitorice, bebelușii dormeau probabil cu mamele lor pentru a primi căldură, protecție și a fi hrăniți, la fel ca în cazul tuturor celorlalte animale terestre. Deși s-au produs modificări culturale de atunci, nevoile noastre fiziologice și emoționale au rămas, în mare parte, aceleași. Bebelușii născuți azi sunt programați genetic să aibă parte de un stil de viață ca cel din epoca de piatră, de vânător-culegător și să aibă nevoia lor firească de a fi purtați împlinită.[9] Acest lucru înseamnă că ei au nevoie de contact fizic și în timpul zilei, *și al nopții*.

Mulți părinți încep să pună la îndoială beneficiile dormitului separat și revin la o tendință mai naturală de a împărți patul cu bebelușii lor. Unii părinți constată reducerea plânsului după ce i-au luat pe bebeluși cu ei în pat. Mulți simt o legătură mai strânsă cu cei mici. Practica „patului familial" devine tot mai larg acceptată și recomandată.[10]

Suprastimularea

Supraîncărcarea cu informație este o altă sursă potențială de stres pentru bebeluși. Aceștia sunt vulnerabili la suprastimulare, deoarece sistemul lor nervos nu este maturizat complet la naștere. De asemenea, bebelușii nu au informații despre lume și de aceea nu pot înțelege și asimila cu ușurință experiențele noi. Bebeluşii au multe de învăţat şi totul este foarte derutant la început. Cercetătorii au descoperit că luminile şi zgomotele puternice reprezintă suprastimulare pentru bebeluşii prematuri, în timp ce legănatul uşor şi auzul bătăilor inimii mamei le sunt benefice.[11] Acest lucru nu este surprinzător, deoarece ei sunt obişnuiţi cu leganatul şi bătaile inimii din burta mamei.

În multe culturi tradiţionale, există o perioadă după naştere, uneori şi de până la şase săptămâni, în timpul căreia proaspăta mamă stă cu copilul într-un loc călduros, liniştit şi întunecat, în timp ce celelalte femei au grijă de ea. Această practică îi asigură mamei odihna necesară şi timp pentru a se conecta cu copilul. Totodată, îl protejează pe bebeluş de suprastimulare şi îi oferă acel timp de recuperare în urma posibilelor traume legate de naştere. De obicei, în mare parte a primului an de viaţă, există un contact fizic aproape permanent între mamă şi bebeluş, atât în timpul zilei, cât şi al nopţii. Aceste lucruri pot explica de ce copiii din aceste culturi plâng mai puţin decât copiii din ţările industrializate.

Nou-născuţii din ţările industrializate sunt bombardaţi de o suprastimulare care adesea îi copleşeşte, totul începând din maternitatea zgomotoasă. Se continuă acasă, cu zgomotele celorlalţi membri ai familiei, traficul stradal, televizorul, aparatele video, computerele, aparatele radio, telefoanele, soneriile apartamentelor, zgomotele toaletelor, al duşurilor, al maşinilor de spălat vase, al aspiratoarelor... Mai mult, cei mici trebuie să îndure aceste sunete fiind despărţiţi de corpul mamei lor, cu zgomotele lui familiare. Nu este aşadar deloc surprinzător că bebeluşii din ţările occidentale plâng aşa de mult!

Dr. Berry Brazelton a oservat că perioadele agitate tind să apară după eforturile active făcute de bebeluşi pentru a rămâne vioi şi într-o stare de receptivitate. El a propus ca „această perioadă de agitaţie activă să fie văzută atât ca o perioadă de descărcare a suprastimulării, cât şi o revenire la homeostază."[12]

Mulţi părinţi au observat că bebeluşii lor plâng mai mult după experienţe care implică lucruri şi sunete noi. Iată un exemplu:

> Când fiul meu avea patru luni, am făcut o excursie de şase zile la San Francisco. Era prima lui excursie, şi prima experienţă într-un oraş mare. A fost foarte atent tot timpul şi nu a plâns prea mult. Cu toate acestea, în seara zilei când ne-am întors acasă, a plâns timp de o oră şi jumătate în braţele mele. A fost cel mai lung plâns al lui. Se oprea din plâns din când în când, apoi începea din nou, ori de câte ori se uita la patul lui.

Frustrări de creştere

Uneori, bebeluşii devin foarte frustraţi şi plâng cu năduf. Acest tip de plâns nu este la fel de dramatic ca în cazul copiilor de peste un an şi nu este numit criză de furie. Totuşi, bebeluşii lovesc cu picioarele şi îşi mişcă energic mâinile în timpul acestor episoade de plâns, ceea ce poate fi privit drept o criză de furie la scară mai mică.

Intenţia de a stăpâni o nouă deprindere precede abilitatea învăţării ei. Există un decalaj de timp între dorinţa bebeluşului de a face ceva nou şi abilitatea de a face. În timpul acestui decalaj, apar frustrări normale în procesul de învăţare. Este motivul pentru care ele sunt numite „frustrări de creştere". De exemplu, un bebeluş de trei luni poate deveni frustrat atunci când încearcă să apuce un obiect, deoarece nu a învăţat cum să-şi coordoneze mâna să meargă acolo unde intenţionează el. Frustrările se adună şi sunt apoi eliberate în episoade de plâns periodice.

Perioadele agitate preced deseori însuşirea unor noi deprinderi; de exemplu, deprinderea de a apuca un obiect sau deprinderea de a se târî.[13] Fiţi atenţi la noile abilităţi care vor apărea!

Durerea fizică

Durerea fizică este o sursă evidentă de stres şi plâns pentru bebeluş. Cercetătorii au descoperit o creştere a nivelului de cortizol la bebeluşi în urma vaccinării şi a operaţiilor.[14] Când copilul plânge foarte mult, verificaţi imediat dacă nu cumva durerea este motivul. Acest lucru este valabil dacă plânsul durează mai mult decât de obicei şi are o tentă de urgenţă în el. E posibil să existe o cauză medicală care necesită tratament de urgenţă. Cu toate acestea, una dintre premizele de bază ale cărţii de faţă este că plânsul celor mici nu are întotdeauna legătură cu o nevoie neîmplinită sau un disconfort.

Plânsul este uneori relaţionat cu „colicile", determinând o căutare frenetică după remediile potrivite. Aşa cum am arătat în Secţiunea I, durerile cauzate de gaze nu au fost stabilite drept cauza principală a plânsului la bebeluşi. Cu toate acestea, stresul neeliberat poate determina o digestie înceată şi disconfort uşor după hrănire, din cauza efectului pe care răspunsul la stres (în special sistemul nervos simpatic) îl are asupra sistemului digestiv. Dacă schimbarea poziţiei şi un masaj uşor îl ajută pe bebeluş să se simtă mai bine, merită să luaţi aceste măsuri. Totuşi, problema de fond nu se va rezolva până când bebeluşul nu îşi va elibera stresul prin plâns.

Alte persoane pun plânsul pe seama durerii asociate creşterii dinţilor. Aceasta îi poate face pe bebeluşi puțin iritabili și mai dependenți de părinte, dar probabilitatea este mică să fie atât de severe pentru a produce episoade prelungite de plâns. Totuși, în toate cazurile în care se suspectează durere, recomand cu tărie să se încerce alinarea disconfortului bebelușului înainte de a trage concluzia că bebelușul are doar nevoie să plângă.

Alte surse de durere și disconfort pentru bebeluși includ inevitabilele cucuie și julituri, pe măsură ce încep să se deplaseze. În toate cazurile de boală sau durere, îngrijirea și tratamentul medical ar trebui suplimentat de acceptarea deplină a plânsului și crizelor de supărare ale bebelușilor.

Plânsul rezultat din rănire poate dura mai mult decât durerea fizică, deoarece există și durere emoțională (de obicei teamă sau confuzie). Următorul exemplu al fiicei mele ilustrează durerea fizică drept cauza plânsului care a avut loc ulterior în acea zi.

> La nouă luni, Sarah era încântată să mergem la locurile de joacă împreună și să interacționeze cu ceilalți copii. Într-o dimineață, într-un parc de joacă, eu eram așezată pe jos cu ea și o alăptam, iar ea mânca mulțumită. Fără avertisment, un alt copil s-a târât spre noi, a apucat-o pe Sarah de păr și a tras cât de tare a putut. Sarah a început să plângă, dar era distrasă de multe lucruri și am simțit că nu a plâns cât ar fi avut nevoie. În drum spre casă, în mașină, a adormit. În seara respectivă a plâns intens în brațele mele timp de aproape o oră. Am observat că atunci când o mângâiam ușor pe cap, ea țipa și mai tare și îmi dădea mâna la o parte. Niciodată nu protestase înainte, când o atingeam pe cap. După plâns, a adormit liniștită și a dormit bine. Ziua următoare nu a mai protes-

tat când i-am atins părul. Se pare că îşi rezolvase problemele legate de incident.

Experienţe înfricoşătoare

Bebeluşii se sperie uşor şi acest lucru este o posibilă cauză a plânsului. Dacă mişti prea brusc un nou-născut şi mâinile nu-i sunt în siguranţă, el se poate speria şi poate să se declanşeze reflexul Moro. Acesta presupune o arcuire bruscă spre interior a braţelor, ca pentru a se prinde. Uneori copilul începe să şi plângă. Deseori chiar reflexul îl sperie pe copil.

Odată ce copiii îşi formează ataşamente, în jurul vârstei de şase sau opt luni, despărţirea de cei care îi îngrijesc poate fi înfricoşătoare. Cercetătorii au descoperit că bebeluşii de nouă luni care au fost despărţiţi de mamele lor timp de jumătate de oră au avut un nivel ridicat al cortizolului, ceea ce indică stresul cauzat de despărţire. Totuşi, dacă bebeluşii au rămas în grija unei persoane calde, receptive şi interactive, nivelul lor de cortizol nu a crescut.[15] Anxietatea de separare este considerată un semn al unei dezvoltări normale, sănătoase. Poate totodată să fie o nouă sursă de stres în viaţa celor mici şi poate cauza plâns şi în situaţii în care ei nu au protestat înainte. (A se vedea Partea a III-a, Secţiunea 5 pentru mai multe detalii legate de anxietatea de separare.)

Bebeluşii sunt extrem de sensibili la starea persoanelor din jurul lor. Când părinţii şi persoanele care îi îngrijesc nu au răbdare, sunt plini de resentimente, mânioşi, neliniştiţi sau deprimaţi, copiii se sperie şi sunt confuzi. Dacă mama suferă de o boală, dacă pe tată îl doare capul, bebeluşul poate deveni neliniştit, deoarece părintele se comportă diferit şi este şi mai puţin prezent decât de obicei. Niciun părinte nu este perfect. Avem cu toţii zile în care ne simţim stresaţi şi ne pierdem răbdarea cu copiii. Nu ne ajută cu nimic să ne simțim vinovați. Totuşi, este important să ne amintim că acest lucru poate reprezenta o sursă de stres pentru bebeluşi şi va spori nevoia lor de a plânge.

Îmi amintesc un eveniment dramatic care a avut loc în timpul unuia dintre atelierele susținute de mine în Santa Cruz, California, Statele Unite. Acest exemplu ilustrează cât de sensibili sunt pruncii la dispoziția altor persoane:

> Erau în jur de 20 de adulți participanți şi un bebeluş de şase luni. În timpul atelierului, una dintre participante s-a simțit destul de rău şi a mers să se odihnească în altă cameră. Câteva persoane s-au dus să aibă grijă de ea. După un timp, una dintre persoane a revenit în cameră, a spus că este o urgență medicală şi intenționa să cheme ambulanța. În acel moment, un sentiment de groază a străbătut grupul şi bebeluşul a început să plângă imediat. Am propus să ne adunăm în jurul mamei, care îl ținea în brațe cu calm, acceptând plânsul lui. După ce a sosit ambulanța şi a luat femeia bolnavă la spital, am sugerat să ne organizăm în perechi şi să facem cu rândul în a asculta ce simte fiecare. Câțiva adulți au plâns în timpul exercițiului. Apoi, am luat o pauză în timpul căreia am aflat că femeia bolnavă fusese deshidratată şi acum era în refacere la spital. Bebeluşul încetase deja să plângă când am aflat aceste veşti. Probabil că el a simțit spaima din încăpere şi s-a speriat. Plânsul lui neinhibat a exprimat teama din noi toți. A fost o amintire puternică a faptului că bebeluşii sunt conştienți şi receptivi la sentimente intense.

Mă întreb uneori ce au crezut medicii de la Salvare când au intrat în sala unde eram şi au văzut un grup mare de adulți adunați în jurul unui bebeluș plângând!

3. CUM SĂ PROCEDAȚI CÂND PLÂNG BEBELUȘII

Dacă sunteți îngrijorat în legătură cu plânsul bebelușului sau dacă suspectați o boală sau o durere, apelați imediat la specialiști, deoarece plânsul poate fi un indicator de probleme medicale seriose. Sfaturile din această carte nu au menirea să înlocuiască consultația sau tratamentul medical. Totuși, dacă medicul vă spune că bebelușul este sănătos și că plânsul este doar o agitație normală sau „colici", continuați să citiți.

Sfatul convențional primit de părinți a fost multă vreme să ignore plânsul bebelușilor, odată ce toate nevoile imediate erau împlinite. Multe persoane erau convinse că nu se întâmplă absolut nimic dacă îi lași pe bebeluși „să plângă singuri până la epuizare", iar părinții erau avertizați să nu-și „răsfețe" copiii răspunzând la fiecare scâncet. O versiune ușor modificată a acestui sfat este ca bebelușii care plâng să fie lăsați în pătuțurile lor, iar părinții să meargă la ei din cinci în cinci minute și să îi bată ușor cu mâna pe spate. Toate aceste sfaturi sunt dăunătoare. Bebelușii al căror plâns este ignorat, chiar și pentru cinci minute, se simt abandonați, înfricoșați, derutați și neputincioși. Mai mult, ei nu vor reuși să-și dezvolte o încredere de bază, care este vitală pentru o creștere emoțională optimă. ***Copiii nu trebuie lăsați niciodată să plângă singuri.***

Un procedeu recomandat în cărțile mai recente pentru părinți este acela ca bebelușul să fie luat în brațe de fiecare dată când plânge și să se încerce diferite modalități de a-l calma. Scopul evident este oprirea lui din plâns. Aceste metode presupun de obicei introducerea unui obiect în gura bebeluşului (biberonul cu lapte, suzeta, sânul), executarea unei mişcări ritmice sau o stimulare auditivă liniştitoare. Despre toate vom discuta mai pe larg în Secţiunea 5.

Sfatul meu este complet diferit. Eu recomand ca bebeluşul care plânge să fie ridicat şi ţinut în braţe. Totuşi, odată ce toate nevoile fizice imediate, precum aceea de hrană sau de căldură, sunt eliminate drept cauze, scopul nu este de a-l opri pe bebeluş să plângă, ci de a fi prezent la plânsul lui şi de a-l accepta. Astfel, dacă bebeluşul are nevoie să se elibereze de stres prin plâns, el se va simţi în siguranţă şi iubit. Nu are niciun sens să i se distragă atenţia de la plâns. Aceasta nu va face decât să amâne plânsul. Odată ce nu mai există distragerea, el va reveni la nevoia de a plânge. Abordarea de a fi alături de copil în timp ce plânge dezvoltă totodată o relaţie benefică, de ascultare, între părinte şi bebeluş, chiar de la început. Mulţi părinţi nu îşi ascultă cu adevărat copiii şi nici nu le oferă suficientă siguranţă emoţională şi îngăduinţă pentru sentimentele şi pentru plânsul lor. Toţi oamenii au nevoie să îşi exteriorizeze sentimentele, iar bebeluşii nu fac excepţie. Este benefic ca ei să plângă, dar nu singuri.

Unii părinţi sau persoane care au în grijă copii se întreabă ce să facă sau să spună atunci când ţin în braţe un copil care plânge. Data viitoare când bebeluşul dumneavoastră plânge şi nu descoperiţi vreo nevoie imediată sau vreun disconfort, încercaţi să urmaţi sugestiile de mai jos.

CUM SĂ REACȚIONĂM CÂND BEBELUŞUL PLÂNGE (după ce nevoile imediate au fost împlinite)

1. Luați bebeluşul în brațe, aşezați-vă într-un scaun comod şi priviți-l în față. Dacă are ochii deschişi, priviți-l în ochi. Simți-i energia şi pofta de viață. Țineți-l în brațe cu calm, fără a-l legăna.

2. Respirați adânc şi încercați să vă relaxați. Fiți conştient de iubirea ce i-o purtați.

3. Vorbiți-i. Spuneți-i: „Te iubesc. Te ascult. Eşti în siguranță cu mine. Rămân cu tine. Este în ordine să plângi." Puteți încerca să ghiciți cauza plânsului lui şi să o puneți în cuvinte: „Ai avut o zi grea? Poate că am făcut prea multe azi." Spuneți-i că înțelegeți cât de greu este să fii bebeluş. Spuneți-i că vreți să îl ajutați să se simtă mai bine.

4. Conştientizați-vă propriile emoții. Dacă aveți nevoie să plângeți împreună cu bebeluşul, faceți-o. Spuneți-i că sunteți trist.

5. Dacă se încordează pentru a se îndepărta de dumneavoastră şi nu vă priveşte, spuneți-i: „Te rog să te uiți la mine. Sunt aici. Vreau să te simți în siguranță cu mine." Atingeți-i cu blândețe mâinile sau fața pentru a-l reasigura de prezența dumneavoastră fizică. Nu fiți surprins dacă acest lucru determină un plâns mai intens decât înainte.

6. Continuați să stați cu bebeluşul şi să îl țineți în brațe cu dragoste, până când plânsul încetează de la sine.

Mulți bebeluşi, în special cei foarte mici, plâng cu ochii închişi, dar se opresc periodic din plâns şi se uită să vadă dacă le mai acordă cineva atenție. Apoi, dacă s-au asigurat că sunteți încă disponibil emoțional, ei închid ochii şi continuă să plângă. Alții plâng cu ochii deschişi şi vă privesc tot timpul. Este important să stabiliți contactul vizual cu bebeluşul, dacă acesta se uită spre dumneavoastră.

Iată o experiență pe care am avut-o cu un copilaş care la început a refuzat să mă privească:

> Eram la o petrecere în casa unei prietene şi bebeluşul ei de trei luni a început să plângă. M-am oferit să îl țin în brațe, şi mama a fost de acord. Ea ştia că nu îi este foame. L-am ținut în brațe, fără să încerc să-i distrag atenția. Curând, a început să plângă foarte tare în brațele mele. L-am privit şi am încercat să stabilesc contact vizual, dar a evitat să mă privească. Ochii îi erau fie închişi, fie se uita prin cameră, însă niciodată direct la mine. Plânsul lui părea haotic şi dezorganizat. Am reuşit să îmi dau seama că nu era obişnuit să primească atenție deplină atunci când plângea. Era ca şi cum nu se aştepta ca eu să îl privesc. (Avea patru frați mai mari şi mama nu avea timp să fie pe deplin prezentă când plângea, deşi îl purta într-un sling mare parte a timpului.) Am continuat să îl țin în brațe, atingându-l pe cap, față şi brațe şi să vorbesc blând cu el, asigurându-l că sunt cu el şi că este în siguranță cu mine. După aproximativ 20 de minute de plâns, a început să mă privească drept în ochi pentru prima dată. Apoi, a plâns şi mai intens timp de alte zece minute. Plânsul a părut mai puternic, mai concentrat, şi l-a relaxat considerabil. Apoi, a adormit liniştit în brațe şi l-am pus în pătuțul lui. Câteva ore mai târziu, după ce s-a trezit şi

a fost hrănit, l-am salutat în timp ce el era în brațele mamei lui. S-a uitat direct la mine, mi-a zâmbit larg şi şi-a întins mânuțele către mine. Părea încântat să mă revadă.

Deşi vă puteți simți neputincios când țineți în brațe un bebeluş care plânge, în realitate îi oferiți un sprijin emoțional de care are foarte mare nevoie, în timp ce se eliberează de stresul acumulat. Pe scurt, un bebeluş care plânge are nevoie de următoarele lucuri importante: contact fizic apropiat, contact vizual, încurajări şi asigurări verbale şi foarte multă ascultare.

Sunt părinți care se simt respinşi de un bebeluş care plânge, crezând că el nu doreşte să fie ținut în brațe. Nimic nu poate fi mai departe de adevăr. Bebeluşul nu vă respinge atunci când plânge. Pur şi simplu se simte îndeajuns de în siguranță pentru a vă arăta ce simte, aşa cum şi dumneavoastră ați putea izbucni în lacrimi dacă o persoană de încredere v-ar cuprinde cu brațul şi ar recunoaşte că ați avut o zi grea. Părinții care îşi țin în brațe bebeluşii şi le permit acestora să se exprime în acest mod observă că micuții sunt relaxați şi mulțumiți după episodul de plâns şi dorm perioade mai lungi de timp noaptea.

În timpul primelor, vă puteți aştepta ca bebeluşul să plângă cel puțin câteva minute în fiecare zi şi câteodată o oră sau mai mult. Episoade mai lungi de plâns sunt posibile dacă bebeluşul a avut o naştere dificilă sau altă traumă majoră. Dacă plânsul a fost reprimat timp de multe luni şi abia acum începeți să folosiți această abordare, vă puteți, de asemenea, aştepta la episoade lungi de plâns. E posibil ca bebeluşul dumneavoastră să aibă nevoie să „recupereze" plânsul care a fost reprimat prin diverse metode „liniştitoare" de distragere a atenției.

Pruncii cad, de obicei, într-un somn adânc şi liniştitor după plâns, şi apoi se trezesc optimişti şi vioi. Când au deja câteva luni, bebeluşii nu prea mai adorm după plâns, dar devin calmi, fericiţi şi receptivi după un astfel de episod.

Unii nou-născuţi nu au episoade de plâns până la vârsta de câteva săptămâni. Probabil au nevoie de toată energia pentru a se acomoda vieţii din afara pântecelui matern. Odată ce mecanismele fiziologice de bază necesare supravieţuirii (respiraţia, digestia, urinarea şi defecarea) sunt reglate, ei au resursele şi puterea necesare pentru vindecarea stresului emoţional prin plâns. Acest lucru poate apărea drept o surpriză neplăcută pentru părinţii care au crezut că au un copil uşor de crescut.

Tiparele de plâns diferă foarte mult de la un copil la altul, dar există câteva tendinţe generale. Unii prunci, mai ales la început, nu au o singură repriză zdravănă de plâns pe zi. În schimb, ei au episoade mai scurte de plâns, după cum au momente dese de hrănire şi somn pe parcursul zilei (şi al nopţii). După câteva săptămâni însă, ei încep să acumuleze plânsul pentru un episod major în timpul zilei. Acesta are loc de obicei după-amiaza târziu sau seara, tocmai când părinţii vor să ia cina şi să se relaxeze. Unii părinţi numesc această perioadă „happy hour".

Mulţi părinţi remarcă o reducere a plânsului între trei şi şase luni. Acest lucru se întâmplă deoarece bebeluşii au achiziţionat mecanisme de reprimare până la acea vârstă (a se vedea Secţiunea 5), dar şi datorită unei nevoi reduse de plâns. Nivelul de stres este mai mic la bebeluşii de peste şase luni. La un an, chiar şi copiii care nu sunt descurajaţi să plângă pot să reziste fără plâns timp de o săptămână.

Există diferențe majore în ceea ce privește durata și frecvența reprizelor de plâns în funcție de temperamentul bebelușului, nivelul lui de sensibilitate și nivelul de stres. Plânsul se poate amplifica în perioade de boală, de conflict în familie, de întrerupere a rutinei, datorită suprastimulării și în perioadele de deprindere de noi aptitudini. Mulți bebeluși au nevoie să elimine tensiunile prin plâns înainte de a adormi, fie în cazul somnului de prânz, fie al somnului de noapte.

Deși unii părinți susțin că micuții lor plâng „toată ziua", acest lucru nu este de obicei adevărat. Acești părinți probabil că sunt expuși unui grad continuu de agitație pe parcursul zilei, deoarece ei insistă să reprime plânsul. Părinții care încep să se relaxeze și acceptă plânsul bebelușului, descoperă că cel mic plânge mai intens, dar apoi plânsul încetează de la sine și copilul devine mulțumit și relaxat.

Iată un exemplu:

> O fetiță de două săptămâni a fost agitată toată dimineața. Mama ei era convinsă că avea gaze intestinale pe care nu reușise să le elimine prin râgâit. Astfel, mama a încercat să o bată pe spate, să-i maseze stomacul, să o hrănească și să o legene, însă nimic nu a pus capăt agitației. Într-un final, la sugestia mea, mama doar a ținut-o în brațe, a privit-o și a mângâiat-o blând pe frunte. Agitația s-a transformat curând într-un plâns intens, care a durat aproximativ o oră. După acest episod, fetița a adormit și s-a trezit mai târziu într-o stare bună. Era calmă, relaxată și ochii îi erau atenți. O privea direct pe mama ei și îi trimitea zâmbete iubitoare. Nu a mai fost agitată în acea zi.

Bebeluşii care merg la creşă îşi păstrează plânsul pentru părinţi. Acest lucru poate fi deruntant. Îngrijitoarele îi asigură pe părinţi că bebeluşul a fost fericit toată ziua, iar părinţii nu înţeleg de ce acesta plânge în fiecare seară acasă. Cu toate aceastea, este firesc pentru bebeluşi (şi copii mici) să plângă mai mult cu persoanele apropiate lor, deoarece se simt de obicei mai în siguranţă cu acestea.

Partea a IV-a (Secţiunea 4) oferă mai multe exemple despre cum se poate aplica în practică abordarea descrisă de mine. Secţiunea conţine multe scrisori de la părinţii care împărtăşesc din experienţa lor cu plânsul bebeluşilor.

4. CUM SĂ REDUCEŢI STRESUL ŞI NEVOIA DE A PLÂNGE ÎN TIMPUL FRAGEDEI COPILĂRII

Când se reduce stresul, nevoia bebeluşilor de a plânge este mai mică. Iată câteva sugestii de reducere a stresului şi a nevoii de a plânge în timpul fragedei copilării.

SUGESTII PENTRU REDUCEREA STRESULUI ÎN TIMPUL FRAGEDEI COPILĂRII

- străduiţi-vă să aveţi o sarcină lipsită de stres
- străduiţi-vă să aveţi o naştere fără medicamente şi cu minime intervenţii medicale
- alăptaţi-vă pruncul, dacă este posibil
- evitaţi medicamentele şi mâncărurile care pot avea efecte adverse asupra pruncului (în cazul în care alăptaţi)

- oferiți contact fizic copilului, atât ziua, cât şi noaptea
- împliniți prompt nevoile copilului; preveniți frustrarea
- evitați suprastimularea
- protejați copilul de rănire şi evenimente înfricoşătoare
- aveți grijă de propriile nevoi fizice şi emoționale.

În primul rând, încercați să aveți o sarcină şi o naştere cât mai lipsite de stres. Aveți grijă de dumneavoastră, mâncați sănătos, evitați medicamentele care i-ar putea face rău fătului şi căutați sprijin emoțional. Participați la cursuri de pregătire pentru naştere şi pregătiți-vă, pe cât posibil, pentru o naştere fără medicamente şi cu minime intervenții medicale. Dacă naşterea se dovedeşte dificilă, amintiți-vă că nu sunteți vinovată şi că atât dumneavoastră, cât şi copilul, vă puteți vindeca.

După ce se naşte copilul, încercați să dezvoltați un ataşament puternic cu el prin intermediul unui contact fizic apropiat. Dacă este posibil, alăptați-l. Aceasta este, de departe, alegerea cea mai naturală. Îi puteți împlini nevoia de apropiere fizică purtându-l într-un sling sau un marsupiu, cât mai mult în timpul zilei, şi dormind alături de el noaptea. Nu aşteptați să înceapă să plângă pentru a începe să-l purtați. *Țineți bebeluşul în brațe şi purtați-l chiar şi când nu plânge.*

Dacă alăptați, încercați să evitați medicamentele care îl pot afecta pe micuț, evitați mâncărurile care pot afecta negativ gustul laptelui sau pot cauza probleme digestive sau reacții alergice. Asigurați-vă că plângeți şi dumneavoastră când aveți nevoie. Multe mame descoperă că plâng mai uşor în perioada postpartum. Este în parte efectul prolactinei, care joacă un rol important în producția de lapte, dar totodată coboară pragul de plâns. S-a descoperit că prolactina acționează direct asupra glandelor lacrimale. Cu cât concentrația de prolactină este mai mare, cu atât tendința de a vărsa lacrimi este mai mare.[1] Poate că este procesul natural de reducere a concentrației de hormoni de stres din corpul mamei. Acest lucru determină şi reducerea hormonilor de stres din laptele matern. Atunci când mamele plâng, acest lucru le ajută să îşi elibereze tensiunile şi să fie mai calme lângă pruncii lor. Aşadar, nu încercați să vă reprimați propria nevoie de plâns. Plânsul vă face bine şi dumneavoastră, şi copilului.

Faceți tot ce este posibil pentru a împlini nevoile bebeluşului cât mai prompt posibil. Mergeți la el imediat ce acesta plânge. Încercați să vă dați seama de ce are nevoie. Hrăniți-l atunci când îi este foame (dar nu peste măsură). Încercați să evitați frustrarea lui.

O altă măsură pe care o puteți lua este evitarea suprastimulării. Nu uitați că nou-născuții sunt mai uşor suprastimulați decât copiii mai mari, aşadar aveți mai multă grijă, în special în timpul primelor trei luni. Cele mai bune stimulări pentru bebeluşi sunt cele care seamănă cu experiențele lor din pântecele mamei: legănat uşor, o poziție comodă, vocea mamei. Dacă trebuie să îl duceți pe nou-născut la un eveniment zgomotos, cum ar fi o petrecere, puteți reduce suprastimularea ținându-l aproape de corpul dumneavoastră, cu mirosul şi sunetele sale familiare. Este mai bine să evitați mutarea într-o casă nouă şi o călătorie lungă în primele şase luni, dacă este posibil. Unii copii pot face față unui grad mai mare de stimulare decât alții. Fiți conştienți de nivelul de toleranță al bebeluşului dumneavoastră.

Încercați să evitați să fiți sursa suferinței propriului copil. Nu țipați, loviți, zguduiți sau pedepsiți bebeluşul. Aceste comportamente îi vor da motive în plus de plâns. Dacă îl lăsați în grija altor persoane, alegeți persoane calde şi sensibile. Nu îl lăsați cu persoane străine lui, dacă protestează.

Străduiți-vă să evitați certurile şi strigătele în familie, dacă pruncul le poate auzi. Dacă totuşi vă certați în fața lui, asigurați-vă că vede şi rezolvarea conflictului, împăcarea. Faceți tot posibilul să protejați copilul de agresivitatea fraților.

Dacă există stres în viața bebeluşului, acesta va avea nevoie să plângă. Nu trebuie să vă simțiți vinovați sau să vă blamați reciproc, dacă se întâmplă acest lucru. Îl puteți sprijini şi ajuta în procesul lui de vindecare. Principalul lucru de ținut minte este: *nu îl lăsați niciodată pe bebeluş să plângă singur.*

5. REPRIMAREA PLÂNSULUI LA BEBELUŞI: ORIGINEA TIPARELOR DE CONTROL

Există câteva metode de „liniştire" a pruncilor care plâng, toate putând genera o reprimare a acestui mecanism vital pentru vindecare. Aşa cum am menționat anterior, multe cărți pentru părinți conțin o listă de tehnici de distragere a atenției bebeluşului, care cuprinde hrănirea lui, mişcarea (ținut sau nu în brațe) sau stimularea auditivă.

Pe lângă aceste metode aparent blânde, există şi abordări mai drastice, precum administrarea de medicamente sau lăsarea bebeluşului să plângă de unul singur. După cum am menționat mai devreme, unele cărți recomandă ca pruncul să fie lăsat în pătuțul lui să plângă până se linişteşte singur. Este şi sfatul dat în cazul bebeluşilor care se trezesc des noaptea.

Eu nu recomand niciuna dintre aceste metode. Pruncilor nu trebuie nici să li se distragă atenția, nici să fie ignorați atunci când plâng.

Ca urmare a acestor încercări diverse ale părinților şi ale altora de a-i opri pe cei mici din plâns, majoritatea bebeluşilor învață, într-un final, să îşi reprime plânsul prin intermediul unor comportamente repetitive sau acțiuni compulsive (tipare de control). Reprimarea plânsului în timpul copilăriei este aşa de larg răspândită, încât majoritatea copiilor şi-au dezvoltat deja astfel de tipare de control până la vârsta de şase luni. Ele au scopul de a reprima emoțiile puternice. Tiparele comune de control includ suptul degetului, suptul suzetei, solicitarea sânului pentru confort şi nu din cauza foamei şi ataşament față de un obiect, precum o păturică specială sau un ursuleț.

Majoritatea acestor metode amână plânsul prin distragerea temporară a atenției copilului. Natura lor ritmică şi repetitivă poate „linişti" copilul în mod eficient datorită efectului hipnotic. Ați observat vreodată că bebeluşii care îşi sug degetul sau o suzetă par a fi într-o stare de transă, mai puțin receptivi? Cu toate acestea, efectul tranchilizant al tiparelor de control este doar temporar, deoarece ele nu permit eliberarea stresului acumulat la bază. Tiparele de control pot fi considerate o formă de amorțire psihologică sau de disociere, o activitate care le permite copiilor să închidă eficient durerea în ei, fără a o rezolva.

Orice mecanism folosiți în mod repetat pentru a opri bebeluşul din plâns va deveni, în timp, tiparul său de control. El pare să aibă nevoie de acelaşi tip de consolare de fiecare dată când este supărat, speriat, frustrat sau când simte o acumulare de stres. Aceste tipare de control pot deveni cârje care vor părea la un moment dat nevoi reale, dar de fapt sunt asemănătoare cu tiparele de control sau dependențele adulților. (A se vedea Partea I, Secțiunea 8.)

Tiparele de control pot fi considerate atașamente denaturate. Atașamentele sănătoase se formează cu oamenii. Bebelușii devin atașați de cei care îi îngrijesc, în mod natural, și acest atașament susține o dezvoltare sănătoasă. Dar când adulții nu sunt capabili să îi asculte bebelușului emoțiile puternice, el simte că nu este complet auzit și văzut și dezvoltă atașamente față de obiecte (suzete, biberon, păturica specială sau animalul de pluș etc.) sau părți ale corpului (propriul deget sau sânul mamei). Atașamentele denaturate inhibă intimitatea și dezvoltarea emoțională sănătoasă.

TIPARE DE CONTROL COMUNE LA BEBELUȘI

- Hrănire frecventă pentru confort (și nu de foame)
- Suptul suzetei
- Suptul degetului
- Agățarea excesivă de părinte
- Atașament față de o păturică specială sau o jucărie
- Solicitări constante de divertisment
- Hiperactivitate
- Legănare sau mișcarea capului

Odată dezvoltate, tiparele de control pot dura ani. Este foarte dificil să schimbi obiceiul copilului, cu excepția cazului în care îi permiteți și acceptați cu iubire plânsul, după cum este descris în cartea de față. Odată ce începeți să acceptați plânsul bebelușului și nu să îl reprimați, nevoia de tipare de control va dispărea, uneori destul de rapid. Următoarea secțiune descrie cele mai întâlnite tipare de control și originea lor.

Tipare de control legate de alăptare

Alăptarea este un tipar de control comun, mai ales în cazul mamelor care recunosc beneficiile unui contact fizic apropiat. Nu există niciun dubiu că alăptarea are un efect temporar de calmare fiziologică. Acest lucru ajută scopului de relaxare a copiilor după hrănire, pentru ca laptele să fie digerat mai bine. Nu ar fi benefic pentru bebeluși să fie activi sau să plângă după ce au fost alăptați. Ar însemna ca ei să regurgiteze laptele sau să înghită aer, provocându-și probleme digestive.

Unele mame consideră că alăptarea este metoda cea mai potrivită de a calma un bebeluș, chiar dacă acestuia nu îi este foame. Micuții care sunt adesea calmați în acest mod pot deveni agitați și pretențioși cronic, deoarece nu au niciodată ocazia să plângă zdravăn. În final, ei devin dependenți de alăptare și par să aibă nevoie de sân ori de câte ori sunt supărați pentru orice motiv, chiar și după răniri fizice, cum este o julitură la cap.

Bebeşulii au nevoie să plângă pentru a-și elibera suferința care rezultă atât din traume emoționale, cât și din traume fizice. Orice oprește plânsul reprezintă un deserviciu adus bebelușului, chiar dacă pare a fi un lucru minunat, făcut din dragoste. Nevoia de a plânge nu dispare când bebelușul este alăptat. Este doar amânată. Lacrimile vor trebui să iasă într-un final.

Pe lângă reprimarea eliberării de emoții puternice, alăptarea atunci când bebelușului nu îi este foame poate cauza și alte probleme. Poate determina eliminarea frecventă a laptelui sau indigestie, astfel sporind nefericirea copilului. Tulburările digestive au o recurență mai mare dacă bebelușul este deja stresat și încordat.

Alăptarea în exces poate fi începutul unui obicei de a mânca la supărare. Această tulburare de alimentație este destul de comună printre adulți, mulți dintre ei mâncând compulsiv când sunt mânioși, frustrați sau deprimați. Este una dintre cauzele principale ale obezității.

Am observat că femeile care mănâncă în exces sunt mai predispuse să folosească alăptarea drept metodă de liniștire pentru bebelușii lor. Și este de înțeles, deoarece ele însele au fost probabil supra-alimentate atunci când aveau nevoie să plângă. Începând de la primele săptămâni de viață, alimentarea a devenit o modalitate de a-și reprima propriile sentimente puternice. Ele consideră că, în mod firesc, bebelușii lor au nevoie de același mecanism de calmare.

Am primit multe scrisori din partea unor mame care s-au simțit eliberate să afle că nu este responsabilitatea lor să oprească de fiecare dată plânsul bebelușilor lor prin alăptare. Nu-i este nimănui ușor să țină în brațe un bebeluș care plânge și să-i accepte plânsul. Cu toate acestea, aproape întotdeauna mamele observă schimbări benefice la micuții lor după ce reduc frecvența alăptării. (A se vedea Partea a IV-a, Secțiunea 4, pentru pasaje din astfel de scrisori.)

Este absolut firesc ca bebelușii să fie alăptați timp de mai mulți ani, atunci când alăptatul nu este un tipar de control. Copiii alăptați din motive ce țin de nutriție și care nu folosesc alăptatul pentru a-și reprima nevoia de a plânge se înțarcă singuri în cele din urmă. Vârsta înțărcatului spontan depinde de temperamentul bebelușului, de personalitatea sa, de relația pe care o are cu mama și de celelalte surse de hrană din dieta lui.

În multe culturi, mamele își alăptează pruncii foarte des, uneori chiar de câteva ori pe oră.[1] În acest caz, alăptarea are funcție de suzetă, reprimând plânsul. În culturile cu pricina, plânsul copiilor este intens în momentul în care mama decide înțărcarea, ceea ce denotă faptul că alăptarea devenise un tipar de control. O mamă din tribul Kung din Deșertul Kalahari (ea însăși alăptată frecvent timp de câțiva ani, când era mică) a fost intervievată în legătură cu copilăria ei. Ea și-a amintit că a plâns mult în lunile în care mama ei a fost însărcinată cu următorul copil (ea fiind atunci înțărcată) și ca urmare a nașterii fratelui ei:

> Cât timp mama a fost însărcinată cu Kumsa, am plâns întruna. Voiam să sug. Odată, pe când trăiam într-o regiune izolată, departe de oameni, știu că am avut o perioadă intensă de cu plâns. Plângeam mereu. Atunci tata mi-a zis că mă snopește în bătaie. Prea aveam multe lacrimi, prea plângeam mereu. Avea un măturoi mare în mână când m-a înșfăcat, dar nu m-a lovit; voia numai să mă sperie...
> (După nașterea fratelui): Tânjeam după laptele pe care îl avea mama în sâni. Și atunci când îl alăpta pe el, ochii mei priveau cum dă pe afară laptele. Plângeam toată noaptea, plângeam și iar plângeam până se lumina de zi. În unele dimineți, lacrimile se porneau din nimic, plângeam și refuzam mâncarea. Aceasta pentru că îl văzusem pe el cum suge.[2]

Antropologii concluzionează, după cercetări cum este cea de mai sus, că însăși experiența înțărcatului este traumatizantă pentru copiii din aceste culturi. O altă interpretare ce susține premiza de bază a cărții de față este aceea că bebelușii plâng după ce au fost înțărcați deoarece plânsul nu mai este oprit prin alăptat frecvent. Cu alte cuvinte, ei recuperează din plânsul neplâns, care a fost reprimat de la naştere. Exemplul de mai sus arată că acest plâns nu este, din păcate, bine tolerat de adulţi.

Mamele care răspund la orice disconfort al copiilor lor prin alăptare pot proiecta propriile nevoi asupra copiilor.[3] De exemplu, o mamă poate avea tendinţa să compenseze propria nevoie neîmplinită de apropiere sau poate dori să reprime emoţiile copilului, astfel ţinându-şi propriile emoţii puternice sub control. Adevărata grijă plină de empatie pentru un copil implică perceperea lui drept o persoană unică, separat de mamă, şi astfel o reacţie adecvată şi flexibilă (mai degrabă decât rigidă) la nevoile lui fizice şi emoţionale.

Alăptarea frecventă poate fi şi pur şi simplu o tradiţie. Fiecare cultură are o abordare diferită în legătură cu creşterea copiilor, care este transmisă din generaţie în generaţie. Nu trebuie să percepem o cultură ca fiind mai bună decât alta. În ţările industrializate, abordarea „înapoi la natură" care imită unele culturi tradiţionale poate păstra unele aspecte care sunt benefice şi poate elimina altele. Faptul că mamele din anumite culturi îşi alăptează bebeluşii din douăzeci în douăzeci de minute nu înseamnă că trebuie să o facem şi noi. Dacă ar fi să imităm tot ce face tribul Kung, de exemplu, nu am alăpta deloc în primele zile după naştere, deoarece tribul consideră că laptele din această perioadă (colostrul) este otrăvitor. (Oamenii de ştiinţă au descoperit că tocmai colostrul conţine substanţe extrem de benefice care au proprietăţi imunitare, laxative şi coagulante.)

Cât de des au de fapt bebeluşii nevoie să fie alăptaţi? Este o întrebare la care este dificil de răspuns, deoarece depinde de câţiva factori. În prima lună, o masă completă la sân necesită două ore şi jumătate pentru a fi digerată de către copil. În general, sânii mamei încep să se umple după această perioadă de timp. Astfel, ne putem aştepta ca bebeluşilor să le fie foame la fiecare două ore şi jumătate, trei ore (de la începutul unei alăptări la începutul următoarei) şi ca alăptatul să aibă loc de opt până la zece ori în douăzeci şi patru de ore. Astfel, un bebeluş de patru săptămâni care a avut o masă completă, din ambii sâni, la ora trei va fi din nou înfometat la ora şase.

Însă acest lucru este doar o linie directoare. Pruncii nu ar trebui să fie hrăniţi după ceas, ci la cerere. Poate fi nevoie de alăptări mai frecvent în primele săptămâni de viaţă; astfel, şi laptele mamei va fi mai abundent. Următoarele elemente pot, de asemenea, să genereze alăptarea la intervale mai scurte: puseele de creştere, creşterea insuficientă, căldura foarte mare, boala sau superficialitatea, cazul în care cel mic nu mănâncă îndeajuns la fiecare alăptare. Bebeluşii ar trebui hrăniţi de fiecare dată când le e foame. Însă părinţii trebuie să fie conştienţi că nu fiecare comportament de agitaţie indică foame sau nevoia de a suge. Alăptarea nu trebuie să devină o metodă de liniştire a copilului care are nevoie să-şi elibereze tensiunile prin plâns.

Pe măsură ce copiii cresc, laptele devine mai concentrat, iar stomacul lor poate abosorbi o cantitate mai mare. Astfel, intervalele dintre două alăptări cresc până la patru sau mai multe ore. Pruncii hrăniţi cu lapte de vacă pot avea un interval mai mare între două mese, deoarece acest tip de lapte are nevoie de un timp mai îndelungat pentru digerare. Cei mai mulţi bebeluşi pot rezista perioade mai îndelungate fără lapte, pe timpul nopţii. La şase luni, unii copii pot avea nevoie de o hrănire pe noapte. Dar atunci când bebeluşii mai mari de şase luni se trezesc în mod frecvent mai mult de o dată pe noapte şi cer lapte, acesta este de obicei un semn că alăptarea a devenit un tipar de control.

Tipare de control prin mişcare

Pe lângă alăptare, o altă metodă des folosită pentru „liniştirea" pruncilor este prin mişcare ritmică - diverse forme de legănare, balansare, scuturare. Mişcarea este importantă pentru dezvoltarea bebeluşului, dar dacă este folosită în mod frecevent, ca reacție la plânsul lui, poate avea ca efect reprimarea vindecării prin plâns. Mai mult, bebeluşii pot deveni dependenți de acest tip de stimulare şi pot să şi-o ofere ei înşişi când se simt trişti, neliniştiți sau frustrați. Acest lucru poate fi posibila cauză a mişcărilor din cap pe care bebeluşii le fac singuri sau a propriei legănări şi, mai târziu, a hiperactivității generalizate.

Hiperactivitatea este mai comună la băieți, decât la fete. Un aspect interesant este că părinții au de obicei tendința să-şi legene băieții mai mult decât pe fete.[4] Este foarte posibil ca stimularea frecventă prin mişcare de care au parte băieții să fie un factor care contribuie la hiperactivitatea care apare mai târziu. Acest lucru este mai probabil în cazul în care legănarea s-a făcut frecvent, ca o tentativă de a opri bebeluşul din plâns.

Stimularea prin mişcare este importantă pentru bebeluşi, dar momentul acesteia (ca şi în cazul altor forme de stimulare) este crucial. Este mai bine să se amâne legănatul pentru atunci când copiii sunt fericiți, atenți şi pregătiți pentru a fi stimulați. Nu aşteptați până când copilul este agitat. Bebeluşii nu plâng pentru că au nevoie de aceste forme artificiale de mişcare. Legănatul îi distrage de la nevoia lor de a plânge.

Multe persoane cred că bebeluşii trebuie să fie calmați prin mişcare, deoarece ei au trăit o mişcare continuă în pântecele mamei. Cu toate aceastea, au existat şi multe momente în timpul sarcinii (poate chiar 50% din timp) când mama a stat nemişcată sau a dormit. În acele momente, bebeluşul simțea doar acele mişcări subtile date de respirația ei. Contactul apropiat după naștere le oferă pruncilor aceeași mișcare subtilă. În cazul în care cei mici plâng când sunt în contact apropiat cu părinții, este timpul fie să fie hrăniți, fie ascultați cu respect, și nu să fie distrași prin acțiuni disperate. Unele mămici recurg la legănat și alte mișcări artificiale la care nici nu s-ar fi gândi cât au fost însărcinate.

Dacă simțiți o dorință puternică de a legăna, balansa, scutura un bebeluș care plânge, lucrul acesta se datorează informațiilor greșite la care ați fost expus. Poate fi și rezultatul propriilor neliniști și frustrări legate de plânsul bebelușului. (Atenție: abțineți-vă de la zguduirea pruncilor! Este o tehnică ce poate produce leziuni cerebrale.)

Suzetele, suptul degetului și „obiectele de siguranță"

Când copiii sunt lăsați să plângă singuri și nu sunt alăptați și nici legănați, ei își dezvoltă tipare de control care nu necesită prezența altor persoane. Cele mai comune sunt suptul degetului și strânsul la piept al unui obiect, cum ar fi o păturică sau un ursuleț. Suzetele vor deveni automat tipare de control dacă sunt date bebelușilor când au nevoie să plângă.

Copiii cu aceste tipare de control par să fie mai independenți și mai puțin pretențioși. Ei pur și simplu își sug detegetul, o suzetă sau strâng în brațe obiectul favorit când plâng. Pot, de obicei, să adoarmă singuri când au tiparele de control la purtător. Cu toate acestea, este posibil ca ei să ajungă să nu se mai elibereze de stres, după cum nici copiii legănați sau alăptați nu o fac. În consecință, nu sunt deloc mai sănătoși din punct de vedere psihologic. Mai mult, ei primesc probabil mai puțin contact fizic decât bebelușii care au tiparele de control de alăptat și de legănat. Acest lucru se întâmplă din cauză că părinții consideră (poate incorect) că sunt mulțumiți și singuri.

Unii psihologi numesc aceste obiecte „de siguranță" sau „de tranziție". Ei presupun că obiectele îi ajută pe copii să se simtă în siguranță în lipsa persoanelor apropiate și să facă tranziția spre independență și autonomie. Eu însă le consider tipare de control care îi ajută pe copii să își reprime plânsul într-un mediu unde nu se simt complet în siguranță să plângă. Acești copii ascund o acumulare de emoții rezultate din stres.

Când copiii folosesc aceste obiecte drept tipare de control, este de ajutor să se creeze un mediu de familie mai sigur emoțional și nu să se presupună că bebelușul este mulțumit. (A se vedea Partea a IV-a, Secțiunea 2, pentru informații referitoare la consolidarea siguranței emoționale.) Părinții care se simt confortabil să facă aceasta și sunt pregătiți să accepte lacrimile și crizele de furie încetează să mai dea copiilor suzete și păturici odată ce realizează că ele reprimă sentimentele copiilor. Acești părinți observă, de obicei, o intensificare a plânsului și a crizelor de furie, dar și o schimbare spectaculoasă și imediată în starea de spirit a copilului și în receptivitatea lui.

Legat de suptul degetului, din punctul meu de vedere este cât se poate de lipsit de respect ca un adult să-i scoată bebelușului degetul din gură cu forța. De obicei, copilul este cel care decide singur să-și sugă degetul. De aceea, aici trebuie să se folosească metode mai indirecte pentru ca micuțul să nu mai simtă nevoia. Ofer câteva sugestii în capitolul de „Întrebări și răspunsuri" al acestei cărți (Partea a IV-a, Secțiunea 5). Aceleași metode pot fi aplicate și cu micuții care folosesc obiecte pentru a-și reprima sentimentele.

Următorul exemplu ilustrează faptul că bebeluşii îşi vor scoate spontan degetul din gură pentru a plânge, dacă se simt suficient de în siguranţă:

> La unul dintre atelierele pe care le-am susţinut în sudul Franţei era prezent un bebeluş de patru luni care îşi sugea degetul. Mama a fost de acord să îmi permită să-mi demonstrez teoria pe pruncul ei. L-am luat în braţe, l-am privit şi l-am mângâiat blând pe frunte. I-am vorbit încet şi i-am spus că este în regulă să plângă. Curând şi-a scos degetul din gură şi a început să plângă. După câteva minute, timp în care i-am acordat atenţia mea completă, m-am uitat la participanţi pentru a le explica ce se întâmplă şi a le răspunde la întrebări. Dar imediat ce am întors privirea de la copil, acesta şi-a băgat din nou degetul în gură şi a încetat plânsul. Am anunţat grupul că mă voi concentra din nou asupra copilului şi, după cum am presupus, ca răspuns la atenţia mea, el a scos degetul din gură şi a mai plâns. Chiar aşa s-a întâmplat, spre uimirea tuturor participanţilor! În timpul acestei demonstraţii, nu am atins deloc mâna pe care bebeluşul o ţinea în gură. A fost decizia lui să-şi scoată degetul din gură.

Modalităţi de reprimare a plânsului în diferite culturi

Fiecare cultură are metodele ei preferate pentru reprimarea plânsului la bebeluşi. Acestea sunt tipare culturale de control care sunt transmise de la părinte la copil, din generaţie în generaţie. Aceste tipare rezultă din condiţiile de viaţă, valorile culturale şi tradiţii, şi lupta pentru supravieţuire.

După cum am menţionat, multe triburi indigene folosesc alăptarea la sân drept suzetă, bebeluşii fiind uneori alăptați și de câteva ori pe oră. Bebelușii din aceste culturi plâng mai rar decât cei din țările industrializate. Cu toate acestea, observatorii au remarcat că au și ei episoade de plâns seara, similare cu colicile atât de comune în țările occidentale.

Antropologii au observat comportamentul mamelor din tribul Kung atunci când le plâng copiii. Dacă bebelușii au refuzat sânul, mamele încearcă să îi legene, cântându-le la ureche sau vorbind foarte tare, încercând astfel să le distragă atenția. Dacă aceste încercări nu au dat roade în liniștirea bebelușului, mamele se mișcă cu ei în brațe, legănându-i, cântându-le și încercând să-i alăpteze în mod repetat. Pe lângă foame, bebelușii plângeau din cauza suprastimulării și frustrării lor în atingerea unui scop. Indiferent de cauza plânsului, mamele răspundeau prin alăptare, mișcare și cântec.[5]

În Elveția, Austria și Germania sunt folosite suzetele pe scară largă. Acest obicei este cât se poate de comun acolo unde lumea trăiește la bloc, prețuiește intimitatea și există o îngrijorare referitoare la deranjarea vecinilor. În 1992, a existat și o modă a suzetelor în aceste țări; adolescenții purtau suzete colorate la gât și le sugeau.[6] Nu este deloc surprinzător, dacă considerăm tradiția extinsă a folosirii suzetelor la bebeluși în aceste țări.

Printre cei care prețuiesc independența, dar sunt mai puțin îngrijorați de zgomot, cum ar fi americanii, părinții sunt sfătuiți să-și lase micuții să plângă singuri, iar pe copiii mai mari să-i trimită în camera lor, dacă au o criză de furie. Copiii învață să își reprime plânsul sugându-și degetul sau strângând la piept o păturică preferată sau un animal de pluș.

În unele culturi, să ai un copil gras reprezintă un motiv de mândrie, făcând referire la calitatea ta ca părinte. Părinţii îşi hrănesc bebeluşii oricând aceştia plâng, iar mâncatul devine un tipar de control. Drept consecinţă, pruncii şi copiii sunt de obicei obezi, chiar dacă părinţii lor sunt foarte săraci.

O practică comună timp de secole a fost aceea de a da medicamente micuţilor care plâng. În timpul celui de-al doilea secol după Hristos, doctorul grec Galen prescria opium pentru calmarea bebeluşilor agitaţi. În trecut, în Europa, părinţii dădeau în mod frecvent alcool sau opium copiilor lor pentru a-i face să se oprească din plâns şi să doarmă. O modalitate prin care mamele şi doicile făceau acest lucru era să îşi ungă sfârcurile cu loţuni care conţineau opium. Bebeluşul absorbea şi opium atunci când sugea şi apoi adormea. Medicamentele populare care conţineau opium erau Laudanum sau Paregoric. Mulţi bebeluşi deveneau dependenţi, în timp ce alţii mureau de supradoză.[7] Un elixir popular pe bază de opium, numit „Siropul liniştitor al lui Winslow", a fost disponibil în Statele Unite fără prescripţie medicală, la sfârşitul anilor 1880.[8]

O altă practică în Europa era să se înmoaie în lichior o bucată de material pe care bebeluşul îl băga în gură atunci când îi ieşeau dinţii; alţi copii erau lăsaţi să sugă un săculeţ umplut cu seminţe de mac (sursă de opiu) şi zahăr, sau udat cu cidru fermentat (alcool). În Austria, aceste „suzete" timpurii folosite de femeile de la ţară erau numite „Most-Zutz", în traducere „ţâţa cu cidru".[9]

Bebeluşii care plâng mult sunt şi azi trataţi cu medicamente. Dacă există un motiv întemeiat pentru care să administraţi un medicament, este firesc să o faceţi. Totuşi, multor copii li se dau sedative doar pentru că plâng mult, chiar şi dacă nu există o cauză medicală de natură fizică pentru plâns. Într-un studiu efectuat în Anglia, s-a descoperit că 25% dintre bebeluşi primiseră sedative înainte de vârsta de 18 luni.[10] Această abordare avea ca scop *oprirea plânsului,* nefiind o necesitate medicală. Medicamentele nu numai că intervin în mecanismul vital de vindecare prin plâns, dar îi fac pe micuți letargici și apatici, afectând și calitatea legăturii părinte-copil. Mai mult, bebelușii care primesc sedative pentru că plâng riscă să devină consumatori de droguri în perioada adolescenței. Când primele tentative ale copiilor de a se elibera de experiențe dureroase sunt reprimate cu medicamente puternice, nu e deloc surprinzător că mai târziu în viață ei recurg la droguri pentru a face față sentimentelor.

Este evident că reprimarea plânsului în timpul fragedei copilării este extinsă. Se pare că nu se înțelege corect acest mecanism vital de vindecare și este prea puțin tolerat.

6. SĂ-I AJUTĂM PE BEBELUȘI SĂ DOARMĂ TOATĂ NOAPTEA (FĂRĂ A-I IGNORA)

Chiar și în cazul în care pruncii dorm în același pat cu părinții lor, trezirile nocturne pot constitui o problemă. Înțelegerea tiparelor de control poate fi soluția rezolvării acestei probleme. Dacă adormiți copilul în mod frecvent folosind un tipar de control, el va depinde în curând exact de această cârjă pentru a adormi. De exemplu, dacă de obicei bebelușul adoarme la sân (în momente când de fapt are nevoie să se elibereze de tensiuni prin plâns), el va părea că are nevoie să sugă ori de câte ori se trezește noaptea. Acest comportament poate continua mult timp după vârsta la care bebelușii se trezesc noaptea din cauza foamei.

Alăptatul sau legănatul bebelușilor pentru a adormi poate determina treziri nocturne, deoarece nu au ocazia să-şi elibereze tensiunile printr-un plâns bun. Unii dintre ei adorm destul de uşor atunci când sunt alăptați sau legănați. Părinții învață să depindă de aceste metode, considerându-le un mijloc eficient de a-şi adormi copilul. Este de înțeles. De ce să nu se recurgă la orice „funcționează" pentru a-l adormi? Cu toate acestea, mulți dintre aceşti bebeluşi încep să se trezească frecvent noaptea pentru că au nevoie să plângă. Părinții cred că cel mic are nevoie să fie alăptat sau legănat din nou, şi acest tipar se repetă de multe ori în fiecare noapte, uneori timp de câțiva ani.

Cercetătorii au descoperit că 20% dintre bebeluşi încep să se trezească din nou noaptea între şapte şi treisprezece luni.[1] Tiparul este următorul: în primele trei luni, bebeluşul se trezeşte de obicei în timpul nopții de câteva ori pentru a suge. Este normal. La această vârstă, el are nevoie să sugă din trei-patru ore în trei-patru ore. Treptat, începe să doarmă perioade mai lungi noaptea; uneori, spre bucuria părinților, chiar toată noaptea. Mama a ajuns să depindă de alăptat ca metodă comodă de a adormi copilul şi pare că merge. Apoi, în jurul vârstei de şase luni sau mai târziu, bebeluşul începe din nou să se trezească, iar mama se supune şi îl adoarme la sân. Ce pare a fi un pas înapoi de scurtă durată continuă însă. În locul unor perioade mai îndelungate de somn în timpul nopții, perioadele cu somn se scurtează.

Această situație pune la încercare până şi răbdarea celor mai iubitori părinți. Puțini oameni pot tolera întreruperea somnului, noapte după noapte, fără a deveni frustrați, plini de resentimente şi obosiți. Admir toate mamele şi tații devotați care au grijă de copiii lor agitați în timpul nopții, mereu alăptând, legănând şi liniştindu-i. Totodată, îmi pare rău pentru aceşti părinți, deoarece nu-şi dau seama că viața le-ar fi mult mai uşoară dacă nu ar încerca mereu să-i oprească pe bebeluşii lor din plâns.

Majoritatea părinților văd numai două abordări: a) să continue să alăpteze sau să-l liniştească pe bebeluş de fiecare dată când se trezeşte sau b) să îl ignore, sperând că va învăța să adoarmă singur. Aşa cum am menționat anterior, sfatul de a ignora un bebeluş care plânge, chiar şi pentru perioade de cinci minute, este dăunător. Poate duce la sentimente de frică, de neputință, şi la pierderea încrederii copilului în adult.

Există şi o a treia abordare de care sunt conştienți surprinzător de puțini oameni. Este foarte posibil să ajuți un bebeluş să doarmă toată noaptea chiar şi fără să-l ignori atunci când plânge. Prima mea întrebare pentru părinții ai căror bebeluşi se trezesc des noaptea este: „Cum adoarme, de obicei, copilul dumneavoastră?" Aproape în toate cazurile, bebeluşul este adormit prin intermediul unui mecanism de liniştire (de obicei, alăptare sau legănare) care funcționează drept tipar de control. Soluția la problemă este de a vă înfrâna să opriți plânsul bebeluşului la ora somnului; fără alăptare, legănare, cântat sau orice altă distragere a atenției. Ceea ce nu înseamnă să-l ignorați. Țineți-l în brațe cu dragoste, dar fără a-l distrage de la nevoia lui de a plânge. Asigurați-vă copilul că totul este în ordine şi că înțelegeți nevoia lui de a plânge. Îi oferiți siguranță, iubire şi atenție, astfel încât el să poată să îşi elibereze tensiunile şi emoțiile dureroase acumulate.

Fiți pregătit ca plânsul să dureze o oră sau mai mult primele dăți când faceți acest lucru, în special dacă micuțul a acumulat sentimente dureroase care au fost reprimate în mod repetat. Stați cu el. Nu va fi uşor. Dar după ce va plânge, se va relaxa şi va putea să adoarmă în brațele dumneavoastră. Dacă aşteptați încă zece până la douăzeci de minute, el va intra într-un somn adânc şi va fi mai uşor să îl puneţi jos fără să îl treziţi. Dacă folosiţi această abordare, bebeluşul va începe curând să doarmă perioade mai lungi noaptea, fără să se trezească. Unii părinţi mi-au spus că au observat o îmbunătăţire spectaculoasă şi imediată, alţii au spus că a durat câteva zile până când cel mic a reuşit să doarmă toată noaptea.

Iată experienţa mea personală cu această abordare:

> Când fiul meu avea zece luni, am observat într-o seară cum căsca şi îşi freca ochii, însă rapid a devenit foarte activ. Era mult trecut de ora lui obişnuită de culcare. L-am dus într-o cameră întunecoasă şi liniştită, şi l-am ţinut aproape de mine. A plâns şi s-a luptat să se elibereze din braţele mele, dar în câteva momente a adormit dus. Hiperactivitatea din acea seară a apărut periodic după acest episod, de obicei când era suprastimulat, cum era cazul când aveam oaspeţi, sau în urma unei zile deosebite. Am observat, de asemenea, că putea fi calmat şi adormit dacă îl alăptam. Cu toate aceastea, când adormea la sân, se trezea în timpul nopţii. Totuşi, am optat pentru alăptat fiindcă îmi era comod. Când avea deja doi ani, trezirile lui nocturne erau aşa de frecvente (de trei până la şase ori pe noapte), încât eu eram privată de somnul necesar. Am oprit atunci alăptatul la somn, dar îl ţineam în braţe cât timp el plângea. După două zile, dormea deja toată noaptea. Cu fiica mea, născută cu cinci ani mai târziu, am încercat să evit să folosesc alăptatul pentru a o calma şi adormi, dar am ţinut-o întotdeauna în braţe până când a adormit. Avea nevoie în mod frecvent să plângă înainte de somn. Nu a dezvoltat niciodată un tipar de trezire nocturnă.

Recomand abordarea de a ține bebelușul în brațe ca o rutină înainte de somn și în cazul în care el nu se trezește noaptea. Ea împlinește nevoia lor legitimă de a fi apropiați fizic de părinte în timp ce adorm, chiar dacă nu au nevoie să plângă înainte de somn.

Când alăptatul a devenit tipar de control, unele mame îmi povestesc că bebelușii nu plâng niciodată intens cu ele, dar nici nu se liniștesc în brațele lor dacă nu li se oferă sânul. Sau în cele din urmă el adoarme, dar fără să fi plâns atât cât crede mama că ar fi avut nevoie. Micuțul continuă să se trezească noaptea. Explicația este că atunci când suptul este un tipar de control, copiii se „închid" când sunt ținuți în brațe de mamele lor în poziția obișnuită de alăptat, chiar dacă nu sunt alăptați. Poziția în sine este capabilă să reprime plânsul.

Am două sugestii pentru această problemă. Una este să țineți bebelușul într-o poziție diferită de cea obișnuită de alăptat. De exemplu, îl puteți pune în poală, cu spatele lipit de stomacul dumneavoastră, dar puteți să vă apropiați și să vă lipiți obrazul de al lui. Această poziție este îndeajuns de diferită, astfel încât nu-i va aminti copilului de supt, și nici nu-i va reprima emoțiile. Micuții care au nevoie să plângă se vor simți liberi să o facă și pot chiar să vă uimească cu intensitatea plânsului lor.

O altă posibilitate este ca bebelușul să fie ținut în brațe înainte de somn de altă persoană, cum ar fi tatăl. În acest caz, el este cel care trebuie să accepte plânsul. Unii bebeluși plâng mult mai bine cu tatăl lor, decât cu mama, pentru că asociază corpul mamei cu suptul și calmarea. Aceasta nu înseamnă nicidecum că bebelușii își resping tații; nici că au nevoie de mamele lor. Dimpotrivă, înseamnă că se simt în siguranță cu tații lor și liberi să își exprime sentimentele. Tații pot juca un rol extrem de important în a ajuta copiii să doarmă toată noaptea, în condițiile în care se simt capabili să țină în brațe un bebeluș care plânge fără să devină ei înșiși stresați.

Bebelușii care nu au tipare de control asociate cu corpul mamelor lor (alăptatul, legănatul) par să doarmă mai mult noaptea. Cu toate aceastea, nu înseamnă că ei plâng atât cât au nevoie. Copiii care sunt puși în pătuțurile lor pentru a se calma și adormi singuri vor învăța în final să se calmeze sugându-și degetul, ținând sau sugând un colț dintr-o păturică, etc. Acestea vor deveni tiparele lor de control. Când se vor trezi noaptea, așa cum probabil o vor face, ei vor suge sau vor strânge la piept obiectele lor familiare și vor adormi din nou. Este destul de asemănător cu comportamentul bebelușilor care sug de câteva ori pe noapte pentru a readormi. Singura diferență este că părinții nu sunt treziți de un bebeluș care își suge degetul. Oricum, în ambele cazuri, plânsul bebelușilor este reprimat.

Dacă cei mici sunt ajutați să doarmă toată noaptea prin ținut în brațe și acceptarea plânsului înainte de somn, acesta poate fi un colac de salvare pentru familiile a căror stabilitate și sănătate este amenințată de un bebeluș care se trezește des noaptea. Viața devine mai ușoară când pruncul doarme noaptea și toată lumea are parte de un somn odihnitor. Din fericire, acest lucru poate fi realizat fără a se recurge la metoda dureroasă de a ignora bebelușul când plânge (a se vedea și *Bebelușul meu înțelege tot*).[2]

PARTEA A III-A

PLÂNSUL ŞI CRIZELE DE FURIE LA COPII (între unu şi opt ani)

1. SURSE DE STRES PENTRU COPII

Copiii de peste un an continuă să fie vulnerabili la suferinţa emoţională de toate tipurile. În mare parte, stresul din intervalul de vârstă unu-opt ani este o componentă inevitabilă a vieţii şi a creşterii. Deşi copiii cu vârste între unu şi opt ani devin mai competenţi în a exprima verbal ceea ce doresc şi au nevoie, continuă să aibă numeroase frustrări de creştere, rezultate din lipsa de abilităţi şi deprinderi.

Pe măsură ce încep să interacţioneze mai mult cu alţi copii, joaca lor poate genera frustrări şi sentimente neplăcute, deoarece copiii sub opt ani nu înţeleg cu uşurinţă punctul de vedere al altei persoane. Ei sunt orientaţi spre ei înşişi şi doar treptat vor învăţa să înţeleagă concepte precum „a face cu rândul" și „a împărți".

În acest interval de vârstă apar, de asemenea, noi frici, pe măsură ce copiii devin conștienți de moarte și de propria mortalitate. Faptul că aud despre violență și văd programe video sau TV care conțin violență poate constitui o nouă sursă de stres. Poate fi îngrozitor pentru ei să fie martori ai violenței acasă, chiar și în cazul în care nu ei sunt ținta directă. Separarea de persoanele cele mai apropiate poate fi, de asemenea, foarte dureroasă.

În timpul celui de-al doilea an de viață, copiii încep să reziste încercărilor celorlalți de a-i controla și este foarte important să respectatăm conștiința de sine care apare acum. Copiii au nevoie să fie tratați cu răbdare și respect și trebuie să li se acorde un oarecare grad de control asupra propriei vieți. Dacă trebuie să forțați copilul să facă ceva împotriva voinței lui, este important să-i explicați motivul și apoi să-i acceptați protestele legitime și furioase.

Toate formele de pedeapsă contribuie la stresul copiilor deoarece, chiar dacă pedeapsa este non-violentă, ea determină suferință emoțională și de multe ori generează sentimente de furie și dorință de răzbunare. În cărțile mele anterioare (*Bebelușul meu înțelege tot* și *Copiii noștri frumoși și sănătoși*) am inclus capitole referitoare la o disciplină eficientă care nu folosește pedepse și recompense.[1] Recomand totodată cu căldură abordarea lui Thomas Gordon, *Trainingul părinților eficace*.[2] Absența pedepselor nu presupune permisivitate. Este posibil să creștem și să educăm copiii fără a fi nici autoritari, nici extrem de permisivi, iar rezultatele merită efortul. Relația părinte-copil este mai bună și copiii sunt mai relaxați. Ei nu vor simți nevoia să se revolte ca adolescenți.

Copiii devin stresați și atunci când viața lor este prea grăbită și prea rigidă. Sindromul „copilului grăbit" este produsul timpurilor moderne.[3] Adulții îi grăbesc deseori pe copii de la o activitate la alta, cum ar fi școală, creșă, sporturi, cluburi, lecții de dans sau de muzică. Divertismentul la copii presupune acum programe TV sau video care sunt încărcate de acțiune, și jocuri electronice care necesită reacții rapide. În trecut, viața era mai lentă și existau mai puține pretenții în legătură cu timpul și atenția copiilor. Ei aveau timp liber din plin, pentru a se juca și a-și inventa propriile jocuri din obiecte simple, naturale. Copiii moderni trăiesc viața „în viteză". Nu-i de mirare că sunt stresați!

Mulți copii au parte de o situație familială instabilă, din cauza divorțului părinților lor, urmat deseori de recăsătorie. Impactul divorțului părinților asupra copiilor este binecunoscut. Ei trebuie să facă față unor sentimente de mânie, revoltă, suferință și vinovăție într-o perioadă când nimeni altcineva din familie nu le acordă prea multă atenție. Apoi, mulți copii trebuie să se adapteze vieții cu părinți vitregi și deseori chiar cu frați vitregi. Mutarea într-o altă casă și schimbarea școlii pot fi și ele stresante.

Mulți copii poartă, de asemenea, un „bagaj emoțional" (acumulare de suferință emoțională), dacă traumele nu au fost complet rezolvate la o vârstă mai fragedă. De exemplu, un băiat de șase ani a cărui mamă a fost internată în spital când el avea opt luni poate suferi de anxietate cronică legată de pierderea mamei. Acest lucru îl poate face să se agațe de ea și să plângă ori de câte ori mama se pregătește să plece. Deci, chiar dacă viața copilului este în prezent destul de lipsită de stres, este important să ținem minte posibilitatea existenței unui stres neeliberat care a rezultat din experiențe trecute. Părinții care adoptă copii abuzați sau neglijați trebuie să fie conştienţi de efectele pe care trecutul le are asupra sentimentelor şi comportamentului copiilor.

Pentru a ilustra diferitele surse de stres, vom lua exemplul unei fetiţe de patru ani care îşi petrece dimineaţa la grădiniţă. Mai întâi, un alt copil îi dărâmă turnul de cuburi. Apoi, trebuie să aştepte gustarea, deşi îi este foame acum. Mai târziu, fetiţa cade de pe leagăn şi se juleşte la genunchi. Poate că varsă vopsea pe pantofii cei noi în timp ce pictează. În final, mama ei ajunge târziu să o ia de la grădiniţă (declanşând poate în ea amintirea unei despărţiri traumatizante în timpul fragedei copilării). Până când ajuge mama, fetiţa va fi într-o stare de stres maxim.

2. CUM SĂ PROCEDĂM CÂND PLÂNG COPIII

Premiza de bază a acestei cărţi este că plânsul ajută oamenii de toate vârstele să se elibereze de stres. Aşa cum am discutat în Partea a II-a, la bebeluşi, nu este întotdeauna clar când plânsul este un mecanism de eliberare de stres, deoarece ei folosesc plânsul şi pentru a-şi comunica nevoile imediate. Pe măsură ce copiii încep să-şi exprime dorinţele prin cuvinte, funcţia de comunicare a plânsului este treptat înlocuită de limbaj. Funcţia de eliberare a stresului prin plâns însă nu este înlocuită de limbaj şi ea rămâne o funcţie importantă de-a lungul vieţii. Odată ce limbajul este dezvoltat complet, orice plâns serveşte în mod evident funcţiei de eliberare de stres, şi nu aceleia de comunicare.

Este clar că atunci când copilul este supărat în legătură cu un eveniment supărător, cum ar fi faptul că este blocat sub un scaun, nu are sens să staţi şi să îl sfătuiţi... „Dă-i drumul şi plângi!" *Primul pas în orice situaţie este să faceţi tot ce este posibil pentru a elimina sursa durerii.*

Când aveți de-a face cu situații stresante repetitive, este important să îndepărtați sursa de stres, pe cât posibil. De exemplu, dacă o fetiță își necăjește încontinuu frățiorul mai mic, faptul că îi permiteți băiețelului să plângă zilnic nu rezolvă problema. Acest lucru se datorează naturii repetitive a cauzei sentimentelor sale dureroase. Este o sursă de stres continuă. Problema trebuie rezolvată; surioara mai mare are nevoie de ajutor pentru a înceta comportamentul care produce fratelui durere. Dacă o educatoare suspectează că un elev este abuzat sexual sau fizic acasă, ea trebuie să raporteze această situație Departamentului de Asistență Socială. Nu este suficient să joace rolul de facilitator al emoțiilor copilului.

Presupunând că ați făcut tot ce v-a stat în putință pentru a elimina sursa stresului, următorul pas în orice situație care implică plâns este de *a vă asculta copilul și a-i accepta plânsul.* În Partea a II-a, recomand ca bebelușii să fie întotdeauna ținuți în brațe atunci când plâng. Nu este necesar ca un copil mai mare să fie luat în brațe când plânge, însă și el are nevoie de o atenție conștientă. În mod spontan, va căuta adesea să stabilească un contact vizual în timpul plânsului. Are nevoie de cineva care să-i fie aproape, să-l asculte și să-i accepte sentimentele.

Copiii au nevoie de prezența și atenția noastră iubitoare atunci când plâng, deoarece *au nevoie să știe că sunt iubiți, indiferent de cum se simt.* Ei au nevoie să își exprime sentimentele dureroase fără să se simtă respinși sau să li se distragă atenția, și să știe că cineva îi înțelege și cuiva îi pasă.

Uneori, adulții mă întreabă cum pot să asculte un copil care plânge și ce pot să-i zică. Eu recomand ceea ce Thomas Gordon numește „ascultare activă": recunoașterea emoțiilor copiilor afirmând doar (fără analiză şi judecată) ce credeți că simt ei.[1] Puțini părinți au avut modele bune pentru acest lucru, ceea ce face practica dificilă. Mai mult, ne dorim cu atâta disperare fericirea copiilor noştri, că uităm să îi lăsam să-şi trăiască întreaga gamă de emoții.

Iată un exemplu de eveniment dureros minor în viața fiului meu, când avea trei ani:

> Am fost la plajă şi acolo a găsit o scoică frumoasă pe care a adus-o acasă şi a lăsat-o pe podea. A doua zi, a călcat din greşeală pe ea şi a început să plângă. Am fost foarte tentată să zic „Nu-ți face griji, mergem la plajă şi găsim alta!" Am rezistat acestei tentații pentru că astfel aş fi încercat să îl determin să renunțe la sentimentele lui. Avea dreptul să îşi exprime tristețea. Aşa că l-am ținut în brațe şi i-am zis „Eşti foarte trist pentru că scoica cea frumoasă s-a spart" şi l-am lăsat să plângă în brațele mele cât a avut nevoie.

Nu este întotdeauna uşor să dăm glas durerii unui copil, mai ales când nu ştim cauza de fond. În fapt, cuvintele noastre greşite îl pot face pe copil să se simtă neînțeles. Decât să riscați o neînțelegere, uneori este mai bine să ziceți doar „Eşti foarte trist... Îmi pare că ai nevoie să plângi." Uneori, copilul are nevoie doar ca cineva să-i fie alături, ca martor tăcut şi plin de iubire la experiența lui interioară, care poate fi prea complexă pentru a fi pusă în cuvinte.

3. FENOMENUL „FURSECUL RUPT" („BROKEN COOKIE")

Nevoia de a plânge se acumulează treptat, până când impulsul de eliberare este aşa de puternic, încât copilul nu se mai poate abține. În acel moment, aproape orice poate genera lacrimi. Din cauza acestui lucru, există momente când motivul pentru care plânge un copil nu este evident imediat. Izbucnirea în plâns pare a fi total nejustificată de situația actuală.

Iată un exemplu: să presupunem că un copil își dorește o gustare și îi dați ultimul fursec din cutie. Fursecul se întâmplă să fie rupt, iar copilul începe să plângă din această cauză. Îi explicați că este ultimul. În acel moment, copilul are o criză de furie, plângând în hohote și țipând cât îl țin plămânii.

Este evident, faptul că i-ați oferit un fursec rupt nu este un eveniment dureros în sine. Motivul pentru care copiii plâng dintr-un lucru așa de insignifiant este că au acumulat stres. Ei folosesc pretexte minore pentru a-și elibera tensiunile.[1] Cel mai probabil, fursecul rupt nu este problema reală. De fapt, dacă îi permiteți copilului să plângă în cazul unor astfel de evenimente minore, el va fi fericit și relaxat la finalul crizei. Probabil că nici nu va mai fi interesat de „fursecul rupt".

De multe ori, pare că cei mici își manipulează părinții cu izbucnirile și crizele lor de furie. Am întâlnit părinți care sunt convinși că acesta este scopul comportamentului copiilor lor. Drept pentru care se simt obligați *să facă ceva* și consideră că au două alternative: a) „să cedeze" și să-i ofere copilui ce dorește sau b) să îl facă pe copil să înceteze „comportamentul inacceptabil" de a folosi plânsul și crizele pentru a obține ce dorește.

O schimbare de perspectivă le oferă părinților o nouă opțiune. Când adulții înțeleg că plânsul în sine este o nevoie autentică, comportamentul nu mai este văzut ca „manipulare". Nu este nevoie „să cedați" la ce vrea copilul atunci când este un simplu capriciu și nu o nevoie reală. Cu toate acestea, adultul poate accepta izbucnirea drept o eliberare legitimă a sentimentelor acumulate. Viaţa devine mult mai uşoară când părinţii copiilor care plâng şi au crize de furie realizează că *nu există nicio problemă curentă şi ei nu trebuie să facă nimic; doar să fie alături de copilul lor*.

Unii adulţi, îngrijoraţi că şi-ar putea frustra copiii, cedează capriciilor acestora când plâng, confundând capriciile cu nevoi reale. În exemplul cu fursecul rupt, părintele îl poate lua pe copil la magazin pentru a cumpăra o nouă cutie cu fursecuri. Rezultatul acestui stil indulgent de a fi părinte este că, în general, copilul devine tot mai pretenţios şi mai dificil. Aceasta se întâmplă nu pentru că li s-a oferit mult, ci pentru că *nu li s-a dat niciodată posibilitatea să-şi elibereze sentimentele acumulate prin plâns şi crize de furie.* Aceşti copii suferă de stres ca toţi ceilalţi, dar reacţia nepotrivită a părinţilor la încercările lor de a se elibera de stres îi împiedicat pe micuţi să se vindece.

Când adulţii „cedează" după ce un copil s-a smiorcăit şi a implorat timp îndelungat, copilul nu are posibilitatea să plângă şi să se elibereze de stres. Copilul va găsi în curând un nou motiv de smiorcăială şi implorare, şi acest tipar va continua până când el va avea posibilitatea să plângă zdravăn. Acesta este mecanismul principal prin care permisivitatea poate genera copii pretenţioşi şi insuportabili.

Pe de altă parte, nu este benefic nici să se stabilească limite arbitrare şi să se ignore împlinirea nevoilor legitime ale copiilor doar pe considerentul că cei mici „au nevoie să plângă". Acest lucru s-ar încadra în disciplina opresivă, autoritară. Adulţii ar trebui să încerce întotdeauna să împlinească nevoile copiilor. Doar în cazul în care cererile copiilor devin lipsite de logică părinţii pot lua în calcul posibilitatea existenţei nevoii de eliberare de emoţiilor acumulate.

Unele persoane consideră că cei mici „cer limite". Într-adevăr, ei cer limite uneori. Copiii se simt mai în siguranță când au informații clare în legătură cu ce li se permite să facă şi ce se aşteaptă de la ei. Cu toate acestea, când copiii etalează „un comportament care pune la încercare răbdarea părinților", aceasta se datorează de cele mai multe ori nevoii de a avea un pretext pentru a plânge şi a avea o criză de furie. Ori de câte ori copiii persistă într-un comportament despre care ştiu că nu este acceptat sau cer în mod repetat lucruri pe care nu le pot avea, este util să vă puneți următoarea întrebare: „Este oare posibil să aibă nevoie de o limită fermă pentru a avea un pretext de plâns în scopul eliberării de stres?" Dacă considerați că aşa stau lucrurile, atunci spuneți-i „Nu" copilului, cald, dar ferm; de asemenea, impunerea unei limite fizice (o îmbrățişare) poate fi potrivită. Această abordare îl va ajuta pe copil să îşi exprime sentimentele acumulate.

Izbucnirile copiilor vă pot avea uneori pe dumneavoastră ca țintă. Fiți pregătit pentru acest lucru. Un exemplu dramatic al fenomenului „fursecul rupt" mi-a rămas în minte de când fiica mea avea şase ani. Iată ce s-a întâmplat:

> Sarah a venit într-o zi de la şcoală foarte nerăbdătoare să mergem după-amiază la circ, după cum îi promisesem. Între timp, eu îmi schimbasem planurile şi i-am spus că hotărâsem să mergem la circ seara. Nu a fost deloc încântată de schimbarea de plan şi a izbucnit într-o criză de furie. Era pe covor, plângea şi lovea, în timp ce urla: „Vreau să merg la circ *acum*!" şi „Eşti proastă!" În general, repeta „Eşti proastă!" în timp ce plângea cu năduf. Am fost suprinsă de aceste cuvinte pe care mi le adresa, deoarece era prima dată când mă făcea „proastă". Cu toate acestea, am reuşit să o ascult, să o las să

plângă şi să-şi ducă la bun sfârşit criza de furie. După aproximativ douăzeci de minute s-a calmat, mi-a zâmbit şi mi-a cerut ceva de mâncare. A fost într-o stare foarte bună tot restul zilei, iar în acea seară a vrut să meargă la circ şi să stea lângă mine.

A doua zi, am vorbit cu învăţătoarea ei care mi-a spus că Sarah avusese probleme în ziua precedentă. Am întrebat-o ce se întâmplase. „Sarah s-a certat rău cu prietena ei cea mai bună," mi-a spus învăţătoarea, „iar prietena ei a ţipăt la ea şi i-a zis în repetate rânduri *proasto*!" Atunci am înţeles foarte clar. De aceea plânsese aşa de tare. Nu avusese nimic de-a face cu circul. Ea folosise schimbarea de program drept pretext pentru a se elibera de suferinţa legată de cearta cu prietena ei.

Mi-ar fi fost mai uşor să o ascult pe fiica mea spunându-mi „Mamă, m-am certat azi cu prietena mea şi mi-a zis *Eşti o proastă*! Aceasta m-a durut. Este în regulă dacă plâng şi repet cuvintele pe care ea mi le-a zis?" Din păcate, copiii nu explică lucrurile astfel. Ei aşteaptă ca noi să înţelegem.

Uneori, izbucnirile au loc la şcoală sau la creşă. Poate că sucul vărsat este un pretext pentru un copil să se elibereze de frustrările acumulate de dimineaţă sau de sentimentele rezultate dintr-o situaţie stresantă de acasă. Cea mai bună abordare este să i se permită copilului să plângă, chiar dacă acest lucru presupune enorm de multă răbdare din partea educatorilor. Dacă plânsul perturbă activităţile celorlalţi copii, copilul poate fi dus într-o altă cameră (sau o altă parte a aceleaşi încăperi), *cu condiţia* ca un adult să stea alături de el pentru a-i oferi sprijin plin de iubire. Este important să nu li se transmită copiilor sentimentul că sunt pedepsiţi pentru că plâng sau au o criză de furie.

După ce copiii au terminat cu plânsul (amintiți-vă că ei chiar încetează, într-un final!), adulții pot încerca să discute cu ei, dar de obicei ei sunt cei care au mai mare nevoie de această discuție decât copiii. Educatorii pot să ajute copilul să se reîntoarcă „în mod demn" la activitățile clasei, asigurându-se că ceilalți nu îl tachinează fiindcă a plâns. Nu uitați că pretextul folosit de copil pentru a izbucni în plâns nu are de obicei nimic de-a face cu problema reală, de fond.

4. GESTIONAREA DURERII FIZICE

Părinții şi alte persoane ce au în grijă copii mă întreabă cum să procedeze în cazul plânsului care însoțeşte o durere fizică la copii, cum ar fi o julitură la genunchi sau o tăietură la deget. Sunt uneori uimiți că în aceste cazuri copiii obişnuiesc să plângă mai puțin când adulții ignoră incidentul. Când oamenii mari „fac caz" de accident, copiii plâng mai mult şi mai intens. Din cauza acestui lucru, unii adulții au căpătat obiceiul de a acorda o atenție minimă în cazul în care copiii lor se rănesc, de frică să nu provoace mai multe lacrimi decât este necesar.

Copiii sunt speriați uşor de adulții care par neliniştiți. Este deci important pentru adulți să rămână calmi, deoarece este posibil să exagereze şi să sperie copiii cu propriile îngrijorări legate de starea lor de bine. Caz în care copiii pot plânge mai mult decât ar face-o în mod normal, deoarece propriile noastre frici le dau motiv să plângă.

Eu recomand o abordare calmă, dar sensibilă, în care adultul pur şi simplu să îi acorde întreaga atenție copilului rănit. Adultul poate accepta sentimentele copilului şi plânsul care apare. Acest lucru poate fi făcut în timp ce se acordă primul ajutor necesar. („Văd julitura de la genunchi. Pare că doare.")

Într-adevăr, copiii plâng mai mult când adulții le acordă mai multă atenție (chiar şi atunci când adulții sunt calmi), deoarece ei se simt îndeajuns de în siguranță pentru a face aceasta. Cercetătorii au descoperit că oamenii se refac mai rapid după durere atunci când se concentrează asupra ei, decât dacă încearcă să o reprime sau îşi distrag atenția singuri cu alte gânduri.[1] În mod instinctiv, copiii ştiu importanța atenției care trebuie acordate durerii.

Mai mult, orice accident sau rănire implică durere emoțională care se adaugă celei fizice. Ei se pot simți furioşi, speriați sau derutați atunci când se lovesc. Au nevoie să înțeleagă de ce li s-a întâmplat un lucru rău şi furia lor are nevoie de o țintă: cineva sau ceva care trebuie învinuit. De exemplu, dacă un copil cade în timp ce merge cu tricicleta, se poate supăra pe alt copil pentru că l-a împins sau i-a zis „Grăbeşte-te!" Pot exista totodată sentimente de vinovăție pentru că a mers cu tricicleta într-o zonă în care nu avea voie. Poate avea nevoie să-şi exprime furia pe tricicletă. („E o tricicletă tâmpită, nu trebuia să se împiedice!") Toate aceste sentimente trebuie exprimate şi pot dura mai mult decât durerea fizică datorată juliturii sau vânătăii.

> Când fiul meu avea opt ani, s-a tăiat rău la picior într-un ciob de sticlă, în timp ce înota întrun lac. A plâns puțin, dar nu i-am putut da atenția de care avea nevoie din cauză că încercam să țin albinele departe de noi. Acasă, în acea seară, nu putea să adoarmă. Îmi zicea că îşi imaginează mereu cum ciobul de sticlă îi taie piciorul. În loc să încerc să îi alung gândurile legate de accident, l-am încurajat să vorbească despre el. Ne-am imaginat împreună

cum sticla îi străpunge pielea. Totodată, îi oglindeam sentimentele „Cred că aceasta a durut destul de rău. Îmi imaginez că ai fost speriat de acea durere bruscă.” În timpul acestei discuții, a mai plâns un pic, după care a începu să pună multe întrebări „De ce mi s-a întâmplat mie, şi nu altcuiva?” „De ce a trebuit să fiu eu acela care calcă în locul cu ciobul de sticlă?” „De ce aruncă oamenii cioburi în apă?” În final, a decis că este vina albinelor, deoarece el a mers în apă ca să scape de ele. După această discuție, a putut să adoarmă.

În plus, rănirile fizice pot servi drept pretext (similar cu fenomenul „fursecul rupt”) pentru eliberarea unor sentimente adânci din sufletul copiilor. Un genunchi julit poate servi scopului de a declanşa sentimente acumulate. De fapt, unii copii predispuşi la accidente pot folosi durerile fizice ca scuze pentru un plâns bun. Poate că doar în aceste momente plânsul lor este acceptat.

Este o greşeală să-i faceți pe copii să vorbească în timp ce plâng, după o rănire (cu excepția cazurilor în care aveți urgent nevoie de o informație, din motive medicale). Totuşi, după plâns, copiii au uneori nevoie să vorbească şi să explice ce s-a întâmplat sau să se reîntoarcă la locul accidentului în efortul de a înțelege mai bine. Este normal şi sănătos pentru copil să continue să-şi îndrepte atenția spre juliturile lui şi să atingă sau să mângâie părțile dureroase ale corpului.

5. PLÂNSUL LA DESPĂRȚIRE

Despărțirea de persoanele cele mai apropiate care îi îngrijesc reprezintă o cauză comună de plâns la copii.

Aceste situații sunt dificile pentru toți cei implicați: pentru copil, pentru părinți, pentru celelalte persoane care au în grijă copilul. Nu este întotdeauna foarte clar ce nevoi are copilul sau cum să se facă față despărțirii într-un mod cât mai eficient.

Copiii traversează etape de creștere care le afectează modul în care reacționează la despărțirile de persoanele cele mai apropiate. În timpul primelor șase luni, cei mai mulți copii nu protestează atunci când sunt ținuți în brațe de persoane necunoscute sau chiar sunt lăsați în grija lor. Când copiii încep să zâmbească, ei vor zâmbi larg tuturor.

De obicei, situația se schimbă dramatic între șase și 12 luni, când apar primele semne ale anxietății de separare și frica de străini. În timpul celei de-a doua părți a primului an de viață, bebelușii își păstrează zâmbetele pentru persoane apropiate și deseori protestează atunci când sunt abordați sau ținuți în brațe de străini. Nu mai este o treabă așa de ușoară să lași un bebeluș mai mare de șase luni cu altcineva. După această vârstă, copiii au nevoie de timp pentru a se familiariza cu oameni noi și a se simți confortabil cu ei.

Când micuții de un an au dezvoltat un atașament sănătos față de mamele lor, în general ei explorează în mod activ în prezența ei, dar o consideră drept baza lor de siguranță și se întorc la ea din când în când. De obicei, ei protestează vehement când sunt despărțiți de ea, mai ales dacă sunt într-un loc străin, și o întâmpină cu căldură la întoarcere. Aceste comportamente arată un atașament sănătos și sunt caracteristice bebelușilor ai căror mame au fost sensibile și afectuoase.[1] Un tipar similar de atașament sănătos poate să apară între bebeluși și tatăl lor (sau alte persoane care îi îngrijesc în mod direct).

Anxietatea de separare este atât de puternică la micuții de un an şi din cauza faptului că, la această vârstă, ei încă nu au dezvoltat conceptul de viitor. Nu pot înțelege că părinții lor se vor întoarce, chiar dacă li se explică acest lucru. Tot ce ştiu ei este că părinții pleacă.

După vârsta de doi ani, anxietatea de separare se reduce, pe măsură ce copilul capătă abilități de vorbire şi abilitatea de a vizualiza întoarcerea părinților săi. Cu toate acestea, mulți copii de doi şi trei ani pot avea încă o puternică anxietate de separare şi acest lucru este destul de normal. Chiar şi copiii de opt sau nouă ani pot avea nevoie de timp pentru a se obişnui cu oameni noi. Există o tendință naturală la copii de a prefera oamenii pe care îi cunosc, mai ales în timpul unor perioade de boală sau de stres.

Este important să se respecte nevoile de ataşament legitime ale copilului. Nu recomand niciodată lăsarea lui cu oameni necunoscuți, în cazul în care protestează. Este mai bine să acordați timpul necesar copiilor pentru a se acomoda complet şi în mod confortabil cu noua persoană care va avea grijă de el. Aceasta poate presupune mai mult de o singură vizită pe parcursul mai multor săptămâni, în cazul unor copii sensibili şi puternic ataşați.

Copiii de toate vârstele au nevoie să ştie exact la ce să se aştepte. Este deci important să le explicați totul, indiferent cât de mici sunt, deoarece ei înțeleg limbajul cu mult înainte de a putea vorbi ei înşişi. Spuneți-le unde vor fi, cine va avea grijă de ei, când veți pleca şi cine va veni să-i ia. Apoi, este important să faceți exact cum ați promis, deoarece schimbările pot fi foarte supărătoare pentru copiii mici.

Copiii plâng des în timpul despărțirilor, chiar şi în cazul când sunt lăsați în grija unor persoane cunoscute.

Acest plâns poate avea diverse cauze. Un prim motiv ar fi că persoana în grija căreia este lăsat copilul nu are toată atenția concentrată asupra copilului. Micuții care sunt obișnuiți cu o abordare receptivă din partea celor care îi îngrijesc vor prefera în mod firesc persoana care îi îngrijește în mod obișnuit în locul uneia mai puțin sensibilă la nevoile lor emoționale. Unii părinți observă că cei mici se adaptează mai ușor la unele persoane decât la altele. Aveți încredere în copii, ei știu să indice cine este potrivit pentru a-i îngriji și cine nu.

Un alt motiv de plâns în timpul perioadelor de despărțire de părinți este acela că există o nevoie a copilului de a plânge din cauza stresului acumulat ca urmare a separării. Copilul poate că nu plânge suficient cu părinții fiindcă ei îi distrag atenția. Când este despărțit de ei, distragerile de atenție nu mai există, și el este liber să plângă. Un astfel de copil pare să aibă o anxietate de separare puternică, care este de fapt doar o nevoie de plâns. El nu plânge din cauza separării, ci doar eliberează stresul acumulat pe care nu îl poate exprima în prezența părinților. Dacă acesta este motivul, îi va face bine să rămână în grija cuiva care îi permite să plângă, cu condiția să îi ofere sprijin, cu dragoste și atenție, în acest timp. Unii copii devin atât de dependenți de prezența mamei, încât plâng atunci când sunt lăsați cu tații sau alte rude apropiate. Acest lucru se poate întâmpla pentru că mama însăși poate juca rol de tipar de control pentru copil (a se vedea Partea a II-a, Secțiunea 5 pentru mai multe detalii).

Este, de asemenea, posibil ca despărțirea actuală să îi reamintească copilului de o separare traumatizantă din trecut. Acest lucru poate genera plâns intens în timpul separărilor, pe măsură ce copilul încearcă să vindece trauma precedentă nevindecată. Despărțirile din timpul fragedei copilării pot avea efecte de durată.

Chiar dacă bebeluşii sub şase luni de obicei nu protestează atunci când sunt lăsaţi cu persoane străine, despărţirile pe perioade mai lungi de cei apropiaţi ar trebui evitate, deoarece pot perturba dezvoltarea unor ataşamente sigure. O separare de mamă la naştere, chiar şi pentru o scurtă perioadă de timp, poate fi o traumă ce va fi reactivată ulterior de orice altă despărţire.

Iată o experienţă din copilăria mea:

> Când aveam trei ani, părinţii m-au înscris la grădiniţă. Spre disperarea lor, plângeam în fiecare zi când mama mă lăsa acolo. Acest lucru a continuat timp de *patru luni*. Îmi amintesc cât de nefericită eram în timp ce mă ţinea în braţe o educatoare, dar întotdeauna mi se părea că încearcă să îmi atragă atenţia cu diferite activităţi. Ca adult, mi-am dat seama care era posibila cauză a acestei anxietăţi de separare atât de puternice. Pe când aveam şapte luni, părinţii mă lăsaseră timp de o lună întreagă la bunicii pe care nu-i cunoscusem până atunci. Acea vârstă era una crucială, de formare a unui ataşament puternic între bebeluş şi părinţi. O separare lungă la acea vârstă poate fi foarte traumatizantă. Bunicii mei nu priveau plânsul cu ochi buni, şi nici mama, atunci când ne-am reunit. Nu am mai fost despărţită de mama până la înscrierea la grădiniţă, la vârsta de trei ani, după cum am menţionat mai sus. Separarea prilejuită de mersul la grădiniţă mi-a amintit de acea lună traumatizantă, când aveam şapte luni şi nu am ştiut dacă mama se va mai întoarce vreodată. În fiecare zi când mama mă lăsa la grădiniţă, eu încercam să mă vindec de despărţirea traumatizantă pe care o trăisem ca bebeluş. Cu toate acestea, reuşeam să plâng doar câteva minute pe zi. După patru luni la grădi-

niță, plânsesem cât avusesem nevoie, şi nu am mai protestat când mă lăsa mama acolo. Dacă educatoarele mi-ar fi acordat atenție completă şi m-ar fi lăsat să plâng cât aveam nevoie în primele zile (în loc să încerce să mă distragă), poate că aş fi plâns pentru o oră sau mai multe legat. În acest mod, probabil că m-aş fi vindecat de trauma mai veche în mai puțin de o săptămână. (Când aveam patru ani, ne-am mutat pentru un an în altă țară şi m-am acomodat imediat la noua şcoală fără să plâng!)

Educatoarele au, de regulă, o experiență cosiderabilă în gestionarea despărțirilor. Ele pot avea o perspectivă mai obiectivă, pentru că nu sunt atât de implicate emoțional în relația cu copilul, aşa cum sunt părinții. Ele pot să ajute mult explicându-le părinților care sunt etapele ataşamentului şi asigurându-i de normalitatea comportamentului copilului. Totuşi, atunci când educatoarele oferă sugestii pentru a face față despărțirilor este necesar să aibă grijă să nu minimalizeze sau să trivializeze sentimentele copiilor şi ale părinților. Părinții ar trebui încurajați să aibă încredere în propria judecată şi să se despartă de copilul lor într-un ritm care este confortabil pentru ei. Decizia legată de momentul plecării le aparține, şi merită sprijin în acest demers.

Este important ca părinții să-şi exprime clar sentimentele şi nevoile. Îşi doresc ca educatoarea să-l ia în brațe pe copilul care plânge şi se agață de ei, astfel încât ei să poată ajunge la timp la lucru? Sau poate vor ca ea să-l implice pe copil într-o activitate, în timp ce ei stau în apropiere şi privesc? Poate că doresc să fie asigurați că este în ordine să petreacă primele zile la grădiniță, alături de copil.

Când copiii plâng în momentul despărțirii, indiferent de motivul de fond, acest plâns trebuie acceptat.

Ar trebui lăsați să își exprime pe deplin durerea, furia şi neliniştea. Oricât de dificil ar părea pentru adulți, este mai benefic pentru copil să plângă liber, decât să i se nege sentimentele, să-i fie minimalizate, ignorate sau să i se distragă atenția.

Pentru a evita o scenă de plâns, unii părinți aşteaptă până când copilul se implică fericit într-o activitate şi se furişează pe uşă, când acesta nu se uită. Nu recomand această abordare; în timp, ea va duce la neîncredere, instabilitate şi la şi mai multă dependență. Este mai bine ca cei mici să ştie când le pleacă părinții şi să facă față despărțirii, chiar dacă este dificil. Amintiți-vă că despărțirea în sine poate fi doar un declanşator al plânsului.

Următorul exemplu ilustrează încercările nefericite ale unei mame de a-şi opri fiul din plâns în timpul unei despărțiri dificile şi ascultarea securizantă oferită de o bonă. Întâmplarea este povestită de bona în cauză:

> Este vorba despre un băiețel (trei ani) a cărui mamă era foarte îngrijorată şi protectivă. El mă cunoştea, dar nu mai avusesem grijă de el până atunci şi nu fusese niciodată la mine acasă. Când mama sa l-a adus la mine, copilul a început să plângă şi nu voia ca ea să plece. Ea i-a tăiat-o din scurt: „Acum, gata, încetează! Fii băiat cuminte! Nu mai plânge! E de ajuns!" El a continuat să plângă, aşa că ea s-a aşezat lângă el şi i-a promis că îi va aduce prăjituri şi bomboane. Apoi i-a mai spus: „Ştii că nu trebuie să plângi aşa. Eşti băiat mare, nu bebeluş." Fireşte că aceste cuvinte l-au făcut să plângă şi mai tare. În final, mama a decis să plece şi l-a asigurat: „Mă voi întoarce. Nu mai plânge!" Eu i-am spus: "Nu vă îngrijorați de acest lucru. Nu mă deranjează plânsul lui." Imediat după ce ea a

> plecat, l-am luat în brațe, iar micuțul a plâns cu năduf. La început, nu a vrut să fie ținut în brațe, aşa că i-am spus: „Eşti trist pentru că a plecat mămica ta. Eşti puțin speriat. Nu mă cunoşti prea bine. Mămica ta se va întoarce curând. Este în ordine dacă plângi. Poți plânge cât vrei. Te vei simți mai bine. Este în ordine. Ştiu că o vrei pe mămică ta şi eşti speriat." A plâns timp de aproape douăzeci minute. Nu a protestat mai mult de un minut, după care m-a lăsat să îl țin în brațe. Părea uşurat că poate plânge. Apoi nu a mai avut nimic, a fost foarte fericit, s-a jucat cu jucăriile şi a început să vorbească cu mine. Nu-l mai auzisem vorbind înainte. De fiecare dată când ne văzuserăm, fusese foarte tăcut şi speriat. A fost foarte satisfăcător pentru mine să îl aud pălăvrăgind, povestidu-mi fericit tot felul de lucruri.

Unii copii opun o rezistență neobişnuit de puternică şi de persistentă la orice despărțire, chiar şi când sunt lăsați cu persoane cunoscute, din cauză că simt neliniştea părintelui. Dacă sunteți părintele unui copil cu o anxietate de separare neobişnuit de puternică, vă poate fi de ajutor să vă explorați propriile sentimente în timpul separărilor. Poate că sunteți îngrijorat pe bună dreptate în legătură cu siguranța lui fizică sau starea emoțională în absența dumneavoastră. Dacă aveți îngrijorări sau întrebări, este important să le discutați cu persoana care rămâne cu copilul. Dar dacă neliniştea dumneavoastră persistă, ar fi mai înțelept să găsiți alt aranjament pentru copil.

Dacă ezitați să vă lăsați copilul în grija altcuiva, un posibil motiv ar putea fi amintirea despărțirilor din propria viață. Dacă în copilărie ați trăit o separare traumatizantă de proprii părinți, dacă ați pierdut o sarcină sau v-a murit un copil, este cât se poate de normal să simțiți anxietate la despărțire. Totuşi, dacă suspectați că propria rezistență la despărțire are un efect negativ asupra copilului, ar fi util să vă analizați sentimentele sub îndrumarea unui terapeut competent.

Dacă copilul dumneavoastră refuză brusc să stea cu o bonă cunoscută sau cu o rudă, în ciuda încântării pe care a manifestat-o până atunci de a fi lăsat cu acea persoană, căutați cauzele posibile. Poate este speriat de noul câine din casă sau poate persoana a fost mai puțin atentă cu copilul. Poate că s-a țipat la el sau a fost bătut. Nu treceți cu vederea posibilitatea unui abuz fizic sau sexual. Trebuie să avem încredere în copii. Dacă se opun brusc şi cu tărie să fie lăsați cu o anumită persoană, *nu ar trebui lăsați.*

În concluzie, există trei linii directoare importante de reținut când vorbim despre problematica derutantă a despărțirilor: a) bebeluşii şi copiii au o nevoie autentică şi legitimă de a fi îngrijiți de persoane cunoscute, sensibile la nevoile lor. Nu ar trebui lăsați cu persoane străine, mai cu seamă dacă protestează. b) când sunt lăsați în grija unor persoane atente, care le sunt familiare, copiii pot plânge din câteva motive, cum ar fi supărare cauzată de despărțiri dureroase anterioare sau o acumulare de stres. c) indiferent de motivul real al plânsului, este necesar să li se ofere sprijin copiilor, cu căldură şi dragoste, să fie ascultați şi să li se accepte nevoia de a plânge.

6. GESTIONAREA VIOLENȚEI

Există foarte multă preocupare în legătură cu violența în lumea de azi. Ce anume determină violența? De ce unii copii lovesc sau muşcă? Şi cum ajunge să se transforme un bebeluş dulce într-un membru înarmat al unei găşti, un ucigaş sau un terorist?

Există doi factori majori care predispun ființa umană la violență. Unul dintre ele este violența pe care a trăit-o agresorul însuşi. Un copil care este bătut la fund, plesnit, bruscat sau amenințat cu bătaia va avea tendința de a deveni el însuşi violent. Abuzul sexual şi neglijarea emoțională sunt, de asemenea, suferințe care pot duce la tendințe violente. Acumularea unor suferințe minore (stres) poate duce şi ea la comportament agresiv. Neliniştile, dezamăgirile şi frustrările copilăriei se pot aduna şi pot determina un copil să lovească şi să muşte.

Al doilea factor este mai puțin înțeles, şi rezidă în faptul că *persoanei devenită violentă nu i s-a permis să se elibereze de emoțiile rezultate din suferințe.* Ea are sentimente neprocesate şi neexprimate în legătură cu ce a trăit. Şi astfel, manifestă o tendință de a fi violentă cu alții. Dacă un copil este victima violenței şi a altor experiențe supărătoare, el va deveni violent dacă emoțiile lui rămân blocate sau sunt reprimate. Când se întâmplă acest lucru, violența îndreptată către propria persoană sau către ceilalți este un rezultat aproape inevitabil. Agresivitatea este o expresie distorsionată a furiei şi groazei unei persoane într-un mediu în care nu este în siguranță pentru a-şi exprima şi elibera sentimentele puternice.

La aceşti doi factori se adaugă faptul că violența este tolerată şi chiar preamărită în majoritatea țărilor industrializate şi este asociată, din punct de vedere cultural, unui comportament masculin adecvat. Copiii sunt expuşi unor sporturi bărbăteşti violente şi unor programe TV, filme şi jocuri electronice ce au drept protagonişti, în principal, bărbați violenți. Băiețeilor li se oferă cadou soldați, puşti de jucărie şi alte jucării de acest tip. Cărțile de poveşti şi manualele şcolare preamăresc de multe ori războiul, o activitate predominant masculină, şi îi descriu pe marii cuceritori drept eroi. Mulți părinți sunt încântați când fiii lor răspund cu violență bătăuşilor de la locul de joacă şi se îngrijorează pentru băieții care refuză să lupte. Nu este de mirare că toate astea, combinate cu aşteptarea ca băieții să fie duri şi să nu plângă, determină mai multe infracțiuni violente comise de bărbați decât de femei. Dacă ar fi să proiectăm o cultură ce are ca scop generarea de oameni violenți, am crea-o exact ca cea în care cresc majoritatea băieților din zilele noastre.[1]

Pentru a preîntâmpina violența, trebuie în primul rând să avem grijă ca violența să nu mai ajungă la copii. Aceasta înseamnă o educație fără bătaie la fund şi lovituri. Trebuie, totodată, să-i protejăm pe cei mici de scenele violente de la televizor şi din jocurile video. De asemenea, trebuie să schimbăm mesajele despre violență pe care le transmitem băieților şi să aşteptăm acelaşi standard de nonviolență şi de la băieți, şi de la fete.

Mai mult, atât fetelor, cât şi băieților *este crucial să li se permită să plângă şi să-şi exprime supărarea*. În caz contrar, ei vor acumula mânie, resentimente, frustrări şi frici care se pot, la un moment dat, transforma în violență față de ei înşişi şi față de ceilalți. Plânsul poate fi foarte eficient în disiparea energiei agresive.[2] Majoritatea suferințelor emoționale din copilărie reprezintă o parte inevitabilă a procesului de creştere şi de învățare. Copiii suferă şi acumulează stres chiar dacă sunt înconjurați de cei mai iubitori părinți şi educatori. Este deci vital să se accepte mecanismele lor de vindecare naturală prin plâns şi crize de furie.

Şi atunci, privind din această perspectivă, cum poate să reacționeze un adult când copilul se poartă violent? Este foarte probabil ca acel copil să fi trăit o durere fizică sau emoţională şi să nu-şi fi putut exprima sentimentele. De aceea, copiii violenţi trebuie încurajaţi să plângă. Dacă un copil este pe punctul de a lovi un altul cu un cub de lemn, îl puteţi prinde de mână şi îl puteţi împiedica înainte de a lovi printr-un „Nu!" hotărât. Această metodă de a opri ferm violenţa poate servi drept pretext pentru o eliberare sănătoasă prin lacrimi a furiei agresorului.

Iată un exemplu povestit de sora mea, care avea adesea grijă de o fetiţă de cinci ani (pe care o voi numi Janice):

> Într-o zi, când eram cu Janice, ea se tot smiorcăia. Laura (mama) era ocupată şi nu putea să aibă răbdare şi nici să acorde atenţie fiicei sale. I-am propus lui Janice să stau eu cu ea, şi am invitat-o în curtea din spatele casei. A fost încântată să mergem afară. Cât timp Laura punea rufe la spălat în casă, am stat afară cu Janice şi i-am acordat atenţie. Era încă smiorcăită şi supărată. A luat un băţ şi încerca să mă lovească cu el. Eu îl prindeam de fiecare dată înainte să mă atingă, ca să nu mă rănească. La un moment dat, i-am zis „Nu te voi lăsa să mă loveşti cu băţul." La un moment dat, am prins băţul de capătul dinspre mine şi nu i-am mai dat drumul. Janice tot trăgea de el, încercând să mi-l smulgă. Între timp, repeta întruna: „Lasă-l, lasă-l!" În final, a izbucnit în lacrimi, suspinând şi plângând în hohote, în timp ce ţineam amândouă de băţ. Acest lucru a continuat un timp, până la venirea Laurei care, auzind-o pe fiica ei plângând, mi-a strigat de pe terasă pe un ton iritat „De ce nu-i dai băţul?" Credea că eu o făceam pe Janice să plângă. Am dat drumul la băţ. Janice s-a oprit din plâns, dar apoi *mi-a pus băţul din nou în mână,* a reînceput să tragă de capătul ei şi a continuat plânsul. A

fost un indiciu clar pentru mine că ea avea nevoie să plângă şi că avea nevoie ca eu să ţin de partea mea de băţ pentru ca ea să poată trage de partea cealaltă.

În anumite momente, ţinutul în braţe ferm, dar cu dragoste, poate fi singura cale de a opri un copil să acţioneze violent. Dacă un frate mai mare împinge sau loveşte bebeluşul, poate fi nevoie să îl ţineţi cu fermitate, explicându-i că nu îl puteţi lăsa să îl lovească pe cel mic. În cazul în care continuaţi să îl ţineţi, el se va zbare şi va protesta, dar dacă veţi însista cu dragoste în a-l imobiliza fizic, el va transforma în final mânia în lacrimi şi va plânge în siguranţă în braţele dumneavoastră. Îi puteţi spune: „Ştiu că uneori îţi urăşti surioara şi ai vrea să-i faci rău. Înţeleg cum te simţi, dar am nevoie să fiţi amândoi în siguranţă acum, aşa că te voi ţine în braţe o perioadă. Îţi voi asculta sentimentele de tristeţe şi de mânie. Este în ordine să plângi, dacă simţi nevoia."

Cheia în cazul mâniei şi violenţei este să vă ajutaţi copilul să se simtă îndeajuns de în siguranţă pentru a-şi elibera sentimentele prin plâns, în loc să şi le exprime prin comportamente agresive faţă de ceilalţi. Orice ajută copilul să se simtă iubit şi în siguranţă îl va ajuta să-şi transforme pornirile violente în lacrimi vindecătoare. În acelaşi timp, violenţa trebuie să fie întreruptă cu hotărâre pentru a preveni orice formă de rănire. Ţinutul în braţe cu fermitate şi în acelaşi timp cu dragoste le rezolvă pe ambele: opreşte comportamentul violent şi oferă apropierea şi dragostea necesare copilului pentru a se simţi în siguranţă. Dacă ţinutul în braţe este făcut conştient şi cu afecţiune, poate fi extrem de eficient şi de benefic.

Iată un exemplu ce ilustrează eficienţa ţinutului în braţe, povestit de mama unui baiat de trei ani:

> Încep să-mi dau seama când are nevoie să plângă. De exemplu, în această dimineață, mi-am putut da seama că avea nevoie să plângă. Nu s-a trezit foarte fericit. Era morocănos şi m-a lovit. A început să plângă în hohote când l-am înfăşurat într-un prosop şi el a vrut să iasă. Aceasta a pus capac. Eu l-am ținut şi el a țipat şi a plâns. Nu l-am ținut aşa de strâns încât să nu poată să se mişte. L-am lăsat să se lupte şi să se agite, dar l-am ținut în prosop. I-am spus „Vreau doar să stai aici pentru câteva momente." şi el a plâns şi iar a plâns, şi a țipat, şi a dat din picioare, şi s-a luptat. La un moment dat, l-am lăsat să iasă din prosop, dar apoi s-a întors şi a aruncat cu ceva în mine. Aşa că l-am înfăşurat din nou şi a continuat să plângă. După ce l-am ținut acolo vreo zece minute probabil, l-am lăsat să iasă şi era un copil schimbat. Nu mai era morocănos, ci numai zâmbete. L-am întrebat dacă îl pot îmbrățişa; a întins mâinile spre mine şi m-a îmbrățişat. Atunci am ştiut că a plâns destul.

Unii adulți refuză să folosească îmbrățişarea în acest mod deoarece consideră că este o cruzime să ții copilul împotriva voinței lui. Dar aceiaşi adulți nu ezită să trimită copilul în camera lui împotriva voinței lui (abordare cunoscută în Statele Unite drept „time-out"-izolare). Apoi, folosesc amenințări sau pedepse pentru a nu-i permite copilului să iasă din cameră. Trimiterea unui copil violent în camera lui poate da rezultate pe termen scurt. Totuşi, această abordare va înrăutăți problema de fond, deoarece copilul se va simți abandonat, neînțeles şi neiubit. De aceea eu recomand să țineți copilul în brațe cu dragoste, şi niciodată să nu-l izolați sau să-i retrageți atenția.

Deşi copiii violenţi se opun apropierii la început, de fapt, îşi doresc să fie ţinuţi, după cum ilustrează următorul exemplu:

> Aveam deseori grijă de un băieţel de doi ani pe care îl cunoşteam de când era bebeluş. La doi ani, a început să lovească alţi copii când era frustrat. Într-o zi, după ce a lovit un tovarăş de joacă, l-am luat în braţe şi l-a ţinut ferm, dar cu dragoste. S-a luptat să se desprindă din îmbrăţişarea mea şi a început să plângă, zicându-mi că îi e dor de păturica lui (o păturică preferată pe care o lua peste tot cu el). Am continuat să îl ţin, în timp ce îl ascultam şi primeam sentimentele lui. El a încetat curând să se mai lupte şi a plâns cu suspine în braţele mele timp de o oră, după care a adormit. În următoarele zile după incident, nu a mai fost deloc violent cu alţi copii. Cu toate acestea, după o săptămână, s-a supărat pe un băieţel şi a luat un cub să-l lovească în cap. Când a ridicat mâna am strigat „Nu!" M-a privit, a aruncat cubul, a venit la mine şi mi-a zis: „Ţine-mă în braţe!" L-am ţinut în braţe şi a început să protesteze şi să se zbată să se elibereze. Am continuat să-l ţin şi în curând a început să plângă. Rezistenţa sa s-a diminuat treptat şi a plâns în braţele mele cu încredere timp de o oră şi jumătate. După care a fost relaxat, fericit şi paşnic.

Acest exemplu m-a făcut să realizez că cei mici chiar vor să fie ţinuţi în braţe, chiar dacă se zbat uneori să scape din îmbrăţişare. Au nevoie de asigurarea că există ceva mai puternic decât mânia lor. Această forţă mai puternică este legătura părinte-copil. Când ţinem în braţe un copil nervos este ca şi cum i-am pune la dispoziţie un cadru solid în care să îşi verse emoţiile. Cu toate acestea, *ţinutul în braţe nu trebuie niciodată folo-*

sit drept pedeapsă, răzbunare sau cu scopul de a-l face pe copil să se supună sau să fie ascultător. Dacă este practicat cu compasiune şi dragoste, ţinutul în braţe nu va duce la resentimente din partea copilului.

Eu am folosit acest tip de ţinut în braţe cu ambii mei copii. Dacă menţineam fermitatea până când plânsul înceta de la sine, ei erau într-o stare minunată după incident. Deseori, chiar îşi doreau să ne mai strângem drăgăstos în braţe şi după, chiar dacă cu câteva minute înainte se luptaseră să scape din îmbrăţişarea mea. După o sesiune de plâns în timpul căreia fiul meu de şase ani a protestat vehement în legătură cu faptul că îl ţineam aproape de mine, el mi-a zis „Îmi place modul tău de a mă ţine în braţe, pentru că mă ajută să scap de ceva."

Când cadrele didactice şi persoanele care au în grijă copii îşi propun să folosească abordarea ţinutului în braţe cu micuţii violenţi, le recomand ca înainte să obţină permisiunea părinţilor, ca în cazul oricărei alte abordări disciplinare. Ţinutul în braţe este eficient dacă este făcut de o persoană care are o relaţie apropiată, bazată pe iubire, cu copilul. Este o alternativă foarte eficientă şi utilă la pedeapsă, atât acasă, cât şi la grădiniţă sau la creşă. Ţinutul în braţe creează o limită pentru comportamentul agresiv al copilului şi facilitează vindecarea.

Folosirea acestei abordări în cazul copiilor care lovesc, dau cu piciorul, zgârâie sau muşcă este descrisă într-o carte publicată de National Association for the Education of Young Children (Asociaţia Naţională pentru Educarea Copiilor Mici). Următorul pasaj descrie abordarea şi explică de ce aceasta este mai benefică decât lovirea copilul:

> Folosiţi-vă palmele, braţele şi corpul pentru a ţine copilul în braţele dumneavoastră sau într-

> o cameră mică, împreună cu dumneavoastră. Copilul va beneficia de controlul şi de înţelegerea pe care i le acordaţi, va duce la bun sfârşit izbucnirea şi se va linişti. Îşi va aduce aminte, când va mai avea de-a face data viitoare cu sentimente de mânie, că nu-i sunteţi duşman şi că dispuneţi de căi pentru a-l ajuta să-şi restabilească autocontrolul. Poate uneori este necesar să îl ţineţi pe copil de mâini, dacă încearcă să vă lovească; sau să îl ţineţi de bărbie, dacă încearcă să vă muşte; sau să îi paraţi loviturile cu picioarele cu propriile picioare. Dacă faceţi acest lucru pentru a controla acţiunile lui şi consideraţi că este greşit să îl loviţi, atunci şi copilul, şi dumneavoastră sunteţi în siguranţă. Amândoi veţi ieşi din criză capabili să colaboraţi şi manifestând respect unul faţă de altul.[3]

Unii adulţi încearcă să redirecţioneze comportamentul violent. De exemplu, unui copil care îşi loveşte sora mai mică i se poate da o păpuşă spre a o lovi sau i se poate oferi o pernă. Un copil care îşi muşcă prietenul poate fi încurajat să muşte o jucărie de cauciuc sau un măr. Această redirecţionare a violenţei spre alte ţinte poate ajuta pe termen scurt la protejarea victimelor. Totodată, copilul agresiv simte că sentimentele lui au fost acceptate şi înţelese. Cu toate aceastea, abordarea în discuţie nu rezolvă, de obicei, sentimentele de fond decât în cazul în care copilul plânge sau are o criză de furie. Deoarece violenţa este adesea o expresie denaturată a durerii şi a groazei, actele fizice de lovire sau muşcare nu reuşesc să ofere o eliberare autentică a sentimentelor dureroase implicate. Un frate gelos, care a lovit şi muşcat pe cineva la un moment dat, îşi va depăşi anxietatea legată de pierderea dragostei părinţilor numai dacă va putea să plângă intens în îmbrăţişarea lor.

Uneori, copiii îşi direcţionează violenţa spre părinţii lor. Există câteva posibile explicaţii pentru acest lucru. Poate fi un indiciu că părinţii i-au făcut pe copii să sufere, poate chiar i-au pedepsit, au fost autoritari, nedrepţi, nu au avut răbdare cu ei, nu şi-au manifestat respectul sau le-au neglijat nevoile legitime. Oprirea comportamentului agresiv al copilului este cu siguranţă justificată, dar este nevoie totodată şi de o evaluare a comportamentului adultului, pentru că el poate fi o sursă a violenţei copilului.

Niciun părinte nu este perfect. Din această cauză, *toţi* copiii se mânie ocazional pe părinţii lor sau pe cei care îi îngrijesc în mod direct. În ochii copiilor, mamele alternează între a fi zeiţe (atunci când sunt relaxate şi iubitoare) şi monştri (atunci când îşi pierd răbdarea sau nu sunt atente). Mai mult, părinţii trebuie să pună limitele necesare pentru sănătatea şi siguranţa copiilor, cum ar fi să le ia un cuţit ascuţit din mâna sau să-i aşeze în scaunul de maşină înainte de a porni la drum. Atunci când copiii sunt furioşi, este important să fie opriţi dacă vor să lovească, dar trebuie să li se permită să protesteze deschis prin plâns, crize de furie şi cuvinte precum „Te urăsc!" *Şi ei trebuie să ştie sigur că aceste sentimente nu vor determina o respingere ulterioară din partea adultului.*

Unii copii care încearcă să îşi lovească părinţii pot fi doar victimele unei acumulări de stres (care să nu aibă legătură cu comportamentul părinţilor) şi au nevoie de o limită fermă pentru a-şi exprima sentimentele. Loviturile pot fi modalitatea prin care copilul cere ajutorul în a-şi elibera emoţiile puternice, cum a fost în cazul exemplelor precedente. Abordarea prin ţinere în braţe poate fi o modalitate eficientă de a impune o limită şi a oferi copilului un pretext de a plânge şi a avea o criză de furie, facilitându-se astfel o eliberare inofensivă a agresivității.

Pentru a face un rezumat al acestei secțiuni privitoare la modul în care facem față violenței, este important de reținut că micuții care se comportă violent suferă întotdeauna de pe urma unor emoții dureroase. Există modalități eficiente şi non-punitive pentru a opri comportamentul violent şi, în acelaşi timp, a ajuta copilul să se elibereze de sentimentele de fond. *Este important de ştiut un lucru: bebeluşii şi copiii au nevoie de mai multă dragoste şi atenție fix atunci când se comportă ca şi cum le-ar merita mai puțin.*

7. PLÂNSUL LA ORA DE CULCARE

Este foarte comun ca cei mici să aibă nevoie să plângă chiar înainte de a se relaxa şi a se culca. Unii copii găsesc un pretext pentru plâns (fenomenul „fursecul rupt"). De exemplu, o fetiță poate plânge timp de douăzeci de minute pentru că una dintre jucăriile ei de baie s-a rupt sau pentru că nu îi place gustul pastei de dinți (de care nu s-a mai plâns înainte). Alt copil îşi poate şicana fratele sau sora până în punctul în care amândoi încep să plângă. Acest plâns de seară permite copiilor să se elibereze de tensiunile acumulate peste zi, înainte de a adormi. Copiii care au plâns suficient, adorm repede şi dorm mai bine noaptea.

Unii copii devin hiperactivi seara şi pot avea nevoie de o reducere a stimulării şi a distragerii atenției pentru a se linişti. Este bine ştiut că locurile liniştite, întunecate, induc somn, în comparație cu locurile luminoase şi gălăgioase. Dacă acest lucru nu ajută, este posibil să fie nevoie să țineți în brațe copilul, în mod ferm, dar cu dragoste, pentru a-şi găsi liniştea prin lacrimi. Plânsul va fi urmat apoi de o relaxare profundă.

O altă problemă comună la ora de culcare este plânsul copilului în cazul în care este lăsat singur. El se opreşte însă din plâns dacă părintele se reîntoarce în cameră. În Partea a II-a, am explicat că bebeluşii au o nevoie reală de prezenţa fizică a unei alte persoane atunci când adorm, chiar şi peste noapte. Copiii de peste un an continuă să aibă această nevoie de apropiere şi multe probleme pot fi rezolvate prin împlinirea ei. Când un copil plânge că pleacă părintele, acesta este un protest legitim pentru a nu fi lăsat singur.

Recomand să staţi cu copiii la ora somnului până când ajung la o vârstă la care nu mai solicită aceasta. Ţinutul copilului în poală sau culcarea alături de el până adoarme sunt modalităţi eficiente şi pline de iubire prin care îl puteţi ajuta să adoarmă. Ele oferă siguranţă şi o oportunitate pentru copii să vorbească şi să plângă în legătură cu supărările zilei.

Pe măsură ce micuţii cresc, devine mai uşor să pleci de lângă ei înainte să adoarmă, cu condiţia să fi avut ocazia să comunice şi să se elibereze de sentimente atât cât au avut nevoie. Vârsta la care copiii pot adormi în lipsa unui adult variază foarte mult şi depinde de temperamentul copilului şi de mediul în care trăieşte. Copiii care împart camera cu fraţii lor tind să poată adormi fără un adult prezent. Copiii cu o imaginaţie bogată au frici mai intense şi pot avea nevoie de prezenţa unui părinte la ora somnului şi la vârste la care fraţii lor mai puţin creativi adorm fericiţi singuri.

Părinţii care dorm cu copiii lor se întreabă la ce vârstă îl pot muta pe junior în camera lui. Acest lucru se decide în fiecare familie în parte, în mod diferit, în funcţie de nevoile tuturor.

Perioadele de boală sau de stres pot determina nu numai o nevoie mai mare de a plânge, dar şi un regres în abilitatea copiilor de a dormi singuri. Este normal pentru persoanele de orice vârstă să caute apropierea celor dragi în perioadele stresante.[1] În cazuri de stres extrem, chiar şi adolescenţii au nevoie de apropiere noaptea. La vârsta de 13 ani, Anne Frank s-a mutat cu familia ei într-o ascunzătoare din Amsterdam pentru a scăpa de persecuţia nazistă. Ea a scris în jurnal că noaptea se furişa alături de tatăl ei în pat când i se făcea frică.[2]

8. VINDECAREA ÎN URMA EVENIMENTELOR TRAUMATIZANTE

Există cazuri când cauza stresului este un eveniment traumatizant specific cunoscut. Copiii trăiesc multe asemenea evenimente în viaţa de zi cu zi. Unele sunt traume uşoare. De exemplu, un căţeluş prietenos sare pe copil şi îl sperie. Alte traume sunt mai severe: un copil care trebuie spitalizat sau un incendiu în cartier. În astfel de cazuri, este benefic ca părinţii şi alte persoane care îngrijesc copilul că aibă abilităţile necesare pentru a-l ajuta pe copil să proceseze trauma.

Pentru a evita problemele care pot apărea ulterior este cel mai bine dacă adulţii le permit copiilor să plângă atât cât au nevoie, imediat după evenimentele traumatizante. În urma uraganului care a lovit coasta statului Carolina de Sud din Statele Unite în 1989, părinţii a 278 de copii care locuiau în zonă au fost intervievaţi după şase până la opt săptămâni. Părinţii au declarat că aceşti copii au avut multe simptome, inclusiv mai multe crize de plâns şi crize de furie decât înainte de uragan.[1] Acest plâns mai intens poate fi considerat o încercare a copiilor de a se vindeca.

Când copiii nu sunt susținuți să se vindece de traume în acest mod sau dacă trauma a fost foarte severă, ei pot avea simptome de tulburare de stres post-traumatic ce pot dura ani de zile. Aceste simptome pot include coşmaruri, treziri nocturne, frici specifice, anxietate, suprastimulare, regresie la stadii anterioare de creştere, dificultăți de concentrare şi învățare, şi gânduri recurente şi intruzive („flashback-uri").[2]

Părinții şi alte persoane care îi au în grijă pot ajuta foarte mult copiii care suferă în urma unor traume specifice (deşi, în cazul traumelor severe, recomand şi terapie cu un specialist). Copiii readuc în joaca lor evenimentul traumatizant în mod spontan. Acest lucru este un indiciu că ei încearcă să îl proceseze. Totuşi, alteori, cei mici evită orice le aduce aminte de trauma respectivă. În acest caz, adulții pot să îi ajute cu blândețe să îşi îndrepte atenția spre eveniment, fiind foarte atenți să nu îi copleşească. Unele persoane consideră, în mod greşit, că este mai bine să nu se discute evenimentul traumatizant cu copilul, în speranța că acesta îl va uita în curând. Totuşi, evitarea amintirii unor experiențe dureroase nu îi va ajuta pe copii să se vindece. Procesele vindecătoare descrise în această carte le permit copiilor să finalizeze ciclul stres-relaxare care a fost blocat din cauza eliberării emoționale insuficiente în momentul traumei. Cele trei principii de bază ale vindecătii emoționale sunt descrise mai jos.

VINDECAREA DE TRAUME EMOȚIONALE

1. *Copiii au nevoie să se simtă în siguranță şi iubiți.* Ei au nevoie să aibă o relație de încredere cu cineva şi să ştie că persoana respectivă nu îi va răni sau pă-

răsi. Apropierea fizică şi atenţia conştientă îi ajută pe copii să se simtă în siguranţă.

2. *Copiii au nevoie să îşi reamintească trauma şi să o trăiască din nou într-un anumit grad, în timp ce se simt în siguranţă.*

3. *Copiii vor vorbi, vor râde, se vor implica în joc terapeutic, vor plânge, vor transpira şi chiar vor tremura* atunci când există un echilibru adecvat între siguranţa emoţională din prezent şi retrăirea durerii emoţionale din trecut. Acestea sunt procese importante de vindecare, cu un grad mare de eficienţă, când sunt acceptate de un ascultător atent.

Bebeluşii îşi rezolvă stresul şi traumele în primul rând prin plâns, în timp ce sunt ţinuţi în braţe de părinţi. Aşa cum am menţionat în primele două părţi ale lucrării de faţă, adulţii îi pot ajuta pe bebeluşi să se vindece în urma traumei naşterii oferindu-le stimuli fizici blânzi care să le reamintească micuţilor de procesul naşterii într-un mod plin de dragoste şi susţinere.

Pe măsură ce copiii cresc, ei încep să folosească şi alte mecanisme de eliberare a stresului, în special verbalizarea şi jocul, însoţite de râs. Adulţii pot încuraja copilul să spună povestea a ceea ce s-a întâmplat prin cuinte sau joc. Jocul terapeutic este facilitat de folosirea unor jucării adecvate şi de atenţia adultului, după cum este descris în exemplele următoare.

Dacă un căţeluş a sărit pe un băieţel şi l-a speriat, primul lucru de făcut (odată ce v-aţi ocupat de siguranţa fizică a copilului) este să-i acceptaţi plânsul fără a încerca să-i distrageţi atenţia. Dacă i se permite să plângă cât are nevoie în acel moment, copilul îşi va rezolva trauma emoţională.

Totuşi, dacă băiatul este oprit din plâns înainte de a se fi vindecat de traumă, el poate să dezvolte o frică exagerată de câini. Îl puteţi ajuta să treacă peste această frică şi mai târziu, când vă jucaţi şi puneţi în scenă evenimentul cu ajutorul unui câine de pluş, în timp ce dumneavoastră vă prefaceţi că sunteţi speriat. Orice va genera râs va fi terapeutic, ajutându-l pe copil să depăşească frica de câini rezultată. Râsul este şi el o formă de eliberare de frică şi poate fi de mare ajutor atunci când plânsul nu s-a consumat.

Puteţi ajuta un copil să se elibereze de stresul rezultat în urma spitalizării dându-i o trusă de doctor şi lăsându-l să se joace cu ea. Probabil va râde dacă îl lăsaţi să fie el doctorul, în timp ce dumneavoastră jucaţi rolul unui pacient înspăimântat. Sau puteţi interpreta rolul unui medic incompetent care face greşeli prosteşti, pentru a-l ajuta pe copil să dea frâu liber tensiunilor şi fricilor prin râs. De asemenea, îl puteţi încuraja pe copil să-şi verse furia pe un medic de jucărie sau să-şi manifeste grija plină de dragoste pentru o păpuşă bolnavă. Prin joc, copiii pot gestiona şi controla experienţe înspăimântătoare şi derutante, astfel câştigând noi perspective.

În urma unor experienţe traumatizante, copiii pot apela la fenomenul „fursecul rupt" pentru a găsi pretexte să plângă zdravăn. (A se vedea Partea a III-a, Secţiunea 3.) Aceste pretexte pot fi legate de evenimentul traumatizant. De exemplu, un băiat căruia îi este frică de câini din cauza unui eveniment traumatizant poate folosi lătratul unui câine drept o ocazie pentru a izbucni în lacrimi. În acest fel, el va finaliza spontan plânsul de care are nevoie.

O fetiţă care a fost de curând spitalizată poate plânge neobişnuit de intens din cauza unor zgârieturi minore, timp de câteva săptămâni de la întoarcerea acasă. Dacă vă puteți aminti că ea foloseşte juliturile minore drept pretexte pentru a-şi rezolva trauma spitalizării, vă va fi uşor să o sprijiniți în timpul acestor izbucniri emoționale. Copilul nu exagerează, ci se vindecă singur.

Uneori, pretextul la care apelează copilul pentru a plânge nu are legătură cu evenimentul traumatizant. Următorul exemplu al fiicei mele ilustrează acest lucru:

> Într-o zi, a izbucnit un mare incendiu în oraşul nostru. În urma lui, au fost distruse peste trei sute de case, dar nu şi a noastră. În ziua următoare, am fost cu maşina să vedem pagubele. În acea seară, fiica mea de opt ani a refuzat săşi pună pijamaua, insistând că se ascunde un păianjen în ea. Am întors pijamaua pe dos pentru a-i arăta că nu este niciun păianjen, dar ea a plâns intens timp de o oră susținând că este „prea speriată" să o poarte. Într-un final, şi-a pus pijamaua. Frica ei de păianjeni nu era nouă, însă nu fusese niciodată aşa de îngrozitoare ca acum. Presupun că îşi indusese ideea că este un păianjen în pijama pentru a se ajuta singură să se elibereze de groaza legată de incendiu.

Când copiii se simt îndeajuns de în siguranță, ei se pot vindeca chiar şi de cele mai traumatizante experiențe.

PARTEA A IV-A

APLICAȚII PRACTICE

1. INTERPRETAREA COMPORTAMENTULUI COPIILOR

Bebeluşii şi copiii care au fost răniţi sau suferă de o acumulare de stres vor încerca să se vindece în mod spontan prin mecanismele clasice de eliberare a stresului: plânsul şi crizele de furie. Vor face totuşi acest lucru doar dacă se simt iubiţi şi acceptaţi. Este necesar un sentiment de siguranţă pentru ca mecanismele naturale de eliberare a stresului să funcţioneze. Orfanii care trăiesc în instituţii sau în tabere de refugiaţi unde nu este personal suficient, plâng, de obicei, foarte puţin. Este foarte obişnuit ca aceşti copii să aibă crize de plâns frecvente după ce sunt adoptaţi de familii iubitoare.

După cum s-a discutat deja în această carte, adulţii bine intenţionaţi descurajează deseori copiii în procesul natural de vindecare prin plâns, din cauză că nu sunt conştienţi de efectele benefice ale neîntreruperii procesului. Secțiunile precedente descriu cum această reprimare a plânsului poate începe la naștere și continua în anii următori. În consecință, mulți copii nu plâng atât cât au nevoie.

Există câteva comportamente care denotă faptul că plânsul nu a fost dus la bun sfârșit. Unele dintre cele mai evidente sunt tiparele de control. Acestea reprezintă diferite obiceiuri adoptate de copii pentru a-și reprima emoțiile. Unele tipare comune la bebeluși și la copii includ cererile frecvente de a suge pentru calmare (și nu din cauza foamei), suptul degetului, suptul suzetei și atașamentul față de un obiect, cum ar fi o păturică specială. Aceste comportamente devin inutile odată ce are loc o eliberare emoțională deplină.

Alte indicii posibile ale nevoii de a plânge includ comportamentele dezagreabile, cum ar fi loviturile sau mușcăturile, atașamentul fizic excesiv, smiorcăiala și comportamentele revoltătoare sau „de testare" (copilul face intenționat ceva ce îi este interzis). Mai mult, copiii care sunt hiperactivi, ușor de distras, sau prea impulsivi pot și ei să sufere de o acumulare de stres rezultată dintr-o insuficientă eliberare emoțională.

Adulții consideră deseori aceste comportamente drept componente ale personalității copilului: „Este o lipicioasă!" sau „Are tendințe agresive, ca și tatăl lui." Simptomele de hiperactivitate, agresivitate și incapacitate de concentrare sunt de obicei considerate simptome ale unei tulburări mentale în Statele Unite, fiind adesea diagnosticate drept ADHD (Deficit de Atenție și Hiperactivitate) (a se vedea Partea I). Când comportamente menționate sunt considerate posibile semne ale stresului și un indiciu al nevoii de a plânge, apar și noi modalități de a-i ajuta pe acești copii.

Copiii cărora li s-a permis să plângă liber de la naștere (fiind înconjurați de o atenție iubitoare) sunt mai predispuşi la o sănătate emoţională mai bună în comparaţie cu cei al căror plâns a fost reprimat în mod repetat. Copiii sănătoşi emoţional nu au nevoie de niciun fel de tipar de control. Le place să se alinte, dar folosesc suptul (sau biberonul cu lapte) numai pentru a se hrăni, şi nu ca un mijloc de oprire a plânsului. Nu-şi sug degetul şi nici suzeta, iar fericirea lor nu depinde de o pătură specială sau de un animal de pluş. Aceşti copii sunt în general fericiţi şi vioi, iubitori şi cooperanţi. Au o capacitate de concentrare mai mare decât este considerat normal pentru vârsta lor, sunt curioşi, dornici să exploreze şi să înveţe. Sunt plini de resurse şi de iniţiativă şi nu rănesc pe nimeni şi nimic în mod intenţionat. Ei se simt bine în pielea lor, sunt lipsiţi de tensiune şi au o coordonare bună a mişcărilor. În general dorm bine şi nu au nevoie de mult somn.

Totuşi, nu este neapărat uşor de convieţuit cu micuţi sănătoşi emoţional, deoarece ei nu sunt pasivi şi docili. Dimpotrivă, ştiu de ce au nevoie şi pot fi foarte perseverenţi în a-şi împlini nevoia. Mai mult, majoritatea copiilor sunt într-o anumită măsură egocentrici până la vârsta de şapte-opt ani, deoarece nu înţeleg uşor punctul de vedere al altei persoane. Copiii sănătoşi sunt extrem de sensibili şi au sentimente intense, atât pozitive, cât şi negative. Ei plâng şi au crize atât cât au nevoie după ce s-au rănit, s-au speriat, au fost frustraţi de ceva, sau în urma unei zile stresante. Iar după plâns, devin din nou fericiţi şi vioi.

Dacă un copil nu se potriveşte acestei descrieri a sănătăţii emoţionale, este posibil să reacţioneze unui stres actual sau unei acumulări de stres neprocesat din trecut. Recomand să vă puneţi următoarele întrebări:

1) Cum poate fi făcută viaţa acestui copil mai puţin stresantă?

2) Cum poate fi creat un mediu de siguranță emoțională, astfel încât copilul să se elibereze de emoțiile acumulate?

Întrebarea a doua stă la baza succesului acestei abordări şi voi răspunde la ea în următoarea secțiune.

2. CREAREA SIGURANȚEI EMOȚIONALE

Când copiii au comportamente care denotă o nevoie de a se elibera de sentimentele dureroase, părinții şi celelalte persoane care se îngrijesc de ei se pot întreba cum să-i ajute să se simtă îndeajuns de în siguranță pentru a-şi exprima sentimentele. În continuare, vă pun la dispoziție o listă de recomandări care îi pot ajuta pe copii să se deschidă emoțional şi să plângă atât cât au nevoie. Recomand aceleaşi sfaturi şi pentru copiii care suferă de traume severe (dar în niciun caz ca înlocuitori ai terapiei specializate).

RECOMANDĂRI PENTRU CREAREA SIGURANȚEI EMOȚIONALE

- Oferiți-le copiilor apropiere fizică din plin.
- Oferiți-le copiilor atenție conştientă din plin.
- Ascultați-i pe copii cu respect atunci când vorbesc.
- Rămâneți aproape şi atenți atunci când copiii plâng sau au crize de furie.
- Folosiți o abordare educațională non-autoritară.
- Dați-le copiilor informații corecte despre plâns.

- Împărtăşiţi-le sincer copiilor propriile sentimente şi nevoi.
- Procesaţi-vă în mod responsabil propriile emoţii puternice.

Oferiţi-le copiilor apropiere fizică din plin

Ţineţi-i adesea în braţe, lăsaţi-i să stea la dumneavoastră în poală şi alintaţi-vă împreună. Faceţi aceste lucruri şi atunci când ei nu sunt supăraţi. În cazul bebeluşilor, oferiţi-le cât mai mult contact fizic: purtaţi-i în sling în timpul zilei, iar noaptea permiteţi-le să doarmă în contact fizic apropiat cu dumneavoastră.

Oferiţi-le copiilor atenţie conştientă din plin

Există un anume tip de atenţie deplină care este utilă în crearea siguranţei emoţionale. În cazul copiilor sub doi ani, cel mai bine este să fiţi la dispoziţia copilului cu o astfel de atenţie oricând acesta o cere. După doi ani, adultul poate decide un anumit interval de timp şi în funcţie de nevoile proprii. Un exemplu ar fi în fiecare zi, după masa de seară, timp de 30 până la 60 minute. Recomandările pentru acest timp special sunt următoarele:

a) Concentraţi-vă asupra unui singur copil. Fiţi sută la sută disponibil, la nivelul copilului, şi nu-i acordaţi atenţie decât lui.

b) Permiteţi-i copilului să iniţieze toate activităţile şi să decidă cum îşi petrece timpul cu dumneavoastră. Faceţi orice doreşte copilul (în limite rezonabile). Chiar şi bebeluşii pot iniţia activităţi, dacă li se permite acest lucru.

c) Evitaţi să conduceţi jocul cu propriile idei sau să îl transformaţi într-o lecţie.

Acest tip de atenție specială, nedirijată, le dă copiilor un sentiment de siguranță care le permite să aducă la suprafață sentimente dureroase într-un context ludic şi să le proceseze. Un copil poate iniţia un joc de-a v-aţi ascunselea pentru a procesa anxietatea de separare. Un altul poate dori să se joace de-a doctorul pentru a depăşi frica de răniri, boală sau moarte.

Copiii ştiu de ce au nevoie pentru a se vindeca şi vor face acest lucru în mod spontan, cu ajutorul atenției conştiente oferite de un adult. Aceste momente care nu sunt conduse de adult ajută la crearea siguranței emoționale necesare scoaterii la suprafață a sentimentelor adânci.

Ascultați-i pe copii cu respect atunci când vorbesc

Când copiii vă împărtăşesc ceva, ascultați şi răspundeți politicos, ca şi cum ați avea de-a face cu un alt adult. Nu-i întrerupeți şi evitați să vorbiți despre ei cu alte persoane atunci când ei sunt de față.

Când copiii vorbesc despre sentimentele lor, primiți şi acceptați sentimentele, indiferent care sunt acestea. Oglindiți apoi aceste sentimente, pentru a-i da de înțeles că îl ascultați şi înțelegeți („ascultare activă"). Nu-i spuneți niciodată copilului că ar trebui să simtă altceva şi rezistați tentației de a-i minimaliza sentimentele. Aveți grijă mai cu seamă să nu minimalizați fricile şi tristețea băieților, şi furia şi indignarea fetelor. Evitați să dați sfaturi sau să schimbați subiectul.

Rămâneți aproape şi atenți atunci când copiii plâng sau au crize de furie

Când copiii plâng, asigurați-vă că ei se simt iubiți şi acceptați. Recunoaşteți sentimentele lor dureroase. *Nu le retrageți niciodată atenția, nu încercați să le distrageți atenția de la plâns și nici să-i descurajați să mai plângă, chiar dacă par să „exagereze".*

Folosiți o abordare educațională non-autoritară (fără pedepse sau recompense)

Nimeni nu se poate simți sigur emoțional într-o relație care se bazează pe inegalitatea de forțe și în care comportamentul este controlat prin pedepse și recompense. Aceasta *nu* înseamnă însă ca adulții să devină prea indulgenți și permisivi. Rolul adulților nu este să disciplineze copiii prin putere și control, ci să le împlinească nevoile de bază și să le ofere sprijin emoțional, protecție, informație și ghidare. (A se vedea și celelalte cărți ale mele *Bebelușul meu înțelege tot* și *Copiii noști frumoși și sănătoși*. Totodată, recomand cartea lui Thomas Gordon *Trainingul părinților eficace*, și un film al său care include un curs de instruire pentru părinți).[1]

Dați-le copiilor informații corecte despre plâns

Faceți comentarii pline de compasiune la adresa altor copii care plâng sau care au crize de furie. Explicați că un copil care plânge este supărat (trist, mânios, speriat etc.) și că plânsul sau crizele de furie îl vor ajuta să se simtă mai bine. Este, de asemenea, important să lămuriți anumite informații eronate din poveștile pentru copii, din poezii, cântece, de la televizor sau din filme.

Împărtășiți-le sincer copiilor propriile sentimente și nevoi

Adulții pot spori siguranța emoțională dacă dau dovadă de sinceritate și deschidere în privința propriilor sentimente, și nu fiind nesinceri și autosacrificându-se. O abordare utilă ar fi să se înceapă folosirea mesajelor de tip „eu" în locul celor de tip „tu".[2] Un mesaj de tip „eu" descrie sentimentele fără critică, judecată sau blamarea comportamentului altei persoane, pe când un mesaj de tip «tu» critică cealaltă persoană („Eşti dezordonat!", "Eşti rău!", „Eşti egoist!" etc.)

De exemplu, puteţi spune „Mă simt îngrijorată când îţi laşi jucăriile pe podea în sufragerie, mi-e teamă că mă voi împiedica de ele." Pot fi şi mesaje puternice de tipul „*Urăsc* frimiturile în pat!" Dacă vorbiţi cu copiii în mesaje de tip «eu», îi veţi ajuta să înţeleagă punctul de vedere al altcuiva, iar rezolvarea conflictelor este mai facilă, deoarece ei au informaţia necesară despre cum afectează comportamentul lor alte persoane. Totodată, această exprimare reprezintă un model de deschidere în legătură cu propriile sentimente. Am învăţat că atunci când îmi amintesc să folosesc mesaje de tip «eu» cu copiii mei, ei răspund cu propriile mesaje de tip «eu» foarte puternice.

Procesaţi-vă în mod responsabil propriile emoţii puternice

Proximitatea unui copil care plânge şi are crize de furie poate scoate la iveală sentimente puternice în adulţi. Copiii au o capacitate extraordinară de a simţi cine este disponibil emoţional pentru ei, şi cine nu. Ei îşi păstrează cele mai adânci sentimente pentru acele persoane cu care se simt cel mai în siguranţă. Dacă vă simţiţi furios, nerăbdător, stânjenit, neliniştit sau neputincios când plânge copilul lângă dumneavoastră, cel mai probabil el nu se va simţi în deplină siguranţă. Următoarea secţiune vorbeşte despre modalităţile prin care puteţi face faţă sentimentelor puternice declanşate de un copil care plânge.

3. CUM FACEȚI FAȚĂ PROPRIILOR SENTIMENTE

Recomandările din cartea de față nu sunt ușor de aplicat din cauza sentimentelor puternice care se declanșează în adulți atunci când copiii plâng sau au crize de furie. Aceste sentimente sunt deseori intense și neplăcute, acoperind o gamă variată, de la enervarea ușoară și până la porniri violente. Unii adulți sunt foarte îngrijorați, simt compasiune și chiar durere reală când un copil plânge. Alții se simt neputincioși și incompetenți.

Aceste emoții puternice își au deseori originea în copilărie. Cei mai mulți dintre noi am fost descurajați să plângem când eram mici. Ceea ce înseamnă că cei mai mulți dintre noi avem o restanță în ceea ce privește propriul stres și traumele neprocesate.

Când auziți un copil plângând, vi se poate declanșa o amintire inconștientă a propriei suferințe din copilărie (durere, furie, frici, gelozie, frustrări etc.). Totodată, se poate declanșa o amintire inconștientă a modului în care au reacționat părinții dumneavoastră când ați încercat să plângeți. Aceste amintiri provoacă un sentiment de disconfort atunci când auziți un copil plângând, poate chiar furie, și o atitudine de ignorare a plânsului sau o reacție similară cu cea cu care ați fost obișnuit în propria copilărie. Este de înțeles, deoarece e firesc să imităm modelele pe care le-am avut, fie ele pozitive, fie negative. Avem o tendință puternică să facem ceea ce ne-a fost făcut nouă.

Este posibil să vă comportați cu copiii dumneavoastră diferit de cum s-au comportat părinții dumneavoastră, însă nu este ușor, deoarece este nevoie de un efort conștient și de angajament. Dacă vă este dificil să acceptați plânsul sau crizele de furie ale copiilor și ați dori să schimbați modul în care reacționați la ele, iată câteva sugestii.

Vorbiți despre sentimentele şi copilăria dumneavoastră

Când părinții şi-au reprimat experiențele dureroase în copilărie, ei au tendința de a repeta acelaşi comportament în relația cu fiii şi fiicele lor. De aceea, un prim pas este acela de a deveni conştient de ceea ce s-a întâmplat în propria copilărie.

Eu vă recomand să găsiți o altă persoană cu care să vorbiți, care poate să vă asculte şi să vă ofere empatie pentru ceea ce simțiți. Unele persoane găsesc că le este util să scrie într-un jurnal. Începeți prin a vă aminti situații specifice legate de plâns sau de crizele de furie din copilărie. Descrieți motivul pentru care plângeați, ce au făcut părinții dumneavoastră şi ce ați simțit. Este foarte util şi terapeutic să conştientizați ce anume aveați nevoie în acea situație. Cum ați fi dorit să reacționeze părinții dumneavoastră? În general, v-ați simțit acceptat şi înțeles de părinți? Erau capabili să vă tolereze anumite emoții puternice, dar altele nu?

De asemenea, este important să vă exprimați sentimentele atunci când copilul dumneavoastră plânge. Este firesc ca ocazional să simțiți furie şi revoltă față de propriul copil. Aceste sentimente sunt destul de fireşti. Dacă părinții v-au lovit sau v-au bătut la fund pentru că plângeați, veți avea o tendință puternică de a vă opri propriul copil din plâns în acelaşi mod. Faceți tot posibilul să rezistați acestei tentații. Dar să nu vă fie ruşine să discutați despre aceasta şi să împărtăşiți cu altcineva modul în care vă imaginați că v-ați putea plesni copilul. Dacă vă puteți elibera sentimentele departe de copil, într-un cadru care să vă spijine şi să vă fie terapeutic, atunci este mai puțin probabil să le dați curs într-o situație reală.

Pe măsură ce vă explorați sentimentele în prezența unui ascultător care vă susține, puteți deveni conştient de traumele din propria copilărie care nu sunt legate direct de plâns. Sunt părinți cărora le este teamă să nu-şi abuzeze copiii, deoarece ei înşişi au fost abuzați, motiv pentru care preferă să-şi ignore micuții când aceştia plâng. Alții se tem să „nu cedeze", deoarece ei înşişi au avut foarte puțin control asupra propriei vieți în copilărie. Poate că bebeluşul dumneavostră vă aduce aminte de un frate mai mic care plângea mult şi îi distrăgea atenția mamei de la dumneavoastră. Este important să exprimați orice sentimente declanşate de plânsul copilului. Puteți să faceți cu rândul cu partenerul de discuție şi fiecare să aibă ocazia de a răspunde la întrebările propuse în continuare.

Încercați să vă recâştigați abilitatea de a plânge

Terapeuții au descoperit că numai o discuție despre propria copilărie nu este suficientă pentru a determina schimbări pozitive în abilitățile de părinte ale unei persoane. Este necesar să vă reamintiți şi să experimentați din nou emoțiile reprimate, cum ar fi furia şi durerea. Mame abuzive şi neglijente au putut să reacționeze cu mai multă iubire față de proprii bebeluşi numai după ce s-au eliberat ele de durerea şi suferința acumulate în urma abuzului şi neglijării din copilărie.[1] Deci nu vă fie teamă să deplângeți nevoile neîmplinite ale copilului care ați fost.

EXERCIȚII DE CONȘTIENTIZARE ÎN LEGĂTURĂ CU PLÂNSUL

Următoarele întrebări sunt foarte utile, dacă se răspunde la ele cu voce tare, în prezența unui ascultător empatic care nu judecă şi nu dă sfaturi.

1. Ce făceau părinții dumneavoastră când plângeați sau aveați o criză de furie în copilărie? Încercați să vă amintiți situații concrete. Ați fost pedepsit, certat, tachinat, ignorat, liniştit sau vi s-a distras atenția? Dacă da, în ce mod? Cum v-ați simțit în legătură cu acest lucru? Cum v-ați fi dorit să reacționeze?
2. Cum vă simțiți atunci când copilul dumneavoastră plânge şi are crize de furie, şi nu vă este clar motivul? Încercați să vă amintiți o situație concretă.
3. Copilul dumneavoastră vă aminteşte de altcineva când plânge sau are crize de furie? De cine? (Un frate mai mic, un părinte care are nevoie de afecțiune, de dumneavoastră în copilărie, etc.) În ce mod afectează această asemănare reacția pe care o aveți față de copil?
4. Cum vă simțiți când copilul plânge în prezența altor persoane? A făcut cineva vreodată comentarii legate de plânsul copilului sau de faptul că nu plânge? („Ce copil cuminte!", „E un mare plângăcios!", „Este un copil aşa de plăcut!") Cum v-ați simțit?
5. Ați văzut un adult plângând când erați copil? În ce circumstanțe? Cum v-ați simțit?

6. Ați plâns vreodată intens pentru ca după aceasta să vă simțiți mai bine? Amintiți-vă o situație concretă. Ați beneficiat de o persoană care să vă asculte într-un mod care să vă sprijine în timp ce plângeați? Cum v-ați simțit?

____

Găsiți o persoană sau un terapeut cu care să puteți plânge. Înscrieți-vă într-un grup de sprijin în care plânsul este acceptat. Sau plângeți singur, dacă vă ajută. O participantă la unul dintre atelierele mele a mărturisit că vizionează un film trist de câte ori are nevoie să plângă, şi plânge intens şi eliberator, în timp ce îl urmăreşte.

Părinții se întreabă deseori dacă este dăunător să plângă în fața copiilor. În general, eu recomand să vă păstrați eliberarea emoțiilor puternice pentru momente când nu sunteți cu copiii. Unii copii se necăjesc foarte tare când părinții lor plâng.

Totuşi, cred, de asemenea, şi că plânsul în fața copiilor poate fi benefic în oferirea unui model de eliberare a sentimentelor, cu condiția să îi asigurați pe copii de următoarele trei lucuri: a) că nu sunteți „la pământ" şi sunteți capabil să le acordați atenție şi să aveți grijă de ei; b) că nu ei sunt cauza sentimentelor dumneavoastră dureroase; c) că nu vă aşteptați ca ei să vă dea sfaturi sau să aibă grijă de dumneavoastră. Copiii nu trebuie făcuți niciodată răspunzători de sentimentele adulților şi nici nu trebuie să joace rolul de terapeuți ai părinților lor. Unii părinți plâng în compania copiilor lor. Acest lucru este benefic, cu condiția să se țină cont de recomandările de mai sus.

Aveți grijă mai ales la modul în care vă exprimați furia. Mulți adulți nu ştiu cum să-şi exprime în mod adecvat furia. *Țipetele şi urletele nu trebuie îndreptate nici-*

odată împotriva copilului. Dacă simțiți că aveți nevoie să țipați, este bine să faceți acest lucru departe de copii şi să limitați zgomotul cu ajutorul unei perne.

Cereți ajutor, sprijin, şi împliniți-vă nevoile

Cu cât sunteți mai copleşit sau mai extenuat şi aveți mai puțin timp pentru dumneavoastră, cu atât mai greu de tolerat va fi plânsul copiilor. Găsiți modalități să vă împliniți propriile nevoi. Unele mame consideră că trebuie să-şi sacrifice propriile nevoi pe altarul familiei. Pe termen lung însă, această abordare nu va avantaja familia şi va duce la sentimente inevitabile de frustrare şi dispreț. Este legitim să cereți ajutorul de care aveți nevoie.

Dacă vă dați seama că îi faceți rău copilului, aveți nevoie imediată de ajutor. Nu ezitați să sunați la o linie verde care se ocupă de abuzurile asupra copiilor sau să vă alăturați unui grup de sprijin. Nu este nimic ruşinos în acest lucru. Poate fi util să întâlniți alți părinți care încearcă să facă față copilăriilor lor violente şi stresului asociat statutului de părinte.

Pentru a concluziona, copiii nu au nevoie de părinți perfecți, dar au nevoie de părinți care sunt pe un drum de auto-descoperire şi vindecare, şi care îşi pot recunoaşte şi repara propriile greşeli. Faptul că avem copii ne oferă o ocazie unică şi minunată de a ne înțelege pe noi înşine mai bine şi de a ne vindeca de durerea din copilărie.

4. PĂRINȚII ÎȘI ÎMPĂRTĂŞESC EXPERIENȚELE

Am primit sute de scrisori de la părinți care au citit una sau ambele mele cărți anterioare (*Bebeşul meu înțelege tot* şi *Copiii noştri frumoşi şi sănătoşi*). Această secțiune conține pasaje din câteva scrisori, ilustrând aplicațiile practice ale abordării propuse de mine aici. Mulți dintre părinți au scris despre emoțiile (atât pozitive, cât și negative) pe care le-au trăit când au început să accepte sentimentele copiilor lor. (Toate numele au fost schimbate pentru a proteja identitatea cititorilor mei.)

Părinții învață să se relaxeze când bebelușul plânge

Am citit pentru prima dată *Bebeșulul meu înțelege tot* acum câțiva ani (înainte să am copii) și am avut sentimente amestecate. Acum sunt mamă și înțeleg mai bine despre ce este vorba în carte.

Într-o seară, când fiica noastră Joanna avea trei săptămâni, soțul meu era deranjat de tensiunea pe care o generam încercând să o întrerup din plâns prin legănat, plimbat, etc. Mi-am adus aminte teoria dumneavoastră și, deși eram încă sceptică, am decis să o încercăm. Nu mai știu cât a durat acel prim plâns al ei la noi în brațe, în jur de o jumătate de oră. Îmi amintesc însă că a devenit brusc, din roșie și foarte gălăgioasă, palidă și foarte relaxată. A dormit mai mult în acea noapte în comparație cu oricare altă noapte de până atunci (cinci sau șase ore legate, cred) și a fost foarte fericită a doua zi.

Cu puțin ajutor din partea altor persoane și recitind cartea dumneavoastră din nou acum o lună sau două, am devenit extrem de confortabili în ceea ce privește plânsul ei. Au fost dăți când nu mai avea nevoie să plângă foarte mult, plângea poate o dată pe săptămână. Alte dăți, mai des. Se comportă foarte bine în public și „se dezlănțuie" numai acasă.

Dacă oamenii fac comentarii la adresa ei, pe lângă faptul că zic că este frumoasă și mare, se minunează și de cât de receptivă și conștientă este pentru vârsta ei (chiar ieri a împlinit patru luni). Ceea ce îmi aminteşte desigur de teoria dumneavoastră.

Nici John, nici eu nu suntem deranjaţi în mod special de plânsul ei. Ba chiar sunt un pic îngrijorată de cât de neîngrijorată sunt! Cea mai dificilă parte pentru mine este încercarea de a împăca această teorie cu alăptarea la cerere. A fost o vreme când ea sugea *mult*, luând în greutate foarte rapid, iar eu mă tot răzgândeam, întrebându-mă dacă nu cumva o alăptez prea mult. Spre urşurarea mea, ea a redus ritmul de supt. Încă mai verific dacă vrea să fie alăptată înainte de a decide că are nevoie să plângă, deşi acum îmi este mult mai uşor să văd diferenţa.

Un copil liniştit începe să-şi exprime furia

Am citit cartea dumneavoastră (*Bebeşulul meu înţelege tot*) când fiul meu avea două luni. El nu prea plângea, dar era agitat şi nu dormea deloc bine. Totodată, sugea foarte frecvent, mai ales după evenimente stresante, cum erau vizitele în afara oraşului, vacanţele, etc. Câteodată, aveam sentimentul că a supt non-stop timp de două zile. Îl alăptam mai mult pentru „alinare" decât pentru hrană. Însă nu îl alinam deloc. Presupuneam că este un băiat calm, liniştit. Doar sugea tot timpul. Toată lumea îmi spune că este aşa de „cuminte".

De aceea, m-am îngrijorat când v-am citit cartea. Într-o oarecare măsură, m-am întrebat dacă nu cumva era prea cuminte. Am simţit că aveţi dreptate. Avea nevoie să plângă. Aveam nevoie să îi arăt că era în ordine ca el să plângă. La început, a fost nebunie curată. Nu sunt foarte sigură pe această abordare pentru că nu cunosc nicio mamă care să procedeze aşa. Toate prietenele mele fie îşi „liniştesc" bebeluşii prin alăptare, fie îi amuză pentru a-i face să înceteze plânsul. Şi multe femei pe care le cunosc îşi lasă copiii în cealaltă cameră, să plângă singuri până la epuizare. Eu nu concep aşa ceva. Aşa că plângeam cot la cot cu el. Simţeam că orice aş face va fi groaznic. Am fost uşor panicată o perioadă.

L-am lăsat să plângă în braţele mele în ultimele trei săptămâni şi doarme mult mai bine. Suge aşa de rar, încât mă îngrijorez uneori. Dar pare foarte în formă. La început, îşi folosea degetul mare ca substitut al sânului pentru a se abţine să plângă, dar acum renunţă şi la acest obicei. De asemenea, sunt bucuroasă că îşi exprimă plenar sentimentele. Am crescut simţindu-mă un copil „rău" fiindcă aveam crize de furie şi urlam. Am învăţat de la o vârstă fragedă că furia este în antiteză cu iubirea. Acum şterg ce am învăţat şi învăţ altceva. Vreau să aud dacă fiul meu este furios pe mine (sau trist sau orice altceva). Şi el este om. Sunt îndeajuns de puternică să fac faţă acestor sentimente şi să continui să-l iubesc.

Un alt lucru este faptul că auzindu-l pe fiul meu plângând, am scos la iveală multă durere a mea din propria-mi copilărie. E o purificare binevenită. Mă simt puţin privată de anumite lucruri când compar copilăria lui cu a mea. Atunci când îi permit lui să plângă şi îi ofer în continuare iubirea mea, plâng şi eu, pentru că îmi amintesc ce tristă eram când nu aveam parte de iubire necondiţionată din partea mamei mele. Nu îmi împlinea nevoile aşa cum i le împlinesc eu lui Alan. Ea nu ţinea cont de sentimentele mele. Îmi place să-mi privesc copilul ca pe o mică persoană ce are tot felul de emoţii minunate şi să găsesc frumuseţea în a împărtăşi cu el atât durerea, cât şi bucuria.

Părinţii credeau că au un copil ideal

Am citit cartea dumneavoastră acum aproximativ o lună, când bebeluşul nostru, Joshua, avea cam opt săptămâni. Ideile dumneavoastră ne-au încântat, fiindcă erau în armonie cu metodele de dezvoltare personală cu care suntem familiarizați. Fiind deja convinși de descoperirea lui Freud că, pentru a se produce vindecarea, o persoană trebuie să aibă amintiri însoțite de emoții și văzând acest lucru în practică de multe ori în cadrul unor experiențe de renaștere (folosind metoda lui Stanislav Grof), am decis să testăm ideile dumneavoastră.

Credeam că Joshua era un copil „ideal": cuminte, aparent mulțumit și fericit să se distreze singur pe un covor din piele de miel o perioadă de timp, în fiecare zi. Deși a avut o greutate mică la naștere, după o cezariană la 39 de săptămâni (deoarece mi-a crescut subit tensiunea și placenta nu mai funcționa corespunzător), a luat în greutate din prima zi și la opt săptămâni ajunsese la percentila 50. La acea vreme, am estimat că plânsese un total de numai 10 ore.

Am pus calmul lui pe seama abordării noastre relaxate ca părinți. Totuși, Joshua voia să mănânce cam la o oră în fiecare după-amiază și seară. Așa se face că, după ce v-am citit cartea, în loc să îi mai ofer sânul, l-am ținut în brațe și i-am oferit toată atenția mea, plină de iubire; dar nu mâncare. După aproximativ zece secunde, a izbucnit într-un plâns puternic și a continuat să plângă intens aproape 20 de minute, cu ochii fixați cu încredere, la mine, oricând îi avea deschiși. După acest episod, a adormit și s-a trezit foarte vioi și mulțumit, și s-a jucat singur pe covor timp de o oră, emanând calm în jurul lui. De atunci, a plâns în fiecare zi timp de cinci până la nouăzeci de minute. După plâns, este întotdeauna calm, vioi și foarte zâmbitor.

Una dintre caracteristicile interesante ale plânsului lui este asemănarea cu ceea ce am observat noi la oamenii care trăiesc tristețe sau furie în sesiunile de renaştere. Ni se pare că după câteva minute de la începerea plânsului, se face trecerea de la un nivel superficial (care poate fi o problema specifică) la un nivel mai profund, care pare să atingă o durere existenţială. Calmul care urmează după acest plâns din tot sufletul se aseamănă cu minunatele experienţe spirituale transpersonale de care ne-am bucurat în sesiunile de renaştere şi meditaţie.

Credem că există multe legături între munca dumneavoastră şi anumite părţi ale mişcării transpersonale. Credem că ideile din *Bebeşulul meu înţelege tot* oferă copiilor posibilitatea de a ajunge la maturitate fără rănile psihologice cu care majoritatea dintre noi trebuie să ne confruntăm înainte de a ne bucura de roadele procesului de individuaţie şi dezvoltare spirituală. Vă mulţumim, de asemenea, pentru sentimentul de eliberare pe care îl trăim acum, ştiind că suferinţele neintenţionate pe care i le pricinuim lui Joshua pot fi eliberate fără să-l afecteze permanent.

Un tată realizează că era aproape abuziv

Îmi doresc să fi citit *Bebeşulul meu înţelege tot* înainte ca fiica mea să se fi născut. Nu realizasem că eu îi distrăgeam în mod constant atenţia de la plâns legănând-o şi gângurind atunci când izbucnea în lacrimi. Am plâns zdravăn citind anumite părţi din carte. Atât fiica mea, cât şi eu am trăit momente de disperare atunci când nu puteam cu niciun chip să o opresc din plâns. M-am simţit inutil tocmai în momente când simţeam că trebuie să dovedesc că sunt un bun părinte (mai ales mamei fiicei mele). Îmi doresc ca cineva să-mi fi zis că de fapt este foarte important ca ea să plângă intens. De două ori am scuturat-o aşa de tare, din cauza furiei şi frustrării cauzate de plânsul ei, încât (am aflat mai târziu) puteam chiar să o omor.

O mamă ar fi putut fi abuzivă

În sfârşit, vă scriu. Am vrut să fac acest lucru încă de când am descoperit *Bebeşulul meu înţelege tot,* acum nouă luni. Cartea dumneavoastră ne-a salvat vieţile. Cred cu tărie că aş fi recurs la violenţă. Fiica mea, Sandra, avea doar zece săptămâni, însă eu, provenind dintr-o familie abuzivă şi disfuncţională, mă zbăteam şi nu găseam răspunsuri care să ni se potrivească. În urma lecturării cărţii dumneavoastră, am acum o fiică de unsprezece luni fericită şi înfloritoare, pe care o înţeleg şi o ador. Mulţumesc! Simple cuvinte nu pot exprima cât de mult au îmbogăţit cărţile dumneavoastră viaţa mea, a fiicei şi a soţului meu, pentru totdeauna.

Plânsul bebeluşului îi deschide mamei calea spre spiritualitate

Am intenţionat să vă scriu pentru a vă împărtăşi o parte dintre experienţele mele cu fiica mea de şapte luni, Linda, şi, mai presus de toate, să vă mulţumesc pentru cartea *Bebeşulul meu înţelege tot* care mi-a căzut în mână când Linda avea numai şase săptămâni.

La acea vreme, a început să aibă crize de plâns pe care nu le înţelegeam şi începeam să o iau razna. Poate că o parte din plâns se datora colicilor. Eu am renunţat la produsele lactate şi plânsul acela dureros, dat de crampe, a dispărut. Pe de altă parte, când am început să vă citesc cartea, îi ofeream sânul de fiecare dată când plângea şi ca metodă de a o adormi. Sugea haotic, cam la fiecare oră în timpul zilei, şi am observat că părea uşor absentă.

Prima săptămână în care am încurajat-o să plângă a fost foarte dificilă. În primele trei zile, aproape că nu a făcut nimic altceva decât să plângă. Familia mea umbla cu mâinile la urechi şi încerca să nu se amestece. Pe când îmi pierdeam curajul, familia a început să mă susțină. Acum sunt mămica mândră a unui bebeluş de şapte luni despre care toată lumea zice că este foarte vioi.

Lucrul cu Linda m-a deschis spre o viață spirituală şi acum văd peste tot o confirmare a ideilor dumneavoastră. Sunt foarte încântată de acest lucru, cred că este extraordinar. Cred că sunteți foarte aproape să generați o revoluție ce va schimba omenirea în bine. Totuşi, partea mea precautǎ, conservatoare, se întreabă unde ne va duce. În timp ce scriu aceste rânduri, realizez că întrebările vin din propria-mi ezitare de a da frâu liber lacrimilor.

Fiica mea este foarte energică şi fericită. Sunt foarte mândră de ea. Cred că va creşte şi va deveni un adult puternic. Poate, dat fiind că nu va purta cu ea atâta suferință din trecut, va fi întotdeauna în contact cu persoana care este acum: atât de aproape de ceea ce se află de cealaltă parte a existenței, ceva atât de proaspăt şi de inteligent.

Un băiețel de zece luni doarme toată noaptea

Cartea dumneavoastră *Bebeşulul meu înțelege tot* şi-a făcut apariția în casa noastră la momentul oportun. Eu îl supra-alăptam pe fiul meu şi reprezentam pentru el un tipar de control. După ce am citit două capitole săptămâna trecută, am pus în practică imediat sugestiile dumneavoastră. Richard s-a bucurat de ocazia de a plânge pe care i-am oferit-o, şi apoi a dormit toată noaptea, pentru prima dată în viața lui! (Are zece luni.) A doua zi, a plâns din nou din toate puterile, după care a dormit timp de două ore în pătuțul lui. Remarcabil este faptul că el obişnuia să doarmă în brațele mele şi plângea întotdeauna când îl puneam în patul lui sau al nostru, dormind numai dacă îl țineam în brațe.

Acum am început să îl cunosc mult mai bine şi în mod diferit. Legătura noastră este mai puternică de când împărtăşim aceste momente de plâns. Sunt atât de „îndrăgostită" de el! Simt că plânge mult mai liber şi este mult mai expresiv şi comunicativ cu mine. Ştie că îi înțeleg cu adevărat şi îi accept sentimentele, şi de aceea este mult mai deschis.

Eu şi soțul meu am travestat o perioadă de stres în căsnicia noastră. Eu am căutat ajutor la alte persoane în încercarea mea de a-mi vindeca durerile şi rănile. Între şedințele de terapie, continui să stau de vorbă cu mine şi să las lacrimile să curgă.

Soțul meu duce cu el foarte multă suferință pe care nu o recunoaşte şi de aceea nu poate tolera plânsul nimănui. A refuzat să participe la exercițiile sugerate de dumneavoastră şi ne trimite pe mine şi pe copil în altă cameră pentru a plânge. Este foarte greu pentru mine să fac față acestei atitudini, dar reuşesc, deoarece el este o persoană iubitoare, binevoitoare, generoasă şi atentă.

Un băiat agresiv de zece luni începe să se relaxeze

Am un băiat de zece luni care, până acum o săptămână, părea destul de supărat, deşi plângea foarte puțin. De când s-a născut, a fost un bebeluş foarte activ, agitat, care nu-şi găsea locul, şi foarte puternic. Am interpretat acest fel de a fi ca o dorință a lui de a nu fi ținut în brațe, mai ales că întotdeauna se oprea din plâns când îl lăsam jos. A crescut repede şi puternic şi părea că se dezvoltă perfect, cu excepția faptului că nu-i plăcea să fie ținut în brațe şi nu putea fi liniştit din smiorcăiala continuă. A început totodată să mă muşte şi să mă tragă de păr foarte tare. Am încercat să îl accept aşa cum era, dar mă simțeam rănită şi furioasă din cauza aparentei lui respingeri.

Apoi, am descoperit cartea *Bebeluşul meu înțelege tot*. Am renunțat imediat la suzetă şi am început să îl țin în brațe când plângea. A fost (şi continuă să fie) foarte dureros şi cu o mare încărcătură emoțională, deoarece el încearcă să dea din picioare şi se zbate să scape din îmbrățişarea mea. Dar plânge, şi într-un final se uită în ochii mei, şi până la urmă corpul i se relaxează. Bucuria de a-l ține în brațe după un episod de plâns este atât de împlinitoare, încât nici nu vă pot spune. Aşa cum descrieți în carte, după plâns este mai relaxat şi mai fericit. Simt că, în sfârşit, după zece luni, am cu adevărat un copil.

O fetiță de un an devine tandră

Înainte să citesc *Bebeşulul meu înțelege tot* mă aflam în fața unei dileme: cum să reacționezi când un copil plânge fără a avea un motiv clar de durere sau o anumită nevoie? Ce trebuie să facă mama în acel moment: să îşi alăpteze copilul sau să îl lase să plângă singur până la epuizare? Nu eram de acord să îmi las copilul să plângă în patul lui, aşa că am încercat să îl liniştesc prin alăptare. Astfel că la un an, fetița mea era un bebeluş drăguț, dulce şi „cuminte", dar sugea neîncetat, era supraponderală, iar eu eram un părinte iritat, furios, frustrat, cu sfârcuri foarte dureroase. Mă îngrozea alăptarea, deoarece fiica mea o dorea non-stop, dar la sân se agita, se arcuia, mă zgâria şi plângea. Uram, de asemenea, momentul când trebuia să o culc seara. Uram să o las singură în patul ei să plângă până la epuizare, dar nu vedeam alternativa. Când plângea, încercam să o alăptez, să îi distrag atenția de la plâns sau să o liniştesc. Când eşuam şi ea țipa, eu deveneam frustrată şi mă înfuriam. Mă „lăsa" spatele şi aveam artrită la mâini. Situația s-a înrăutățit așa de tare, încât am început să strig la ea: „Taci din gură!" Pe măsură ce relația noastră se deteriora, am cerut ajutorul Departamentului local de Asistență Socială. M-au ajutat să fac față propriilor sentimente de furie și inadecvare. Dar tot nu-mi dădeam seama *de ce* plânsul ei „apăsa un buton" în mine cu atâta intensitate. Am învățat să fac față comportamentului ei „neadecvat", însă nu am reușit să descopăr cauzele ascunse decât când am citit *Bebeșulul meu înțelege tot*.

În mod evident, nu înțelegeam plânsul ei. Credeam că încerca să-mi comunice „Mamă, *fă ceva*!" De fapt, ea încerca să se vindece de ceva. Nu am mai simțit că trebuie să „fac ceva" (pentru că atunci când eșuam, mă făcea să mă simt o ratată). Am putut să mă liniștesc și să „o las să plângă ascultând-o activ". Nu mai trebuia să o arunc în patul ei și să o las acolo să plângă. Ori de câte ori era agitată sau se comporta „neadecvat", puteam să o duc cu calm în camera ei și doar să o țin în brațe. Puteam să îmi pun picioarele pe ceva și să mă odihnesc și eu. *Este,* într-adevăr, foarte greu. Să ții în brațe un copil care țipă, se arcuiește și are o criză de furie. Dar după circa 40 de minute, începe să se uite prin cameră, să se joace cu părul meu și este o persoană diferită. Uneori, adoarme liniștită în brațele mele sau se joacă pe jos fericită timp de ore în șir.

Fiica mea este acum o persoană diferită. Ea poate să se alinte în brațe. (Până acum nu mă lăsa să o țin în brațe, nici măcar cât a fost bebeluș. Nu am primit niciodată feedback-ul pozitiv de care aveam nevoie că sunt un părinte eficace.) Acum, suge doar de câteva ori pe zi (uneori, chiar trebuie să o încurajez). Nu mai sunt îngrozită de acele ore nesfârșite dinaintea somnului. Acum, se joacă fericită până la ora 21:00, și apoi se cuibărește cu mine în pat până când adoarme.

Acum sunt un părinte diferit. Înțeleg nevoia profundă de înțelegere pe care cu toții o avem și simt că o ajut pe fiica mea să devină o persoană fericită și sănătoasă. Mulțumesc, dr. Solter.

Un băiat de doi ani are crize de furie și doarme toată noaptea

Vă mulțumesc foarte mult pentru cele două cărți pe care le-ați scris, *Bebeșulul meu înțelege tot* și *Copiii noștri frumoși și sănătoși*. Mi-au fost de mare ajutor în a înțelege ce se întâmplă între mine și fiul meu.

După ce v-am citit cărțile, am fost sigură că l-am supra-alimentat la sân timp de doi ani. Era un copil durduliu, cu colăcei de grăsime. Oamenii obișnuiau să comenteze că e prea gras și că are tot timpul o „țâță" în gură. Simțeam că îi împlinesc toate nevoile alăptându-l la cerere. Știam că nu îi era foame de fiecare dată când îl alăptam, că poate avea nevoie doar de siguranță și că e datoria mea ca mamă să îi ofer acest lucru. Totodată, voiam să compensez faptul că eu nu am fost alăptată și că am fost lăsată să plâng singură până la epuizare. Robert a dormit întotdeauna cu noi și a fost adormit la sân, trezindu-se de două, până la patru ori pe noapte în ultimul an.

De aceea, când am citit că el folosește alăptatul ca tipar de control, am decis ca pentru început să nu-l mai adorm la sân seara. La prima încercare, l-am ținut în brațe și l-am lăsat să aibă o criză de furie în jur de cincisprezece minute. Soțul meu a plecat, acuzându-mă că chinui copilul, deoarece așa părea. M-am simțit îngrozitor și m-am întrebat dacă fac ceea ce trebuie. Am încercat să mă conving că abordarea mea îi face bine și îl ajută să se elibereze de tensiuni. Dar Richard părea că se ambalează și mai tare, și că devine tot mai supărat pe mine. După un timp, i-am dat sân să îl calmez şi a dormit profund câteva ore.

Noaptea trecută, l-am lăsat din nou să aibă o criză de furie de 30 de minute şi am fost surprinsă de furia dezlănţuită. Se lupta cu mine, pentru că voiam să îl ţin în braţe, apoi mă respingea şi cerea la tatăl lui.

Toate acestea au scos la iveală răni şi sentimente adânci, drept pentru care am decis să fac terapie prin metoda strigătului primar. În final, s-a oprit din plâns când am reuşit să-l fac să înţeleagă că va primi sânul dimineaţă. A adormit până dimineaţă (s-a trezit o singură dată, dar a adormit la loc singur, fără a cere sânul)! Vreau să continui această abordare în fiecare seară, deşi mi se pare foarte greu de aplicat.

O fetiţă de trei ani îşi exprimă gelozia

Cartea *Bebeşulul meu înţelege tot* a reprezentat cea mai mare schimbare pentru mine, ca mamă! Mi s-a părut atât de utilă, de realistă şi de practică! Consolidează extraordinar relaţia părinte-copil! Deşi fiica mea are acum aproape trei ani, încă folosesc cărţile dumneavoastră cu sfinţenie. (Am cumpărat-o şi pe a doua.) Prin labirintul nesfârşit de sfaturi pentru părinţi, de cărţi şi articole, filozofia şi cărţile dumneavoastră au strălucit ca un far luminos de conştientizare şi cunoaştere. Au reprezentat singurul lucru care a avut sens pentru mine şi care a avut şi aplicaţii practice cu rezultate de succes.

Am acum al doilea copil, de patru săptămâni, iar Elizabeth (fetiţa de trei ani) traversează o etapă foarte intensă de rivalitate faţă de fratele ei. Când încerc să petrec timp cu Elizabeth, să îi permit să plângă şi să scoată afară sentimentele ei de gelozie, ţinând-o în braţe şi oferindu-i ce are nevoie, începe al doilea copil să plângă! Dacă merg la el să văd de ce plânge, Elizabeth se simte abandonată şi mai geloasă! Mă simt atât de derutată şi de scindată. Faptul că le ofer copiilor mei ajutor în exprimarea sentimentelor, în timp ce îi țin în brațe şi îi alin, este atât de important pentru ei, dar se pare că nu reuşesc să fac acest lucru în mod eficient, fiindcă sunt acum doi copii care au nevoie de mine în acelaşi timp!

(A se vedea următoarea secțiune de întrebări şi răspunsuri pentru o soluție la această problemă.)

O mamă îşi înțelege mai bine fiica de patru ani

A fost o mană cerească faptul că mi-au căzut în mână cărțile dumneavoastră. Sunt recunoscătoare că le-ați scris, pentru că mi-au schimbat viața.

Fiica mea are patru ani şi părea că se smiorcăie şi se agață prea mult de mine. Cartea dumneavoastră m-a ajutat să văd cum anume am stabilit anumite tipare de control când era bebeluş şi cum acestea au devenit o a doua natură pe măsură ce ea a crescut. Deoarece am preluat de la un grup de suport în alăptare ideea că pot folosi alăptarea pentru liniştirea copilului şi din cauză că nu suportam să o aud plângând, la început, mi-am folosit în primul rând sânul pentru a o împiedica să-şi exprime sentimentele (deşi la acea vreme nu ştiam acest lucru şi credeam că fac bine).

Când fiica mea avea în jur de trei ani şi jumătate, am început să merg la întâlnirile în 12 paşi (Copiii Adulți ai Alcoolicilor, mai precis) şi am început să-mi exprim eu însămi sentimentele şi să lucrez la propriile mele atitudini şi comportamente distorsionate. A ieşit la iveală multă furie, în mare parte îndreptată către fiica mea, deşi avea prea puțin sau deloc de-a face cu ea. Eram disperată să găsesc ajutor şi doream cu ardoare să îmi schimb comportamentul. Ei bine, plânsul în mare parte m-a ajutat să calmez furia. Cărțile dumneavoastră şi ajutorul concret pe care ele îl oferă mă ajută să respir uşurată.

Nu numai că pot vedea acum lucrurile de care fiica mea se foloseşte pentru a-şi evita sentimentele, dar pot vedea cum s-au instalat propriile mele tipare de control. Este atât de bine să ştiu că orice rău pe care i l-am făcut poate fi vindecat dacă îi permit să plângă cât are nevoie. Mulțumesc foarte mult pentru că ați adus acest lucru la lumină.

O fetiță de cinci ani recuperează plânsul

Când s-a născut Mary (acum cinci ani), sugea din oră în oră. Socrii îmi spuneau: „O să te doară sânii!", „Dă-i o suzetă!" Am fost deci uşurată când, la 11 luni, Mary şi-a descoperit degetul mare şi povara suptului intens a trecut de la mine, la propriul deget.

Apoi, am citit descrierea pe care o faceți tiparelor de control în *Bebeşulul meu înțelege tot*, inclusiv alăptatul... Poftim!!! Alăptatul, un tipar de control? M-am supărat un pic şi ar fi trebuit să-mi dau seama că găsisem o informație valoroasă. Din păcate, sunt cam încăpățânată şi am nevoie de o anumită predispoziție pentru informații noi ca să le pot accepta. De aceea, când am citit *Copiii noştri frumoşi şi sănătoşi* luna trecută, a devenit totul clar pentru mine, de la primul capitol. Evrika! Dacă în acele prime unsprezece săptămâni aş fi refuzat să îi dau sânul (atunci când ar fi fost justificat) pentru a o ajuta să plângă, Mary probabil că nu ar fi devenit o fetiță de cinci ani atât de solicitantă.

În clipa de față, deşi vreau să o învăț pe Mary să plângă în loc să îşi sugă degetul (principalul şi cel mai iubit tipar de control al ei), habar nu am cum să procedez. Însă trebuie să recunosc că am văzut progrese aproape din momentul în care am început. Când începe să plângă, uneori văd degetul care porneşte instinctiv spre gură, şi, destul de des, decide să nu îl mai bage în favoarea plânsului. La sfârşit, când urletele au încetat, este curată şi eliberată, ca şi cum episodul nu s-ar fi întâmplat sau nu ar fi contat deloc. Uneori, chiar adună lucrurile pe care le-a aruncat, ca şi cum ar fi ceva firesc.

Încă simt că nu ştiu cât s-o ţin în braţe şi când să o las în pace dacă îmi cere acest lucru în cuvinte. Îmi amintesc când eram eu copil şi ţipam şi loveam cu pumnii pentru a fi lăsată în pace, *în acelaşi timp dorind de fapt din toată inima să fiu ţinută în braţe, sprijinită şi iubită*. În principiu, continui să o ţin în braţe, iar atunci când nu o fac, merg adesea să văd ce face. Cred că are de recuperat mult plâns.

5. CELE MAI FRECVENTE ÎNTREBĂRI

Această secţiune conţine cele mai frecvente întrebări puse de părinţii şi educatorii care vin la atelierele mele sau îmi cer o consultaţie privată.

Sunt de acord că este benefic pentru copii să plângă, dar nu vreau să o facă lângă mine. Este în ordine să le spun să plângă în altă parte?

Îmi dau seama că nu este uşor să fii în compania unui copil care plânge, dar este important să ţineţi minte că propriile experienţe din copilărie afectează reacţiile pe care le avem faţă de copiii noştri astăzi. Nu am găsi atât de dificil să acceptăm exprimarea emoţională a copiilor, dacă noi înşine am fi fost lăsaţi să plângem şi să avem crize de furie în copilărie, în atenţia plină de dragoste a unui adult.

Toată lumea are dreptul la pace şi linişte şi trebuie să vă asiguraţi că aveţi parte de suficient timp departe de copii, fie că sunteți părinte, fie că sunteți cadru didactic. Dar când copiii sunt în grija noastră, avem oare dreptul să le ignorăm nevoia legitimă de atenție doar pentru că nu ne simțim confortabil?

Există o tendință, mai ales în Statele Unite, de a forța copiii să devină independenți. Una dintre manifestările acestei tendințe este metoda bine cunoscută de disciplinare numită „time-out" (izolare). Copilului i se cere să stea pe un scaun, departe de alți oameni, sau este trimis în altă cameră. Aceasă abordare se bazează pe o noțiune din psihologia cognitiv-comportamentală care afirmă că acele comportamente neadecvate vor dispărea când ele nu primesc atenția adultului. Am scris mult pe tema capcanelor acestei forme de disciplină.[1]

Există câteva motive pentru care nu recomand izolarea sau retragerea atenției în cazul copiilor care plâng şi au crize de furie. În primul rând, copiii percep această abordare drept o pedeapsă. Nu pot decât să se gândească la faptul că au făcut ceva greşit, că sunt „răi" pentru că plâng. Această retragere a iubirii şi a atenției într-un moment când ei au cea mai mare nevoie de ea le va scădea stima de sine, deoarece o parte din ei (nevoia de a elibera emoțiile puternice) a fost refuzată. Copiii au nevoie de iubire necondiționată şi de acceptare, nu de atenție condiționată de modul cum se simt.

În al doilea rând, izolarea şi retragerea dragostei poate genera şi mai multe sentimente dureroase în copii, ceea ce va spori nevoia de a plânge. Un copil care este trimis în altă cameră se poate simți derutat, nesigur, neliniştit, frustrat, furios şi poate dezvolta resentimente. Dacă unui copil i se cere să stea pe un scaun separat de grupul de copii din care face parte, se poate simți stânjenit şi ruşinat.

În al treilea rând, această formă de disciplină nu este un model util de urmat pentru relațiile adulte. Vrem ca fiii şi fiicele noastre să le spună viitorilor lor colegi sau parteneri de viață să meargă în altă cameră când sunt supărați, şi să iasă de acolo doar când vor şti „să se comporte frumos"? În loc să-i învățăm pe copii să întrerupă comunicarea cu semenii, mi se pare mai util să le arătăm cum pot asculta mai cu atenție, pentru ca ei să învețe acest lucru şi să-l folosească mai târziu în viață.

În al patrulea rând, copiii care sunt trimişi în altă cameră sau cărora li se spune să stea liniştiți pe un scaun atunci când plâng pot învăța să îşi reprime lacrimile. Copiii îşi eliberează sentimentele mult mai eficient şi mai deplin când un adult le acceptă şi cofirmă durerea. Orice inhibă această eliberare sănătoasă este un deserviciu adus copiilor, deoarece le creşte predispoziția spre o gamă largă de probleme emoționale şi fizice.

În final, îngrijorarea mea cea mai mare în legătură cu ignorarea plânsului şi crizelor copiilor este modul cum acest lucru afectează relația părinte-copil. Ca mamă a doi copii aproape adulți, ştiu că este de o importanță vitală să se țină deschis canalul de comunicare pe măsură ce copiii cresc. Dacă refuzăm să le ascultăm sentimentele când sunt mici, îndepărtându-i de noi deoarece nu ne place să-i auzim plângând, cum putem să ne aşteptăm ca în adolescență să mai vină la noi cu problemele pe care le au? Ei vor învăța curând să ne îndepărteze, deoarece au experiența refuzului nostru în a-i asculta. Vor căuta apoi în altă parte acea iubire şi acceptare necondiționată pe care nu au primit-o acasă. Nu uitați că în cîțiva ani copiii dumneavoastră vor deveni adolescenți, şi modul în care vă comportați cu ei acum vă influențează relația viitoare.

Copiii nu plâng uneori doar pentru a-şi manipula părinţii? Dacă încurajez plânsul, oare nu vor plânge şi mai mult ca să-mi atragă atenţia?

Când nu este evidentă o nevoie imediată şi copiii folosesc plânsul drept un mecanism de eliberare a stresului, este uşor să se atribuie plânsul unei dorinţe de a-i domina sau a-i manipula pe părinţi. Această înţelegere eronată se întâmplă de obicei când copiii folosesc pretexte neînsemnate pentru a plânge sau devin excesiv de capricioşi din cauza unui stres acumulat (fenomenul „fursecul rupt").

Există bănuiala greşită legată de producerea voită a lacrimilor de către copii şi de faptul că unele lacrimi ale lor nu sunt „adevărate". Acest lucru este cât se poate de incorect. Copiii nu pot simula plânsul. Dacă există lacrimi, are loc o eliberare sănătoasă, chiar dacă motivul pentru care copiii plâng nu este evident. Actorii profesionişti învaţă să producă lacrimi reale pe scenă prin amintirea unei experienţe traumatizante din copilărie şi prin retrăirea durerii. Plânsul este autentic.

Cu alte cuvinte, chiar dacă unii copii pot începe să plângă pentru ca apoi să se oprească şi să o ia de la capăt (în funcţie de cât de în siguranţă se simt), acest lucru nu înseamnă că plânsul este simulat sau că încearcă să-şi manipuleze părinţii. Când copiii au plâns suficient, nu mai au lacrimi şi atunci, oricât de multă atenţie li s-ar mai acorda, lacrimile tot nu mai curg. Este important de reţinut că *plânsul copiilor are loc atunci când ei se simt suficient de în siguranţă să o facă,* dar ei plâng numai atât cât au nevoie pentru a se elibera de tensiuni.

Este util să consideraţi plânsul şi crizele de furie drept procese similare cu defecarea. Nevoia de a plânge se adună treptat şi, în final, găseşte o ieşire într-un episod de plâns sau o criză de furie. Procesul este comparabil cu nevoia de a defeca; reziduurile se acumulează până când apare nevoia de eliminare. Nu-i acuzăm pe copii că ne manipulează atunci când fac treabă mare! Şi nici nu ne îngrijorăm că le-am cauza diaree dacă le acordăm atenţie când stau pe oliţă! Ştim că există un număr finit de scaune şi că nu pot produce mai multe din dorinţa de a ne atrage atenţia.

Este uşor să interpretăm greşit motivaţiile pe care le au copiii, în baza propriilor noastre emoţii. Dacă vă simţiţi manipulat în mod frecvent când vă plânge copilul, vă recomand să vă exploraţi amintirile din copilărie. Dacă v-aţi simţit neputincios mic fiind, dacă aţi fost controlat prin pedepse şi recompense, este firesc ca să nu agreaţi şi să vă opuneţi oricărui comportament care seamănă cu o încercare de a vă controla sau manipula (chiar dacă nu este).

Această chestiune este complicată şi de ideea de „răsfăţ", care nu a existat înainte de Revoluţia Industrială. După aceasta, familiile extinse au fost destrămate pentru prima dată în istoria umanităţii. Societatea a devenit mai mobilă şi oamenii se stabileau în locul în care găseau de lucru. Ceea ce a determinat o suprasolicitare a părinţilor, care nu mai aveau în apropiere o reţea de bunici, mătuşi, unchi, verişori şi fraţi care să-i spijine. Metodele de creştere a copiilor s-au schimbat drastic de la stilul indulgent precedent.

Mamele erau avertizate să nu-şi răsfeţe copiii şi nici să le facă pe plac, ci să-i împingă spre independenţă. Acest lucru a dus la practicile regretabile ale înţărcatului timpuriu, antrenamentului la oliţă timpuriu (uneori chiar de la vârsta de trei săptămâni), forţării copiilor să doarmă singuri, stricteţii orelor de masă, ignorării bebeluşilor când plâng şi disciplinei bazată pe pedepse. (Disciplina punitivă nu era o noutate pentru copiii mai mari, dar ea s-a extins pentru a acoperi şi perioada timpurie). Sentimentul de a fi manipulat de plânsul unui copil are probabil o origine comună cu frica de a nu răsfăţa copiii.

Aşadar, faptul că *vă simţiţi* manipulaţi de plânsul copilului dumneavoastră nu presupune şi o *intenţie* a copilului de a vă manipula.

Cum pot face diferenţa între nevoi autentice şi pretenţii exagerate?

În secţiunea în care am vorbit despre fenomenul „fursecul rupt" (Partea a III-a, Secţiunea 3) descriu cum copiii folosesc diferite pretexte pentru a plânge din cauza stresului care s-a acumulat în viaţa lor. Uneori, ei devin excesiv de capricioşi. Fixarea unei limite este uneori suficientă pentru a declanşa lacrimile. Cum poate şti cineva care sunt cu adevărat nevoile copiilor? Nu există răspuns simplu la această întrebare.

Iată o situaţie descrisă de o mamă care a participat la unul dintre atelierele mele. Fiica ei de patru ani dorea să poarte aceeaşi pereche de chiloţi în fiecare zi, deoarece aveau imprimaţi personajele ei preferate. Dacă chiloţii respectivi nu erau disponibili (fiindcă erau murdari şi nu fuseseră încă spălaţi), ea avea o criză de furie. De aceea, mama ei obişnuia să spele această pereche de chiloţi în fiecare seară, pentru ca fiica ei să-i poată purta în fiecare zi. Întrebarea mamei în timpul atelierului meu a fost dacă eu consider că aceasta era o nevoie reală sau era vorba despre fenomenul „fursecul rupt". Cu alte cuvinte, când fiica ei avea o criză de furie în legătură cu chiloţii, chiar era vorba despre chiloţi sau era vorba despre un alt stres, care nu avea nicio legătură cu chiloţii?

Într-o astfel de situaţie recomand să se discute mai întâi problema şi să se încerce o rezolvare a conflictului cu copilul, într-un moment când nicio parte nu este supărată. Mama poate spune „Avem o problemă. Doreşti să porți aceeași pereche de chiloți în fiecare zi, iar eu sunt obosită să-i spăl în fiecare zi. Ce putem face?" Se pot gândi împreună la posibile soluții. O soluție ar fi cumpărarea mai multor perechi de chiloți cu același personaj. Dacă ele pot găsi o soluție care să le convină amândurora, problema este rezolvată. Privind înapoi, mama ar realiza că era foarte important pentru fiica ei să poarte aceași pereche de chiloți.

Totuși, dacă nu se găsește nicio soluție funcțională, acest lucru este un indiciu că problema de fond nu are probabil nicio legătură cu chiloții. Fata folosește acest pretext pentru a plânge. Poate că problema se va rezolva fără crize de furie, dar fata va găsi alt pretext să se dezlănțuie dimineața. Poate, dintr-o dată, șosetele nu au culoarea potrivită sau pantofii nu sunt confortabili.

Iată un exemplu cu o nevoie care nu era autentică în cazul fiicei mele:

> Când fiica mea avea șapte ani, a început să plângă în fiecare dimineață în legătură cu cusătura care traversa șoseta în dreptul degetelor de la picioare și care o deranja îngrozitor. Am cumpărat șosete care nu aveau acea cusătură în dreptul degetelor. Totuși, această soluție nu a rezolvat și plânsul de dimineață. Părea că își găsește ceva pentru care să plângă aproape în fiecare zi, în timp ce se îmbrăca pentru școală. Aceasta s-a întâmplat pe parcursul câtorva luni când două colege de școală, foarte apropiate în trecut de ea, o excludeau din cercul lor. Era modul ei de a elibera stresul rezultat din situația dificilă în care se afla.

Cum vă aşteptaţi ca eu să accept plânsul atunci când am mai mult de un copil de îngrijit? Nu este nerealistă această abordare?

Împlinirea nevoilor emoţionale a mai multor copii este o provocare, fie că sunteţi părintele unor copii apropiaţi ca vârstă sau o persoană care îngrijeşte mai mulţi bebeluşi sau copii mici în acelaşi timp. Părinţii de gemeni au o sarcină grea.

Este necesar să înţelegeţi că nu veţi putea împlini toate nevoile copiilor, tot timpul. Dacă plâng mai mulţi copii în acelaşi timp, puteţi decide cine are nevoie de atenţie primul. O recomandare generală ar fi să oferiţi copilului mai mic cât mai mult contact fizic şi atenţie posibilă. Oferiţi celor mai mari sprijin şi atenţie, prin zâmbet, vorbe de asigurare şi îmbrăţişări ocazionale sau bătăi uşoare pe umăr (dacă aveţi o mână liberă). Copiii care văd reacţia dumneavoastră plină de iubire când alt copil plânge sau are crize de furie se pot simţi invidioşi, dar ei vor avea parte de asigurare, fiindcă sunt într-un mediu care acceptă exprimarea emoţiilor puternice.

A fi părinte şi a lucra cu copii mici sunt meserii care ne solicită mult. Trebuie să realizăm totuşi că nu este firesc să avem grijă de copii în grup sau să fim singurii responsabili pentru mai mult de un copil sub vârsta de trei ani pentru orice durată de timp. Îngrijirea grupurilor de bebeluşi sau copii mici este foarte diferită de mediul firesc în care a evoluat specia noastră.

Pe parcursul a sute de milioane de ani de preistorie, strămoşii noştri au fost vânători şi culegători, trăind în grupuri de familii extinse. Erau mereu mai mulţi adulţi decât copii în aceste clanuri şi niciun adult nu era responsabil, singur, de toţi bebeluşii şi copiii mici. Creşterea copiilor era o responsabilitate a tuturor. Mai mult, studiile asupra societăţilor moderne de vânătoriculegători au scos la iveală faptul că, în medie, copiii din fiecare familie se năşteau la distanţă de trei ani. Fiecare copil primeşte destulă atenţie individuală în timpul primilor ani. Structura noastră genetică nu s-a modificat de la stadiul vânător-culegător încoace. Se pare că până la vârsta de trei ani, copiii au o aşteptare intrinsecă de atenţie individuală.[2]

Din cauza situaţiei culturale şi economice prezente în ţările industrializate, bebeluşii şi copiii mici sub vârsta de trei ani sunt îngrijiţi în grupuri. Nu este soluţia ideală, ci o realitate căreia trebuie să-i facem faţă. Sfatul meu pentru directorii de creşe ar fi să aibă mai puţini copii la un adult, o rotaţie de personal cât mai frecventă şi programe individualizate de hrănit şi dormit. Probabil cel mai important sfat ar fi încurajarea formării unor ataşamanete puternice între copii şi educatori. Străduiţi-vă să creaţi un mediu în care stresul este minim, dar care acceptă lacrimile şi crizele de furie.

Educatorii pot fi de mare ajutor în oferirea unui sprijin emoţional şi în acceptarea plânsului, dacă părinţii nu pot sau nu doresc să facă acest lucru, sau dacă acasă este o situaţie stresantă. Educatorii pot juca un rol crucial în crize precum divorţul parental. Copiii plâng oriunde se simt în siguranţă să o facă. Dacă se simt în siguranţă acasă, ei vor plânge în principal acolo. Totuşi, dacă sunt pedepsiţi sau ignoraţi când plâng acasă, sau dacă înşişi părinţii reprezintă o sursă de durere, copiii vor încerca să plângă cu alte persoane care îi au în îngrijire. Oricând copilul plânge cu dumneavoastră, fie că sunteţi părinte sau altă persoană care are grijă de el, vă puteţi simţi onorat că există suficientă încredere din partea lui pentru a-şi exprima sentimentele în prezenţa dumneavoastră. Este un semn al atenţiei de calitate şi al grijii pe care i-o acordaţi.

Nu e nevoie să-i învăţăm pe copii să se integreze în societate?

Ba da, copiii au într-adevăr nevoie să înveţe când şi unde este potrivit să plângă (aşa cum învaţă mersul la toaletă). Dar acest lucru este peste capacităţile unui copil sub cinci ani (şi uneori chiar mai mare). Sentimentele copiilor sunt foarte intense şi imediate. Pentru ei este extrem de dificil să se abţină şi să păstreze plânsul pentru momente „mai potrivite".

Părinţii încearcă de obicei să se asigure că bebeluşii au scutecul curat înainte de a pleca undeva şi că micuţii care merg deja la toaletă fac pipi înainte de a pleca. Puteţi lua măsuri similare şi în cazul plânsului şi a crizelor de furie. Permiteţi-le copiilor să-şi finalizeze plânsul de care au nevoie înainte de a pleca undeva. Dacă simţiţi că se apropie o criză de furie, încercaţi să aşteptaţi ca ea să aibă loc. Acest lucru nu este întotdeauna posibil, bineînţeles, şi chiar şi în cazul celor mai bune măsuri preventive luate, copilul poate simţi nevoia să plângă sau să aibă o criză de furie într-un loc public.

Aceste izbucniri emoţionale nu îi deranjează de obicei pe ceilalţi pe cât se tem părinţii, şi vă oferă o ocazie excelentă de a vă demonstra ascultarea conştientă şi acceptarea sentimentelor. Totuşi, dacă copilul începe să se agite într-o biserică, o librărie, un restaurant, o sală de concerte sau oriunde altundeva unde oamenii pot fi deranjaţi, este înţelept să îl duceţi în alt loc. Dacă are nevoie să plângă, puteţi sta cu el în timp ce îşi exprimă sentimentele. Dacă nu este posibil să scoateţi copilul afară, puteţi încerca să opriţi plânsul distrăgându-i atenţia. Trebuie însă să fiţi conştient că în acest fel doar îl amânaţi pentru un alt moment mai potrivit. (Nu este realist să ne aşteptăm din partea bebeluşilor şi a copiilor mici să stea în linişte perioade lungi de timp în locurile menţionate anterior.)

Copilul meu îşi suge degetul şi nu plânge mult. Ce pot să fac?

Când copiii se opresc în mod repetat singuri din plâns cu ajutorul unui tipar de control cum este suptul degetului, părinţii sunt uneori foarte îngrijoraţi şi se întreabă cum să oprească obiceiul.

Consider că suptul degetului în mod prelungit şi repetitiv este un tipar de control (spre deosebire de o acţiune de explorare ocazională a degetului mare sau a mai multor degete cu gura). Bebeluşii şi copiii care îşi sug degetul îşi reprimă în acest mod sentimentele, aşa cum un adult fumează o ţigară când se simte supărat sau încordat. În acest al doilea caz, dependenţa psihologică de nicotină este şi ea o parte a tiparului de control. Copiii îşi sug degetul când sunt stresaţi sau trăiesc emoţii dureroase şi nu se simt suficient de în siguranţă pentru a plânge.

Unii bebeluşi îşi sug degetul dinainte de a se naşte. Cu toate acestea, majoritatea comportamentelor de supt al degetului încep în primele şase luni şi reprezintă de obicei răspunsul bebeluşului la încercările repetate (dar bine intenţionate) ale părintelui de a-i distrage atenţia de la plâns sau de a „linişti" plânsul, în speranţa că îl va face pe bebeluş să se simtă mai bine. Suptul degetului poate avea drept rădăcină şi ignorarea copilului în timpul episoadelor de plâns.

Suptul degetului pe o perioadă prelungită poate determina deplasarea dinţilor şi alte probleme ortodontice mai tarziu. Poate genera un obicei al rosului unghiilor sau al fumatului. Totuşi, suptul degetului nu înseamnă neapărat că micuţul are probleme psihologice profunde sau că va deveni un adult cu probleme. În niciun caz *nu* înseamnă că aţi eşuat ca părinte. Consider suptul degetului drept un obicei pe care copiii îl dezvoltă, indicând că există anumite sentimente dureroase reprimate. De obicei, nu este dificil să îl ajutați pe copil să depăşească acest obicei.

Este bine ca părinții să găsească modalități de a reduce suptul degetului, deoarece este mai bine pentru copii să-şi elibereze sentimentele decât să le țină în ei. Faptul că faceți comentarii la adresa acestui obicei şi că îl atenționați verbal nu-i este de ajutor, şi nici nu este necesar să îi scoateți degetul din gură. Cea mai eficientă abordare este să încercați să îl faceți pe copil să se simtă suficient de în siguranță cât să nu mai existe nevoia de a-şi reprima sentimentele în acest fel. (A se vedea recomandările pentru crearea siguranței emoționale din Partea a IV-a, Secțiunea 2).

Este util să acceptați orice episod de plâns şi orice criză de furie care are loc spontan şi să încercați să vă abțineți din a distrage atenția copilului în timpul acestor izbucniri. Accidentele care implică răniri fizice uşoare vă oferă ocazii propice pentru a încuraja plânsul unui copil care îşi suge degetul. După cucuie şi julituri, aceşti copii vor plânge cel puțin pentru o perioadă scurtă de timp înainte să-şi bage degetul mare în gură. Îi puteți oferi copilului atenția dumneavoastră deplină în aceste momente şi puteți încuraja plânsul. Poate fi util să ziceți „Doare tare, nu?" sau „Este în ordine să plângi!" Puteți atinge cu blândețe locul afectat pentru a-i atrage din nou atenția asupra durerii. Copilul poate folosi ocaziile generate de răniri uşoare pentru a elibera emoții care nu au legătură cu acest eveniment. Astfel, el va dezvolta sentimente de mai mare siguranță şi încredere.

Folosirea atingerii şi apropierii poate fi foarte eficientă la copiii care îşi sug degetul. Când copilul îşi suge degetul, acordați-i atenție, țineți-l în brațe, atingeți-l, stabiliți contact vizual cu el, vorbiți-i şi încercați să-i atrageți atenția spre ceea ce se întâmplă în exterior.

Dacă este necesar, îi puteți atinge cu blândețe mâna care este dusă la gură pentru a-l face să realizeze că își suge degetul (dar fără să o spuneți). În cazul unui bebeluş, poate fi foarte util să-l mângâiați pe frunte sau pe obraz în timp ce îi acordați toată atenția. Când copiii simt că o altă persoană este cu adevărat prezentă, își vor scoate degetul din gură în mod spontan pentru a plânge.

Dacă copilul (mai mic sau mai mare) care își suge degetul se opune apropierii, puteți să manifestați o afecțiune jucăuşă şi să insistați în urmărirea lui, chiar şi dacă pleacă de lângă dumneavvoastră. Asigurați-vă copilul că doriți cu adevărat să fiți alături de el. Nu fiți suprins şi nu o luați personal dacă el își manifestă furia față de dumneavoastră. Ca reacție la atenția concentrată pe care o primeşte, un copil care vorbeşte poate începe să plângă şi să vă învinovățească pentru că l-ați făcut să se simtă prost. Nu vă îngrijorați, doar recuperează din plânsul acumulat şi vă foloseşte drept țap ispăşitor!

O altă intervenție utilă în cazul copiilor care își sug degetul este încurajarea râsului. Pe bebeluşi îi puteți angaja într-un joc de-a „cucu-bau" (după şase luni). Copiilor mai mari le puteți sugera jocuri prosteşti, în care vă prefaceți că sunteți slab, neştiutor, speriat sau prostuț. Permiteți-le să vă „pună la pământ". Mai mult ca sigur că aceste activități îi vor determina să scoată degetul din gură şi să râdă. Râsul îi va ajuta să se elibereze de tensiuni şi de sentimentele de nelinişte, furie sau neputință. Acest tip de joc va contribui şi la legătura de încrederea dintre dumneavoastră şi copil. Ajută la crearea acelei siguranțe emoționale de care are nevoie copilul pentru a scoate la iveală sentimente profunde şi pentru a plânge.

Este greşit să linişteşti un copil prin alăptare?

Este important să fim conştienţi de nevoile reale ale bebeluşilor în fiecare situaţie. Se face adesea o confuzie în legătură cu hrana, suptul şi sentimentele, şi este foarte uşor să se interpreteze greşit nevoile micuţilor. Dacă şi dumneavoastră mâncaţi peste măsură sau fumaţi la supărare, va fi o sarcină dificilă să faceţi diferenţa între ele.

Într-un studiu asupra interpretărilor pe care mamele le dau plânsului copilului, au fost înregistrate trei tipuri de plâns (durere, foame, spaimă) şi înregistrările au fost date mamelor spre ascultare. În mod incorect, ele au pus prea multe exemple pe seama foamei copilului.[3] Această interpretare greşită foarte comună ar putea explica parţial tendinţa multor mame de a-şi supraalăpta bebeluşii.

Bebeluşii au, într-adevăr, nevoie de o mamă iubitoare care să le împlinească nevoile de hrană şi apropiere, iar alăptarea la sân este modul ideal prin care ambele nevoi se împlinesc. Dar bebeluşii au totodată nevoie de părinţi care să îi asculte atunci când îşi exprimă sentimente şi este important să se stabilească o relaţie de ascultare autentică chiar de la început. Aşa cum am afirmat în mod repetat în carte, bebeluşii nu ar trebui să fie lăsaţi niciodată singuri când plâng. Plânsul în braţele părinţilor şi înconjuraţi de iubirea acestora le poate oferi micuţilor ocazia unei eliberări sănătoase de tensiuni.

Este uşor să cădeţi în capcana „alăptează copilul şi totul va fi bine!", deoarece copiii par să fie mulţumiţi la sân. Ei nu pot să plângă şi să sugă în acelaşi timp. Totuşi, nu fiecare stare de agitaţie îndică foame şi alăptatul prea des înseamnă reprimarea plânsului, cel puţin temporar. Mamele sunt îndemnate să creadă că alăptatul este un mijloc acceptat de liniştire a bebeluşilor, chiar şi când acestora nu le este foame. Cred că această atitudine este atât de răspândită deoarece multe persoane nu recunosc intensitatea durerii emoţionale a unui bebeluş şi nici nu înţeleg procesul eliberării emoţionale.

Este important să se conştientizeze că reflexul punctelor cardinale (întoarcerea capului în încercarea de a suge ceea ce i-a atins obrazul) şi cel al suptului sunt puternice, automate şi sunt prezente la bebeluşi în timpul primelor luni de viaţă. Bebeluşii vor suge automat. Acest reflex este necesar pentru supravieţuire. De-a lungul milioanelor de ani de evoluţie, bebeluşii care nu ar fi avut această tendinţă puternică de a suge, nu ar fi supravieţuit. Acest lucru înseamnă că în timpul primelor săptămâni, bebeluşii nu aleg să înceapă suptul aşa cum dumneavoastră nu alegeţi să aruncaţi piciorul înainte în urma unei lovituri uşoare sub rotulă (reflex patelar).

În cazul în care o mamă oferă în mod repetat sânul bebeluşului când acesta încearcă să se elibereze de stres prin plâns, alăptatul poate deveni un obicei şi poate ajunge un tipar de control. După ce dispar reflexele şi alăptatul este controlat voluntar de bebeluş, se va vedea că acesta doreşte să sugă atunci când nu îi este foame, ci este supărat. (A se vedea paginile cu recomandări privind frecvenţa nevoii de a suge.)

Dar smiorcăiala?

Smiorcăiala se datorează în general nevoii de a plânge care nu a fost încă împlinită. Ea reprezintă încercarea nereuşită de a plânge. Unii părinţi consideră smiorcăiala mai iritantă decât un plâns intens, mai ales când durează şi o zi întreagă.

Există câteva motive pentru smiorcăiala copiilor. Poate nu se simt suficient de în siguranţă pentru un plâns adevărat, pentru că le este teamă că vor fi pedepsiţi sau dojeniţi. Un alt motiv este că există anumite sentimente dureroase în copil, dar acesta nu a acumulat suficient stres pentru a declanşa un plâns în toată regula.

La opt ani, fiul meu a făcut o comparaţie interesantă. (Noi foloseam cuvântul „tristeţi" pentru ideea de sentimente triste.) El a zis într-o zi: „Tristeţile sunt asemănătoare cu un castronel cu zahăr. Trebuie să fie o anumite cantitate acolo pentru a putea scoate o parte afară. Când sunt doar câteva granule pe fundul castronului, nu poţi să le scoţi." El voia să spună că nu poate să tragă un plâns bun decât dacă există destule motive.

Uneori, copiii încep să se smiorcăie când adulţii au fost prea preocupaţi să le satisfacă fiecare pretenţie şi astfel au împiedicat, fără să-şi dea seama, un plâns intens. Copiii care se smiorcăie pot căuta pretexte (în genul fursecului rupt) pentru a da frâu liber lacrimilor. Îi puteţi ajuta dacă le fixati o limită fermă (dar fără să folosiţi pedeapsa) în cazul în care devin foarte capricioşi sau dacă au un comportament nedorit.

Smiorcăiala şi tendinţa de a sta agăţat de părinte pot fi şi indicii ale unei dureri fizice sau ale unei boli. Verificaţi deci şi această posibilitate. Este modul prin care uneori un copil vă spune că nu se simte bine.

Când îl ţin în braţe pe copilul meu, cum ştiu că nu îl frustrez mai tare?

Când ţineţi în braţe un copil hiperactiv, nesuferit şi violent pentru a-i stopa comportamentul şi a declanşa plânsul trebuie să o faceţi conştient şi cu sensibilitate. *Nu ar trebui niciodată să îl ţineţi în braţe cu furie sau drept pedeapsă.* Dacă sunteţi atât de furios pe copil, încât doriţi să îi faceţi rău, vă sfătuiesc să amânaţi ţinutul în brațe și să vă acordați puțin timp dumneavoastră, până când redeveniți calm. Dacă vă luați în brațe copilul într-o stare de furie, nu-i oferiți sentimentul de siguranță de care are nevoie și pot apărea noi neliniști sau frustrări.

Este important ca înainte de a lua copilul în brațe să faceți tot ce puteți pentru a crea un mediu de siguranță emoțională (după cum este descris în Partea a IV-a, Secțiunea 2). Odată ce aveți o relație bună cu copilul, recomand să îl țineți în brațe, în primul rând atunci când este violent sau extrem de nesuferit și nu pare să atingă acel punct declanșator al plânsului fără ajutor. Poate fi util să îl țineți în brațe când arată în mod evident, prin smiorcăială și prin faptul că se agață de dumneavoastră, că are nevoie de plâns și dorește să fie ținut în brațe.

Dacă comportamentul copilului este nesuferit sau violent, mai întâi trebuie să evaluați situația să vedeți dacă reacționează pe bună dreptate împotriva unor comportamente dureroase din partea adulților. Este forțat să facă ceva ce nu este necesar și este împotriva dorinței lui? Reacționează împotriva disciplinei autoritare? Nu este respectat? Nevoile îi sunt ignorate? În aceste cazuri, dacă vă imobilizați copilul luându-l în brațe, îi veți crea și mai multă frustrare.

Dacă sunteți destul de sigur că există o acumulare de stres care reprezintă cauza comportamentului nesuferit sau violent, puteți lua copilul în brațe ca și strategie pentru a-l ajuta să-și elibereze sentimentele dureroase. Fiți iubitor, dar ferm. Puneți-vă mâinile în jurul lui, chiar dacă el poate protesta vehement și vă poate lovi, poate da cu piciorul sau poate țipa. Insistați să păstrați un contact apropiat în timpul acestei opuneri inițiale dar, în același timp, protejați-vă împotriva încercărilor copilului de vă lovi. Asigurați-vă că îi acordați spațiu să se mişte. Când copiii pot vorbi, ei pot protesta având pretenția să le dați lucruri de care nu au nevoie, pretinzând că îi răniți, strigând că vă urăsc şi aşa mai departe. Asigurați-vă copilul că îl iubiți şi explicați-i că îl veți ține puțin în brațe pentru a nu permite ca altcineva să fie rănit. Explicați că trebuie să vă asigurați că şi ceilalți sunt în siguranță.

Copiii care au nevoie să plângă încep să o facă întrun minut sau două după ce sunt ținuți în brațe. Unii copii continuă să se lupte chiar şi după ce începe plânsul. Dacă continuă să se lupte şi după cinci minute, vă recomand să îl lăsați să se îndepărteze de dumneavoastră, să iasă din îmbrățişare şi să-i observați comportamentul. Dacă reia actele de violență sau vă solicită atenția prin smiorcăială sau agățându-se de dumneavoastră, luați-l din nou în brațe pentru a-l ajuta să se mai elibereze.

Dacă totuşi copilul nu începe să plângă după câteva minute, dar continuă să protesteze verbal şi să vă lovească sau să dea cu piciorul, acest comportament este un indiciu că nu se simte suficient de în siguranță pentru a plânge. Nu este util să continuați să îl țineți în brațe, pentru că aceasta vă va frustra pe amândoi.

Dacă se calmează, dar se retrage în el, nu plânge şi nu vă priveşte în ochi, ținutul în brațe nu este eficient pentru a da drumul la lacrimi. Puteți încerca să schimbați poziția. Copiii care au suptul drept tipar de control nu plâng uşor în poziția lor de supt, când sunt în brațele mamei. Dacă încercați să îi țineți în altă poziție, îi puteți ajuta să înceapă să plângă. Fiți pregătiți pentru episoade mai lungi de plâns. Ținutul în brațe îi poate ajuta pe copii să îşi elibereze traume timpurii, cum sunt cele prenatale şi cele determinate de procesul naşterii. Eliberarea emoțională poate fi foarte intensă. Dacă el este calm, relaxat, fericit şi iubitor după plâns, ținutul în brațe a fost eficient. Dacă nu există o îmbunătățire a comportamentului după plâns, poate că este nevoie de alt tip de atenție pe lângă ținutul în brațe. Majoritatea părinților observă o îmbunătățire impresionantă după episoadele de ținut în brațe.

După vârsta de şapte-opt ani, copiii au o nevoie mai scăzută de constrângerea fizică şi asigurarea oferită de ținutul în brațe. Pe măsură ce cresc, ei se descurcă mai bine să-şi controleze impulsurile violente şi se pot folosi mai bine de pretexte când au nevoie să plângă. Copiii mai mari înțeleg mult mai mult de vorbă, şi o limită verbală (cum ar fi un „Nu!" ferm, dar plin de iubire) poate fi la fel de eficient ca şi ținutul în brațe în a-i ajuta să facă tranziția de la un comportament nesuferit sau agresiv la lacrimile vindecătoare.

Sunt de acord că este important pentru copil să plângă, dar soțul meu (sau soacra, bona, educatoarea, etc.) încearcă să îl oprească. Ce pot să fac în legătură cu acest lucru?

Este un lucru care îi îngrijorează pe mulți părinți. În primul rând, nu încercați să dați informații referitoare la plâns acelei persoane în timp ce copilul plânge. Nu funcționează aproape niciodată, deoarece oamenii sunt în general prea deranjați de plâns pentru a asculta ce aveți de zis. În schimb, alegeți un moment când toată lumea este fericită şi relaxată, de preferat în absența copiilor, şi împărtăşiți-le informații despre abordarea pe care o susțineți. O atitudine de tipul „Acest lucru are sens pentru mine şi pare că îl ajută pe copil" este, în general, mai eficientă decât o confruntare care pune în opoziție „modalitatea corectă" şi „modalitatea incorectă" de a reacționa în cazul în care plânge cel mic. Când le oferiți oamenilor posibilitatea să vorbească despre propria copilărie, devin mai conştienți de consecințele dăunătoare ale încercărilor de a opri un proces de eliberare emoțională. Poate că cealaltă persoană ar fi dispusă să citească un articol sau o carte despre plâns (cum ar fi aceasta).

Sunt persoane al căror plâns a fost reprimat într-o asemenea măsură, încât nu înțeleg această abordare, indiferent de câte ori o discutați cu ei. Dacă sunteți convins că atitudinea persoanei este dăunătoare, aveți dreptul să îi limitați contactul cu copilul. Țineți minte totuşi că este benefic pentru copii să învețe să se adapteze mai multor tipuri de persoane şi că nu este necesar să îi protejați tot timpul de ceilalți, cu excepția cazurilor de abuz.

Copiii învață să păstreze plânsul pentru persoanele cu care se simt cel mai în siguranță. Dacă bunica nu suportă să îl audă pe nepot plângând, el își va păstra plânsul pentru perioadele când nu este cu ea. Poate să continue să aibă totuşi o relație importantă şi plină de iubire cu bunica lui. Poate că ea are mai multă răbdare ca oricine altcineva să răspundă întrebărilor lui continue sau să-i recitească aceeaşi carte la nesfârşit. Fiecare om are anumite puncte slabe şi puncte forte în relația cu copiii, iar copiii învață repede cum să beneficieze de puncte tari ale oricărei persoane.

Copiii pot învăța să facă față relațiilor cu alte persoane surprinzător de bine, chiar dacă aceste persoane nu le suportă emoțiile puternice, cu condiția să existe *cineva* alături de care să se poată elibera emoțional. Este benefic să aibă zilnic contact cu un ascultător bun, cel puțin până la vârsta de şase sau şapte ani. După această vârstă, copiii pot să acumuleze sentimentele pe o perioadă mai mare.

6. SPRIJINIREA PĂRINȚILOR AI CĂROR COPII PLÂNG

Dacă lucrați cu părinți sau aveți contact cu ei în calitate de specialist, este important să îi sprijiniți pe cei ai căror copii plâng mult. Așa cum am afirmat la începutul acestei cărți, 80% dintre părinții abuzivi au recunoscut că plânsul a fost elementul care le-a declanșat acțiunile violente. Fiți alături în special de părinții ai căror bebeluși au avut o naștere dificilă sau probleme prenatale, deoarece este mai probabil să fie agitați și dificil de îngrijit.

Părinții pot beneficia de patru tipuri specifice de ajutor și sprijin. În primul rând, pot avea nevoie de sugestii pentru a reduce stresul în viața copiilor lor, astfel încât cei mici să aibă mai puține motive de plâns. Totuși, chiar dacă uneori părinții sunt cauza durerii emoționale a copiilor, *nu îi învinovățiți direct pentru plânsul copiilor*. Ei au nevoie să fie asigurați că plânsul copiilor nu înseamnă că ei nu sunt părinți buni.

În al doilea rând, părinții au nevoie de informație corectă în legătură cu plânsul și de reamintirea faptului că plânsul este benefic pentru copii. Ei trebuie să știe că, atunci când plânge, copilul nu îi respinge sau manipulează. Îi puteți încuraja pe părinți să își țină în brațe bebelușii (și copiii mici) și să le accepte plânsul, nu să-i pedepsească, să le distragă atenția sau să îi ignore în acele momente.

În al treilea rând, părinții înșiși au nevoie să fie ascultați și să li se permită să-și exprime propriile emoții puternice care sunt declanșate de plânsul copilului, în special sentimente de furie, neliniște, vinovăție și neputință. Ei au nevoie de ocazii de a vorbi despre propria copilărie și despre modul cum au fost tratați ei înșiși când erau mici și plângeau.

În final, părinții bebelușilor și copiilor care plâng mult au nevoie, din când în când, de o pauză de la responsabilitățile de părinte. Una sau două ore departe de copii pot însemna mult și îi pot ajuta pe părinți să își umple paharul de înțelegere și răbdare.

Dacă copilul este supus la stres sever, ar trebui să anunțați Departamentul de Asistență Socială. Dacă suspectați un abuz, în Statele Unite sunteți obligat prin lege să îl raportați Departamentului de Asistență Socială. Aveți grijă însă că un copil care plânge nu înseamnă neapărat că este abuzat, deși înseamnă că acel copil a acumulat stres de care se eliberează astfel. După cum am afirmat mai sus, plânsul poate duce la abuz fizic, dacă părinților le este greu să-l gestioneze și nu sunt sprijiniți suficient. Abuzul fizic crează un cerc vicios, deoarece determină mai mult stres pentru copil, care duce la o nevoie mai mare de a plânge, care crește probabilitatea abuzului.

Când părinții vor primi sprijin și informație adecvată despre plâns, eu prevăd o reducere impresionantă a abuzului fizic asupra copiilor. De fapt, acesta poate fi cel mai important element necesar reducerii acestui tip de violență.

Toată lumea îi poate sprijini pe părinți când copilul plânge. Uneori, tot ce au nevoie este un comentariu prietenos. Când văd într-un loc public un părinte exasperat care ține în brațe un copil care plânge, încerc să fac o remarcă care să-l susțină. Am descoperit că următoarele comentarii îi ajută pe părinți să se relaxeze și să își accepte mai ușor copiii „Se pare că amândoi aveți o zi grea!", „Ce copil frumos!", „Este greu când plâng, nu?", „Mi-aș dori să pot să plâng și eu așa!" Odată, am împiedicat o mamă să-i dea una la fund copilului ei de trei ani zicându-i pur și simplu: „Țipă, nu glumă! Pun pariu că nu o să facă ulcer!"

Concluzie

Când copiii sunt liberi să-şi elibereze emoţiile rezultate din traume, pierderi, frustrări şi frici, trupurile şi minţile lor se vindecă de stres şi traume. *Principalul mesaj al acestei cărţi este acela că problemele emoţionale, comportamentale şi bolile legate de stres nu sunt cauzate de stres, ci de reprimarea mecanismelor naturale de vindecare, în special plânsul şi crizele de furie, care au drept scop să redea echilibrul fiziologic şi psihologic al corpului, ca urmare a stresului.*

Chiar şi în mediul cel mai minunat, în care copiii au parte din plin de grijă iubitoare, vieţile lor nu sunt scutite de stres. Mai mult, evenimente traumatizante neaşteptate pot să aibă loc oriunde şi în orice moment. În ciuda vicisitudinilor vieţii şi a unor experienţe dureroase, copiii se pot vindeca singuri de stres şi traume prin procesele naturale de recuperare care constau în lacrimi şi crize de furie. Ele le vor permite celor mici să rămână sănătoşi din punct de vedere emoţional, dornici şi capabili de a învăţa, plini de compasiune, cooperanţi şi non-violenţi. Dacă îşi pot aminti să aibă încredere în aceste procese, oamenii de orice vârstă se pot vindeca. Nu este niciodată prea târziu să începem.

REFERINȚE

Referințele de mai jos apar în ordinea în care sunt menționate în text. Numerele lor corespund trimiterilor din text.

PARTEA I: CÂTEVA DATE DESPRE LACRIMI ȘI CRIZE DE FURIE

1. INTRODUCERE: O MARE NEÎNȚELEGERE

1. Sulzer, J. (1748). *Versuch von der Erziehung und Unterweisung de Kinder* (*An Essay on the Education and Instruction of Children*), citată în Alice Miller (1984), *For Your Own Good: Hidden Cruelty in Child-rearing and the Roots of Violence*. New York: Ferrar, Straus, Giroux.

2. Jones, S. (1983). *Crying Babies, Sleepless Nights*. New York: Warner.

3. Kitzinger, S. (1989). *The Crying Baby*. Viking

4. Murray, A. (1979). Infant crying as an elicitor of parental behavior: An examination of two models. *Psychological Bulletin*, 86, 191-215.

Frodi, A. (1985). When empathy fails: Aversive infant crying and child abuse. B.M.Lester and

C.F.Z.Boukydis. *Infant Crying: Theoretical and Research Perspectives.* New York: Plenum Press.

5. Weston, J. (1968). The pathology of child abuse. R.Helfer and K. Kempe. *The Battered Child.* Chicago: University of Chicago Press.

2. MECANISME DE ELIBERARE A STRESULUI LA COPII

1. Piaget, J. (1962). *Play, Dreams and Imitations in Childhood.* New York: W.W. Norton and Company Inc.

2. Axline, V.M. (1969). *Play Therapy*. Ballantine Books.

Oaklander, V. (1978). *Windows to Our Children.* The Gestalt Journal, P.P. Box 990, Highland, NY 12528.

Schaefer, C.E. and O'Connor, K.L. (1983). *Handbook of Play Therapy. Vol. 1: Personality Processes.* New York: John Wiley and Sons.

Schaefer, C.E. & O'Connor K.J. (Eds.) (1994). *H andbook of Play Therapy Vol 2: Advances and Innovations.* Ne's Yosk: John Vi1e & Sons.

Landreth. G.L., Homeyer. L.E., Gloser. G., & Seeney. (1996). *Play Therapy Interventions with Children's Problems* Jasson Aronson.

O'Connor, K. and Braverman, L.M. (ed.) (1997). *Play Therapy and Practice. A Comparative presentation.* New York: John Wiley and Sons.

3. Fry, W.F., jr. (1992). The physiological effects of humor, mirth and laughter. *Journal of the American medical Association,* 267, 13, 1857-1858

Hubert, W., Moller, M. and de Jong Meyer, R. (1993). Film induced amusement changes in saliva cortisol levels. *Psychoneoroendocrinology,* 18, 265-272

Goodheart, A. (1994). *Laughter Therapy*. Santa Barbara, California: Less Stress Press.

4. Honing, A. (1986). Stress and coping in Children. J.B. McCracken (ed.), *Reducing Stress in Young Children's Lives.* Washington, DC, NAEYC.

Greenberg, P. (1991). *Character Development: Encouraging Self-esteem and Self-discipline in infants, toddlers and two-year olds.* Washington, DC, NAEYC.

3. FIZIOLOGIA STRESULUI ŞI PLÂNSULUI

1. Sapolski, R.M. (1994). *Why Zebras Don't Get Ulcers: a Guide to Stress, Stress-related Diseases, and Coping.* New York: W.H.Freeman and Company.

2. Van der Kolk, B.A. (1987). *Psychological Trauma.* Washington, DC: American Psychiatric Press.

3. Irwin, M., Daniels, M., Smith, T.L., Bloom, E. and Weiner, H. (1978). Impaired natural killer cell activity during bereavement. *Brain Behavior Immunology,* 1, 98-104.

4. Sapolsky, R.M. (1994) (a se vedea mai sus).

5. Sapolsky, R.M. (1994) (a se vedea mai sus).

6. Sapolsky, R.M. (1994) (a se vedea mai sus).

7. Gross, J.J., Fredrickson, B.L., Levenson, R.W. (1994). The Psychophysiology of crying. *Psychophysiology,* 31, 460-468.

8. Karle, W., Corriere, R., and Hart, J. (1973). Psychophysiological changes in abreaction therapy. Study I: Primal Therapy. *Psychotherapy*: Theory, Research and Practice, 10, 117-122.

Woldenberg, L., Karle, W., Gold, S., Corriere, R., Hart, J., Hopper, M. (1976). Psychophysiological changes in feeling therapy. *Psychological Reports,* 39, 1059-1062.

9. Frey, II, W.H. and Landseth, M. (1985). *Crying : The Mystery of Tears.* Winston Press.

10. Frey, II, W.H. and Landseth, M. (1985). (a se vedea mai sus).

11. Van der Kolk, B.A. (1987). (a se vedea mai sus).

12. Crepeau, M.T. (1980). A comparison of the behavior patterns and meanings of weeping among adult men and women across three health conditions (Doctoral dissertation, University of Pittsburg). *Dissertation Abstracts International,* 42, 137.

13. Siegel, B. (1986). *Love, Medicine and Miracles.* New York : Harper and Row.

14. Doust, J.W.L. and Leigh, D. (1953). Studies in the physiology of awareness: the interrelations of emotions, life situations and anoxemia in patients with bronchial asthma. *Psychosomatic Medicine,* 15, 292-311.

Graham, O.T. and Wolf, S. (1950). Pathogenesis of urticaria. *Psychosomatic Medicine,* 13, 122.

4.BENEFICIILE PSIHOLOGICE ALE PLÂNSULUI

1.Breuer, J and Freud, S. (1955). *Studies in Hysteria* (trad. J. Strachey). London: Hogarth Press.

2.Miller, A. (1984). *For Your Own Good: Hidden Cruelty in Child-Rearing and the Roots of Violence*. New York: Farrar, Straus, Giroux.

3.Pierce, R.A., Nichols, M.P. and DuBrin, J.R. (1983). *Emotional Expression in Psychotherapy.* New York: Gardner Press.

4.Bergmann, T. Children in the Hospital (1965). New York: International University Press.

5.Van der Kolk, B.A. (1987). Psychological Trauma. Washington D.C: American Psychiatric Press.

6.Bowlby, J. (1958). The Nature of teh Child's Tie to His Motehr. *International Journal of Psychoanalysis,* 39, 350-373.

7.Bowlby, J. (1988). *A Secure Base*. Basic Books, Inc.

8.Walant, K. (1996). Fostering Healthy Attachment. *The Nurturing Parent*. (summer 1996 issue).

9.Bowlby, J. (1988) (a se vedea mai sus).

10. Bowlby, J. (1979). *The Making and Breaking of Affectional Bonds*. New York: Routledge.

11. Bowlby, J. (1988) (a se vedea mai sus).

12. Van der Kolk, B.A. (1987). (a se vedea mai sus).

13. Brown, B. and Rosenbaum, L. (1983). Stress effects on IQ. Paper presented at the meeting of the American Association for the Advancement of Science, Detroit.

14. Brownlee, S. U.S. (Nov 11, 1996). *US News and World Report*.

15. Sapolsky, R.M. (1994). *Why Zebras Don't Get Ulcers: A Guide to Stress, Stress-Related Diseases, and Coping*. New York: W.H. Freeman and Comp.

16. Weissglass, J. (1997). *Ripples of Hope: Building Relationships for Educational Change*. Center for Educational Change in Mathmatics and Science. University of California, Santa Barbara, California, 93115.

5. FOLOSIREA PLÂNSULUI ÎN TERAPIA CU COPIII

1. Jewett, C. (1982). *Helping Children Cope with Separation and Loss*. Boston: Harvard Common Press.

2. Batchelor, E.S., Jr., Dean, R.S., Gray, J.W. and Wenck, S. (1991). Classifiction rates and relative risk factors for perinatal events predicting emotional/behavioral disorders in children. *Pre- and Perinatal Psychology Journal*, 5(4), 327-346.

3. Mednick, S.A. (1971). Birth defects and schysophrenia. *Psychology Today*, 4, 49.

Roedding, J. (1991). Birth trauma and suicide: A study of the relationship betweennear-death experiences at birth and later suicidal behavior. *Pre- and Perinatal Psychology Journal*, 6(2), 145-167.

Janov, A. (1983). *Imprints: the Lifelong Effects of the Birth Experience*. New York: Coward-McCann, Inc.

4. Emerson, W. (1989). Psychotherapy with infants and children. *Pre- and Perinatal Psychology Journal*, 3(3), 190-217.

Emerson, W.R. and Schorr-Kon, S. (1993). Somatotropic Therapy. *Innovative Therapies*, London: Open University Press.

5. Levine, P.A. (1997). *Waking the Tiger: Healing Trauma*. Berkley: North Atlantic Books.

6. Waal, N. (1955). A special technique of psychotherapy with an autistic child. F. Caplan (ed.). *Emotional Problems of Early Childhood*. New York: Basic Books.

Zaslow, R.W. and Breger, L. (1969). A theory and treatment of autism. L. Breger (ed.) *Clinical-Cognitive Psychology. Models and Integrations*. New Jersey: Prentice-Hall.

Zaslow, R. and Menta, M. (1975). *The Psychology of the Z-process: Attachment and Activity*. San Jose State University Press, California.

Welch, M.A. (1983). Retrieval from autism through mother-child holding therapy. E.A. Tinbergen (ed.) Autistic Children: New Hope for a Cure. London: George Allan and Unwin.

Prekop, J. (1983). Das Festhalten als terapie bei Kindern mit Autismus-Syndrom. Anwendung der Therapie dursh das „Festhalten" nach Welch/Tinbergen.Teil 1. (Holding as therapy for autistic children: Application ofEelch/Tinbengen's holding therapy). Fruhforderung Interdisziplinar, Apr-Jun vol. 2, no. 2, 54-64.

7. Magid, K. and McKevley, C.A. (1987). *High Risk: Children Without a Conscience*. New York: Bantman Books.

Keck, G.C. and Kupecky, R.M. (1995). *Adopting the Hurt Child*. Pinon Press, Colorado Springs, Co.

8. Magid, K. and McKevley, C.A. (1987). (a se vedea mai sus)

Keck, G.C. and Kupecky, R.M. (1995). (a se vedea mai sus)

9. Henderson, A.T., Dahlin, I., Partridge, C.R. and Ebgelsing, E.L. (1973). A hypothesis on the etiology of hyperactivity, with a pilot study report of related non-drug therapy. Pediatrics. Vol. 52, no. 4, p. 625.

Vorstr, de Wet. (1990). „Holding" as a therapeutic manoeuvre in family therapy. Journal of Family Therapy. Journal of Family Therapy, vol. 12, no.2, 189-194.

10. Diagnostic and Statistical Manual of Mental Disorders, edition IV. (1994). American Psychiatric Association.

11. Fisher, M. (1990). Parenting stress and the child with attention deficit hiperactivity disorder. *Journal of Clinical Child Psychology*. Vol. 19, no. 4, 337-346.

Bower, B. (1988). Hyperactivity: the Family Factor. *Science News*, June 18, 399.

Biederman, J. Et. Al (1995). Family –environment risk factors for attention-deficit hyperactivity disorder. Archives of General Psychiatry, vol. 52, no.6, 464-470.

12. Van der Kolk, B.A. (1987). *Psychological Trauma*. Washington D.C: American Psychiatric Press.

Stevens, J., Sachdev, K. and Milstein, V. (1968). Behavior disorders of childhood and teh EEG. *Archives of Neurology*, 18, 160-177.

Jacobvitz, D. and Sroufe, L. (1987). The early caregiver-child relationship and attention-deficit disorder with hyperactivity in kindergarten: A prospective study. *Child Development*, 58, 1496-1504.

13. National Institute of Health Publication no. 94-3572 (1994): *Attention Deficit Hyperactivity Disorder*.

14. Welch, M. Holding Time. (1988). New York: Simon and Schuster.

15. Armstrong, T. (1995). *The Myth of the A.D.D. Child: Fifty ways to improve your child's behavior and attention span without labels, drugs, or coercion*. Dutton.

16. Van der Kolk, B.A. (1987). (a se vedea mai sus).

6. AMINTIRILE ADULȚILOR REFERITOARE LA PLÂNSUL DIN TIMPUL COPILĂRIEI: CUM ESTE REPRIMAT PLÂNSUL

fără referințe bibliografice

7. PLÂNSUL - DIFERENȚE ÎNTRE BĂRBAȚI ŞI FEMEI

1. Hastrup, J., Kraemer, D., Bornstein, R. (1985). Crying frequency of 1 to 12-years-old boys and girls. Paper presented at the annual meeting of the Eastern Psychological Association, Boston, March 1985. (quoted in Frey, 1985)

2. Kottler, J.A. (1996). *The Language of Tears*. San Francisco: Jossey Bass, Inc.

3. Askew, S. and Ross, C. (1988). *Boys Don't Cry: Boys and Sexism in Education.* Philadelphiy: Open University Press.

Beal, C. (1994). *Boys and Girls: The Development of Gender Roles.* New York: McGraw-Hill.

Miedzian, M. (1991). *Boys Will Be Boys: Breaking the Link Between Masculinity and Violence.* New York: Doubleday.

Silverstein, O. And Rashbaum, B. (1994). *The Courage to Raise Good Men*. New York: Viking.

4. Frey, II, W.H. and Langseth, M. (1985). *Crying: The Mystery of Tears.* Winston Press.

5. Hales, D. (1981). Psycho-immunity. Science Digest. (Nov.), 12-14.

6. Carmen, E.H., Reiker, P.P., Mills, T. (1984). Victims of violence and psychiatric illness. *American Journal of Psychiatry*, 141: 378-379.

8. TIPARE DE CONTROL LA ADULȚI

fără referințe bibliografice

PARTEA A II-A: PLÂNSUL LA BEBELUŞI (DE LA NAŞTERE PÂNĂ LA VÂRSTA DE UN AN)

1.EXPLICAȚII ALE PLÂNSULUI BEBELUŞILOR

1. Brazelton, T.B. (1962). Crying in infancy. Pediatrics, 29, 579-588

2. Barr, R., Konner, M., Bakeman, R. and Adamson, L. (1991). Crying in !Kung infants: A test of the cultural specificity hypothesis. Developmental Medicine and Child Neurology, 33, 601-610.

3. Spock, B. (1992). *Dr. Spock's Baby and Child Care.* New York: Pocket Books.

4. Jorup, S. (1982). Colonic hyperperistalsys in neurolabile infants. *Actae Paediatrica Uppsala,* Suppl, 85, 1-92.

Wessel, M.A. (1965). Paroxysmal fussing in infacy, sometimes called „collic". *Pediatrics,* 14, 421-434.

5. Kirkland, J. (1985). *Crying and Babies: Helping Families Cope.* Dover, N.H: Croom Helm Ltd.

6. Sears, W. and Sears, M. (1993), *The Baby Book: Everything You Need to Know About Your Baby From Birth to Age Two.* Little, Brown and Company.

7. Barr, R., Adelson, J., Tanser, C. and Wooldridge, J. (1987). Effect of formula protein change on crying behavior. *Pediatric Research,* 21, A179.

8. Jackobsson, I. and Lindberg, T. (1983). Cow's milk proteins cause infantil collic in breast-fed infants: double-blind crossover study. *Pediatrics*, 71, 268-271

9. Solter, A., *Bebeluşul meu înțelege tot*.

10. deZeger, F., Vanhole, C., Van den Berge, G., Devlieger, H., Eggermont, E., Veldhuis, J. D. (1994). Properties of tyroid-stimulating hormone and cortisol secretation by the human newborn on the day of birth. *Journal of Clinical Endocrinology and Metabolism*, 79(2), 576-581.

11. Lewis, M. And Ramsay, D. (1995). Stability and change in cortisol and behavioral response to stress during the first 18 months of life. *Developmental Psychobiology*, 28(8), 419-428.

12. Gunnar, M.R., Mangelsdorf, S., Larson, M. and Hertsgaard, L. (1989). Attachment, temperament, and adrenocortical activity in infancy: A study of psychoendocrin regulation. *Developmental Psychology*, 25, 355-363.

2. SURSE DE STRES PENTRU BEBELUŞI

1. Venry, T. (1981). *The Secret Life of the Unborn Child*. New York: Dell.

Chamberlain, D.B. (1992). Is there intelligence before birth? *Perinatal Psychology Journal*, 6(3), 217-237.

2. Kizinger, S. (1989). *The Crying Baby*. Viking.

3. Janov, A. (1983). *Imprints: the Lifelong Effects of Birth Experience*. New York: Coward-McCann, Inc.

4. Emerson, W.R. (1987). Psychotherapy with infants. *Pre- and Perinatal Psychology News*, 1(2) .

5. Kitzinger, S. (1989). A se vedea mai sus.

6. Bernal, J.F. (1973). Night walking in infants during the first 14 months. *Developmental Medicine and Child Neurology*, 15(6), 760-769.

7. Murray, A.D., Dolby, R.M., Nation, R.N. and Thomas, D.B. (1981). Effects of epidural anesthesia of newborns and their mothers. *Child Development*, 52, 71-82.

8. Hunzi, V.A. and Barr, R.G. (1986). Increased carrying reduce infant crying: randomized controlled trial. *Pediatrics*, 77, 641-648.

9. Glants, K. And Pearce, J.(1989). *Exiles From Eden*. New-York: W.W. Norton and Company.

10. Thevenin,T. (1976). *The Family Bed: An Age Old Concept in Childrearing*. Thevenin, T. P.O. Box 16004, Minneapolis, MN.

Liedloff, J. *Conceptul Continuum*

Solter, A. *Bebeluşul meu înţelege tot.*

Sears, W. and Sears, M. (1993), *The Baby Book: Everything You Need to Know About Your Baby From Birth to Age Two*. Little, Brown and Company.

11. Barnard, K.E. (1973). The effects of stimulation on the sleep behaviours of the premature infant. M. Batty (ed.) *Western Journal for Communicating Nursing Research*, vol. 6

12. Brazeloton, T.B. (1985). Application of Cry Research to clinical perspectives. M.M. Lester and C.F. Boukidis (eds). *Infant Crying: Theoretical and Research Perspectives*. New York: Plenum Press.

13. Lester and C.F. Boukidis (eds). (1985). *Infant Crying: Theoretical and Research Perspectives*. New York: Plenum Press.

14. Lewis, M. And Ramsay, D.S. (1995). Developmental changes in infants' responses to stress. Child Development, 66(3), 657-670.

Rosendahl, W., Schultz, U., Teufel, T., Irtel von Brenndorf, C. And Gupty, D. (1995). Surgical stress and neuroendocrine responses in infants and children. Journal of Pediatric Endocrinology and Metabolism, 8(3), 187-194.

15. Gunnar, M.R., Larson, M.C., Hertsgaard, L., Harris, M.L. and Brodersen, L. (1992). The stressfulness of separation among nine-month-old infants: effects of social context varaiables and infant temperament. *Child Development*, 63, 290-303.

3.CUM SĂ PROCEDAȚI CÂND PLÂNG BEBELUŞII

Fără referințe bibliografice

4.CUM SĂ REDUCEȚI STRESUL ŞI NEVOIA DE A PLÂNGE ÎN TIMPUL FRAGEDEI COPILĂRII

1. Frey, II, W.H. and Langseth, M. (1985). Crying: The Mystery of Tears. Winston Press.

5.CUM ESTE REPRIMAT PLÂNSUL LA BEBELUŞI: ORIGINEA TIPARELOR DE CONTROL

1. Konner, M.J. (1972). Aspects of the developmental ethology of a foraging people. N. Blurton Jones (ed.) *Ethological Studies of Child Behavior*. Cambridge: Cambridge University Press, 1972.

2. Shostak, M. (1981). *Nisa: The Life and Words of a !Kung Woman*. New York: Vintage Books.

3. deMause, L. (1974). The History of Childhood. The Psychohistory Press.

4. Fagot, B.I., and Kronsberg, S.J. (1982). Sex differences: biological and social factors influencing the behavior of young boys and girls. S.G. Moore and C.R. Cooper (ed.). *The Young Child: Revies of Research* (vol. 3). National Association for the Education of Young Children, Washington, D.C.

5. Konner, M.J. (1972) (a se vedea mai sus).
6. Mayr, D.F. and Boelderl, A.R. (1993). The Pacifier Craze: Collective Regression in Europe. *The Journal of Psychohistory*, 21(2), 143-156.
7. Kitzinger, S. (1985). *The Crying Baby*. Viking
8. Armstrong, T. (1995). *The Myth of the A.D.D. Child*. Dutton.
9. Mayr, D.F. and Boelderl, A.R. (1993). (a se vedea mai sus).
10. Kitzinger, S. (1985). (a se vedea mai sus).

6. SĂ AJUTĂM BEBELUŞII SĂ DOARMĂ TOATĂ NOAPTEA (FĂRĂ A-I IGNORA)

1. Kirkland, J. (1985). *Crying and Babies: Helping Families Cope*. London and Dover, NH: Croom Helm, Ltd.
2. Solter, A. *Bebeluşul meu înțelege tot.*

PARTEA A III-A: PLÂNSUL ŞI CRIZELE DE FURIE LA COPII

1. SURSE DE STRES PENTRU COPII

1. Solter, A., *Bebeluşul meu înțelege tot*
Solter, A., *Copiii noştri frumoşi şi sănătoşi*
2. Gordon, T., *Training-ul Părinților Eficace*
3. Elkind, D. (1981), *The Hurried child: Growing up Too Fast Too Soon*. Addison-Wesley.

2. CUM SĂ PROCEDAȚI CÂND PLÂNG COPIII

1. Gordon, T., *Training-ul Părinților Eficace*

3. FENOMENUL „BROKEN COOKIE" („FURSECUL RUPT")

1. Wipfler, P. (1989). Listening: A Tool for Powerful Parenting. The Parents Leadership Institute (P.O. Box 50492, palo Alto, CA 94303).

Solter, A., *Copiii noştri frumoşi şi sănătoşi*

4. GESTIONAREA DURERII FIZICE

Cioffi, D. And Holloway, J. (1993). Delayed costs of supressed pain. *Journal of personality and Social Psychology*, 64(2), 273-282.

5. PLÂNSUL LA DESPĂRȚIRE

1. Ainsworth, M.D.S. (1977). Social development in the first year of life: maternal influences on infant-mother attachment. J.M. Tanner (ed). *Developments in Psychiatric Research.* London: Tavistock.

6. GESTIONAREA VIOLENȚEI

1. Medzian, M. (1991). *Boys Will be Boys: Breaking the Link Between Masculinity and Violence.* Doubleday.

2. Löfgren, L.B. (1966). On Weeping. *International Journal of Psychoanalysis*, 47, 375-381.

3. Stone, J.G.S. (1969). *A Guide to Discipline.* Washington, DC: National Association for the Education of Young Children.

7. PLÂNSUL LA ORA DE CULCARE

1. Bowlby, J. (1988). *A Secure Base.* Basic books Inc.

2. Frank, A. (1952). *Anne Frank: The Diary of a Young Girl.* New York: Simon and Schuster, Inc.

8. VINDECAREA ÎN URMA EVENIMENTELOR TRAUMATIZANTE

1. Sullivan, M.A., Saylor, C.F. and Foster, K.Y. (1991). Post-hurricane adjustment of preschoolers and their families. *Advances in Behavior Research and Therapy*, 13, 163-171.

2. Udwin, O. (1993). Children's reactions to traumatic events. *Journal of Child Psychology and Psychiatry*, Vol. 34, 115-127.

PARTEA A IV-A: APLICAȚII PRACTICE

1. INTERPRETAREA COMPORTAMENTULUI COPIILOR

fără referințe bibliografice

2.CREAREA SIGURANȚEI EMOȚIONALE

1. Solter, A., *Bebeluşul meu înțelege tot.*
Solter, A., *Copiii noştri frumoşi şi sănătoşi.*
Gordon, T., *Training-ul Părinților Eficace.*
2. Gordon, T., *Training-ul Părinților Eficace.*

3.CUM SĂ FACEȚI FAȚĂ PROPRIILOR SENTIMENTE

1. Fraiberg, S. (1980). *Clinical Studies in Infant Mental Health.* New York: Basic Books.

4.PĂRINȚII ÎŞI ÎMPĂRTĂŞESC EXPERIENȚELE

fără referințe bibliografice

5.CELE MAI FRECVENTE ÎNTREBĂRI

1. Solter, A., *Bebeluşul meu înțelege tot.*
Solter, A. (1992). The Disadvantages of Time-Out. *Mothering.* (no. 65)
Solter, A. (1994). Time-Out: should you or shouldn't you?. *Parenting* (October)
2. Glantz, K. And Pearce, J. (1989). Exiles From Eden. New York: W.W. Norton and Company.

3. Ostwald, P.F. and Murry, T. (1985). The communicative and diagnostic significance of infant sounds. B.M. Lester and C.F.Z. Boukydis (ed). *Infant Crying: Theoretical and Research Perspectives.* New York: Plenum Press.

6.SPRIJINIREA PĂRINȚILOR AI CĂROR COPII PLÂNG

fără referințe bibliografice

Articole recente pe tema plânsului

Următoarea listă cuprinde şi un articol al autoarei.

Armstrong, K. Previtera, N and McCallum, R .(2000). Medicalizing normality? Management of irritability in babies. *Journal of Pediatrics and Child Health*, 36 (4), 297-298.

Barr, R.G. Colic and crying syndromes in infants (1998). *Pediatrics*, 102 (5Suppl. E), 1282-1286.

Diego, M.A., Field, T., Hernandez-Reif, M. (2005). Prepartum, postpartum and chronic depression effects on neonatal behavior. *Infant Behavior and Development*, 28(2), 155-164.

Hendricks, M.C.P., Rottenberg, J., and Vingerhoets, A.J.J.M. (2007), Can the distress-signal and arousal-reduction views of crying be reconciled? Evidence from the cardiovascular system. *Emotion*, 7, 458-463.

Ishii, H., Nagashima, M., Tanno, M., Nakajima, A. and Yoshino, S. (2003). Does being easily moved to tears as a response to psychological stress reflect response to treatment and the general prognosis in patients with rheumatoid arthritis? *Clinical and Experimental Rheumatology*, 21, 611-616.

Keller, H., Lohaus, A., Volker, S., Cappenberg, M. and Chasiotis, A. (1998). Relationships between infant crying, birth complications, and maternal variables. *Child Care Health and Development*, 24 (5), 377-394.

Kimata, H. (2006). Emotion with tears decreases allergic responses to latex in atopic eczema patients with latex allergy. *Journal of Psychosomatic Research*, 61, 66-69.

Roberts, D.M., Ostapchuk, M., and O'Brien, J.G. (2004). Infantile Colic. *American Family Physician*, 70(4), 735-740.

Rottenberg, J., Wilhelm, F.H., Gross, J.J. and Gotlib, I.H. (2003). Vagal rebound during resolution of tearful crying among depressed and non-depressed individuals. *Psychophysiology*, 40, 1-6.

Reijneveld, S.A., van der Wal, M.F., Brugman, E., Hira Sing, R.A., Verloove, Vanhorick, S.P. (2004). Infant crying and abuse. *Lancet*, 364, 1340-1342.

Sondergaard, C., Olsen, J., Friis-Hasche, E., Dirdal, M., Thrane, N and Sorensen, H.T. (2003). Psychosocial distress during pregnancy and the risk of infantile colic: A follow-up study. *Acta Paediatrica*, 92(7), 811-816.

Solter, A. (2007). A case study of traumatic stress disorder in a 5-month-old infant following surgery. *Infant Mental Health Journal*, 28(1), 76-96.

SUGESTII DE LECTURI SUPLIMENTARE

Următoarele cărți conțin informații despre plâns, ascultare şi vindecare.

Aldort, Naomi. *Raising Our Children, Raising Ourselves: Transforming parent-child relationships from reaction and struggle to freedom, power and joy*

Berger, Janice. *Emotional Fitness: Discovering our natural healing power*

Breeding, John. *Child Abuse Trauma: Theory and treatment of the lasting effects*

Leo, Pam. *Connection Parenting: Parenting through connection instead of coercion, through love instead of fear*

Levine, Peter and Kline, Maggie. *Trauma-proofing Your Kids: A parent's guide for instilling confidence, joy, resilience*

Gordon, Thomas, *Trainingul părinților eficace*

Janov, Arthur. *Primal Healing: Access the incredible power of feelings to improve your health*

Jarrat, Claudia Jewett. *Helping Children Cope with Separation and Loss*

Jenson, Jean. *Reclaiming Your Life: A step-by-step guide to using regression therapy to overcome the effects of childhood abuse*

Oaklander, Violet. *Hidden treasure: A map to the child's inner self*
Rosenberg, Marshall. *Comunicare non-violentă: un limbaj al vieții*
Solter, Aletha. *Bebelușul meu înțelege tot*
Solter, Aletha. *Copiii noştri frumoşi şi sănătoşi*
Solter, Aletha. *Raising Drug-Free Kids: 100 tips for parents*
Wipfler, Patty. *Listening to Children (set of 6 pamphlets)*

DESPRE AUTOARE

Aletha Solter este psiholog de origine elvețiană specializat în psihologia dezvoltării, recunoscută internațional ca expert în ceea ce privește atașamentul, trauma și disciplina non-punitivă. A studiat cu psihologul elvețian Jean Piaget, la Universitatea Geneva din Elveția, unde a obținut diploma de master în biologie umană în anul 1969. Și-a susținut doctoratul în psihologie la Universitatea California din Santa Barbara în 1975, după care a predat psihologia la Universitatea din California și a condus departamentul de cercetări pentru câțiva ani.

Când s-a născut primul ei copil în 1977 (după o naștere traumatizantă), nu a găsit niciun fel de cărți de parenting care să promoveze atașamentul părinte-copil, disciplina fără pedepse sau care să țină cont de impactul stresului și traumei asupra dezvoltării copilului. Prima carte pe care a scris-o, *"The Aware Baby"* (*"Bebelușul meu înțelege tot"*) este cartea pe care ea și-ar fi dorit să o aibă la dispoziție când a devenit mamă. S-a vândut 130.000 de exemplare în lumea întreagă.

Continuarea sa, *"Helping Young Children Flourish"* (*"Copiii noștri frumoși și sănătoși"*) descrie aceeași abordare, vizând perioada de vârstă cuprinsă între doi şi opt ani.

A treia carte a sa este *"Tears and Tantrums"* (*"Lacrimi şi crize de furie"*). A patra carte, "**Raising Drug –Free Kids**", a fost publicată în septembrie 2006.

Cărţile Alethei Solter au fost până acum traduse în paisprezece limbi. Pe lângă ele, ea a mai scris caiete de lucru care le însoţesc pe primele două cărţi, şi numeroase articole pentru părinţi şi profesionişti.

Dr. Solter ţine discursuri şi conduce seminarii pentru părinţi şi profesionişti în paisprezece ţări şi este invitată în emisiuni de televiziune din Statele Unite ale Americii, Europa, Asia şi Africa de Sud. Ea oferă, de asemenea, consultaţii pentru părinţii care sunt la curent cu munca ei.

În 1990 a inaugurat **The Aware Parenting Institute** care a certificat până acum instructori în 17 ţări. Scopul ei este acela de a ajuta la crearea unei lumi nonviolente, în care tuturor copiilor le este permis să-şi atingă potenţialul maxim. Prin instrumentele educaţiei parentale conştiente, ea este încrezătoare că părinţii îşi pot creşte copiii competenţi, empatici, nonviolenţi şi fără dependenţe de droguri. Ea ştie de asemenea că a fi părinte este un lucru dificil şi că părinţii merită recunoaştere, informaţie şi sprijin.

Educaţia parentală conştientă este o filozofie de creştere a copiilor care are potenţialul de a schimba lumea. Bazându-se pe cercetări clinice de mare amploare şi pe înţelegerea în amănunt a dezvoltării copilului, educaţia parentală conştientă propune o nouă abordare care poate schimba în profunzime relaţia părintelui cu copilul lui. Părinţii care îşi însuşesc această abordare cresc copii care devin inteligenţi, empatici, competenţi, nonviolenţi şi autonomi.

Dr. Solter este disponibilă pentru prelegeri, ateliere şi consultaţii particulare. Ea poate fi contactată la adresa de mai jos:

The Aware Parenting Institute
P.O. Box 206
Goleta, CA 93116
U.S.A.

Tel şi fax: 001 (805)968-1868
Mail: solter@awareparenting.com
Site web: www.awareparenting.com

CĂRȚI DE ALETHA SOLTER

Cele patru cărți scrise de Aletha Solter sunt disponibile în librării şi online. A scris, de asemenea, două caiete de lucru care pot fi cumpărate numai de la Aware Parenting Institute. Pentru mai multe informații despre activitatea Alethei Solter vizitați site-ul www.awareparenting.com

Bebelușul meu înțelege tot

Este cartea de bază a filozofiei Aware Parenting, reprezentând un pas înainte major în înțelegerea nevoilor emoționale ale bebeluşilor din momentul conceperii şi până la vârsta de doi ani şi jumătate. S-au vândut peste 100.000 de exemplare în lumea întreagă. Are la bază filozofia ataşamentului şi alte cercetări revoluționare, contribuind la o revoluție a rolului de părinte în lumea întreagă.

„O recomand din plin."

dr. Thomas R. Verny, autor al lucrării *„The Secret Life of the Unborn Child"*

LUST

TEXTE INTÉGRAL

TITRE ORIGINAL
Lust
ÉDITEUR ORIGINAL
Rowohlt Verlag GmbH
Reinbek bei Hamburg

ISBN 2-02-014615-0
(ISBN 2-87711-055-9, 1re publication)

PRÉSENTATION
PAR NICOLE BARY

Aucun autre livre d'Elfriede Jelinek n'a suscité, dès sa parution, autant de controverses et de débats. Il semble que jusque-là le public et les médias n'avaient pas perçu à quel point l'auteur était un écrivain éminemment politique, non pas au sens du militantisme, mais de l'architecture thématique de l'œuvre et de la pensée, observatoires critiques des rapports de pouvoir dans la société, la sexualité et le langage.

Contrairement aux livres précédents – *La Pianiste* ou *Les Exclus* –, *Lust* s'éloigne radicalement de la structure traditionnelle du roman. L'élément narratif est réduit à sa plus simple expression. Les personnages échappent à la tradition romanesque du XIXe siècle, ils ne sont plus des destins individuels, mais des porte-voix. L'auteur ne se contente plus de dénoncer le signifiant des mythes sociaux, mais décompose leur langage. L'écriture se fait plus proche de la composition musicale que de la littérature. Elfriede Jelinek taille, polit, peaufine le matériau de base qu'est le mot et trouve à chaque monade sa place juste dans la mosaïque de l'écriture. selon sa sonorité, sa tonalité et son rythme.

Le lecteur – et spécialement le lecteur francophone – est peut-être un peu déconcerté par le titre lui-même, *Lust*, le titre original que les traductrices ont choisi de ne pas traduire pour ne trahir ni sa polysémie ni la simplicité de son acception courante, « afin que chacun y puise la connotation qu'il y décèle : plaisir..., désir..., volupté..., luxure… ». Ce sont sans doute certaines de ces connotations qui ont situé d'emblée le livre dans l'alternative porno/antiporno, singulièrement réductrice. *Lust*, est-ce une contribution spécifiquement féminine à la littérature pornographique ? Ou bien est-ce au contraire une critique radicale de la pornographie ? Une interrogation suscitée par l'auteur elle-même qui a déclaré à plusieurs reprises que son livre était un contre-projet à *L'Histoire de l'œil* de Bataille. « Mais ce projet, dit Elfriede Jelinek, s'est révélé irréalisable Il ne peut y avoir de langue spécifiquement féminine du plaisir et de l'obscénité parce que l'objet de la pornographie ne peut avoir de langage qui lui soit propre. »

Le livre s'ouvre sur une citation de saint Jean de la Croix, empruntée à la troisième partie du *Cantique spirituel* et décrivant l'union mystique, la fusion de l'âme en Dieu, « à laquelle, dit Jelinek, s'oppose toute la brutalité du réel : l'appropriation des êtres humains par d'autres ». Le titre, comme la citation en exergue, est un contrepoint au déficit social et sexuel des figures d'esclaves que sont, dans le récit, les employés de l'usine ou la femme du directeur. Objets que l'on possède et sur lesquels le maître a un droit de regard, les possédés ne parlent pas. Seuls quelques grands écrivains, au nombre desquels Elfriede Jelinek compte Flaubert, ont été capables, dit-elle, de se glisser dans la peau de l'opprimé, du prolétaire de l'amour pour dire sa vérité qui est, par essence, différente de celle de l'oppresseur.

Il existe, apprend-on dans *Lust*, un double langage de l'obscénité, celui qui dit l'obscène et le révèle, et celui dans lequel l'obscénité se cache. Ce dernier, le langage du patriarcat, utilise une parole inadéquate pour masquer les rapports de domination et de violence. Il se sert des mots de l'humiliation et de la répression. « Il est temps que la langue se mette à parler », dit Jelinek. « Ce qui m'intéresse, poursuit-elle, c'est la façon dont la dialectique hégélienne du maître et de l'esclave se manifeste dans le langage ; qui est le maître et qui est l'esclave. Dans *Lust*, j'ai renversé les choses. J'ai mis dans la bouche des exploité(e)s la forme la plus élaborée de la langue allemande, la langue poétique de Hölderlin que j'ai bien sûr transposée et réécrite ; et j'ai attribué le langage de la publicité, les clichés et les proverbes à ceux qui sont réellement les dominants, c'est-à-dire aux partisans les plus effrénés de l'individualisme. » Ce qui est tourné en dérision, c'est le pluriel collectif du langage politique, du langage de(s) Église(s), du langage du pouvoir. L'auteur affirme vouloir « démasquer l'idéologie véhiculée par les modèles collectifs ».

Lust est le procès-verbal de l'exercice du pouvoir, et, pour Jelinek, le pouvoir en soi est toujours le pouvoir des hommes. Hermann, le directeur de l'usine de papeterie, se sert de sa femme à tout moment. Son obsession de donner une satisfaction immédiate à son désir majore la valeur qu'il attache au corps de sa femme. L'auteur relie cet aspect du pouvoir patriarcal à l'autre désir de Hermann, tout aussi obsessionnel, celui de rentabiliser au maximum le capital de son entreprise. Elfriede Jelinek place en parallèle le fétichisme marchand de la société et le fétichisme du corps. Le directeur ne parle pas seulement du travail de ses employés en termes marchands, mais aussi du travail du sexe et du corps de sa femme. « L'homme utilise et barbouille sa femme comme le papier qu'il produit. » Seule la peur du sida interdit au fabricant de papier de se rendre au bordel et de collectionner les partenaires. Le retour apparent vers la famille implique la concentration de l'économie sexuelle sur le corps de la femme. Hermann et Gerti, le couple, n'ont pas de nom de famille, leur identité civile est sans importance, car les structures patriarcales ne sont pas liées à une couche sociale précise. Même les prénoms ne confèrent aucune identité puisque l'homme et la femme ne sont représentés que comme les porteurs de leur sexe. Le nom ne désigne donc plus une personne ou une identité, il n'est plus que le signifiant d'un sexe sur lequel le patriarcat assied l'exercice de son pouvoir. L'enfant – qui dans le livre n'a ni nom ni prénom – est le garant de la transmission et de la continuité des structures patriarcales et des comportements sociaux de domination. Gerti tente de rompre ce cercle infernal d'abord en prenant un amant. Mais elle ne fait qu'échanger un emprisonnement pour un autre, car la trilogie Homme / Femme / Amant lui impose une soumission identique à celle qu'elle a subie jusque-là dans la trilogie Père-mari / Fils / Mère-femme. Cette structure tertiaire ou trinitaire (Jelinek joue intentionnellement sur le concept théologique) est inscrite dans le corps de la femme : « Que je vous explique cette histoire de trinité : la femme est un beau parti, car elle est tripartite. Vous avez le choix entre le haut, le milieu et le bas. » Le seul choix possible pour Gerti est d'interrompre radicalement la chaîne qu'elle a elle-même contribué à entretenir, elle se fait infanticide. « Voici que les choses ont, contre toute attente, tourné de telle manière que c'est précisément le cadet de la famille qui pourra le premier contempler la face stupide de l'éternité, cachée derrière tout l'argent qui pour s'investir parcourt la terre en liberté, si personne ne le met en laisse. »

Avec *Lust,* Elfriede Jelinek a écrit une esthétique de l'obscène, de tout ce que célèbre la violence, tout ce qui est au service du patriarcat : le pouvoir, l'argent, le langage, le sexe. Le propos de Jelinek n'est pas de donner à l'obscénité une beauté factice ou des lettres de noblesse – c'est le dessein de la pornographie –, mais de mettre à nu la violence des structures patriarcales qui sont à la base des relations sociales. On peut ne pas partager le point de vue de l'auteur, mais force est de reconnaître que peu d'écrivains contemporains ont interrogé le langage avec une telle radicalité et une telle cohérence.

Née en 1946 à Mürzzuschlag en Styrie. Elfriede Jelinek a grandi à Vienne, où elle vit aujourd'hui. Études d'art dramatique, d'histoire de l'art, de musique. Son œuvre – théâtre et romans – qui compte Les Exclus, Les Amantes, Lust, La Pianiste *(adapté au cinéma par Michael Haneke),* Avidité *et* Les Enfants des morts *(à paraître aux éditions du Seuil) a été couronnée par le prix Heinrich Böll (1986), le prix Büchner (1998), le prix Heine (2002). Elle a reçu, pour l'ensemble de son œuvre, le prix Nobel de littérature en 2004.*

Dans le secret du cellier
De mon Aimé j'ai bu… et quand je sortis
Parmi toute cette plaine
Plus ne savais chose aucune —
Et je perdis le troupeau jadis suivi.

Jean de la Croix.

1.

Des voilages se tendent entre la femme dans son habitacle et les autres qui possèdent aussi des maisons particulières et des particularités. Les pauvres eux aussi ont leurs demeures où sont réunis leurs visages avenants, seule la ligne de partage est éternellement la même. Restant à leur place ils s'endorment et marquent ainsi leurs liens avec le directeur qui, souffle vivant, est leur père éternel. Cet homme qui les abreuve de sa vérité comme de son souffle — telle est l'évidence de son règne —, voici qu'il en a assez des femmes au point de crier haut et fort qu'une seule lui suffit, la sienne. Il est ignorant comme les arbres à l'entour. Il est marié, c'est un contrepoids à ses amusements. Les deux époux ne rougissent pas l'un devant l'autre, ils rient, ils sont tout l'un pour l'autre et l'ont toujours été.

En ce moment le soleil d'hiver est petit et déprime toute une génération de jeunes Européens qui grandit ici ou vient y faire du ski. Les enfants des ouvriers papetiers : eux, le monde, ils pourraient le connaître à six heures du matin quand ils se rendent à l'étable et se muent en cruels étrangers pour les bêtes. La femme part se promener avec l'enfant. À elle seule elle vaut plus ici que la moitié de tous les corps réunis, l'autre moitié travaille à la papeterie sous les ordres du mari, une fois que la sirène a poussé son cri. Et toujours les humains s'en tiennent au plus proche qui s'étend sous eux. La femme a une grande tête pure. Elle sort avec l'enfant pendant une bonne heure, mais l'enfant, soûlé de lumière, préfère se rendre insensible par le sport. À peine le quitte-t-on des yeux qu'il jette sa petite carcasse dans la neige, fait des boules qu'il lance. Le sol semble fraîchement apprêté par le sang. Sur le chemin enneigé, des plumes d'oiseaux éparpillées. Rampant à quatre pattes, une martre ou un chat ont joué leur spectacle naturel, un animal a été mangé. Le cadavre emporté. De la ville, la femme a été transportée ici où son mari dirige l'usine à papier. L'homme n'est pas compté avec les habitants, il compte à lui seul. Le sang a giclé un peu partout sur le chemin.

L'homme. Est une pièce assez spacieuse où parler est encore possible. Le fils aussi doit déjà commencer le violon. Le directeur ne connaît pas ses ouvriers individuellement, mais il connaît leur valeur globale, chers amis, bonjour à tous! On s'est constitué une chorale d'entreprise, elle est entretenue par des dons en espèces, ce qui permet au directeur de jouer les chefs d'orchestre. La chorale se déplace en autocar, afin que des gens puissent dire : c'était unique. Dans ce but ils font souvent un tour dans les chefs-lieux, promenant leurs pas démesurés, leurs désirs incommensurables devant les provinciales vitrines. Dans les salles la chorale se présente de face, tournant le dos aux angles des bistrots. L'oiseau quand il vole on ne le voit lui aussi que d'en bas. D'une enjambée posée, appliquée, les chanteurs sortent du bus de location encore fumant de leur fumier et sitôt au soleil exercent leurs voix. Les nuages hymniques s'élèvent sous le voile du ciel lorsque les prisonniers se produisent. Pendant que les familles vivent sans père et plutôt chichement. Eux mangent des saucisses, et boivent vin et bière. Gâtent leur sonorité, leur sensualité, prodiguant l'une et l'autre à tort et à travers. Dommage qu'ils soient les descendants de petites gens, un orchestre de Graz pourrait remplacer n'importe lequel d'entre eux, mais aussi bien venir à son secours selon son humeur. Voix terriblement faibles que couvrent l'air et le temps. Le directeur veut les voir quémander sa sollicitude avec leurs voix. Même de petites gens peuvent faire chez lui de brillants débuts, à condition d'avoir attiré son attention de mélomane. Dada du directeur, la chorale est bichonnée, les hommes parqués dans leurs stalles, lorsqu'ils ne sont pas sur les routes. Le directeur y va même de sa poche quand arrivent les éliminatoires régionales sanglantes et pourries. Il s'assure, à lui et à ses chanteurs, une pérennité au-delà de l'instant fugace. Les hommes, ces édifices à la surface de la terre, et qui s'obstinent à édifier encore et toujours. Afin que leurs femmes puissent les reconnaître à leurs œuvres, quand ils seront à la retraite. Mais le week-end les immortels faiblissent. Ils ne montent plus alors sur les échafaudages, mais sur l'estrade d'un bistrot, et sous la contrainte chantent à réveiller les morts pour qu'ils viennent les applaudir. Les hommes aspirent à toujours plus de grandeur, leurs œuvres et leurs valeurs aussi. Édifiants édifices.

Parfois la femme n'est pas contente de ces tares qui pèsent sur son existence : mari et fils. Le fils, reproduction en couleurs, un enfant unique, mais qui se laisse prendre en photo. Il suit les brisées de son père, afin de pouvoir lui aussi devenir un homme. Et le père l'attelle au violon, que du mors jaillissent les flocons d'écume. Que tout marche bien, que l'harmonie règne entre eux, la femme en répond sur sa vie. À travers cette femme l'homme s'est transmis à l'éternité. La femme était de la meilleure origine possible et s'est transmise à l'enfant. L'enfant est un brave petit, sauf quand il fait du sport où on le laisse se déchaîner, et il ne se laisse pas faire par les amis qui, à l'unanimité, l'ont élu échelle de Jacob, qui les mènera au paradis du plein emploi. Son père ne se laissera pas balayer de cette terre, il est maître de son usine et de sa mémoire dont il fait les poches à la recherche du nom des ouvriers qui tentent d'échapper au chant choral. L'enfant skie bien, les enfants du village s'effacent comme l'herbe en dessous. Ils traînent la savate. La femme dans son enveloppe du jour chaque jour lavée ne chausse plus de planches, non, elle est havre de paix pour l'enfant, qui lui ne songe qu'à s'enfuir, qu'à apporter sa flamme aux pauvres petits des chaumières. Que son élan les gagne. Dans sa belle tenue il entend parcourir la terre. Et le père s'enfle comme une vessie de porc, il chante, il joue, il crie, il baise. Sous sa houlette la chorale va de champ en roche, de saucisses en rôtis, et de plus elle chante. La question n'est pas ce que cela lui rapporte, mais ses membres ne sont jamais rayés des listes de paye. Que la maison est claire, que d'économies d'électricité ! Oui, on peut même s'en passer et le chant illumine les sombres soucis.

La chorale vient de débarquer. Des autochtones d'un certain âge, contents d'échapper à leurs femmes, et parfois même leurs femmes casquées de boucles (le sacro-saint pouvoir des coiffeurs de campagne, qu'ils sont forts pour rehausser la beauté des femmes à grands coups de permanentes), les voici donc qui descendent de leurs véhicules et s'offrent un jour de fête. Après tout une chorale ne chante pas seulement avec l'air et la lumière pour seuls spectateurs ! Le dimanche, d'un pas calme, la femme du directeur s'avance. Dans l'église collégiale, où Dieu dont l'impression donnée par ses images est à elle seule révoltante, s'entretient avec elle. Les vieilles femmes agenouillées savent déjà comment les choses se termineront. Elles savent comment cela finira, mais faute de temps n'auront rien appris de plus d'ici là. Pour l'instant elles se hissent de panneau en panneau marquant les stations du calvaire, avec l'unique ambition de se présenter bientôt devant le Père céleste, devant ce membre de la Sainte Simplicité, pour tout sésame leurs flasques chairs à la main. À la fin le temps s'arrête et l'oreille s'évade de l'éboulis d'impressions qui furent leur lot, une vie entière. Quelle n'est pas la beauté de la nature dans un parc, et du chant dans un bistrot !

Au milieu de ces massifs montagneux qui drainent les sportifs à la ronde, la femme sent qu'il lui manque un point fixe, un arrêt, où la vie attendrait. La famille peut faire du bien, certes, mais à condition de bien manger, et de rapporter à la maison son butin, les jours fériés. Les bien-aimés tiennent à la mère, se blottissent heureux l'un contre l'autre. La femme parle à son fils et larde son fruit (où s'épanouit le ver de l'amour) de faibles et tendres cris. Elle s'inquiète pour lui, le protège de ses tendres armes. Il semble chaque jour mourir un peu plus, à mesure qu'il grandit. Le fils ne goûte guère les pleurnicheries de sa mère, aussitôt il exige un cadeau Par de brefs marchandages ils tentent de se mettre d'accord : sur un marchand de jouets et d'articles de sport. Elle se jette tendrement sur son fils, mais, tel un ruisseau murmurant, ses eaux s'écoulent sous lui, l'écho expire dans les profondeurs. Elle n'a que ce seul et unique enfant. Son mari rentre du bureau, et aussitôt elle boutonne sa chair, afin de ne pas mettre les sens du mari en appétit. Musique ! tourne-disque et concert baroque conjuguent leurs efforts. Surtout ne faire qu'un avec les photos en couleurs des vacances, ne pas changer d'une année à l'autre. Cet enfant ment comme il respire, il ne pense qu'a skier, je vous jure.

En dehors des heures de la pâtée le fils parle peu avec sa mère, bien que celle-ci tente de le charmer en le nappant d'une couverture alimentaire. La mère l'entraîne dans une promenade, mais chaque minute lui coûte, car il lui faut écouter l'enfant si bien vêtu.

Ne parle-t-il pas comme la télévision dont il se nourrit. Voici qu'une fois de plus hardiment il s'échappe, il n'a pas encore eu aujourd'hui sa ration d'horreur vidéo. Parfois les fils de la montagne se couchent dès huit heures, alors que le directeur se fait de ses mains habiles un dernier plein artistique. Et quelle est cette voix plus puissante encore, qui ordonne aux troupeaux des prairies de se lever, tous ensemble ? Aux pauvres gens fatigués qui, à l'aube, regardant l'autre rive, ont devant les yeux les maisons de vacances des riches ? Elle se nomme, je crois, radio-réveil, fréquence Autriche 3, et débite à partir de six heures des tubes enregistrés, vaillants rongeurs qui grignotent notre journée dès le matin.

Sur les décharges conjugales du Hitlerland ils reprennent leur bagarre, ces petits sexes tenus en lisière qui, sous leurs ombrelles colorées, se prodiguent comme leurs demi-portions de glace. Il passe si vite, l'instant, il est si long le travail pour que se dressent les rocs. Au bout du compte, ces répétitions infinies permettent simplement à ces gens de se multiplier. Meute affamée qui sort son sexe par les portillons dont elle s'est judicieusement dotée. Ces gens-là n'ont pas de fenêtre, il ne manquerait plus qu'ils soient obligés de regarder leur partenaire. On nous traite comme du bétail, et dire que nous nous soucions d'avancement !

De paisibles chemins s'étendent sur la terre. Dans toutes les familles il y a toujours quelqu'un qui attend en vain ou succombe en luttant pour son intérêt. De la peine qu'elle se donne, la mère retire un sentiment de sécurité que l'enfant, courbé sur son instrument, anéantit aussitôt. Les gens d'ici ne sont pas chez eux ici, ils doivent se reposer à l'heure précise où pour les sportifs la vie nocturne s'éveille. C'est à eux qu'appartiennent le jour et la nuit. Juchée sur les murailles de son foyer, la mère surveille l'enfant, qu'il ne se laisse pas trop vivre. Ce violon n'a pas grand penchant pour l'enfant. À travers les revues spécialisées, des âmes sœurs suivent obstinément leur propre route, afin de se couler dans la coupe de l'autre. On lit la rubrique contacts, et chacun de se réjouir de sa petite lumière qu'il jette dans l'obscurité d'un corps étranger. De vaillants artisans de la vie font passer leur annonce : cherche niche obscure et inconnue pour installer petit placard. On se supporte à peine, et on voudrait en supporter d'autres! Le directeur lit ces annonces et passe commande pour sa femme dans une boîte spécialisée d'une petite boîte où elle pourra se nicher : en dentelle de nylon rouge, où silencieuses brillent les étoiles. Une seule femme ne suffit pas à l'homme, mais la menace de cette maladie l'empêche de sortir son dard et d'aller butiner. Un jour il oubliera, oubliera que son sexe peut l'emporter dans l'au-delà, et il réclamera sa part de la moisson : nous voulons nous amuser! Nous voulons découvrir en nous de nouvelles voies. Sur leurs matelas les annonceurs prennent des poses compliquées pour décrire les chemins qu'ils empruntent. Pourvu qu'ils gardent la flamme, sans quoi ils s'éteindront, abreuvés de déceptions. Le directeur ne se suffit pas de son épouse, mais aujourd'hui cet homme qui rend des services publics doit se contenter de sa petite berline. Il est en quête du mieux : vivre et être aimé. Les enfants des exécutants : les voici eux-mêmes au service de la papeterie (tout ce qui n'est pas encore lié les attire, cette étoffe dont sont faits les livres), ils n'ont pas une forme accomplie. Pour qu'ils s'animent, il faut que des sirènes leur percent le tympan. Mais en même temps ils sont expulsés de la vie, et chutent telles des cataractes, superflus, du haut de leurs économies. La barre leur a déjà été arrachée des mains, et leurs femmes mènent la barque vers des eaux moins incertaines qu'ils prenaient tant de soin à contourner et à miner. Ils ont été cueillis sur de misérables ceps et donnent un vin bien clairet. Sur leurs matelas ils sont pris d'un désir de mort et leurs femmes périssent de leur propre main (à moins que pour leur subsistance elles ne s'en remettent aux mains des autorités). Ils n'ont pas de vie privée, car ils n'ont pas de bel appartement, ils ne sont que ce que l'on voit d'eux, et ce que parfois la chorale laisse entendre. Rien de bon. Capables de mille choses à la fois, ils ne font cependant pas de vagues dans le bassin au bord duquel la femme du directeur dans son maillot dernière mode s'accommode de l'existence tout là-haut dans la nature, à cent coudées au-dessus de nous autres, consommateurs moyens.

L'eau est bleue et jamais ne trouve le repos. Après son labeur quotidien l'homme cependant rentre chez lui. Le goût, ce n'est pas l'affaire de tout le monde. L'enfant a cours cet après-midi. Dans son usine le directeur a tout informatisé et en guise de passe-temps fabrique lui-même des programmes. Il n'aime rien de sauvage, la forêt muette ne lui dit rien. La femme ouvre la porte, et il reconnaît que rien n'est trop grand pour son règne, mais quelque chose est-il trop petit qu'il se doit de l'ouvrir sur-le-champ. Son désir est sincère, il lui sied comme le violon sous le menton de l'enfant. Les amours se rencontrent souvent à la maison, car tout leur vient du cœur et se proclame dans la lumière. L'homme voudrait maintenant être seul avec sa divine épouse. Les gens pauvres, eux, doivent payer avant de s'étendre sur la rive.

La femme n'a même pas le temps de baisser les yeux. Le directeur ne l'approuve pas, lorsqu'elle veut se rendre à la cuisine préparer quelque chose. Résolu il saisit son bras. Il veut d'abord l'entreprendre, a dans cette intention repoussé deux rendez-vous. La femme ouvre la bouche, elle aussi veut le repousser. Elle pense à sa force et referme la bouche. Cet homme jouerait sa mélodie même au sein de la roche, caressant, jubilant, son violon et son membre. C'est toujours la même chanson, ce claquement sonore, surprenant et terrible, accompagné de regards courroucés. Cette femme n'a pas le cœur de se refuser, elle va, désarmée. L'homme est toujours prêt, et se réjouit de lui-même. Le pauvre comme le riche mérite le jour riant, le pauvre hélas l'envie au riche. La femme rit nerveusement lorsque l'homme encore en manteau se dénude où il faut. Il ne manque pas de culot de se déculotter ainsi. La femme rit plus fort et porte effrayée la main à la bouche. Des coups la menacent. Résonne encore en elle l'écho du tourne-disque où ses sentiments tournent en rond et communient avec ceux d'autres êtres sous les espèces de J.-S. Bach, nourriture particulièrement adaptée à la consommation. L'homme se déploie de toute sa taille au milieu de ses aiguillons pileux et cuisants. C'est ainsi que les hommes se magnifient eux et leurs œuvres qui toutefois s'effondrent derrière eux. Les arbres de la forêt ont meilleure tenue. Le directeur parle tranquillement du con et de la façon dont il l'écartèlera. Il est comme ivre. Ses mots tanguent. De la main gauche il tient la femme par une hanche et — au mieux — lui trousse par-dessus la tête ses vêtements fonctionnels. Elle se débat contre ce poids lourd. Il peste tout haut à cause des collants qu'il lui a interdits depuis longtemps. Les bas sont plus féminins, ils tirent un meilleur profit des trous, créant par ailleurs des perspectives nouvelles. Il compte, séance tenante, la déguster au moins deux fois et jusqu'au bout, annonce-t-il. Les femmes dans leurs jardins plantés d'espoirs vivent du souvenir, les hommes, eux, de l'instant qui leur appartient et qui, soigneusement cultivé, se ramasse en une petite poignée de temps qui ne leur appartient pas moins. La nuit ils dorment, et lors ne peuvent refaire le plein. Ils ne sont que feu et fragiles vaisseaux (et se réchauffent à leur propre flamme). Chose étonnante, cette femme se rend stérile par des médicaments, en secret, car le cœur de l'homme, jamais amadoué, ne saurait admettre que de son réservoir d'abondance la vie ne puisse plus s'écouler.

Aux pieds de la femme des vêtements tombent et s'amoncellent telles des dépouilles animales. L'homme, toujours en manteau, se dresse, son membre puissant entre les replis de ses vêtements, pierre sous un jet de lumière. Collants et culotte s'enroulent, humides, autour des mules de la femme, elle les enlève. Le bonheur semble l'alanguir, c'en est trop. Le crâne lourd du directeur s'enfouit toutes dents dehors dans les poils pubiens de la femme, son désir est toujours prêt à exiger d'elle quelque chose. Il dégage son chef, presse la tête de la femme contre le col de la bouteille censée la régaler. Les jambes de la femme sont ligotées, tout son corps est palpé. Il lui fend le crâne sur sa verge, disparaît en elle, et lui pince un bon coup le derrière en manière d'encouragement. Lui repousse le front en arrière, au point que la nuque maladroite en craque, s'abreuve aux grandes lèvres, du travail bien fait ! que par ses yeux la vie calmement la contemple. Le fruit finira par mûrir. Voilà le résultat lorsqu'on empile ainsi diverses habitudes hum. afin de cueillir quelque chose au sommet de l'arbre : finalement cela n'a pas le goût escompté. Tout est limité par des interdits, indices de nos désirs. Sur une petite colline non plus la végétation n'est pas infinie, et nos limites ne s'étendent pas au-delà de ce que nous pouvons saisir, et nous saisissons peu, nous et nos petits vaisseaux durcis.

L'homme continue tout seul. Mais à la longue la femme souffre dans la position qui lui est faite, chez lui, dans sa maison. Elle se débat, doit écarter un peu les jambes, des dents distraites broutent son ventre au passage. L'homme vit dans l'enfer de sa propre vie, mais parfois il faut qu'il s'échappe pour se promener dans les prés. La femme se défend, mais seulement pour la forme, elle prendra d'autres claques si elle s'obstine ainsi à nier l'âme de l'homme qui n'aspire qu'à s'illuminer. La boisson a coulé à flots. Pour un peu le directeur s'épancherait dans son coûteux intérieur, s'emportant dans la pénombre contre le régime que sa femme lui inflige. Elle ne veut pas le laisser entrer. Pourtant il se sent aussi grand que n'importe qui. Se décharger un peu, là entre deux luminaires, le soulagerait d'un poids, n'a-t-il pas, lui, la charge de ceux, si nombreux, qui tel le chiendent poussent bêtement le long des rives, insouciants du lendemain où ils devront se lever. Hermann. Maintenant, après l'avoir ôtée de ses chaussures, il étale sa femme sur la table du salon. Tout le monde peut les voir de partout et admirer avec envie les belles choses que les riches tiennent cachées. Elle se trouve plaquée sur le plateau de la table, ses seins, grosses bouses de fumier chaud, s'écartent. L'homme lève la patte dans son propre jardin, puis sort et recommence aux quatre vents. Il n'épargne aucun vallon, aussi obscur soit-il. C'est normal, comme Éros qui toutefois n'a jamais pu les embraser, ces deux morceaux de bois, nés chétifs et non coiffés, et qui veulent à tout prix changer. Oui, le directeur répondra quand même aux annonces pour échanger sa vieille Ford contre un modèle plus récent, plus puissant. Ne fût-ce la peur d'une toute nouvelle maladie, jamais le silence ne remplirait les forges du seigneur. Et jusque dans l'appartement s'étaleraient les affiches : votez plaisir, le député blanc. De puissantes vagues parcourent le temps, et les hommes veulent toujours quelque chose, puissamment. Ils aiment à parcourir les rivages lointains, mais ne négligent pas ce qu'ils ont sous la main. La femme veut s'enfuir, échapper à ces liens infects, au bois qui se consume devant sa hutte. Elle a été empruntée au néant, chaque jour l'empreinte de l'homme la dévalorise un peu plus. Elle est perdue. Il rabat sur lui les deux jambes pelleteuses. Des objets appartenant à l'enfant tombent de la table et rebondissent mollement sur le tapis. L'homme est celui qui sait encore apprécier la musique classique. Il avance un bras, met en route une chaîne stéréo. Musique. La femme se laisse faire, les mortels vivent de labeur et de salaire, mais n'est-ce pas c'est tellement mieux en musique. L'homme neutralise la femme de tout son poids. Pour neutraliser les ouvriers qui alternent dans la joie travail et repos, sa signature suffit, nul besoin de peser sur eux de tout son corps. Et l'aiguillon de ses bourses jamais ne repose. Mais dans son sein reposent les amis avec qui jadis il allait au bordel. La femme reçoit la promesse d'une nouvelle robe, tandis que l'homme arrache manteau et veston. Il lutte contre l'alcool, sa cravate lui joue des tours. J'aimerais, arrivée à ce point, revêtir les mots d'un sens nouveau ! Sous l'effet d'une prise inversée la chaîne stéréo s'est enflammée, et la musique, du disque s'envolant, du directeur pousse la cadence. Des bras toniques s'avancent d'un bond, prêts à intervenir, voici qu'un directeur doit mettre sa verge au monde ! Jusqu'à la lie il boira le divertissement et jusqu'à ce que les pauvres, vidés de leur amour, arrachés à leurs rails, prennent le chemin de l'agence pour l'emploi. Tout doit être éternel et doit pouvoir se répéter, ainsi parlent les hommes, rongeant des brides qu'autrefois leurs mamans tenaient avec amour. Oui, ça marche. Comme sur des roulettes l'homme entre dans sa femme et ressort. La nature dans ce domaine ne peut s'être trompée, car jamais nous n'avons voulu cultiver autre chose. Vous êtes ici dans une communauté de chair et les paysans-ouvriers qui pleurent facilement quand ils ne trouvent pas d'emploi, se mettent, oui, même en colère en voyant leurs femmes caresser doucement le bétail médusé qui part pour l'abattoir. Ces messieurs aiment côtoyer la mort, mais l'entreprise doit continuer. Même les plus pauvres d'entre les pauvres se voient octroyer le plaisir par les bras féminins où ils peuvent donner leur mesure tous les soirs à partir de 22 heures. Mais pour ce directeur-ci le temps ne compte pas, il le produit lui-même dans son usine, et les machines à pointer sont sollicitées jusqu'à ce qu'elles crient !

Il mord les seins de la femme, dont les mains du coup se propulsent en avant. Il n'en est que plus stimulé, la frappe sur l'occiput et lui enserre plus fermement les mains, ses ennemies de toujours. Ses esclaves non plus il ne les aime pas. Il fourre son sexe dans la femme. La musique crie, les corps crissent de concert. La femme du directeur disjoncte quelque peu, c'est pourquoi le courant passe si mal. L'homme est un chien qui dort, jamais on n'aurait dû l'éveiller et le soustraire au cercle de ses relations d'affaires pour le ramener à la maison. Il porte son arme sous la ceinture. Elle vient de partir comme un coup de fusil. La mise est perdue. Et d'embrasser la femme. De lui distiller en bavant des mots d'amour à l'oreille, cette fleur n'a connu qu'une floraison éphémère, ne voudriez-vous pas l'en remercier? L'instant d'avant il se vautrait en elle, bientôt ses doigts tireront du violon une mélodie de bon ton. Mais qu'a-t-elle donc à détourner la tête? Dans la nature il y a place pour tous! Y compris pour le plus petit membre bien qu'il ne soit pas très demandé. Cet homme s'est vidé en elle, un jour des prouesses plus spectaculaires dans sa piscine lui vaudront bien une médaille d'or! Prenant son appel dans les règles de l'art, le directeur s'éjecte de la femme, ses déchets il les laisse. Car bientôt la trappe du ménage se refermera sur elle, et elle retournera au néant d'où elle venait. Le soleil est loin d'être couché. L'homme s'est joyeusement épanché et part se nettoyer après avoir croqué sa pâtisserie du jour tandis que de la boue sort de sa bouche et de ses génitoires.

La commune a en tout point les yeux fixés sur elle, ils n'ont pas beaucoup de filles sportives dans le coin. La femme se berce de soucis, Hermann la chevauche dans le silence de la nuit. Et son fils lui aussi maîtrise mieux les autres enfants que le violon. Le père fabrique un produit de rien qui se volatilise sous la flamme de sa passion : le papier. Où que l'œil se pose sur les œuvres des hommes, il n'aperçoit que traces de cendre. La femme détourne les yeux de la table qu'elle a dressée, ouvre une poche aménagée sur le devant de sa robe et, fidèle à elle-même, y verse les reliefs du festin. Aujourd'hui la famille, en toute intimité, boit ses propres souvenirs que lui dispense le projecteur. Le dîner vient plus tard, en même temps que l'enfant qui patauge dedans. Jamais il ne se plie à ce qu'on lui dit, il plie tout à sa guise. Voici des mois qu'il promet de faire des progrès au violon, mais à vrai dire le père jouit plus encore des gifles qu'il administre à cette jeune et charmante nature. Ce pays est coutumier de tels investissements à fonds perdus puisqu'il se nourrit de l'art, mais il ne nourrit pas tous ses citoyens et fidèles, dont aucun ne mérite la distinction : mention spéciale du jury.

La langue de la femme est un manteau qui couvre tout. Elle s'absout en croquant des crackers qui font beaucoup plus d'effet sur l'écran que dans la bouche où ils fondent instantanément. Pourtant, nous aussi nous les déversons dans les égouts de nos corps d'humeur vespérale. Le père se penche sur son fils, aussi tendre qu'un boudin blanc. Mais oui, il l'aura, son vélo BMX. L'envie des enfants du village, le fils du directeur la savoure comme une bonne pincée de pouvoir. Aussitôt il file dehors, casser quelque chose. Mais le père réclame sa proie :

qu'aujourd'hui même et sur-le-champ il approche son menton menaçant du violon et en tire des sons qui puissent servir ailleurs à mettre de l'huile dans les cœurs. Le père aime à exhiber cette coûteuse tranche de sa vie quand elle joue. Et à montrer de quelle manière lui, le père, manie l'instrument de son enfant. Comme une coque vide! Que l'enfant garde le poignet souple et promène de-ci de-là son délicat archet sur les pâtures des artistes éternels qu'il s'agit d'animer par des airs connus et plébiscités. S'élève alors un Mozart monstrueux et boiteux, si toutefois c'est votre jour de chance et si on vous a ligoté les pieds à temps pour vous empêcher d'aller paître ailleurs.

Les banques courtisent les plus petits d'entre les petits à grand renfort de sacs de voyage publicitaires. Cette jeune racaille, valetaille des parents, ressent déjà le besoin d'un compte en banque. Dans quelques années l'argent aura pris la forme d'un joli véhicule — arme mortelle — ou d'un bel intérieur — ennui mortel. À condition — comme le fils du directeur — d'avoir moins de 14 ans, d'être célibataire, non grabataire, bref d'être encore enfant mais déjà interdit de vie. À ces vigoureux consommateurs en herbe les heures paraîtront longues avant de voir leurs actions cotées à la bourse de la vie. Peut-être certains d'entre nous finiront-ils eux-mêmes derrière un guichet, à quoi bon sinon toutes ces banques? À nos aînés qui ont toujours été au ban des affaires elles ne serviront guère. L'enfant se jette dans un froid de loup à peine sorti du four. Il a besoin de galipettes salutaires pour se rafraîchir, il étouffe chez lui, a besoin d'écouter son peuple crier, cela lui donnera l'occasion de crier encore plus fort.

L'homme revient de son deuxième rasage, pour rouler la femme, comme un petit navire, dans sa vague. Les monts, les vallons et la flore de la femme sont certes de riches ébauches, mais il leur manque le fini que confère l'humiliation. Dans un souffle l'homme crée la femme, il lui arrange le portrait, écarte brutalement les jambes comme des os flasques. Il contemple en haut des cuisses les failles tectoniques voulues par Dieu, elles ne l'embarrassent pas, il escalade les alpages domestiques par des sentiers sûrs et familiers, il connaît chacun des endroits où mettre le pied. Cet homme-là ne déroche pas, il est ici chez lui. Pouvoir enfin étendre les jambes sous la table, qui n'aimerait en faire autant. Posséder n'engage en rien le propriétaire, mais fait enrager la concurrence. Depuis des années déjà cette femme a passé la marche arrière dans le livre de sa vie, que peut-elle encore espérer. Il glisse une main sous sa jupe, force la muraille des sous-vêtements. Il veut (ils sont entre eux, l'un sous l'autre) se glisser dans sa femme pour sentir ses propres limites. Il déborderait, je crois, cet homme désemparé, s'il n'était saisi de vertige sur son propre sentier. De toute façon, les hommes nous mangeraient la soupe sur la tête si nous ne les enfermions en nous de temps à autre jusqu'à ce qu'ils deviennent humbles et silencieux. Sans le vouloir la femme sort la langue, car le directeur a actionné un muscle de sa mâchoire à l'aide duquel on ferait cracher son venin à n'importe quel serpent, si on lui montrait comment. L'homme la conduit dans la salle de bains, l'apaise avec des mots et la ploie par-dessus le rebord de la baignoire. Il fouille dans ses broussailles pour se mettre à l'abri et ne pas avoir à attendre la nuit. Ses feuillages, ses branches il les écarte. Lui arrache des fragments de sa robe. Des cheveux bouchent la bonde. Des coups sévères lui frappent le derrière, ce portail doit enfin céder, afin que la foule dans les cris et la bousculade puisse se ruer sur le buffet, charmante réunion de consommateurs et de producteurs d'envies alimentaires. Nous voici, et prêts à vous servir. La femme se voit présenter un organe équipotent, équivalent, ou analogue. Qu'elle se magne le pot! L'homme n'a pas besoin de plus, hormis son salaire mensuel de premier ordre. Son membre frémit, et il se prodigue plus qu'il ne saurait jamais gagner, comment ne serait-elle pas touchée par l'éclat de ce rayon. Oui, maintenant elle l'héberge tout entier, du mieux qu'elle peut, et lui la gardera sous son toit tant qu'il n'aura pas envie de changer de décor. Il flanque son avant-train dans la baignoire et en bon gérant qu'il est de ces lieux et d'autres analogues ouvre l'arrière-boutique. Nul hôte à part lui n'a le droit de l'aérer ainsi. C'est le foyer d'élection des mousses et des champignons, on les entend se gorger d'eau et produire des déchets. Nul autre que le directeur ne peut ainsi soumettre la femme à son tonnerre et à sa foudre. Bientôt il se sera soulagé en criant, ce cheval colossal qui les yeux révulsés, l'écume au mors, traîne son char dans la boue. Quant au véhicule de la femme, celle-ci n'a pas à s'en servir pour suivre son propre chemin, la voie, il la lui a tracée à grand bruit avec son artillerie qui a largement troué la forêt.

Avec le talon de sa mule la femme tente de porter un coup aux parties de son mari. Elle a entendu son organe, telle une moissonneuse-batteuse, cogner contre le rebord de la baignoire. Cela le rend furieux. Bientôt des restes d'excréments le souilleront, quelle vie ! Le sexe faible bouillonne de ruse, et s'efforce en plus d'être joli. L'homme décide de contraindre sa femme à honorer le contrat de mariage. Il lui plaque la main sur la bouche, mais elle mord, avec juste un petit pourcentage de sa force maxillaire. Il doit retirer sa main. Il étend alors sur elle un voile de nuit, non sans avoir branché sa ligne électrique sur son derrière, pour son illumination et sa propre satisfaction. Elle tente de s'en défaire, mais s'épuise bientôt, il lui faut demeurer, les yeux clos. Il n'aime rien de sauvage, sauvage, il l'est lui-même. Tout à l'entour vide béant, seuls des bouchons de poils devant sur leurs ventres signalent : ici on sert à boire. Ici le vin nouveau coule à longueur d'année. Nous sommes tous de la dernière cuvée ! Et d'instiller gauchement dans l'oreille chaude de la femme quelques mots sur la toute-puissance de l'homme qui n'a besoin ni d'armes ni de ruses. Qu'elle ouvre le portail suffit, car c'est ici qu'il demeure, et s'il retient encore sa semence, c'est qu'il connaît bien la musique et la manique. Souriant, le créateur chasse des hommes leur produit, afin qu'il s'habitue à circuler parmi nous. L'homme divise la création à coups de brasses vigoureuses et le temps aussi passe à son propre rythme. L'homme détruit les carreaux et les vitres dans la pièce ombreuse qui se réjouit de son activité et de la clarté qu'il répand. Il ne fait nuit que là, dans cette femme. Il entre dans son cul et lui cogne le visage contre le rebord de la baignoire. Elle pousse un nouveau cri. Lui, prend ses quartiers dans son petit cockpit. Peut-être a-t-il déjà trouvé le repos, mais son membre à son gré erre de récif en récif. Un tel homme se jette dans la merde comme d'autres dans la mer, actionne son super suçoir et sans la moindre retenue vide jusqu'au bout son sac de poussière fécondante.

2.

Plus tard elle appelle son fils. Mais d'avance elle est rassasiée par l'image chérie de l'enfant, son unique refuge contre les coups bas du mari, plus fermement accroché à elle que le visiteur à la boisson de son choix. Il n'a cure d'un toit protecteur pour son sexe et son fleuve suit la pente la plus courte. Sur la question l'enfant en sait déjà long, il regarde en souriant les trous de serrure par lesquels il épie les délices domestiques. À peine rentré du monde monstrueux qualifié de merveilleux dans les magazines pour enfants, effronté et rusé il observe le corps de sa mère. Sur le visage maternel, est-ce un sourire flottant comme une barque, ou un sourire profondément ancré ? L'enfant ne pardonne rien à sa mère lorsqu'il s'insinue sous sa hotte blanche, dans le nid que le père a construit. Aux yeux des contemplateurs de la chair qui se pressent devant la clôture, ils ne font qu'un, et eux-mêmes n'aspirent qu'à se rejoindre, à la dérive, comme le pot-pourri de nuages là-haut dans le ciel empourpré. Sans savoir pourquoi, ou plutôt si, cette petite gueule enfantine a faim de cochoncetés où reviennent sa mère et ses culottes souvent tachées de sang. L'enfant n'a rien d'une page blanche. Il est blanc, avec un visage hâlé par le soleil. Le soir venu il aura été baigné à satiété, aura prié et travaillé. Et se collera contre la femme, se repaîtra d'elle, lui mordra les tétons pour la punir d'avoir tantôt laissé le père élargir ses tunnels et ses tuyauteries, vous entendez ! Voici que le langage en personne veut se mettre à parler !

Les voyages ont ceci de merveilleux qu'ils vous font rencontrer des lieux inconnus qu'aussitôt vous fuyez plein d'effroi. Mais s'il vous faut demeurer sur place, tous ensemble, grossières reproductions quadrichromes de la nature, totalement dépendants l'un de l'autre, en famille pour tout dire, vous ne trouverez jamais que le pape, la cuisine, et le Ö.V.P. pour honorer cette œuvre et lui accorder une remise sur tous ses péchés. La famille, ce vautour, trouve en elle-même son propre animal domestique. L'enfant n'écoute jamais. Il pâlit sur son arsenal de jeux secrets, composé en partie d'images cochonnes, en partie du modèle de ces images. Le fils regarde sa jolie quéquette qui parfois s'enraye. Veille jalousement sur sa secrète collection privée, presque humain dans sa concupiscence babillarde, le pape a des bibliothèques entières pour ça. Le repas est servi, la nourriture préparée par sa femme, l'homme la trouve digne de louanges, alors qu'elle descend déjà dans sa gorge insensible. Aujourd'hui la femme a cuisiné elle-même ! L'événement culinaire arrive à destination, à l'adresse indiquée tout en bas dans son ventre où il tourbillonne comme un jeune aigle dans les remous du ciel. C'est un des mérites de la femme, un des mérites des femmes. D'un regard muet l'homme interroge la femme : a-t-il encore le temps de l'emporter à mille lieues de ses gonds ?

Mais l'enfant. Cela pourrait s'entendre si le père s'aventurait dans le vide béant de sa femme, lui fait-elle comprendre, espérant s'en tirer ainsi. Mais déjà la voici entraînée, soumise au meneur du jeu. Elle se cramponne à la porte de la chambre à coucher, cependant les limites passent par la salle de bains, une porte plus loin, et aujourd'hui elles ont déjà été franchies.

Tout se déroule en silence. Exceptionnellement le mari est rentré déjeuner aujourd'hui. L'être humain butineur tire sa nourriture animale des pâturages au-dehors, mais il ne reconnaît pas ses amis quadrupèdes une fois qu'il les a dans son assiette. Pour couronner le tout, il veut que la femme retire ses vêtements, cette fois nous avons le temps. L'enfant a été gavé, il est sage comme une image à l'école. Et la femme, pour sa tranquillité, doit accepter les vagues, l'écume baveuse de l'homme. Qui se voit comme un beau sauvage allant faire ses emplettes au rayon boucherie de son épouse. La famille, pas plus grande qu'un snack de gare, l'homme, un p'tit homme, garabi titi, compère Guilleri, mais par les femmes l'homme est rarement guéri. Les revendications territoriales du mari, seul randonneur en titre sur ces montagnes célestes, ont déjà été déposées à l'office pour la prévention des catastrophes naturelles chez la femme autrichienne. Sur les jolies pentes il se dispose à jouer, mais chaque soir à sept heures tapant la montagne le rejette dans son nid fait de brindilles rapportées par ses soins. Sa femme l'attend, se vante-t-il, souriant, auprès de la nature. Alors qu'il est obligé de l'attraper au lasso. Lui et elle forment un couple à perpétuité. Un lieu, exigu et dépouillé comme la mémoire, le contient néanmoins tout entier. La femme ne meurt pas, au contraire, elle ne naît vraiment que du sexe de l'homme qui a déjà entièrement reconstitué son bas-ventre en laboratoire. Combien l'homme aime à sortir son corps de sa réserve pour passer au plus vite à la consommation.

Tandis que les parents tombent l'un sur l'autre — le père tout feu tout flamme, la mère simple souffle embuant la vitre — l'enfant, désabusé, joue avec sa braguette. Le car scolaire reste parfois bloqué dans la neige qui cet hiver abonde. À l'intérieur, des enfants affamés qui pourraient se trouver au chaud, dans leurs foyers. Obligés de capituler devant les gauches pacages (étonnante audace de cette nature cruellement malmenée qui ose encore nous imposer ses exigences!), ils sont alors parqués dans des refuges et lisent des mickeys ou autres magazines que leur père à la maison est en train de chercher. Ils recevront des cochonnailles sur un lit de fortune et se sentiront en perdition. Parfois avec un temps pareil même des voitures perdent les pédales. Mais chez nous il fait chaud et tout est prêt pour la transsubstantiation, puisque nous voici enfin disposés à nous laisser décevoir par notre partenaire. Et avec quel plaisir! Jusqu'au moment où des ouvrages instructifs viendront conseiller aux continents inhospitaliers que nous sommes de ne surtout pas rester seuls dans notre coin.

Le père se jette sur la tirelire de la mère où se dissimulent ses secrets pour être cachés de lui. À toute heure, que le jour soit grave ou grave la nuit, il en est l'unique déposant, il se met hors de lui. Son sexe est si lourd qu'il a peine à le soulever. La femme n'a qu'à le porter un peu. Dès l'aube, dans un demi-sommeil, il avance à tâtons vers le sillon des fesses, elle dort encore, par-derrière il s'engage dans sa douce colline, lumière où es-tu, le cœur déjà s'éveille. Le tennis attendra dans son clubhouse aseptisé. D'abord deux doigts, enfants obéissants, s'insinuent dans la femme, suivis du paquet compact de carburant. La vidéo-cassette d'éducation sexuelle qui stocke nos désirs dans la mémoire de l'Éternel, rejoint l'éther en musique. Tout sera accompli, nous y avons droit, respirez profondément ! Nous savons ce qui est beau, et lui donnons chez nous la place d'honneur, sur la crédence. L'homme prend calmement son bazar en main et se présente ainsi devant la portière arrière étonnée de sa femme. Celle-ci entend gronder de loin le charroi de ses reins. Bientôt il n'y aura plus de place en elle pour les sentiments, mais il nous reste le coffre arrière ! Endroit tout indiqué pour les lourdes génitoires, ne vous inquiétez pas des odeurs. Les sièges joliment recouverts ne resteront pas propres longtemps. Les yeux fermés la femme encaisse la sécurité que lui prodigue l'homme par son bec verseur, tout en trayant ses seins. Restons chez nous, les arbres ont secoué leurs feuilles du haut de la montagne. Avec une telle femme l'homme toujours vert n'a nul besoin de se protéger, la douceur l'enveloppe, le ciel est sans nuages. Comme la propriété se sent bien chez nous. Elle ne peut trouver de lieu mieux choisi que sous nos parties génitales qui la surplombent comme des écueils le fleuve. En échange de quoi la femme reçoit comptant chaque mois la vie qu'on lui flanque sur la table, pour son ordinaire. Demain une fois de plus elle ouvrira à l'enfant la porte qui mène de l'école à la vie, cet hymne à la vie aussi l'homme l'a acheté, qui maintenant rôtit au four de la femme sa lourde saucisse dans son feuilleté de peau et de poils. Mais le car scolaire est bloqué dans la neige.

La femme mentionne que l'enfant lui aussi doit manger. Le mari n'en a cure et feuillette rapidement son dictionnaire de poche. La maison lui appartient, son verbe s'y est accompli et sera médité. Il écarte le sexe de sa femme, vérifie qu'il porte également son sceau, bien lisible. Introduit rageusement sa langue, un art fort duquel un beau jour sans crier gare il est rentré à la maison. Et se réjouit d'être un dieu. Bientôt il sera de retour au bureau et batifolera avec sa secrétaire. Prestige oblige. Il s'exerce dans des positions toujours nouvelles, expédiant à grands coups de pied son char dans les eaux mornes de sa femme où il se met à ramer comme un forcené. De gilet de sauvetage il n'a nul besoin, jamais il n'encapuchonnerait de plastique son petit chaperon rouge rien que pour préserver sa santé. La santé, sa femme l'a, depuis longtemps. Elle se tord sous lui, crie, lorsque du gland confortablement installé se déverse un troupeau de semences agitées. Qu'y a-t-il ? Ne peut faire tinter les glaçons avec autant de fracas qu'une personne qui dans la vie n'a pas à se soucier de sa position sociale.

Cet homme qui présentement tient son animal domestique dans l'étau de ses cuisses — pour mieux mordre ses joues et pincer ses nichons — cet homme a conçu son propre programme dans le but de réduire l'entreprise à l'essentiel. Oui, vous avez bien vu ! Et vous en verrez d'autres, lorsqu'au matin le portail s'éveille et que, dos courbés, le brillant troupeau (assez bu comme ça!) à peine le soleil entr'aperçu, disparaît à nouveau dans l'obscurité où il met son sort à sécher, oui, car plus d'un arrive complètement imbibé. Qui donc aura pitié de nous ? Plutôt produire des surplus en surabondance pour le konzern que de laisser ces surnuméraires produire quelque chose pour leurs jardins et leurs foyers. Tout est profit pour la multinationale étrangère à laquelle appartient l'usine, et qui un beau matin se réveillera en sursaut et, hurlant, nous roulera dans un chiffon de son papier pour nous croquer. L'enfant a son atelier où il se retire et se voit retaillé. À Noël il a bricolé tout seul son propre solo devant la crèche où dort le petit enfant, un gentil petit enfant comme lui. La neige est venue tôt cette année et de ce fait restera longtemps, vous m'en voyez navrée.

Plus tard la femme reçoit la visite d'une impertinente et importune voisine. Une pluie de récriminations s'en échappe, faiblesse persistante de cet exemplaire d'humanité femelle qui, à présent réveillé et gravissant les marches, ne parvient à sortir de lui-même que par des jérémiades. La voisine est aussi tannante qu'une mouche. Elle apporte aux gens dans les prés sa lumière et son chagrin qu'elle livre à la miséricorde de l'épouse du directeur, tout en louant aussi le Fils du Miséricordieux qui a créé les hommes de ce pays à partir de la glaise et transformé leurs arbres en papier, afin qu'il se montre charitable envers sa fille qui aura bientôt fini son école de commerce. Son mari ne vient plus jamais la rejoindre, il préfère rejoindre une serveuse de vingt ans, employée au buffet de la gare. Mais la femme du directeur ne trouve plus les mots qu'il faudrait pour sa visiteuse, elle n'a plus en rayon ce genre de remontant. La richesse de ses meubles, de ses tableaux l'entoure délicatement, ils brûlaient de lui appartenir.

Sous sa coque cet homme est grand, savoureux, c'est un citoyen qui joue et chante. Via catalogues il procure à sa femme force lingerie affriolante, afin que chaque jour son corps puisse se présenter décemment à son travail. Il a choisi la route de l'audace, pour la pousser à ressembler aux modèles sur les photos. Mais c'est lingerie perdue. Elle l'oublie dans l'armoire et reste coite. Aucune dentelle rouge ne saurait troubler sa vaste quiétude, cependant, à y réfléchir, c'est juste ce qu'il aime : que ses créatures s'oublient lorsqu'il a corrompu les liens d'amour en chaînes. Elles passent, paisibles comme le temps, à la maison, et l'attendent. L'enfant — englouti par l'appétit du sport. La femme

— qu'altéré l'on compare aux films et aux photos. Des familles sans attaches ni attachement pourraient arriver en break, avec dans le coffre tout un attirail : fouets, verges, chaînes et langes en caoutchouc pour ces grands enfants au maillot dont le sexe ne sait que brailler, pleurer et s'agiter, afin qu'un plus grand qu'eux vienne enfin les dompter. Un jour viendra où leurs femmes aussi s'apaiseront et allaiteront enfin. Ils vont, les hommes, jusqu'à s'administrer de fulgurantes piqûres afin de tenir plus longtemps dans les boîtes tintinnabulantes que les femmes les supplient d'accepter. Afin qu'ils se ressaisissent et puissent ensuite rouler leurs relations d'affaires dans la farine. Les femmes, debout, se penchent sur des crackers offerts dans des coupelles, elles rient, et bientôt les messieurs se précipitent sur les canapés d'angle où, s'écroulant, ils fendent des corps, exposent leurs queues à la lumière pour ensuite au plus vite fuir celles qu'ils ont ravies. Les hommes aspirent — ô combien ! — à faire coup double, à joindre l'imparable à l'agréable ! Les femmes, marquées par les rayures brunâtres laissées par le séjour en elles de leurs enfants, n'ont qu'à s'offrir nues comme pour la naissance de leurs bébés à la mamelle. Les lourds verres à vin vacillent sur les plateaux, et leurs divins maris les enlacent par-derrière, par-devant, de partout, des doigts entrent et sortent, des bouches comme des ventouses se collent entre des cuisses et cassent leur jouet préféré, oui, et maintenant de toute leur force ils se reposent de leur chevauchée fantastique, ces compagnons de l'amour et leurs chevaux-vapeur.

L'œuvre de quelques coiffeurs est détruite, les femmes de ménage auront fort à faire avec les déchets engendrés, et tous repartent, insouciants, dans leurs voitures et aux bras aimants de leurs épouses. Qui donc irait se gêner pour les propres sièges de sa voiture? Seul le chocolat est ici interdit. Ces taches, unique souvenir de quelque chose qui n'avait pas de prix à nos yeux, souvent ne partent plus.

Jamais cet homme n'aura soudain disparu complètement, il aime trop à rester dans sa belle maison, qui la nuit se drape dans l'obscurité de la forêt et la fatuité de ses habitants. Ça lui va vraiment bien! Cette femme n'a pas besoin de pitié. Les pores de son enfant sont encore si petits. La femme vacille sous le poids de son pesant bonheur. Une habile conduite pourrait lui valoir une remise de peine, mais qu'elle ne s'avise pas d'interdire au mari de mouiller à son port. La soupe minute qui mijote en lui doit déjà déborder. Le simple fait d'être ici semble humidifier son orifice. La plupart du temps les excursions d'entreprise se terminent joyeusement arrosées, le saint des saints tressaille, des sécrétions souhaitent gagner le large. Tant il est vrai que la vie se résume la plupart du temps à ceci : rien ne veut rester en son lieu. Va donc pour le changement ! D'où la frénésie, et des gens qui se rendent visite sans pour autant échapper à eux-mêmes. Esclaves disciplinés ils se présentent avec leur boudin et frappent la table de leurs couverts, réclamant à cor et à cri qu'on leur serve au plus vite un trou, qu'ils puissent s'y retirer, juste pour le plaisir d'en ressortir, l'appétit aiguisé, et d'imposer leur hospitalité à d'autres qui n'en ont nul besoin. Même des secrétaires ne sont pas prêtes à reconnaître qu'elles se sentent clouées au pilori par les raids sous leurs chemisiers. Elles rient. Il y a ici une telle débauche de bouches inutiles que toutes ne peuvent avoir leur part de débauche.

Telle la vérité nue, ainsi apparaît l'homme dès le matin et renverse la femme. Il lui donne sur le derrière une tape qui vient de loin. Déjà les tubes s'entrechoquent sur la planchette de la salle de bains, le revêtement hygiénique sur la lunette des cabinets tressaille. Les pots de crème se balancent et luisent. On perçoit le silence qui a passé toute la nuit dans la verge du mari. Alors il parle, et rien ne saurait le faire changer d'avis. La femme se tient à même le sol, fatiguée par le long voyage à travers la nuit, et l'heure est venue d'élargir son anneau. Depuis bien longtemps aussi intime qu'un laminoir, car même devant les relations d'affaires on s'en vante en long en large et en travers, le directeur lançant ses salves salaces avec l'élégance et la légèreté d'un haltérophile. Les subalternes se taisent, gênés. Et l'homme se fend d'une dernière formule, on reprendra contact. Le directeur plonge sa main dans la poche de ce corps qui lui appartient, les amants sont ensemble réunis, rien ne manque au festin. Cet homme cultive le genre badin, et sa femme badine sans cesse avec l'amour. Aussi ne saurait-il se retenir plus longtemps, cet ouvre-boîte silencieux qui, telle la plante, cherche désespérément la lumière dès l'extinction des feux. L'enfant joue déjà assez gentiment tout seul quand on le lui ordonne. Mais qu'il jouera bien de son instrument lorsqu'à l'instar de son papa, grand voyageur devant l'éternel féminin, il sera devenu homme et père! Des longues et pénibles séances d'allaitement, l'enfant ne se souvient même plus, toutes ses exigences continuent à être exaucées. La femme a donné si longtemps le meilleur d'elle-même à son enfant, et qu'en a-t-il retiré? Qu'il convient de persévérer lorsque le ciel s'ouvre à vous sous la forme d'une pente qu'il faut remonter pour avoir droit au prix, mais à quel prix.

Non, cette femme ne se trompe pas, cet enfant elle l'aura perdu depuis longtemps avant même qu'il ne mûrisse, après quoi il partira. Et le père de la tirer vigoureusement à la lumière, qu'elle s'ouvre pour l'express qui arrive dans un grondement de tonnerre. Tous les jours la même chose, pourtant même les paysages changent, ne serait-ce que par ennui, à cause des saisons. Ainsi la femme se tient-elle immobile comme une cuvette de cabinet pour que l'homme puisse y faire ses affaires. Il lui enfonce la tête dans la baignoire, et la menace, cramponné d'une main à ses cheveux, comme on fait son lit on fait l'amour. Non, pleure la femme, aucun amour ne s'attache à elle. Mais l'homme déjà fait cliqueter ses boutons. Troussée, la robe de chambre en nylon s'entortille autour des oreilles. Dans les entrailles résonne un bruit de bêtes captives qui tentent à coups de pied de gagner la sortie. La chemise de nuit en batiste, bougie claire et blafarde, se retrouve bourrée dans la gueule de la femme, et la nature de l'homme apparaît, hésitante, de l'extérieur : une eau innocente est lâchée. Traversant la brume épaisse des poils pubiens, elle gicle dans la baignoire, frôlant la femme, frisant sa joue inclinée. L'émail brille d'un éclat neuf. Dans cet aimable environnement la verge de l'homme a grandi à vue d'œil. La femme ne peut retenir une toux tandis que l'on force ses flancs. L'ouvre-boîte s'extrait d'un pantalon en flanelle grismaçant, un liquide laiteux paraît, après que l'homme a opéré, s'épanchant amoureusement dans un nuage pileux piquant. Tôt, trop tôt, le membre, quittant son écrin, ressurgit en pleine lumière. La femme dont le cul, ruelle ombreuse, s'est trouvé distendu à l'extrême, ne peut que rester en arrière. Brutalement il la chavire et la force à le regarder. Furieux il tourne vers lui sa façade et l'oblige à toucher sa musiquette en berne, qui déjà se ranime, il n'aime rien tant que demeurer en toi, temps chéri, en vous, douce nuit. Il presse la chevelure de la femme dans ses épanchements, ou dans ce qu'il en reste, que de ses yeux candides elle les contemple ! Qu'ils sont pensifs, ces héros, une fois leur tâche accomplie ! Et de barbouiller la femme de sperme. C'est ainsi, en lui construisant une belle maison, que l'on conserve sa partenaire, alors que dehors les pauvres maisons en série des misérables expulsés, couillonnés tous azimuts, sont mises en vente par douzaines, aux enchères publiques, ou subrepticement mises à feu. Et ce qui autrefois était un foyer tombe sous le marteau des messieurs de la commune. Et ce qui autrefois était un métier se voit brutalement ravi à notre cœur. Seules les femmes nous permettent de rentrer un tout petit peu dans nos frais. Où iraient-elles, les femmes, sinon chez ceux qui barbotent dans la vaillance, exultant grâce aux déchets qui s'envolent telle l'écume du mors. Leurs générateurs créent des produits inutiles, et leurs générations des problèmes inutiles. Voilà, le directeur vient de stopper sa masse critique au bon moment. Il plaque le visage de la femme contre son produit intime, puis lui fait contempler ses parties intimes. Elle ne veut pas, non, se désaltérer à sa source vive, mais il le faut, l'amour l'exige. Qu'il redevienne soigné, grâce à elle, qu'elle le lèche et le sèche avec ses cheveux. Jésus, qui en son temps se laissait essuyer par une femme, a bien été jusqu'au bout de sa course. À la fin et pour en finir la femme reçoit un coup sur le derrière, la main grossière du maître explore ses failles et sillons, une langue lèche sa nuque, sa chevelure est rebroussée dans la baignoire, son clitoris pincé au point que ses genoux se replient et que son cul se déploie telle une chaise pliante, et beaucoup d'autres aussi se plient à Son commandement.

Oui, mais en attendant que faisons-nous de l'enfant? Qui justement réfléchit à un cadeau qu'il voudrait qu'on lui achetât pour n'avoir rien vu des mystères de ses parents chevillés l'un à l'autre. À peine entrevoit-il quelque commerce qu'il veut se payer une tranche de vie, sur le vif, des choses de la vraie vie. Cet enfant a plus d'un tour dans son sac.

C'est la nouvelle génération, pour laquelle la dernière nouveauté est tout juste assez bonne. Mais bientôt elle aussi va s'en aller, sinon où irions-nous?

Le père a déchargé un monceau de sperme, à la femme maintenant de tout nettoyer. Ce qu'elle ne ramasse pas avec la langue, qu'elle le ramasse avec la serpillière. Le directeur lui ôte le reste de ses vêtements et l'observe tordant et détordant, passant et essorant la toile. Tantôt les seins plongent, tantôt ils ballottent devant elle, tandis qu'elle récure et rénove. Il pince les tétons entre le pouce, l'index et le majeur, puis leur donne un tour de vis comme à une ampoule mazda. De ses lourds boyaux en colère qui devant, petit coin de paradis, apparaissent dans l'embrasure du pantalon, il cogne par-derrière contre les cuisses. Lorsqu'elle se baisse, elle doit écarter les jambes. Sa main peut alors enserrer l'ensemble du figuier et y promener ses doigts en colère. D'ailleurs puisque les jambes sont ouvertes, qu'elle se poste donc au-dessus de sa tête et lui pisse dans la bouche. Quoi? Elle ne peut pas? Assénons-lui un coup de genou en haut, que ça claque (applaudissez, applaudissez!) en plein dans la chatte qui s'ouvrira aussitôt, salivera, et alors nous les hommes aussitôt nous tapons sur la table avec nos chopes. Si elle ne parvient toujours pas à uriner, tirons sur la fourrure de son sexe fém. jusqu'à ce qu'elle ploie les genoux et, jambes écartelées, s'abatte sur le thorax de M. le directeur. Agrippé aux poils il tient son con ouvert tel un réticule, s'en coiffe le visage et lèche grossièrement, un bœuf sur une colline de sel, et la montagne est plongée dans le feu. Le poids des bûches repose sur les hommes. Leurs eaux murmurent, incompréhensibles, et les femmes à l'aide de chiffons absorbants et d'Ajax aussi, relèvent le défi.

La femme boit un reste de café froid dans sa morne tasse. Comme prête à s'enfuir elle a revêtu le voile d'un collant. Aucune autre ici n'a la vie aussi belle. La patte silencieuse du maître au-dessus de sa tête, afin qu'elle s'apprivoise dans sa cage aux fauves. À peine le soir tombé, le directeur sourit déjà à la femme fatiguée et met le cap sur sa destination. Plus tard il déferlera sur elle, il doit rester le premier dans cette caisse d'épargne autrichienne! La femme fait un geste vain, vain comme la nourriture qui se gâte, pour l'écarter de sa douillette couche. Ainsi sont-ils condamnés à se manquer sur la large voie hasardeuse censée leur ouvrir le parcours des horreurs conjugales. Cette femme est enviée par les gens du village, qu'elle est bien habillée! Et les saletés de la maison, c'est une femme qui les aspire, choisie dans le catalogue des villageois qui pourtant ne demandaient qu'à vivre dans la fraternité. L'enfant est venu sur le tard, mais assez tôt pour devenir un adulte geignard. L'homme crie dans son plaisir, et la voix de la femme se blottit contre lui, afin qu'il agite sa baguette et qu'il en sorte quelque coûteuse gâterie pour la maison. Un ensemble fauteuils-canapé par exemple, dont on équipera les diverses stations où tous deux s'arrêtent pour frotter leurs bienheureux sexes. Mais nul n'est magicien. S'éveillant de son ivresse, l'homme se plie aussitôt au vouloir de sa femme. Il est bienveillant. Mais oui, il paiera, n'a-t-il pas déjà payé tout ce que vous voyez reproduit ici en couleurs. Séchez vos joues baignées de larmes!

Le soir leurs assiettes hébergeront des déracinés. Les aliments auront à peine eu le temps de faire connaissance qu'ils devront se mêler gentiment dans les corps. Et ne parlons pas de ce qui se passe sous d'autres toits! Dans cette maison-ci, la nourriture n'est pas importante, mais pour l'homme elle doit être abondante, afin que le fort faiblisse et cède en souriant. Charcuterie et fromage le soir, vin, bière et schnaps. Et du lait pour la protection de l'enfant. Voilà comment s'arrosent et se tartinent les légendes qui circulent sur les classes moyennes : on les dit assurées vers le bas et classées en haut site naturel protégé (sous la protection de la nature). Protection assumée par la couche inférieure, qui leur évite de chuter dans l'abîme.

Dès potron-minet l'homme s'est soulagé. De grandes choses se dessinent sous lui, rien d'étonnant vu tout ce dont il a chargé ses épaules et sa fourchette. Il prodigue ses urines. On entend partout sous son toit le remue-ménage de son lourd pénis dans les aires de repos de sa femme où il peut enfin se vider. Soulagé de son produit, il part retrouver les plus humbles des êtres, qui sous sa direction créent leur propre produit. Le papier qu'ils ont fait leur est étranger et ne vivra qu'un temps, alors que leur directeur se roule en criant sous les coups de cognée de son sexe avec lequel il fait corps. La concurrence est aux portes, il s'agit de débusquer ses ruses, sinon une fois de plus il faudra licencier quelques bienheureux et les délivrer de leur existence. C'est ainsi que cet homme affronte la nature et porte ses responsabilités sur le dos, afin d'avoir les mains libres. Il exige de sa femme qu'il régente et qui le régénère qu'elle l'attende nue sous le manteau de sa maison lorsqu'il fait exprès les vingt kilomètres de son bureau jusqu'à chez lui. L'enfant aura été casé ailleurs. Propulsé d'un coup sur le marchepied du car scolaire, il a trébuché sur ses équipements sportifs dont il est bourgeoisement entiché.

La femme s'éveille en hâte de la chaude compresse de silence où elle s'est réfugiée. Elle ramasse tout ce que l'enfant lui a flanqué là, à la dernière seconde, juste avant de partir. Le reste sera pour la femme de ménage qui en a vu et ramassé bien d'autres sur le sol de cette maison. Lorsque l'enfant était encore petit, sa mère l'emmenait parfois au supermarché, où le gérant en personne les faisait aimablement passer devant la bande de ménagères en train de faire la queue. L'enfant était assis dans le chariot qui rappelle vaguement le ventre maternel, et comme il s'y plaisait ! Les voitures rapides ont souvent, c'est vrai, des trous aux mauvais endroits, et pourtant sont plus chéries que leurs parents par les jeunes d'à peine dix-huit ans, qui, unis à elles jusque dans la mort, ne songent qu'à fuir famille et maison familiale. Et puis il y a tous ces dispositifs de sécurité magiques et magnétiques sur les vêtements neufs, ah que l'être humain n'en a-t-il autant! Pour qu'il ne s'envole pas en lorgnant sur des perspectives qu'il n'a pas. Le sexe doit être protégé des maladies, comme la femme du monde extérieur, afin qu'elle ne regarde pas inconsidérément par la fenêtre, et, entrant dans le cours de la vie, ne veuille changer le cours de la sienne. Oui, mais seuls les vêtements, hélas, sont protégés par les grands magasins. L'alarme retentit lorsque quelque fraudeur force la barrière pour entrer, éternel voyageur, au royaume silencieux des morts et des escalopes de porc. Mieux vaut encore prendre à pied et mal habillés le chemin de nos sexes et y camper au milieu de nos propres déchets; du moins ne tolérer aucun autre véhicule dans notre petit parc automobile. C'est ainsi que nous entretenons la vie, éternellement, où qu'elle traîne, et nous entraîne, emportés que nous sommes par quelque aimable visage qui nous renvoie, effroyable, notre propre reflet.

Cette femme, pas plus tard que la semaine dernière, s'est acheté dans une boutique un ensemble tailleur-pantalon. Elle sourit comme si elle avait quelque chose à cacher, elle qui ne possède que le silencieux royaume de son corps. Dans l'armoire elle dissimule trois nouveaux pull-overs, car elle ne veut pas qu'on la soupçonne de vouloir se préparer un nouveau mois de jouissance avec son sillon ensanglanté. Alors qu'elle se contente de cueillir un fruit clément, l'argent, sur l'arbre de son mari. Nul feuillage aimant ne ouate plus les arbres. L'homme contrôle le compte en banque de sa femme, et une fois de plus des milliers d'arbres déchaînés sous le vent tombent victimes de sa hache. L'argent du ménage — et bien davantage — est versé à la femme! Le mari n'est pas vraiment convaincu d'avoir à payer en sus pour le confortable rocking-chair où, gamin repu, il repose son dardillon de tout son long. La femme est placée sous la protection de son St patronyme, qui est aussi patron des comptes bancaires dont il lui rend régulièrement compte. Qu'elle sache ce qu'elle gagne à être avec lui. Lui, en revanche, connaît son jardin, toujours ouvert et agréé, qu'il besogne en grognonnant. Ce qui vous appartient doit également servir, sinon à quoi bon l'avoir?

À peine la femme se retrouve-t-elle seule qu'elle endosse son escorte d'argent, de valeurs monétaires et de dévaluation, et sort faire quelques pas, ses certitudes vissées en elle. Ombre ondoyante elle fend l'océan de la foule qui produit le papier sur lequel danse son petit navire. Cet océan, oui, qui aimerait tant nous enterrer vivants, nous aussi! Car derrière attend la foule stupide des sans-emploi qui guettent leur chance, quelqu'un repérera-t-il enfin leur trace? Et nous? Poursuivrons-nous notre vol? Si nous voulons qu'il pleuve sur la vendange, nous autres Je-sais-tout devrons d'abord monter haut dans le ciel, et nous laisser retomber en pluie. La femme met la main, sa robe tout usage, sur les yeux. Bientôt viendra l'heure de couvrir à nouveau l'homme et l'enfant de nourriture. Et qu'arrivera-t-il au soir quand l'homme, compact, rechargé et sortant d'usine, quittera la chaîne et rentrera se déchaîner chez lui. Telle une mère il est tout occupé par son biberon plein de vie. Et le soir il veut s'en débarrasser. Il pétille. Ce soir, pour un peu nous allions l'oublier, sonnera l'heure prévue par la loi à cet effet, et la femme, avec son tissu absorbant, est là pour ramasser tout ce que l'homme aura produit dans la journée. Et le reste de l'humanité s'évanouit dans l'ombre et enterre ses espoirs vivants.

Ce paysage est assez vaste, il faut tout de même le dire, un lien souple autour de nos destins noyés de brume. Deux jeunes se poursuivent en mobylette, mais la neige met un terme brutal à leur course. Voici qu'ils chutent et se renversent. La femme rit brusquement. Au moins une fois dans sa vie elle aimerait avancer d'un pas résolu. Aujourd'hui son mari lui a sorti le grand jeu, au point qu'on aurait cru qu'ils étaient deux dans son corps. Mais vous verrez ce soir, quand vous serez pris dans le circuit. En attendant, un contrepoids en acier, à peu près de la taille d'un téléphone, entraîne l'homme au bureau. Dans un envol de gravillons il a foncé jusqu'à son fauteuil où il gère des destins, et jusqu'à l'écran qui génère une course de ski. Lui aussi aime le sport, l'enfant tient ça de lui. Les hommes se berceraient patiemment dans leurs lits, si un peu de mouvement ne venait de l'écran, et parfois de leurs pieds et de leurs cœurs. Le délicat duvet se plaque contre la peau de l'homme lorsqu'il file sur la nationale. C'est dire qu'il roule vite. Et quand il appelle quelqu'un, ça prend tous les accents d'une polka locale. D'ailleurs la chorale aussi devra bientôt se présenter.

Le dimanche, pour illustrer la convivialité qui règne dans l'armée, ils se rendent à l'église. Ensuite ils tirent du fatras de leurs placards intégrés où cohabitent, joyeux, en toute liberté, livres et souvenirs de leur esclavage, de quoi boire à tire-larigot. Même le pharmacien et le médecin ne rechignent pas à rendre visite au pape et à la Vierge Marie. Ils n'envient le travail de personne, purs produits des universités, soignant autrui, soigneux d'eux-mêmes, ils se ruent au bistrot. Où ils restent un moment et se revigorent mutuellement. Le médecin envie au pharmacien son officine, dont il aimerait avoir les profits. Le pharmacien reçoit les gens fraîchement pesés par le médecin et trouvés trop lourd : ah cette tension artérielle. Généreux il répand ses produits sur les sans-emploi de la contrée afin qu'ils retrouvent leur gaieté et jouent gentiment, avec leurs doigts de pieds, devant leur maison. Les femmes se sont chargées du dîner, et jamais n'oublient de se rendre elles-mêmes appétissantes, pas question de se faire rayer du menu. Que l'homme ne manque de rien, surtout en prévision des chicanes de son contremaître à la manque. Certains tirent leur révérence, qui l'instant d'avant étaient encore nos familiers.

La femme du directeur, plusieurs fois par jour — semblable en cela à l'employée de banque (chaque jour contrainte de mettre une robe différente) — tire un rideau fraîchement lavé, façon bonne femme, entre elle et les têtes nostalgiques des villageoises où elle est plus en sécurité que dans son propre salon. Le directeur parle à son enfant qui trépigne pour qu'on l'autorise à se rendre tout à l'heure chez un ami. Cet enfant n'a pas le droit de choisir ses copains, car les pères de ses amis mangent SON pain. Cet enfant fait son chemin sur terre et dirige les autres comme ses voitures téléguidées. La mère accompagne au piano tout ce qu'elle trouve, et dehors des têtes découragées s'inclinent sur les poitrines offertes. Ceux-là se sont acheté ce qu'ont vu leurs yeux plus grands que leurs ventres, et maintenant le village s'amuse en voyant partir aux enchères ces biens-fonds effrontément édifiés sans fonds. Nimbés d'un fragile vouloir, lavés comme moire fragile, ils font la queue devant les guichets de la banque derrière lesquels des enfants ravis, avec leur blouse blanche, jouent avec l'argent des autres, et ils transvident leur sort et celui de leurs foyers de l'enveloppe de paie dans les eaux fluctuantes des taux d'intérêt. Le directeur de la banque regarde en bas, et il a le vertige à la vue des revenus vertigineux abusivement déclarés par les gens, pour ne pas avoir à lâcher la bicoque qu'ils ont bricolée. Ce qu'autrefois ils ont tant aimé, si près du but il doit le leur arracher. Il imagine toutes leurs souffrances lorsque par leurs fenêtres il plonge le regard, car il n'est pas un monstre. En ce lieu frileux les pauvres se querellent. Des coups partent des fusils de chasse avec de l'eau dans les canons. Des cordes se resserrent autour des jeux de la vie. Les banques coopératives qui gèrent et digèrent l'argent des villageois jubilent comme des poissons dans l'eau. C'est une éternelle partie de campagne pour les coopératives agricoles qui se moquent du particulier qu'elles inondent de produits laitiers frelatés et de fromages toxiques. Aux plus petits de leurs membres elles arrachent la prunelle des yeux, leur sucent la moelle. Jusqu'au jour où chez l'un d'eux la mécanique s'emballe : devenu assassin il volette avec des cris d'orfraie au-dessus du nid familial exterminé. Comment pouvait-il espérer contenir tout cela, lui, un si petit réceptacle ? Seul un journal de petit format ose, pour quelques schillings puisés dans nos bourses rachitiques, s'emparer de la vie intense de ceux qu'un horrible malheur a frappés.

Ce que l'on aperçoit par la fenêtre, est souvent assez joliment venu, un beau brin de nature. L'homme, fonctionnaire jusque dans le plaisir, cède à un besoin humain, à ne pas confondre s'il vous plaît avec le besoin déplaisant de contacts humains ! Le directeur s'offre là comme un paysage, mais l'esprit d'inquiétude a pris ses quartiers en lui. Il a uniformément tartiné son fromage fondu et que voit-il sur la figure de sa femme ? Le visage humain de sa dictature ? Elle semble bien effacée, la femme, dans la lingerie coquine toute neuve dans laquelle, à sa prière, elle se meut comme dans un espace réaménagé. De l'homme l'argent se joue. Parfois, dans un moment de lucidité, le directeur est saisi de remords et enfouit son grand visage dans le giron de sa femme. Mais un instant plus tard il lui cogne à nouveau la tête contre le bord crasseux de la baignoire et vérifie si le chemin fraîchement déblayé mène bien à son obscur portillon, derrière lequel elle se berce en son propre sein, femme gâtée que l'on peut tranquillement effeuilleter jusqu'au bout. Comment les chômeurs vivraient-ils en ce monde s'ils n'avaient pour modèles de tels romans-photos?

Ce directeur qui parle en toute quiétude à son personnel et en échange obtient d'eux qu'ils chantent, jette son bien dans le corps de la femme de préférence aux heures ouvrables, à la lumière. Il aime à regarder sa santé croître et embellir. La femme supplie de garder quelque mesure, au moins devant son enfant, cet animal sauvage qui jusqu'à l'ultime instant sans crier gare pourrait surgir d'un coin du ring. Silencieux, au bon moment, il paraît, le fils, sa couvée unique, un instant il regarde ses parents banqueter (comme ils se cramponnent aux assiettes de leur buffet substantiel et proprement charnel!) et repart martyriser avec ses radotages et ses engins sportifs les enfants du voisinage qui pour leur part sont obligés de se passer des paradis artificiels et artistiques. L'enfant a comme un fruit mûri au soleil. Son père plonge — question de perspective — la tête la première dans la mère. Ici les mots ne sauraient suffire. Nous voulons voir des actes, mais pour cela il faut payer à l'entrée de l'établissement et laisser aux vestiaires le flot bruissant et continu de nos besoins.

Si les petites maisons doivent se coucher tôt, dans les grandes la vie et le courant passent toujours entre les sexes. Et quitte à parler d'eau, disons sans ambages qu'ils ont l'eau au corps. Nous sommes en privé, tout à fait entre nous, parce que nous n'avons pas non plus à nous gêner en public. Se sont-ils retrouvés, les amants, que voluptueux ils se bercent au-dessus du breuvage qui coule de leurs bouteilles aux étiquettes dorées, et sont chez eux en eux. L'un dans l'autre ils trouvent le repos après l'excitation des parties sexuelles, et sont unis, et l'un pour l'autre uniques. À la poussière ils se sont soustraits, et tandis qu'à l'entour les pauvres se meurent, jour après jour les nantis s'assurent de leur droit tacite à disposer de l'autre, et jouissent l'un de l'autre. N'ont-ils pas dans leurs fusils, leurs pantalons, leurs cœurs assez épargné de forces pour mordre à belles dents la pêche qui l'instant d'avant fleurissait encore. Tout leur appartient et même le sommeil les sert derrière leurs cils baissés, puisqu'il camoufle leurs œillades avides. Jamais l'être qu'ils aiment ne doit les ignorer, et chaque jour ils se ruent au-dehors, pour engranger de nouvelles frusques, écumer des comptes en banque, et tandis qu'ils avancent, chancelant sous l'attirail copié sur celui de la haute, de la très haute, de la hors classe, chaque jour plus beaux, et chaque jour plus neufs, ils deviennent étrangers à l'être aimé qu'ils sont, qu'ils ont et qu'ils veulent garder. Les faibles, eux, demeurent ensemble, car ils sont ce que nous refusons d'être, et affirment de surcroît qu'on n'est jamais mieux que chez soi, jamais mieux servi que par soi-même. Ailleurs non plus on ne leur sert pas grand-chose et ils sont réveillés avant l'heure. Pour son travail il n'en tombe pas un seul de trop. Ils se suffisent à eux-mêmes, mais nous, nous voulons plus. Un fusil d'assaut! Marcher dans la lumière, quand bien même dussions-nous allumer nos lampes de poche dont le rayon suffit tout juste à deux personnes de ce troupeau sensible, intangible : Et bien sûr il faut que ce soit nous!

3.

Dans un silence scabreux l'homme introduit l'image de sa femme dans la fente du projecteur. Les forêts tendent des doigts frissonnants vers la maison où les images des cassettes vidéo, un lourd troupeau de géniteurs dévoyés, défilent sur l'écran devant les voyeurs. Les femmes y sont traînées par leurs chaînes, seules leurs habitudes quotidiennes sont plus impitoyables encore. Le regard de la femme envahit la plaine des images qu'il lui faut chaque jour parcourir avec son mari avant d'avoir à s'étendre elle-même. Nullement abattu par son métier qui répond pleinement de lui, le directeur est en sève, il se nourrit à ses tétons et ses sillons, appelant de ses vœux la tombée de la nuit, la séance de nuit. Ainsi de vivants tableaux verdoient-ils aussi aux pentes des montagnes et les grimpeurs s'y aventurent d'un bon pied.

L'entrée inopinée de l'enfant manque de dégénérer en une tragédie comparable au climat local. Tel un lance-missile, rigide rayon de flammes, le fils fait irruption dans la pièce où l'écran grésillant lâche ses vagues et se répand. De ses yeux candides et avides il saisit les corps torturés au moment précis où, béances écorchées, ils se rendent visite, où les hommes aux lourds instruments créateurs, artisans de leur plaisir, expirent dans le sein des femmes. Seuls leurs corps et leurs têtes restent dehors et inventent de nouveaux ventres maternels en verre, plus commodes à inspecter. Aussitôt le père descend de la mère, après avoir mis, moteur pétaradant, la marche arrière et fait demi-tour en direction du tapis. L'enfant prétend n'avoir rien compris, alors que c'est déjà un consommateur qui s'entend à chiner et chinoiser. Comme des feuilles ses besoins frémissent dans sa mémoire, son goût est gâté par les images immortelles des catalogues des magasins de sport, votre santé! nous intéresse. Tout lui appartient, à lui et à ses chers parents auxquels en retour il appartient. La mère se couvre grossièrement comme avec de la paille. Que le mal ait pour nom père, l'enfant l'a déjà appris, mais après tout c'est bien lui, le papa, qui encore et toujours paye pour les paniers à provisions et les grosses panses, et qui tient le fils par la bride dorée. Feignant de ne pas remarquer la nature maternelle reposant, tout aussi enchaînée, sur le canapé, l'enfant lit à ses parents la liste de ses desiderata, bourrée d'objets qui se font concurrence. Et glissent sur le sable, le gravier, la roche, l'eau, la glace, la neige, même sur un tapis persan! Et qu'il faut acheter, comment sinon du fond du paysage se retourner sur la maison là-bas? La femme se disperse dans ses menottes. Elle agite les jambes, les yeux fixés sur l'incertitude, l'enfant, que va-t-il devenir? Un jeune aigle, qui rongera une petite cylindrée? Percera à coups de bec une poitrine humaine? Se laissera vaincre dans le slalom dont les piquets sont plantés derrière la maison, pour s'amuser et habituer les gens aux détours? Tous les désirs de cet enfant et de cet homme sont à leur manière dangereux. La mère tente avec ses dents de tirer une couverture sur ses mamelons dénudés que le père à l'instant mordait encore. Les images sur l'écran basculent brutalement dans le silence. L'enfant est entré. L'enfant désire un scooter de neige, pourtant interdit par l'État dans cette contrée. Le client a une exigence : à la femme de s'y conformer.

Le directeur veut à tout moment, même pendant ses heures de bureau, pouvoir appeler à la maison, afin de vérifier qu'on ne l'oublie pas. Il est incontournable comme la mort. Qu'elle soit toujours prête à s'arracher le cœur, à le poser sur la langue comme une hostie, et à montrer que le reste du corps aussi est apprêté pour son seigneur, voilà ce qu'il attend de sa femme. Voilà pourquoi il la mène par la bride et la tient sous ses lunettes sourcilleuses. Il voit tout et a un droit de regard sur tout, car sa queue fleurit vive sur son parterre piquant, et les baisers s'épanouissent sur ses lèvres. Mais d'abord il lui faut tout regarder, pour s'ouvrir l'appétit. Car on mange aussi avec les yeux et rien ne doit rester caché, hormis aux yeux timides des morts le ciel auquel ils aspiraient. D'où le désir de l'homme de préparer à sa femme le paradis sur terre, et la femme parfois prépare à manger. On peut sans problème lui réclamer trois fois par semaine le gâteau qui a fait la gloire de Linz, quant à l'autre gloire de la même ville, l'homme la vénère à loisir dans l'arrière-salle de l'auberge où les gens, tout en scrutant le fond de leurs verres pour savoir ce que le gouvernement leur réserve, se réjouissent de cette grâce accordée à l'histoire : pouvoir se répéter à tout moment.

Le directeur est si grand qu'on ne saurait en faire le tour en un jour. Cet homme est ouvert de partout mais surtout en haut, d'où viennent pluie et neige. Il n'a personne au-dessus de lui, sauf la maison mère, à qui de toute façon nul n'échappe. Mais vu le côté lascif de la femme, on peut en toute tranquillité ouvrir son robinet et s'écouler. La femme sursaute comme un poisson, parce que ses mains sont liées tandis que l'homme la chatouille et la taquine avec des aiguilles. L'homme est à l'écoute de son propre corps, dépositaire de ses sentiments. Des mots comme des feuilles tombent de la vidéo et se déposent aux pieds de cette one-man humanité. Gênée, la femme pose un regard protecteur sur une plante qui dépérit sur l'appui de la fenêtre. En effet l'homme parle maintenant, comme un goujat qui aurait aperçu des raisins mûrs. Il parle vertement. Et pendant le va-et-vient de sa sève et ses vesses il parle sans arrêt de ses faits et gestes irrépressibles et, pattes déchaînées et dents douces, tente d'entrer dans le circuit et d'envoyer le paquet. Le sexe de sa femme, une forêt qui lui renvoie un écho furieux.

Depuis quelque temps il a aussi interdit à sa petite Gerti de se laver, car même ses odeurs lui appartiennent. Il se déchaîne dans son petit bois, fait hue et crac de son lourd quignon dans son parking souterrain au point qu'elle en est souvent tuméfiée, nom d'une pipe. Depuis qu'il n'ose plus passer par les petites annonces (rubrique lubrique) pour attirer de gaillardes et paillardes inconnues, il s'est plébiscité vent préféré soulevant les jupes de sa femme. Telle une traînée la femme est censée charrier avec elle ses odeurs de pisse, de merde et de sueur, et lui contrôle si la rivière reste bien dans son lit lorsqu'il l'exige. Décharge d'ordures où grouillent vers et rats. Il s'y jette en grondant et fait du forcing pour arriver plus vite à l'autre bout où il se sent chez lui et où il espère retrouver ses aises et pouvoir à loisir lâcher quelque vent ou taquiner le goujon. Il lit les journaux. Il arrache sa femme au marais des coussins et n'en fait qu'une bouchée. Aujourd'hui, une fois n'est pas coutume, il s'est vu servir, sur canapé, l'ensemble de ses charmes, pour qu'il joue avec ses tétons et tremble devant ce que ses propres veines ont fait de son membre.

Il lui plaît que la femme la mieux habillée du village ait à se promener dans sa crasse corporelle. Furieux, il lui cogne la tête. Au cours de leurs mystérieuses cènes de ménage il a transformé, adapté son corps à ses propres mesures. C'est un réceptacle destiné aux prélèvements et qui dans la nuit sans cesse se remplit, libre-service, boutique-délice des enfants, où il n'est pas interdit d'aller au petit coin. La clé de la porte d'entrée donne d'emblée droit au plat du jour, et que vous tiriez sur le clitoris comme sur un élastique ou que vous vous ébattiez dans les cabinets, qu'importe : la patrie cath. rom. a des vues élastiques, du moment que les gens passent par le planning familial et se marient. Et tant pis si pendant la mise en route de la femme la maison émet des S.O.S. Plus tard ils déboucheront une bouteille de grand cru et admireront bouche bée des lustucrus du petit écran qui, assis face à face devant leurs parties génitales attendent l'ouverture du fessetival. Oui, nous sommes d'avides spectateurs, mais déjà d'autres nous regardent en croquant pine ou poire, ou autre amuse-gueule.

Peut-être l'enfant sera-t-il demain casé chez des voisins dont la maison est absolument identique à la leur, en moins. L'homme veut pousser son char déchaîné dans l'ornière fangeuse de la femme qui s'accroche à une technique respiratoire et se jette sur le côté afin d'échapper au gros calibre qui fonce droit sur les sous-bois de la culotte. Grâce au chant et à la musique son corps en a maté bien d'autres, qu'il a plumés et congelés pour le jour où on aura besoin d'eux sur le marché du travail ou dans la chorale des lois du marché. La lune brille, les brillantes étoiles sont toutes de la partie, et le lourd engin du mari rentrant de lointains rivages, fend le sillon qu'il a creusé à coups de dents, éparpille tels des flocons d'écume l'herbe fauchée, et remplit la femme.

4.

La femme, ramant gauchement de tout son corps, bondit dans le vent. Elle s'est faite chair et elle a habité parmi nous. Pour tous les appétits, telle fut son enseigne : au service du mari et de l'enfant se laisser abîmer, lovée dans leurs douces rênes. Elle tente pour une fois de respirer au fond de sa nasse. Elle jette sa robe de chambre sur ses épaules et chaussée de mules s'enfonce dans le chemin enneigé.

Auparavant il faut encore qu'elle range, sait-on jamais, tasses et instruments dans le placard. Sous l'eau courante elle enlève à la brosse les traces de sa famille sur la porcelaine. C'est ainsi que la femme se conserve, grâce aux mille petits riens qu'elle sert entre deux plats. Elle range tout, même ses propres vêtements, selon la taille. Elle en rit toute honteuse. Mais il n'y a pas de quoi rire. Elle ensevelit sous l'ordre son saint-frusquin. Il ne lui reste rien. Les plumes d'oiseau ensanglantées qui jonchaient son chemin ont presque disparu, car: même une bête doit manger. Une pellicule noirâtre s'est déposée sur la neige, ça a été l'affaire de quelques heures.

L'homme dans son bureau passe avec satisfaction la main sous l'abat-jour de son pantalon. Il s'aère. Parle de l'allure de sa femme, sans signaler au préalable qu'à présent c'est lui qui a la parole. Écoutez, à présent son usine, son œuvre, parle pour lui, elle s'est même dotée de toute une chorale rien que pour cela. Non, l'avenir ne lui fait pas peur, ses bourses ne pendent-elles pas bien pleines?

La femme sent la neige envahir peu à peu son temps et son espace. Le printemps n'est pas prêt d'arriver. Aujourd'hui la nature ne parvient même pas à se donner un air de peinture fraîche. La saleté colle aux arbres. Un chien passe en courant, il boitille. Des femmes viennent à sa rencontre, usées comme par de longs séjours dans des boîtes en carton. Comme si elles s'étaient réveillées dans une belle maison, les femmes n'ont d'yeux que pour celle qui paraît si particulière, parce qu'elle fait toujours bande à part. L'usine procure du travail — quoi d'autre — à nombre de leur maris. Abrutis par le temps, ces derniers préféreraient le tuer en compagnie de quelques litrons plutôt qu'avec leurs familles. La femme passe devant elles comme l'éclair, elle pénètre dans l'obscurité et n'a même pas enfilé des chaussures pour la neige! Pendant ce temps l'enfant fait des siennes quelque part où d'autres de son espèce s'ébrouent comme des cachalots. Il a repoussé le repas que sa mère venait de préparer avec des mots qui ont ouvert en elle des blessures béantes, et a fait main basse sur un sandwich dans le garde-manger. La mère a consacré une bonne partie de la matinée à presser des carottes dans un tamis très fin, pour qu'elles profitent aux yeux de l'enfant. Ses repas, c'est elle qui les prépare. Au-dessus de la poubelle, courbée, trognon humain, elle a fait un sort à la portion de son enfant. Après tout n'est-il pas une portion d'elle-même. Mais son sens de l'humour en a pris un coup. À la clôture près du ruisseau pendent des glaçons, la capitale est toute proche si l'on prend pour mesure les voitures des hommes. La vallée s'ouvre largement, peu de gens y trouvent un emploi. Les autres, obligés eux aussi de se caser quelque part font chaque jour l'aller retour jusqu'à la papeterie et au-delà, bien au-delà ! Là-haut sur le sommet des monts mille fois je fais paître mon troupeau. La bouche de la femme se rétrécit en une bille de glace. Elle s'agrippe au bois de la balustrade couverte de givre. Le ruisseau s'est totalement retranché des deux côtés, la glace lui tape déjà sur l'épaule. La création gémit sous le joug des lois de la nature. L'eau glougloute faiblement. De même que le dégel fera sauter les barrières des vies agréables que nous menons tous, nous permettant de gambader les uns vers les autres, de même la mort saura peut-être mener jusqu'à son terme l'univers de cette femme. Mais gardons-nous présentement de considérations personnelles. Les roues d'une petite cylindrée mordent en crissant dans la neige gelée. D'où qu'elle vienne, elle est ici davantage dans son élément que son propriétaire. Que serait sans elle le banlieusard ? Un tas de fumier, car, coincé avec d'autres dans une petite boîte du chemin de fer, il n'est plus que de la crotte, ainsi pensent ses représentants parlementaires. C'est grâce aux masses si nos usines ne s'écroulent pas, car elles sont soutenues de l'intérieur par un entassement d'hommes qui tentent d'injecter du social dans leurs carcasses. Quant aux chômeurs, cette armée d'ombres, ils ne sont pas à craindre, puisqu'envers et contre tout ils votent comme un seul homme pour la démocratie chrétiennement sociale. Le directeur est un homme de chair, un sanguin qui de plus aime la bonne chère lorsqu'elle est servie par de jolis petits boudins en tabliers.

Il est beaucoup plus sage de laisser par ce temps la voiture au garage, mais d'un autre côté vous n'avez pas le droit d'arriver en retard sur votre lieu de travail. C'est sur ce rythme que les véhicules d'épandage sillonnent les chaussées et font leurs versements. La femme n'a que son corps pour vous servir. Et ce n'est pas tout, écoutez bien : ne faites pas sortir sans raison les dépanneuses de leurs quartiers ! Vous aimez, vous, qu'on vous dérange pour rien ?

Sous les pelures d'anniversaires en plastique qui leur collent à la peau ou leur fouettent les oreilles, les enfants filent à grands cris sur la neige damée par leurs soins. Mécontents leurs aînés se détournent, les tickets des tire-fesses pendouillant à leurs fourreaux ouatés, la vitesse n'a rien de sorcier. Ils beuglent comme des halls de gare. La femme prend peur. Se plaque, épouvantée, dans les congères que le chasse-neige lui a laissées. Des véhicules grinçants la dépassent avec leur chargement familial — lamentable cortège de raclées. En haut les skis pèsent sur les couvercles des voitures pour endiguer la haine des passagers. Les instruments sur la défensive pointent comme des fusils mitrailleurs. Creusent leur sillon dans la cohorte des autres conteneurs d'existences humaines, parce qu'ils méritent une meilleure place. Tous pensent ainsi et l'expriment par l'exquise grossièreté de leurs gestes derrière les vitres.

Le sport, cette forteresse d'où les petites gens peuvent prendre leur élan!

Il est à la portée de n'importe qui, croyez-moi, de se casser un pied ou les deux bras! N'empêche : force est de qualifier de dépendants ces gens qui se rendent sur les pentes où ils se laissent glisser, euphoriques de surcroît. Dépendants, mais de quoi? Voyons, de leur propre image, incurable, qui chaque jour leur est servie, comme s'ils étaient de simples auxiliaires de la réalité, mais en plus grand, plus beau, plus rapide. Croyant chevaucher la vague des eaux télévisuelles, ils tombent de haut quand ils se retrouvent de l'autre côté sur la colline des débutants. Aïe! Jamais dans une discussion ils n'ont la parole et si d'aventure cela se produisait, ils la perdraient aussitôt au profit de quelque autre, embarqué comme expert sur le camion de leurs soucis. Et le Très-Haut qui étudie le tableau de nos performances, fait la sourde oreille lorsqu'ils gémissent après le chalet dont nous avons besoin afin de pouvoir, dès notre seuil, souiller le sport, cette haute idée olympique.

La femme dérape à chaque pas. Des visages rieurs apparaissent sans un bruit aux vitres des voitures. Le conducteur se met en danger de mort, courbé sur son bien. La neige tombe pour tous à satiété. Mais il y a autant de façons de glisser qu'il y a d'hommes. Les uns sont adroits les autres se veulent les plus adroits. Où est le téléski menant à la piste tous niveaux, afin que rapidement nous nous multipliions? Ce qui auparavant s'étiolait dans sa tanière se raffermit aussitôt au grand air mais rapetisse aussi devant ces Alpes de sûre assise!

La femme quitte l'abri de sa condition sociale. Resserre, contrariée, sa robe de chambre. Agite les mains. Certains des enfants qu'elle entend brailler de loin ont été arrachés au groupe de danse et rythme hebdomadaire bien tempéré qu'elle a formé. Ces enfants ont été dressés pour servir de passe-temps à cette femme. Après tout nous avons assez de place et d'amour pour l'enfant qui doit apprendre à taper des mains en mesure. À l'école ça lui servira pour acquiescer ou se lever en mesure, à l'heure de la prière. Son fils est parmi eux, il prouve par chacun de ses cris qu'il est suspendu au-dessus des autres comme un doigt sale. Un sandwich se présente-t-il qu'il est le premier à mordre dedans, car tout enfant a un père, et tout père doit gagner de l'argent. Il terrorise sur ses petits skis les bambins sur leurs luges. Il est la toute dernière version d'un corps sidéral éclatant qui de surcroît sidère les autres par de nouvelles apparitions, toujours dans de nouvelles tenues. Personne ne se rebiffe, mais son dos doit encaisser plus d'un geste sournois et stérile. Il se voit déjà en porte-parole de son père. La femme ne se trompe pas, elle lève vaguement la main en direction de ce fils lointain qu'elle a reconnu à sa voix. À coups de cris il façonne les autres enfants à sa mesure. Comme l'hiver sculptant le paysage il les taille en collines sales avec des mots tranchants.

De la main la femme inscrit des signes en l'air. Elle n'a pas à se soucier de son existence, son mari dissipe tous ses soucis, lorsqu'il rentre du travail, ayant bien mérité, la journée terminée, d'y apposer son sceau. Cet enfant n'est pas le fruit d'un hasard. Le fils lui appartient ! Maintenant il ne voit plus la mort.

Endiguant son amour, elle cherche son fils dans la flopée d'enfants. Il crie sans s'affaiblir. Est-il sorti tel quel de son rez-de-chaussée ? Ou, pour reprendre les mots de son céleste père, a-t-il seulement été taillé et transformé plus tôt que ceux de son âge par les diverses voix (chant de sirène) de l'art ? Cet enfant réclame à ses opposants des droits aussi étendus que des traités d'État, il perpétue la formule de son père : Tire le maximum de toi ! Bien joué ! Une érection ! Ainsi va l'homme, portant devant lui les insignes de sa virilité, afin de pouvoir à tout moment les contempler. Et l'enfant, fait à partir d'un être qui depuis longtemps est retombé derrière lui comme une scorie (le moule maternel), dans quelques années bandera lui aussi jusqu'au ciel où l'on attend déjà les petits avec un goûter.

L'enfant — il passe à travers caméras et camarades comme à travers d'accueillantes portes.

Le froid s'est infiltré jusque dans les pieds de la femme. Inutile de parler de ses semelles, elle-même d'ailleurs ne prend pas souvent la parole. Ces savates ne la séparent plus de la glace du monde. Elle avance d'un pas lourd. Qu'elle fasse donc attention, regarde où elle met les pieds, au lieu d'être le jouet des autres ! Mais il faut bien s'amuser un peu ! C'est le cas, lorsque tant bien que mal la race aux têtes d'or s'épanouit sur les canapés, uniques témoins de leurs dons. Et s'ils se trouvaient un beau jour dédaigneusement précipités du sommet de leurs désirs ? La femme se cramponne à la balustrade, mais elle avance. Tout à l'entour on ramène des vivres à la maison, car pour les familles tant qu'il y a des vivres, il y a de l'espoir. Les flocons d'avoine giclent des mandibules des femmes, il me semble qu'elles ont peur de ce que les coûteux ingrédients pourraient fricoter ensemble dans la poêle. Et les hommes s'accomplissent devant leurs assiettes. Les chômeurs qui ont dévié du cours de l'existence voulue et consacrée par Dieu dans les liens du mariage, en sont réduits à vivoter, pour eux la belle vie c'est fini, pour eux les maisons closes le resteront, finies les belles séances de cinéma ou au café en compagnie d'une belle. Seule l'utilisation de leur propre famille reste gratuite. Ainsi le sexe sert-il de ligne de partage, mais sous une forme que la nature n'a pu vouloir telle. Ainsi la nature partaget-elle ses produits avec nous, afin que nous les mangions et qu'à notre tour nous nous fassions manger par les propriétaires d'usine et les banquiers. Les taux d'intérêt nous tondent comme des moutons. L'eau par contre, nul ne sait ce qu'elle fait. En revanche ce que nous faisons de l'eau saute aux yeux là où l'usine de cellulose déverse ses déchets dans la rivière qui se hâte sans répit. Qu'elle charrie donc le poison ailleurs, en des lieux où l'on apprécie les poissons crevés. Les femmes plongent le nez au fond des sacs à provisions dans lesquels elles emportent les allocations de chômage. Appâtées et dupées par les supermarchés qui leur annoncent les offres de la semaine. Oui, elles aussi jadis étaient des offres alléchantes ! Et l'on choisissait les maris en fonction de leurs ressources. Ils en ont d'ailleurs plus que ne le soupçonne l'agence pour l'emploi ! S'asseoir autour d'une table de cuisine, boire de la bière et taper le carton : même un chien n'aurait pas cette patience, attachés qu'ils sont devant les merveilleuses boutiques pleines de marchandises qui nous narguent.

Rien ne se perd, l'État travaille avec ce que nous ne voyons pas. Où va notre argent quand nous en sommes enfin débarrassés ? Chaude sensation des doigts sur les billets, les pièces fondent au creux de nos paumes, qui doivent hélas s'en séparer. Le temps ne pourrait-il s'arrêter chaque premier du mois, que nous puissions encore un peu contempler notre petit tas d'argent qui fume et pue le travail, avant de le porter sur nos comptes pour qu'il accroisse substantiellement nos besoins? Comme nous aimerions nous reposer sur notre chaud fumier doré. Mais l'amour inquiet regarde déjà autour de nous, à la recherche de quelque chose de mieux que ce que nous avons déjà. Le ski, les gens qui originellement poussaient ici comme de l'herbe ne le connaissent ici, en son lieu d'origine, que de vue (à Mürzzuschlag en Styrie se trouve le musée du ski le plus réputé du monde). Ils sont courbés si profondément sur le sol froid, qu'ils ne trouvent pas la piste. Sans cesse des étrangers passent devant eux et déposent leurs besoins dans les forêts.

Tel un cheval la femme tire sur ses rênes. Jadis, souvent attachés deux par deux, se blottissaient sur son canapé des étrangers en tenue de voyage légère froissée, attirés par des annonces dans des journaux spécialisés. Des femmes gloussaient sous cape devant leurs verres, et les membres de leurs maris n'attendaient que le feu vert : en avant! Les messieurs, sans complexes, aiment bien changer de musette. Habiles, postés devant la table du salon, ils balancent par-dessus leurs épaules, à droite et à gauche, les jambes des femmes, car en terre inconnue on aime à s'écarter passagèrement de ses pratiques habituelles, mais juste pour revenir, rassuré, à ses habitudes anciennes une fois rentré chez soi. Là-bas, leurs lits se dressent sur un sol ferme, et pour épanouir leurs femmes qui vont chez le coiffeur une fois par semaine, ils leur en font voir de toutes les couleurs. Et les corps rebondis de s'envoyer en l'air tels des ballons qui rebondissent sur les coussins rembourrés comme si nous avions gagné à la loterie un stock illimité d'événements à venir. La lingerie la plus intime se vend afin que l'événement — que nous femmes recherchons vainement — revête une apparence nouvelle chaque fois qu'il nous rend visite, pendant le sommeil où nous le conservons.

Le directeur est inlassablement aiguillonné par sa chair et les inconvenances de la presse. Il prend des libertés, aime par ex. uriner à la manière des chiens contre sa femme après avoir fait d'elle et de ses vêtements une petite montagne, afin que plus vertigineuse soit la chute. Vers le haut l'échelle du plaisir ne connaît pas de limites, nul besoin de juge en ce domaine. Cet homme utilise et barbouille sa femme comme le papier qu'il produit. Il fait chez lui la pluie et le beau temps, extirpe, avide, sa queue du sac avant même d'avoir fermé le sas de la porte d'entrée. La lui met dans la bouche, encore toute chaude de chez le boucher, à lui faire grincer les mâchoires. Même lorsque des invités au cours d'un dîner viennent éclairer son âme, il lui chuchote à l'oreille quelque futilité concernant ses parties génitales. Grossier, il porte la main sur elle, sous la nappe, travaille son sillon, et devant les invités fait faire sa petite promenade à sa femme qui tire sur sa laisse dans sa crainte aux abois. Elle ne doit pas pouvoir se passer de lui, c'est pourquoi il lui tient la bride. Elle ne doit pas pouvoir penser à autre chose qu'à l'âcre et cuisante tisane qu'il pourrait lui verser. Devant des invités il glisse la main dans son corsage, rit, et passe les cochonnailles. Tous, n'est-ce pas, ont besoin de son papier, et le client satisfait est roi. Et qui, d'ailleurs, ne comprendrait la plaisanterie?

La femme va son chemin. Un moment ce grand chien inconnu l'accompagne, dans l'attente de pouvoir peut-être lui mordre le pied, ses chaussures ne sont pas fameuses. Le club alpin a mis en garde, la mort guette dans la montagne. Elle donne un coup de pied au chien. Elle ne veut plus être attendue nulle part. Dans les maisons, bientôt, les lumières s'allumeront, voici paraître le vrai, le chaud, et dans les tirelires des femmes les petits marteaux cogneront.

La vallée, hantée par les désirs des paysans-ouvriers — enfants chéris du ciel mais non du chef du personnel — se resserre, drague à godets prête à recueillir les pas de la femme. Elle, passe, sans voir les âmes immortelles des sans-emploi dont le nombre, sur ordre papal, croît d'année en année. Des adolescents fuient leurs pères qui les poursuivent de leurs malédictions tranchantes comme des haches jusque dans les granges et les remises abandonnées. L'usine baise la terre là où par trop avidement elle lui a pris les hommes. Nous devons apprendre à gérer rationnellement les forêts domaniales et subsides fédéraux. On a toujours besoin de papier. Voyez : sans cartes géographiques nos pas nous mèneraient à l'abîme. Gênée la femme glisse les mains dans les poches de sa robe de chambre.

Son mari s'emploie activement à régler le problème des sans-emploi, il pense à eux et les case sur une voie de garage.

Le torrent de montagne qui ici, en amont, ne sert pas encore de pataugeoire aux déchets chimiques mais juste à quelques misérables matières fécales, roule ses eaux à côté de la femme. Les pentes se font plus abruptes. Là-bas, après le virage, le paysage brisé se ressoude déjà. Le vent se fait plus froid. La femme se replie sur elle-même. Son mari l'a déjà fait démarrer deux fois aujourd'hui à coups de pied. Puis sa batterie ayant donné des signes de faiblesse, avidement, à bonds de géant, il a franchi jusqu'à l'usine tous les obstacles qui se présentaient sous ses pneus. Le sol grince, mais la terre ne sort point ses dents acérées. À cette altitude elle est quelque peu démunie, il ne lui reste que la caillasse des moraines. Depuis longtemps la femme ne sent plus ses pieds. Ce chemin mène tout au plus à une petite scierie, et qui n'est plus guère en activité. Plus le moindre copeau à se mettre sous la scie. Nous sommes seuls. Les quelques rares huttes et masures au bord du chemin se ressemblent jusqu'à être identiques. De la vieille fumée suinte des toits. Les propriétaires sèchent le torrent de leurs larmes devant le poêle. Des détritus s'amoncellent à côté des cabinets d'aisance, des seaux en émail ébréchés, épuisés par cinquante années de service et plus. Des piles de bois, des vieux cageots, des clapiers d'où jaillissent des flots de sang. Si l'homme tue, loup et renard, ses grands modèles, en font autant. Ils rôdent autour des poulaillers, car eux aussi aiment à plumer l'oie sans la faire crier. Ils ne viennent qu'avec la nuit. Et transmettent la rage à nombre d'animaux domestiques qui s'en prennent alors à leurs supérieurs humains. Pâture l'un pour l'autre, ils se regardent, muets.

Minuscule, de notre point de vue, nous voyons la femme s'évanouir au bout de son chemin. Le soleil est déjà très bas. Gauchement il s'incline vers les rochers. Le cœur de l'enfant bat ailleurs, et pour le sport. Ce fils de l'homme, l'enfant de la femme, est à vrai dire un lâche, avec son engin il s'est esquivé vers la plaine et on ne l'entend plus depuis longtemps. Maintenant ou jamais cette femme devrait faire demi-tour, là-bas devant il n'y a plus rien si ce n'est quelqu'un sur la croix — grandiose calvaire qui depuis lors relègue dans l'ombre tous les autres. Face à une si belle vue l'on hésite : faut-il faire arrêt sur image, suspendre l'instant à l'infini et renoncer au reste du temps auquel nous avons droit ? Les photographies donnent souvent cette impression, mais plus tard nous sommes tout contents d'être encore en vie et de pouvoir les contempler. C'est qu'il n'est pas possible d'envoyer le temps qui nous reste encore comme un coupon-réponse qui nous vaudrait en retour un cadeau de bienvenue. S'il n'était que de nous, tout ne serait qu'éternel commencement et jamais ne cesserait. Les hommes parcourent les champs et veulent rapporter une impression que leurs pieds fatigués auront arrachée de haute lutte au sol. Même les enfants ne veulent qu'exister et ce le plus vite possible, sur les pistes, à peine sortis des voitures. Innocents, nous respirons.

L'enfant de cette femme ne voit pas encore plus loin que le palier suivant. Ses parents doivent voir à sa place, sur la grande place de cette ville, priant devant chaque impasse pour que leur enfant surpasse tous les autres. Ce petit vicelardon tourne parfois encore la bouche vers sa mère, le visage à demi dégagé du licou, déjà libéré du joug du violon. Et quant à son père! Dans les bars des hôtels du chef-lieu il parle du corps de sa femme comme d'un club fondé et toujours sponsorisé par son usine, bien qu'il doive prochainement descendre en 2e division. Des mots âcres, qu'on ne trouve dans aucun livre, franchissent les lèvres du père. C'est scandaleux d'écorner de la sorte, tout vif, un être humain, sans même le lire! Des siècles ne viendront pas à bout de cet homme, il ressuscite sans cesse. Jésus, lui aussi, défie le temps!

Ce matin encore cette femme errait chez elle, perplexe, dans un rêve éveillé, après une veillée d'armes, attendant que son mari vienne la flairer et la lécher. Qu'est-ce qu'il voulait, du jus d'orange ou de pamplemousse? Courroucé il désigne au passage les confitures. Il est prévu qu'elle l'attendra jusqu'au soir, jusqu'à ce qu'il vienne reposer sa tête dans son sein. Tous les jours il met en pratique sa technique, éprouvée depuis de longues années, et le résultat n'est-il pas magnifique? Peu importe comment l'homme atteint son but, tous naissent avec une cible dans la poitrine, et dociles, dépêchés par leurs pères, s'en vont au-delà des monts, juste pour en descendre d'autres à leur tour.

Le sol est verglacé. Des graviers fatigués mouchettent les plaques, comme tombés de quelque poche, ici, sous ce climat. Les gravillons sont envoyés par la commune pour éviter aux véhicules de se casser un pneu. Les chemins des hommes ne sont pas sablés. La musardise des chômeurs aux semelles légères pèse lourd sur le budget, mais très peu sur la neige. Et celui qui se saisit de leur sort a les mains déjà encombrées des verres et assiettes du copieux buffet froid. Voilà donc pourquoi les hommes politiques sont contraints de porter leurs cœurs débordants sur la langue. La femme cale son pied contre la table du festin. Ici règne la loi du catalyseur : sans injection d'argent l'environnement ne réagit pas aux ambitieux excursionnistes que nous sommes. Et même la forêt mourra. Ouvrons grand la fenêtre et place au sentiment ! Alors la femme nous montrera de quoi se meurt le monde des hommes.

Debout sur un plateau de glace, Gerti rame désespérément et s'offre. Sa robe de chambre flotte au vent. Elle bat l'air de ses bras. Des corneilles croassent. Elle jette ses membres en avant comme si elle avait semé la tempête et ne comprenait pas le vent que l'on fait autour d'elle pour la fête des mères ou autour de l'abreuvoir de son sexe lorsque la bouche de l'homme apparaît sous la nappe pour l'écrémer. La femme va, se fiant à la terre à laquelle souvent on la compare, afin qu'elle s'ouvre et engloutisse le sexe de l'homme. Ah! s'allonger un peu dans la neige. Jamais vous n'imagineriez combien de paires de chaussures cette femme a chez elle! Et qui donc l'encourage à acheter toujours plus de robes? Pour ce directeur les gens comptent simplement dans la mesure où ils sont des gens et à ce titre peuvent être achetés ou transformés en acheteurs. Tel est le discours que l'on tient aux chômeurs de la région, dont on songe à alimenter l'usine, alors qu'eux-mêmes voudraient manger. Mais ils comptent doublement aux yeux de ce même directeur pour peu qu'ils sachent déployer quelque instrument ou chanter un petit coup. Crincrin et tout le tremblement. Le temps passe, et l'on voudrait en plus qu'il nous cause. Pas un instant de répit. La chaîne stéréo chante à longueur de journée, écoutez donc, si, à défaut de violon, vous avez de la patience! La pièce s'envole sous le bruit, un rayon de lumière en filtre jusqu'à nous, les dépenses pour le sport et les loisirs croissent, aux anges, jusqu'au ciel, et sur les tables d'opération on retaille les gens jusqu'à les rendre à nouveau supportables.

5.

Du supermarché s'écoulent les marchandises dont le genre humain devient esclave. Le samedi l'homme se doit d'être un partenaire et aide à ramener les filets; à la pêche aux emplettes, plettes, plettes ils veulent bien aller maman. L'homme commence en effet à connaître la chanson, elle est dans l'air du temps. Silencieux, il séjourne parmi les femmes qui comptent leur monnaie et combattent contre la faim. Comment deux êtres parviendraient-ils à ne former qu'un, alors qu'on ne parvient même pas à former une chaîne humaine pour le mouvement de la paix? Et d'escorter la femme, de porter sacs et paquets, sans crier ni roustepéter. Ainsi le directeur parade-t-il devant les gens, prend leur place et contrôle les achats, alors que ce serait plutôt du ressort de l'employée de maison. Lui, un dieu, évolue, allègre, parmi ses créatures qui sont moins que des enfants et croulent sous des tentations plus vastes que l'océan. Il jette aussi l'œil dans les paniers d'autrui et dans des décolletés étrangers que secoue quelque vilaine toux et qu'un fichu protège des non moins vilains désirs. Si près de la rivière les maisons sont souvent froides et humides. Lorsqu'il regarde sa femme, dont la main gauchement effleure dans les gondoles la mort emballée avec une science tout hermétique, qu'il voit cette chair si peu performante dans ses beaux vêtements, il est pris d'une terrible impatience : lui confier son poids de chair; en ce lieu où tout est délice, vrai supplice de Tantale, mais vénal et que lui peut se payer pour un chiffon de papier, laisser sa verge se gorger sous ses doigts débiles de mille soleils resplendissants. Sous les griffes faiblement laquées de sa femme il veut voir son petit animal s'éveiller, et en elle retrouver le repos. Qu'elle y mette un peu du sien à la fin avec sa chemisette en soie! Quel travail d'avoir chaque fois à sortir les seins par en haut pour les poser sur le plat de ses mains! Il faudra bien un jour qu'elle apprenne à s'offrir sur un plateau, à se donner elle-même plaisamment, complaisamment, c'est trop long, trop pénible d'avoir à cueillir un à un tous ses fruits. Mais non, rien à faire. Un peu en retrait devant la caisse, il embrasse du regard son bien, vide béant devant lequel les marchandises font le beau. Et voit autour de lui virevolter des employés du supermarché auxquels il a pris leurs enfants, les uns pour l'usine, les autres en les acculant à quitter le pays — ou à sombrer dans la boisson. Cet homme est à la démesure du temps!

Les sacs à provisions remplis à la hauteur de leurs exigences valsent dans un bruissement à travers l'entrée, propulsés par les coups de pied du directeur. Il lui arrive dans un accès de rage de piétiner la nourriture qui éclabousse alors jusqu'au ciel. Puis de projeter sa femme au beau milieu du dépôt de marchandises et de compléter le tableau avec elle, l'autorisant à respirer son souffle, à lui lécher le pénis et l'anus. Expert il attrape au vol des seins déjà flétris et les resserre à la racine en ballons rebondis. Saisit la femme par son col et, penché sur elle, la plie comme pour la ramasser et la mettre en sac. Les meubles défilent en une visite éclair. Déjà les vêtements sont éparpillés et tous deux plus fichés l'un dans l'autre qu'attachés l'un à l'autre. Ce parcours est ratissé depuis des années déjà. Frémissant le directeur sort sa production, qui pour une fois n'est pas du papier. C'est un produit plus dur, mieux adapté à la dureté des temps. Les gens aiment à dévoiler ce qu'ils ont de plus secret, pour montrer qu'ils n'ont rien à cacher et que tout est vrai dans ce qu'ils ont à dire à leurs partenaires qui, inépuisables, se répandent. Ils envoient leurs membres en éclaireurs, seuls messagers qui toujours leur reviennent. Ce qui n'est pas le cas de l'argent, pourtant plus aimé que le plus aimé des amants, tel Actéon, transformé en cerf, aux pieds grignotés par les chiens. Les produits naissent au milieu des frissons et des cris, les corps, minoteries minuscules, grincent et moulent le grain, et le modeste pactole à peine alourdi par le bonheur qui sort en titubant du téléviseur solitaire, se déverse dans l'étang solitaire du sommeil où l'on peut rêver à des objets plus grands, à des produits plus chers encore. Et l'homme fleurit sur la rive.

La femme est couchée sur le sol, grande ouverte, ouverte au monde, et recouverte de denrées gélatineuses, ce qui la fait valoir, la valorise de plusieurs points. Elle n'a affaire qu'à son mari qui lui s'affaire tout seul. Et qui déjà sort de lui-même et répand ses réserves dans le désert meublé de la pièce. Seul son propre corps le satisfait à peu près et s'écoute à son gré gronder et résonner dans le sport. Telle une grenouille la femme doit replier ses jambes de chaque côté, afin que son mari puisse voir en elle le plus loin possible, voir jusqu'au fond de la salle du tribunal de première instance pour affaires pénales, et l'examiner. Constellée de détritus et d'excréments, elle doit ensuite se relever, laisser choir ses dernières pelures, et aller chercher une éponge afin d'essuyer l'homme, ennemi implacable de son sexe, et faire disparaître toute trace d'elle et des mucosités qu'elle a provoquées. Il lui enfonce l'index droit au plus profond du fondement, tandis qu'agenouillée sur lui, les seins ballants, elle récure, les cheveux dans les yeux et dans la bouche, le front en sueur, la gorge engluée par une salive étrangère, récure le requin meurtrier là devant elle, jusqu'à ce que la douce lumière s'abîme à l'horizon, que l'ombre de la nuit approche, et que l'animal à nouveau la fouette de sa queue.

Sur le chemin du retour, après le supermarché, ils ont pour habitude de garder le silence. Certains, testant leurs chevaux-vapeur, les dépassent et laissent dans leur mémoire un souvenir implacable. Le long du chemin, les bidons de lait agités par le souffle explosif de l'atome attendent au garde-à-vous. Les coopératives agricoles rivalisent de vitesse à travers la contrée, la concurrence en est la cause, mais aussi leur désir de ne pas trop longtemps s'exposer au regard des tout petits paysans qui ne donnent guère de lait et qu'on ne peut même pas saigner à blanc. La femme se drape dans l'obscurité de son silence. Pour soudain, afin d'humilier son mari, rire et rire encore de ses idées biscornues de patriarche dont le timbre se brouille lorsqu'il surveille les doigts de la caissière qui, comme tant de femmes de chômeurs, n'a pas droit à l'erreur. Subrepticement le directeur se glisse à ses côtés et la voici obligée de tout retaper pour être sûre que son compte est bon! On se croirait dans son usine, sauf qu'ici les gens sont plus petits et portent des habits de femmes où pointe une frimousse, dans l'habitat familial ils se sentaient trop à l'étroit. Les femmes replient leurs ailes, et de leurs corps fusent des enfants dont les yeux à peine dessillés sont aussitôt foudroyés par les pères. Dans un délire mercantile les clientes en troupeaux agités passent en se bousculant devant d'autres envoûtées par les marchandises, pour l'instant d'après regagner leurs caveaux. Tels des rocs leurs têtes s'amoncellent devant les promotions. On ne leur fait pas de cadeau, au contraire on les soulagera en partie du salaire gagné à l'usine. Épouvantées, les voici nez à nez avec leur supérieur qu'elles ne s'attendaient pas à voir en ces lieux et auquel d'ailleurs elles songeaient à peine. Souvent des gens que nous n'attendions pas arrivent à l'improviste, et nous voilà chargés de les nourrir. Bretzels, biscuits salés en forme de poissons, copeaux de pommes de terre, c'est tout ce que nous avons pour leur en mettre plein la gueule.

Des défilés bordés de rayonnages se précipitent sur l'horizon lointain. La grappe humaine se divise, déjà les derniers vœux de la clientèle glissent, comme les bretelles d'un sous-vêtement imbibé de sueur, d'épaules matinalement fatiguées. Sœurs, mères, filles. Et dans un éternel recommencement Sa Sainteté, le couple directorial, reprend le chemin du pénitencier, de son sexe, où il pourra toujours essayer d'appeler la délivrance de ses pleurs : par les trous et les trappes ne se déversera dans sa cellule et sur ses mains tendues qu'une tiède, une horrible nourriture. Il en va du sexe comme de la nature : on ne saurait en jouir sans la floraison de produits et de productions qui l'accompagne. Nous l'enguirlandons gentiment des fleurons de l'industrie textile et cosmétique. Oui, et peut-être d'ailleurs le sexe est-il la nature même de l'être humain, j'entends par là que de par sa nature ce dernier court après le sexe jusqu'à ce qu'en gros et toutes proportions gardées il acquière la même importance que lui. Une comparaison vous éclairera. L'homme est ce qu'il mange. Jusqu'à ce que le travail le réduise à n'être plus qu'un tas de détritus, un bonhomme de neige fondu. Que déjà meurtri par sa naissance il ne lui reste plus le moindre trou par où se faufiler. Oui, les hommes, d'ici à ce qu'ils soient enfin entendus et apprennent la vérité sur leur propre compte… En attendant écoutez-moi : ces êtres indignes ne sont importants et accueillants qu'un seul et unique jour, celui de leurs noces. Un an n'est pas passé que les voilà saisis à cause du mobilier et des voitures. On effectue alors une rafle familiale quand ils ne peuvent plus régler les mensualités. Ils en sont encore à payer les lits dans lesquels ils se vautrent! Sourient à des visages étrangers qu'ils mènent à leurs crèches. Ils voudraient tant que flottent quelques brins de paille au gré de leur haleine, la nuit, avant de reprendre la route. Mais nous, étrangers, exilés, chaque jour nous devons nous lever à l'aube, avec pour unique perspective notre petite route tout au long de laquelle cependant d'autres désirent et exploitent nos gentils partenaires sexuels. Et l'on voudrait que les femmes brûlent d'un feu intérieur. Mais elles ne sont que foyers de braises éteintes sur lesquels l'ombre vespérale tombe dès les premières heures du jour lorsque, quittant le gouffre de leurs lits sous les combles d'où elles surveillent l'enfant qui braille, elles se traînent droit dans le ventre de l'usine. Rentrez donc chez vous si vous en avez assez! Vous n'inspirez pas l'envie, et il y a longtemps que votre beauté ne désarme plus personne, au contraire, il vous quitte d'un pas léger et fait démarrer sa voiture ailleurs, là où la rosée scintille sous les premiers rayons, à mille lieues de vos ternes cheveux!

L'usine. Ah comme elle traite par-dessous la jambe les O.S. que déversent en elle d'intarissables tuyaux! Comme elle surpasse en bruit intarissable les sonos! Ce foyer de l'homme — ici du directeur — qui va de pair et fait la paire avec le conjugal, jamais il ne manque de nous requinquer avec son distributeur de Coca-Cola! C'est un chapiteau de lumière et d'organismes vivants où se fabrique du papier. Contre lui la concurrence se livre à un rude travail de sape et rabote tous les employés en planchettes si possible d'égale minceur. Le konzern du pays voisin auquel l'usine appartient est plus puissant, il se situe aussi sur une artère plus animée et ils peuvent — rien ne les en empêche — aller y verser leur sang et déverser leur trop-plein d'énergie. Le bois d'abord réduit en petit bois méconnaissable, passe à l'usine de cellulose, puis la cellulose passe à la papeterie où des êtres méconnaissables tant ils sont réduits la travaillent, du moins à ce qu'on m'a dit, et je suis contente, moi qui suis libre, de pouvoir cracher mon écho dans la forêt silencieuse aux heures chaudes de midi. L'armée des irresponsables tels que moi qui lisent le journal aux latrines, c'est elle qui arrache les arbres à la forêt, afin de pouvoir s'asseoir à leur place et déballer un sandwich emballé dans du papier. Quand vient la nuit les gens boivent et se font du souci. Une dispute s'élève-t-elle, que la foule, ballonnée, éblouie, se précipite dans les abysses de la nuit.

L'usine est venue à la forêt, mais lorgne depuis longtemps déjà vers un autre pays où elle pourra produire moins cher. Les affiches paradisiaques aux sorties de la ville sont de puissants moteurs, et les gens se lancent sur les rails de leurs petits trains électriques. La commande d'aiguillage est actionnée, M. le directeur aussi dépend d'une Main Supérieure, tout en dévorant des subsides publics. Impénétrables sont les voies des propriétaires et de leur politique et nul ne les connaît. À cinq heures du matin les gens s'endorment aux feux rouges, ils ont déjà fait 100 kilomètres pour venir jusqu'à l'usine et au dernier croisement succombent et sont tués par la petite lumière rouge sacrée qui joue avec eux, parce qu'ils n'ont pas levé un pied à temps et gardé l'autre en rêve au bal du samedi soir. Les tendres émotions sur l'écran dont, des années durant, haletant et piaffant ils se sont repus, ils ne les verront plus.

C'est pourquoi tous font résonner une dernière fois leurs femmes, qu'elles couvrent au moins jusqu'au premier du mois les trompettes du jugement dernièrement prononcé. La vindicte populaire et publique ne fait jamais relâche en ce pays, et ceux que leurs banques lâchent, glanent dans les sillons et dévorent les dernières miettes. Tandis que derrière eux se dresse l'ombre d'une épouse qui réclame de l'argent pour le ménage, des livres et des cahiers pour les enfants. Tous dépendent du directeur, de ce grand enfant à l'humeur charitable qui peut d'un coup virer de bord, et nous qui nous retrouvons tous dans le même bateau passons par-dessus bord pour nous être jetés à la dernière seconde du côté grandiose, du côté déchaîné, car nous sommes peu versés dans l'art d'employer les mille voix qui composent notre chant de sirènes. Même dans la colère nous sommes oubliés, seule la tumeur croît en nous, et nous proliférons comme les mauvaises graines.

6.

Ne trouvant pas, dans son désarroi, l'issue de secours pour échapper à ses souvenirs, la femme se hisse le long de la clôture d'un ancien dépôt de pompes à incendie du corps de pompiers volontaires. Elle marche librement, sans laisse. Le licou malpropre lui a été ôté. À présent elle ne l'entend plus ce tintement, ce cliquetis familier des clochettes de son harnachement. Muette elle se lèche, lèche son corps comme des flammèches. Ainsi laisse-t-elle derrière elle la joyeuse compagnie de son épatant mari, sur lequel, c'est patent, en toutes circonstances elle pourrait compter, et qui continue à grandir, marchant négligemment derrière les flammes qui sortent de son sexe, ainsi que la compagnie de son fils, conçu et patenté par le maître de violon d'amour — qu'ils se mettent tous deux au diapason et de concert crient et retentissent! Devant elle, seul le vent glacial de la montagne; l'espace est couvert d'étroits sentiers qui ruissellent dans la forêt. Crépuscule. Dans leurs cellules, les ménagères saignent du cerveau et de ce sexe auquel elles appartiennent. Ce qu'elles ont elles-mêmes élevé, elles ont en plus à le soigner et à le maintenir en vie, de leurs bras déjà surchargés de leurs propres espoirs.

La femme met le cap sur la coulée de glace au creux de la vallée, elle chemine gauchement à travers les congères. Çà et là une porte de grange s'entrouvre, exposant un instant des bêtes, et puis plus rien. Les postérieurs, cratères de boue palpitants, sont tournés vers elle. Le paysan ne semble pas pressé de décrotter leur arrière-train. Dans les élevages industriels de régions plus prospères les vaches reçoivent à chaque bouse intempestive une impulsion électrique que leur dépêche leur joug de tête, l'entraîneur des vaches. À côté des masures, de misérables tas de bois se blottissent contre les parois. Le moins que l'on puisse dire des hommes et des bêtes d'ici, c'est que la neige les étouffe doucement sous son édredon. Quelques plantes clairsemées, quelques herbes robustes s'obstinent à vouloir gagner la lumière du jour. Des rameaux gelés jouent avec l'eau. Quelle pitié que d'échouer précisément ici, où même l'écho se brise, sur ces rives prises en glace ! La grandeur est inhérente à la nature, rien de plus petit ne saurait nous donner de plaisir ni, aiguillonnant notre désir de plaire, nous inciter à acheter un dirndl ou une tenue de chasse. Comme des vaisseaux quelque terre lointaine, les astres que nous sommes abordent l'infini de ce paysage. Nous sommes tout bonnement incapables de rester à la maison, une auberge s'offre à nous, afin que nos pas fassent halte et que la nature soit remise à sa place, tiens, un parc pour chevreuils apprivoisés, oh regarde, un sentier de randonnée didactique ! Et aussitôt nous voici moins perdus. Nulle roche en colère ne nous précipitera plus dans l'abîme, au contraire, nous contemplons la rive jonchée de cartons de lait et de boîtes de conserve vides, et apprenons à connaître les limites que la nature a imposées à notre consommation. Le printemps mettra tout en lumière : dans le ciel la tache pâle du soleil, et sur terre des espèces de moins en moins nombreuses. L'air est très sec. La femme — son souffle se glace devant sa bouche qu'elle couvre d'un coin de sa robe de chambre en nylon. D'une manière générale, la vie est ouverte à tous.

Le vent la fait chanter. Extorque à ses poumons un cri involontaire, pas vraiment sauvage, un son étouffé. Aussi désarmé que son enfant, champ cultivé dont on extirpe le son à coups de fléau, mais qui, lui, s'y est fait. Elle ne peut soutenir l'enfant chéri contre son père, car c'est tout de même le père qui remplit les bons de commande pour les extras, musique, tourisme et cætera. À présent tout cela est derrière elle. Peut-être qu'en cet instant son fils, coccinelle en plastique renversée sur le dos dans le bol en plastique d'une luge où il est servi tout fumant, se jette, présomptueux, dans la vallée, dans le crépuscule. Bientôt tous seront rentrés et mangeront, encore gros des frayeurs du jour qu'ils enfanteront à grands cris sur les lames du parquet. Pour finir l'enfant sort de sa coquille, mais il n'est pas encore sec ! Ce petit morveux ! Si les enfants existent et marchent tout seuls comme le temps, les femmes en sont responsables, elles qui gavent de nourriture leurs petits sosies ou les sosies des pères et leur montrent par où tout ressort. Et de son aiguillon le père pousse le fils dehors, sur les pistes où il se rendra maître des désemparés.

Du poing la femme cogne en vain contre la balustrade. La dernière masure est loin derrière elle. Des babils enfantins laissaient clairement entendre qu'il fait bon demeurer chez soi, à se laisser embobeliner par sa situation sociale. Mais il faut toujours que, les yeux grands ouverts, la femme suive d'autres chemins. De tout temps, quelque chose en elle la pressait de courir au dehors, hors du tube de sa demeure. Elle n'en est pas à sa première fugue, plus d'une fois elle s'est retrouvée, déconcertée, au poste de gendarmerie. Là, des bras de fonctionnaires lui offraient un refuge; les pauvres qui se réfugient trop longtemps à l'auberge subissent un tout autre traitement. À présent Gerti se tient coite au milieu des éléments qui seront bientôt sous les étoiles. L'enfant, son futur survivant, se pousse, présomptueux, sur la trace des autres et dans le remous d'air qu'il engendre lui-même. Les plus avertis préfèrent ne pas croiser sa route, mais sa mère emportée par sa volonté, court de val en val lui acheter ce qu'il veut. À présent elle est comme endormie. Elle est partie. Les villageois derrière les carreaux caressent son image et cherchent à la rencontrer, afin qu'elle glisse un mot gentil dans leur tirelire. Ses cours de musique pour enfants — méthode Orff — auxquels les petits tentent fréquemment d'échapper, garantissent aux pères leur emploi à l'usine. L'enfant sert de gage. Ils crécellent, crincrinent, tambourinent et taralaboument, et pourquoi? Parce qu'elle a attaché comme appât au fond du pot la main clémente du père aubergiste et de son usine (ce quiet refuge). Parfois le directeur passe pendant les cours et prend les fillettes sur ses genoux, joue avec l'ourlet de leur jupe ou leurs délicieuses robes en forme de cache-théière, sans trop oser tremper sa main dans ces eaux-là. Mais tout se passe en sous-main, les enfants entrechoquent les racines aériennes de leurs instruments, et plus bas, à l'endroit même où s'ouvre leur corps, un doigt terrible, comme endormi, s'avance doucement vers la clairière. Les enfants ne retrouveront l'haleine rassurante de leurs mères qu'une heure plus tard. Laissez venir à moi les petits enfants, afin que la famille puisse dîner dans la bonne humeur et sur un chemin baigné de lumière et de musique classique à l'eau de rose. Et la maîtresse a droit à un répit dès que les enfants remplissent la pièce, elle se tient coite dans son compartiment, tandis que le chef de gare remue les lèvres derrière les vitres jusqu'à ce que son train soit parti.

Le directeur approuve tout ce que fait sa femme, et elle tolère le greffon de chair si prompte dans sa serre resplendissante de santé. Il semble presque surpris de voir disparaître dans le trou muet auquel il se confie son engrais si riche en humus, d'entendre jour après jour claquer son fret sur le pont du navire. La femme tire parfois de ses manches quelque sonate apeurée qui se fane aussitôt. Les enfants ne comprennent rien, si ce n'est qu'une caresse leur effleure le ventre et la face interne de leurs cuisses ballantes. Ils n'ont aucun sens de la musique, n'ont appris aucune langue étrangère. Du coin de leurs yeux ennuyés ils regardent au-dehors où ils pourraient paresser à loisir. Le directeur vient de quitter sa chorale céleste où leurs pères se morfondent, et du bout des doigts ce dieu tonnant pince les fraises qui leur ont poussé dès leurs froids et durs berceaux.

Elle chauffe l'homme à blanc, à se taper la tête contre les murs, cette minuscule saillie que même les enfants présentent et que ses deux doigts ont extirpé des chairs de sa femme pour y jouer du tambourin. La seule présence de sa femme est loin de lui suffire. Encore faut-il qu'il puisse allonger les pieds, s'étaler, se vautrer en elle. Ne semble-t-il pas aussi vouloir se cacher, se reposer un peu en elle ? Parfois encore tout frémissant du bruit de son lourd bourdon, il s'excuse, presque gêné, devant ce gentil animal auquel il n'arrive pas à imprimer son sceau, bien qu'il ait déjà dévoré et recraché chaque millimètre de sa peau. Il en est là, à avoir honte de son honnête produit maison.

Parfois, à la tombée de la nuit, certains roulent de village en village au volant de leurs petits compagnons de route, tandis qu'un casque stéréo blotti sur la tête leur pond de la musique dans les oreilles. Un vacancier, dans son véhicule de tourisme, freine près de la femme. Sous les pneus des projections. Les gravillons de la route forestière. La plupart des hommes connaissent mieux la biographie de leur auto que l'autobiographie de leurs femmes. Quoi? Chez vous c'est le contraire? Vous vous connaissez aussi bien vous-même que la simple personne qui chaque jour vous régénère à fond? Et qui, en bonne équarrisseuse de la vie, fait disparaître vos vieilles capotes? Alors vous en bavez de la chance!

Que tous ceux qui ont l'intention de boire jusqu'au bout de la nuit, veuillent bien se lever et se ranger de l'autre côté! Et laissent le reste à ceux qui souhaitent boire la nuit jusqu'au lit avec un être de leur choix. La nuit qui n'a grandi que pour abriter toutes ces cruches : ces jeunes qui braillent et gigotent, emmaillotés dans leurs illustrés. Voici enfin venu pour eux le moment de faire sauter la bonbonne en verre d'où coule le schnaps qui a fait d'eux des poires, le moment de se faire sculpter le dos des mains par les lasers des discothèques et le visage par les rambardes métalliques des ponts. Ainsi va le monde. Et nous rentre dedans. De jeunes chômeurs craignent les chemins de la liberté. Timides, ils torturent de petites bêtes qu'ils ont pu s'assujettir, dans le silence des étables. Ni les garages ni les rutilants salons de coiffure du chef-lieu ne les prennent. Et de son côté la papeterie fait le mort pour éviter les charges sociales (paperasserie inutile) si jamais les gars du village — tête rentrée et ailes plaquées — venaient à s'écraser contre elle, car eux aussi veulent être de ceux qui remuent dans les cuves la pâte à papier. Au lieu de quoi ils plongent un peu trop le nez dans les verres. Même en semaine ils portent leurs habits du dimanche. Quiconque possède en plus une petite exploitation est le premier à être viré de l'usine et se met donc chez lui à exploiter sa femme. Sans doute peut-il vivre en autarcie et moissonner l'abondance divine. Quiconque abat des bêtes pour son compte n'a pas le cœur à l'usine, explique le chef du personnel. Faut choisir. Les enfant tombent malades. Les pères se pendent. Aucune indemnité, jamais, ne les indemnisera.

À cet instant, l'automobiliste en question, mobilisé par son véhicule et roulant sur le sol glacé, frôle la femme. Il est bien jeune, et déjà diplômé de la Justice, ainsi que de l'école de la vélocité. Il a même des parents — qui ne sont pas à sa charge — sur le chemin aride que doit parcourir tout haut fonctionnaire pour gagner sa place attitrée sur la liste électorale du parti populaire autrichien. Chemin aussi court que celui qui mène de notre porte à nos chauffe-eau et aux journaux qui dans cet État où règne la classe moyenne nous font à tous la vie si douillette. Les parents ont acheté ici sans se saigner une résidence secondaire grâce à un livret d'épargne logement. La maison est vouée au repos, au sport, ainsi qu'au repos avant et après le sport. Ce jeune homme est, quant à lui, membre d'une corporation estudiantine très élitiste où la noblesse dessille les yeux des bourgeois et les leur recolle aussi sec. Ce que cet étudiant-là ne se donne pas la peine de réussir est indigne de figurer dans le Who's who de la jeunesse de Vienne. Dans sa corporation d'étudiants qui n'a rien de frappant en soi, faute de battre le fer, on se bat froid. Les petits s'entre-déchirent sans pitié, cependant que les grands, brillant de tous leurs feux, passent par-dessus les têtes et les mains des autres, au milieu des ombres démesurées, témoins de leur venue. Puis ils ouvrent les vannes de leurs boyaux et leurs ailes se gonflent du vent qu'ils font. On ne les voit pas venir, et les voilà soudain qui siègent au gouvernement et au parlement. Les produits agricoles aussi attendent sagement sur les rayons et ne répandent leur poison qu'une fois dans l'estomac.

La femme doit s'arrêter. Il a neigé jour et nuit. L'air de la montagne fait mal. Le soleil qui tombait à travers les arbres a disparu. Le jeune homme freine si brutalement que quelques livres qui de toute façon lui tournent le dos depuis longtemps lui tombent dessus. Ils se déversent dans l'espace réservé aux pieds du passager avant. La femme jette du coin de l'œil un regard par la portière et sur une tête qui hier soir encore s'est piqué le nez, comme tous les sans-espoir auxquels le sol ici brûle les pieds. Ils se connaissent vaguement de vue, mais ne se sont pas conservés l'un dans l'autre. L'étudiant mentionne quelques noms très chers qu'elle devrait connaître. Les collines à l'entour brillent sous la chape de neige qui descend jusqu'au cœur du pays où, dans l'atelier des hommes, se forge le désir d'un nouvel équipement de ski.

Pendant ce temps le directeur dans son bureau planche sur sa feuille d'impôts et il ne nous avance à rien de tambouriner contre sa porte. Ils débarquent chez lui, battus par leurs pères, fourbus par les bêtes, les fils de paysans, et risquant le saut entrent de plain-pied dans les bas salaires de l'industrie. Et très vite ils remarquent les femmes et les saluent de leurs abois agricoles, alors qu'elles se vernissent les ongles en voiture au feu rouge. Ils sont nos petits invités à la table du festin, afin qu'ils remarquent à temps combien ils sont malvenus dans cette société anonyme. De leur place ils ne voient même pas que la table croule sous les charges sociales, et ils usent le fond de leur culotte de peau et poussent les hauts cris parce qu'un autre s'y trouve déjà, qui se donne pour leur député et voudrait boire à même la boîte leur concentré de suc vital. Fils de la terre, les croirait-on, faits pour aimer, faits pour souffrir. Mais au bout d'un an ils ne jurent plus que par la course folle qui leur plaque les cheveux contre le crâne, passés qu'ils sont de la mobylette à la Volkswagen d'occasion. Et le fleuve à côté roule ses eaux audacieuses, et les recueille enfin sans poser de questions.

La femme est si fatiguée qu'elle semble sur le point de tomber en avant, de tout laisser tomber, y compris la façade encore acceptable, la plupart du temps couverte par son mari. Au moindre de ses pas, les yeux du monde sont fixés sur elle. Elle est ensevelie sous l'océan de ses biens, dont les hautes lames aux crêtes écumantes d'assouplissants courent d'un horizon à l'autre. Accourent alors les villageois zélés et leurs chiens courageux qui la déterrent une fois de plus avec mille commentaires sur ses faits et gestes. À quoi ressemble-t-elle, bien malin qui pourrait le dire, mais ce qu'elle porte suscite un concert de louanges, un hymne qui ne serait pas déplacé le dimanche, à l'office! Mille petites voix et flammèches qui s'élèvent vers le ciel du sombre atelier où la presse quotidienne conditionne les gens, les façonnant en vases à partir du limon. Le directeur s'occupe de la pâtée quotidienne et vit comme un coq en pâte. Les femmes du village ne font qu'accompagner la viande de leurs maris, ah non, je ne vous envie pas. Et les hommes tombent, fétus de paille, sous les diktats de l'ordinateur où se trouve consigné leur destin, y compris les heures supplémentaires — obligatoires s'ils veulent, eux aussi, connaître la joie d'effleurer la vie du bon côté. Pas le temps après le travail de batifoler avec les enfants. Les journaux tournent comme girouettes au vent, et par le chant les employés de l'usine se donnent de l'air. À l'école, me semble-t-il, ils étaient pourtant tous bons. Plus tard il faudra qu'ils l'oublient lorsqu'ils joueront les utilités dans le commerce et l'industrie, ou les trous noirs dans le star-system des entreprises sportives. Les jeux pour la jeunesse du monde sont certes organisés à leur intention, mais le temps qu'ils l'apprennent, il est déjà trop tard, eux en sont encore à descendre la colline à vache devant leurs maisons, qui par une autre piste verglacée ne les mènera jamais qu'au bar-tabac où ils apprendront le nom du vainqueur. Ils suivent tout cela à la télévision et ne demandent qu'à se faire bonimenter. Le sport est pour eux la chose la plus sacrée qui passe à la portée de leurs mains entravées. Un peu comme le wagon-restaurant dans le train qui n'est pas vraiment nécessaire mais joint l'inutile au désagréable. Et l'on avance.

Qu'elle quitte l'obscurité et monte dans ce véhicule, la femme du directeur, sinon elle prendra froid. Qu'elle ne fasse pas d'histoires mais ne se distingue pas non plus comme les femmes aiment à le faire, quand sécrétant l'ennui, filandreuses et visqueuses, elles servent à leurs familles un repas qu'elles leur gâtent à force de gémir. Toute la journée les hommes vivent de la belle image qu'ils ont d'elles, et le soir venu, elles gémissent et pleurnichent. Aux premières loges, à leurs fenêtres, où fleurs et feuilles forment vers l'extérieur une haie défensive, elles observent les bornes que d'autres dépassent, relâchant, épuisées, l'arc de leurs propres désirs. Elles revêtent leurs habits de fête, préparent à manger pour trois jours, quittent la maison et se précipitent — comme on fait son lit on se couche — dans la rivière ou le lac de barrage.

L'étudiant remarque les mules de la femme. Venir en aide est son métier. Avec ses semelles en carton, cette femme a tout d'une de ces pantoufles qui ruminent des heures durant la nourriture que leurs familles ont dédaignée. Une bouteille version poche s'approche de sa bouche, elle y boit une gorgée. Elle, et les villageoises, et nous toutes : le visage dégoulinant, liquéfié, nous sommes aux fourneaux, chaque cuiller nous vide un peu plus, combien en faudra-t-il pour nous ramasser. La femme chuchote quelque chose au jeune homme, elle est à bonne adresse, lui aussi s'écroule souvent ivre mort sous la table de bistrot réservée aux étudiants corporatistes et futurs juristes. Déjà il tombe comme la foudre dans son présent. Dès les premiers frémissements de l'émoi, la tête somnolente de la femme se penche sur son épaule. Sous la voiture, grincement des roues qui veulent avancer. Un animal se lève, il répond à l'appel et le jeune homme aussi est prêt à fouiller la dépouille de cette femme à la recherche de quelque monnaie. Enfin quelque chose d'autre, de nouveau, d'inconvenant, d'inattendu, que l'on pourra plus tard glisser dans une banale pochette-causerie cousue de fil blanc. Les camarades de la corpo ont eux depuis belle lurette capturé leurs premiers ennemis et jeté sur leurs épaules les peaux qu'une mère aimante autrefois étrillait. Enfin on va pouvoir jeter en pâture à ses propres désirs qui tirent impatients sur la laisse, quelque chose de consistant que l'on s'est soi-même taillé dans la chair de l'autre. Pour devenir grand et fort, et entrer un jour dans le ballet des gros poissons qui nagent dans l'océan des cabinets directoriaux. Oui, la nature ne plaisante pas, et joyeux nous lui passons les fers, afin de réussir, même contre son gré. En vain les éléments se déchaînent, nous sommes déjà embarqués!

7.

À la ronde les opprimés glissent en cascade le long des escaliers et des avant-corps décorés et tombent dans l'inconscience morale de leurs maîtres. Avec leurs couennes dociles jamais ils ne dépassent les bornes. Au matin la radio crie, impertinente, qu'il est temps de se réveiller. Aussitôt les voici arrachés à leur chaude couche d'amour, à leurs draps trempés de sueurs. Ils rôdent alors autour de leurs femmes et salissent les saintes frusques entretenues à grand soin. Doucement souffle le temps. Ces gens doivent être payants pour l'usine jusqu'au jour où leur sera payée leur retraite, jusqu'au jour où ils toucheront leur dernière paie et auront fini de payer ce que leur vie durant, les yeux fermés, ils ont cru posséder, juste pour avoir été tolérés — de simples hôtes, alors que leurs femmes, elles, à force de s'en servir, ont extorqué un peu de vie aux choses. Seules les femmes sont vraiment chez elles au foyer. Les hommes trottent dans la nuit à travers les buissons et sautent d'un bond sur la piste de danse. La papeterie. Après tant d'années elle rejette les gens, dans leur insignifiance. Mais auparavant ils montent au premier chercher leurs papiers.

La femme du directeur demeure parmi eux, blancheur silencieuse. Même un bon rôti ne lui redonne pas comme à nous l'allégresse nécessaire pour continuer à vivre. Les petits lui sont conduits, afin qu'ils apprennent à connaître la musique, et patati et patata. Jusqu'au jour où cette musique nourricière se taira, et où l'usine élèvera son hurlement au-dessus des monts. Au matin les pères somnolents dirigent dans les cuvettes leurs fontaines clapotantes; plus rude est le lever des apprentis, à peine sonnés par le réveil, ils croulent sous des pelletées de musique. Les corps à moitié nus se bombent devant les miroirs des salles de bains carrelées de neuf, les fers brillent aux chevilles, les petits robinets pointent, impertinents, le bout du nez dans les braguettes, et l'eau chaude sagement s'écoule. Ces toilettes sont peut-être le miroir de vous-même. Veuillez dans ce cas les traiter comme vous aimeriez qu'on vous traite!

Une voiture est garée devant la femme du directeur. Un animal ouvre un œil et saute dans le bois où en cette saison il aura la paix. Quoique, là aussi, en été, les trains de vie lourdement chargés fassent la navette et débarquent les hommes dans la nature où ils se soulagent. La voiture est chaude, le ciel semble aussitôt plus bas. Le temps décline, une inclination naît. Dans la forêt s'épanouissent les chevreuils dont le sort en hiver est encore pire que le nôtre. Penchée sur le tableau de bord, la femme pleure et cherche dans la boîte à gants des mouchoirs pour calmer sa tristesse. La voiture démarre, mais charité désordonnée commence par questionner. Sur quoi la femme ouvre brutalement la portière du véhicule qui démarrait et se précipite dans la forêt. Ses sentiments l'emplissent tout entière, il faut que ça sorte, comme les pulsions lorsqu'on ne les garde pas prisonnières dans son télé-viseur corporel. C'est du moins ce qu'on trouve dans les livres où pour trois fois rien on apprend tout sur ce qu'on a de plus cher : soi-même. Comme s'il y avait ici des moustiques ou quelque autre engeance encore plus étrange, la femme sabre l'air de ses bras et se prend les pieds dans une racine, s'ouvre le visage sur la neige gelée et disparaît dans un coin très obscur de la forêt. Non, elle court là, juste devant ! Trébuche sur les boucles noires des branchages. Puis l'instant d'après revient de son plein gré retrouver laisse et ceinture de sécurité, monte dans la voiture et se laisse, apathique, tasser au fond du siège. En son for intérieur elle grandit et se met au service d'elle-même. Elle entend ses sentiments gronder et traverser tel un express les stations de son corps. Le simple filet d'air qui s'échappe du frêle gosier du chef de gare la renverse presque. Elle s'écoute. Elle n'écoute plus qu'elle-même. Ces êtres sensibles prennent tous le grésillement du courant à haute tension qui les emplit pour une manifestation du ciel. Merveilleux, ces gens qui ont le temps de passer le brevet de pilote pour voler au secours du monde flottant de leurs sentiments désemparés !

Au milieu de sa vie, cette femme se plaît souvent à penser qu'elle doit se dégager de l'alignement des autres femmes qui s'arriment à elles avec leurs flasques sacs à incuber, car elle veut faire voile vers un pays plus luxuriant où l'on met plus de soin à tarir vos larmes. Elle s'aime à la folie, est de tous les voyages organisés au pays des passions circonscrites. Elle se donne rendez-vous n'importe où et se fuit en même temps, qui sait si quelque autre rencontre plus merveilleuse encore avec sa vie intérieure ne pourrait avoir lieu ailleurs, sur quelque nuage où l'on s'abreuverait de sentiments coulant de coupes bienheureuses. Elle est éphémère comme une liaison qui à tout instant peut se rompre.

Il en va de même de l'art et des sensations qu'il provoque, différentes selon les individus, nulles chez la plupart, néanmoins nous sommes tous prêts à nous racler la cervelle pour présenter à l'autre un peu ragoûtant rata, qu'il en fasse ses choux gras. De nos petits fourneaux nous jaillissons comme des retours de flammes. Comme sur un toboggan nous glissons hâtivement à la poursuite de nos besoins, le soleil brille et les salles où nous bouillons d'envie de vivre sont de surcroît surchauffées. Tout est embrasé et plein d'un esprit qui, échauffé, s'élève au-dessus de nous avec ostentation. Puis un jour nous tombons à la renverse parce que nous perdons pied, devenons amoureux, et posons à nos partenaires des exigences de plus en plus insoutenables. Quel bonheur que de nous dépenser sous des formes diverses sur les sommets, à en perdre nos bonnets de nuit !

Du haut de son cher destrier, l'étudiant écoute la femme s'en remettre à lui. Il est unique, l'instant qui l'a conduite dans le hall de sa sensibilité, où de fiévreuses conversations s'évaporent du silence comme d'une serre. Bottelés en langage, les jours de son enfance, les mensonges de son âge jaillissent, frissonnants, de sa bouche. L'étudiant se voit entraîné sur la pente de ses pensées. La femme continue à parler pour se donner de l'importance, mais son discours s'écarte de la vérité dès que celle-ci lui apparaît un peu trop ensoleillée. Qui, d'ordinaire, écoute la ménagère quand elle rentre au bercail parce que l'enfant crie ou que le repas attache. Plus cette femme parle, plus elle espère tisser entre elle et l'homme un mystère, et partant un intérêt, afin qu'ils puissent trouver le repos l'un dans l'autre, sans avoir tout de suite envie de se lever d'un bond et de déguerpir.

Mais qui ne sent la douleur comme les sens ? Les sentiments, nous les concoctons dans des marmites clapotantes où chante la vapeur. Mais ceux qui sont sous le coup d'un licenciement imminent ? Eux se tapent la tête contre les murs de la papeterie que le konzern devra sans doute lâcher puisque la rentabilité passe aujourd'hui par d'autres voies. D'ailleurs l'usine souille le ruisseau et déjà beaucoup grandissent qui, aiguisant gauchement leurs griffes émoussées, écoutent la voix de la nature qui a enfin appris à parler le langage de ses enfants. Aussi ces purs produits de la pépinière des grandes écoles comprennent-ils ce qu'elle raconte et ce qui se passe dans ses airs et ses mers. Et un sourire s'étale sur le visage des défenseurs, car ils ont raison. La nature, comme leur sentiment, est du même avis qu'eux. La protection de l'environnement couve avec soin les échantillons prélevés sur de sales petites eaux gâtées, mais bientôt, ailleurs, une nouvelle plaie s'ouvrira, et tous devront s'y précipiter. Et au bout de quelque temps, du temps nécessaire à l'incubation, il en sortira les déchets humains. Qui à l'entrée étaient déjà des ordures. Oui, c'est l'usine la responsable, avec la coopération des habitants et de divers chefs de file elle a produit le papier, notre engrais, sur lequel nous couchons de surcroît nos pensées tout en nous prélassant et nous défonçant sur nos canapés. Quoique nous ayons à nous dire pour résoudre nos amours dans la nuit et le néant et nous épanouir jusqu'à la démesure sur leur terreau fertile, notre vis-à-vis n'en est guère touché, occupé qu'il est par le contenu de sa mémoire qu'il lui faut laver et remplir tous les jours.

Plus le bonheur est profond, moins on en parle dans cette région, de peur de s'y perdre et d'éveiller la jalousie des voisins. Ceux que l'usine repousse doivent se décarcasser pour trouver un magasin qui leur fasse crédit, et ils se jettent dans le cœur du propriétaire. Et dans les ténèbres nichent leurs seigneurs, les aigles qui peuvent d'un coup de bic repousser loin d'eux le sort qu'habituellement ils réservent à leurs proies. Mais sur des ponts légers et sans frémir les fils des Alpes passent l'abîme. Courbent l'échine. Leurs bien-aimées ne vivent pas là, tout proche, il faut s'y rendre pour les prendre et avoir droit au pain et à la déconfiture. Mais ils ne prennent pas garde à ce qu'ils ressentent et n'écoutent pas lorsqu'on le leur explique.

Pour faire un brin de causette, le jeune homme s'incline vers la femme qui, en compagnie de ses ardeurs, ses chers parents, s'est légèrement écartée. De ses grands yeux coulent des larmes qui tombent sur son sein, où siègent les désirs qui attendent et se font couper les ongles. Serions-nous donc des bêtes, à vouloir que tout arrive tout de suite — non — nous préférons réfléchir, nous demander, avant de le renvoyer, si le partenaire est bien celui qu'il nous faut, s'il est à la hauteur. Nous voici enfin dans notre assiette qui au fil des ans s'est rudement chargée. Veillons seulement à garder la tête hors de l'eau, afin d'observer au loin les autres bateaux et voir qui sont les invités à bord. Qui peuvent à leur tour tout tranquillement nous regarder plonger. Dans un coquin bikini qui dévoile des parties qui feraient mieux de rester cachées. Nul autre que le propriétaire ne connaît mieux son corps, sa maison, mais cela ne signifie pas pour autant qu'il faille aussitôt y inviter n'importe qui. Pourquoi un autre ne nous aimerait-il pas? Et pourquoi ne le fait-il pas?

Le jeune homme fait glisser la robe de chambre de l'épaule de Gerti. Sur son siège la jeune femme a du mal à accepter sa place et se tortille, comme pour gagner plus d'espace. Bien que ses ardeurs lancent un pressant appel de tendresse du fond de son décolleté, elles n'en désirent pas moins gagner d'autres places auxquelles elles peuvent prétendre, et où à cette heure des arbres — quoi d'autre? — s'épanouissent. À peine cette Gerti a-t-elle échappé à la ceinture de sécurité de sa maison, qu'un jeune représentant de la loi s'apprête à mettre la main dans sa boîte à gants. Songez un peu aux nombreuses cavités d'un corps sain — et d'un corps malade donc! La femme s'ouvre la poitrine avec le couteau de ses mots et l'étudiant n'a plus qu'à y fourrer les copeaux de sa langue de bois et autres dons d'amour. Michael s'est enfin garé devant une mangeoire forestière. Oui, les puissants et leurs inspecteurs des Eaux et Forêts aiment à fabriquer des paradis artificiels dans lesquels la nature, maladroite et pataude se cognant à chaque pas, a le droit d'entrer. Et les femmes se voient promettre le paradis, à condition d'être des anges et de le préparer sur terre à leurs maris et leurs enfants, non sans y ajouter un peu de piment. Jamais elles ne souffrent le repos. Car il y a anguille sous roche!

Qu'une nostalgique rivière s'écoule de la femme, c'est ce qu'espère le jeune homme, qui, content et couché sur le ventre, de son bâtonnet taquine les fourmis pour les chasser de l'antre. Les agiles bestioles lui sont arrachées et aussitôt s'envolent aux quatre vents. Elles sont difficiles à saisir, mais parfois viennent d'elles-mêmes comme les rêves. Et dans ce cas on peut remettre une charge et envoyer le paquet. Que les corps restent toujours ardents! Nous y veillons, mobilisant tout ce que nous avons juste pour que vibrent nos sexes, nous ne pouvons les laisser en paix, il nous faut sans cesse battre le briquet. Des troncs, qui voici peu nous paraissaient en sécurité, seront eux aussi abattus, juste pour nous permettre d'étendre les bras et d'inlassablement réchauffer, ingurgiter une vie qui de toute façon nous a été donnée. Et les maigres ruisseaux de la vie des femmes par ailleurs si vite taris, cherchent eux toujours un autre courant, un torrent si possible, auquel ils pourraient s'unir, cherchent des preuves d'amour alignées comme des drapeaux pris à l'ennemi; et aboutissent à des abreuvoirs où les bêtes trempent leurs langues, avant d'être flouées de leurs fluides lactés.

Des épaules de Gerti, l'étoffe dont étaient faits ses rêves vient d'être arrachée et froissée. Sur ce fils d'homme qui n'a qu'un souhait, la palper et l'emplir au plus tôt, elle déverse les ruines de toute une vie. Elle colle obstinément à ce nid de lumière que le plafonnier de la voiture répand sur eux. Essaye quand même de lever, de sauter dans une vie qu'elle vient à peine de quitter. Attachée sur le toit protégeant les deux corps, une paire de skis, inamovible. Unis sont les amants, et prêts à chaque instant à tomber de l'échelle de leurs sentiments, gênés par quelque chose dans l'œil bienheureux du partenaire qu'ils n'avaient pas choisi sur le menu. Dans un moment ils feront plus ample connaissance et un sort à leur destin.

Dans la voiture la chaleur est si agréable que le sang luit à travers les corps. Dans la nature s'est fait un grand vide. Au loin plus un enfant ne s'époumone.

Ils braillent à présent, bâillonnés, dans les chambres sévères des chaumières sur lesquelles s'abat la grêle paternelle, en cette heure d'obscurité précoce où les femmes se voient remettre comptant toute la grandeur de l'homme. Dehors le souffle gèle au menton. Cette mère-ci toutefois est activement recherchée par son infâme famille. Son Tout-Puissant, le directeur de l'usine, ce cheval colossal, encore tout fumant du rôti qu'il vient de manger, souhaite démesurément l'enserrer des bras et des jambes, éplucher goulûment son fruit, et la lécher à fond avant que son braquemart lui porte l'estocade. Cette femme est là pour être croquée et grignotée. Il rêve de dépiauter ses bas quartiers et de les avaler encore fumants, arrosés d'un bon jus. Entre ses cuisses le membre agile attend. Contre les lourdes bourses se presse une toison, un instant, et il déchargera dans la tête inclinée ! Une seule femme suffit quand l'homme enflé d'appétit marche dans le droit chemin. Qu'il aimerait frapper avec ses tripes aux portes de son ventre, histoire de voir s'il y a quelqu'un. Bon gré mal gré il faudra bien qu'elles s'entrouvrent ces lèvres coincées dans une barboteuse rose, et se laissent comparer à d'autres, similaires, explorées en d'autres temps. Car de tous les stades de l'enfance, cet homme en est resté à l'anal et l'oral. Que faire d'autre que se rafraîchir, enlever le capuchon de sécurité, secouer ses boucles et sauter tout joyeux dedans ? Personne ne se perd, pas un son dans l'air.

L'épouse du directeur est très enviée par la plupart des autres femmes du coin, obligées de trimbaler partout leurs larges bassins dans lesquels les hommes ouvrent vannes et veines, les pieds dans l'eau brûlante. Ces lourdes juments de labour n'ont qu'un seul moyen pour se faire élire : avec des détritus et des décombres elles mijotent un foyer à leurs familles. Leurs figues poussent jusque dans la cour, mais les hommes aiment aussi arroser d'autres sillons. Et les femmes restent au foyer, à attendre qu'un magazine leur montre combien elles ont la vie belle. Dès lors qu'elles sont bien au sec dans les couches-culottes de leurs peu romantiques tâches domestiques. Mais quel bonheur — leurs chevaliers servants aiment tant à les chevaucher! Et vice versa.

8.

Je vous y invite instamment : jouez et jouissez tous !

Dans un instant la femme viendra à vous, attendez, je vous en prie. Auparavant il faut qu'elle se rassemble : avec quelques baisers (sortis du distributeur buccal dans lequel vous aussi aimez vous épancher) une fois que nous aurons tous nos sens, tout ira bien. L'étudiant a pris si jolie forme qu'elle se laisse tripoter. Il pose un bras entre ses cuisses. Surveillant la route d'un regard attentif, il n'en veille pas moins à ses intérêts et payant d'audace s'insinue sous des dessous essentiellement réduits à une robe de chambre qui ne saurait rester en place. D'autres doivent se payer d'effroyables bus (et payent de plus effroyablement leur erreur quand ils se sont trompés dans le choix de leur partenaire. Le possesseur — ou mieux, l'assesseur — de la désirable trinité que nous sommes n'a que trop tendance à s'habituer à nous et ne nous laisse plus sortir de son accueillant rez-de-chaussée. Que je vous explique cette histoire de trinité : la femme est un beau parti, car elle est tripartite. Vous avez le choix, entre le haut, le milieu ou le bas !) d'autres donc se payent le bus pour accéder à l'ambiance chaleureuse des stades où ces sportifs prennent possession l'un de l'autre sans la moindre compréhension. Où ils s'éclatent de leur cœur et de leur écorce. Tiens, on dirait que cette femme brûle d'impatience de se faire quelque peu échauffourer.

L'attrait des toilettes sur le palier de ces misérables immeubles n'explique pas à lui seul pourquoi nous nous risquons, étrangers, à une heure si tardive, jusque devant leur porte, où malicieux nous nous retournons, à la recherche de quelqu'un, la main pressée sur notre sexe, comme si nous risquions de le perdre à la prochaine enfourchure, avant d'avoir pu le caser dans son petit étui miniature décoré à la main.

Parmi tant de logements possibles, le jeune homme choisit celui-ci, mais le cabinet ne moisit pas sur place, non, il le précède même en courant dans le froid et l'obscurité! Cette Gerti arrive même avant lui à la mangeoire forestière. En ce lieu bien d'autres ont déjà parlé de baisers, écarquillé leurs lampes de poche, et projeté aux murs leurs ombres gigantesques, afin d'être plus — aux yeux du seul être qui compte — qu'un simple individu accroché de guingois au tire-fesses. Comme si la concupiscence pouvait les faire grandir, tenter encore une fois et même marquer un panier! Il existe des joueurs de taille. Qui sortent tout leur arsenal pour se présenter devant leur partenaire. Que de dispositions urgentes — conjuguant saleté et hygiène — avant d'être l'un à l'autre, comme on dit si mal. Au bout du compte nous atterrissons dans ce bazar poussiéreux où deux robots ménagers de conception rudimentaire volent l'un vers l'autre, parce qu'ils rêvent de se peaufiner (faire entièrement peau neuve!). Attention, c'est le moment! Une femme vient d'apparaître dans le couloir, en combinaison, une cruche d'eau à la main, aurait-elle déclenché un orage ou veut-elle juste se faire une tasse de thé? Instantanément une femme vous transforme l'endroit le plus banal et le plus froid en un nid douillet. C.-à-d. qu'elle vous cajole, avant de vous encamisoler à force de dévouement et de cachotteries. Avec ce jeune homme est enfin entré dans la vie de cette femme quelqu'un qui pourrait être le Grand Intellectuel. À présent tous nos plans sont changés, formons-en vite un autre et rengorgeons-nous! Quoi, votre enfant joue aussi du violon? En tout cas pas en ce moment vu que personne n'est là pour appuyer sur son démarreur!

Alors ça vient, crie-t-elle à Michael, comme si elle attendait sa monnaie chez un commerçant qui nous exècre, nous ses clients. Et qui néanmoins ne peut se passer de nous. Il doit nous satisfaire en tout afin que le coup soit payant. À présent cette femme veut se rendre enfin infinie. Et pour commencer, précipitons-nous, à vos marques... prêts... sur la bouche, puis sur toutes les places vacantes, afin de préparer le terrain. (Mais qu'attendez-vous donc, c'est à votre portée, ne restez pas dans votre berline, aussi limités dans votre vitesse que dans vos pensées!) Déjà le partenaire est tout pour nous. Bientôt, dans quelques minutes, Michael entrera dans Gerti qu'il connaît à peine ou à laquelle il n'a jeté qu'un regard, après avoir comme toujours préalablement cogné à sa porte avec un objet dur, tel un contrôleur de wagons-lits. À présent il en est à lui trousser la robe de chambre par-dessus la tête, et de la bouche, dans une excitation à laquelle il s'oblige, contraint la femme jusqu'ici déchaînée à faire la queue devant le guichet où nous nous tenons également, les bourses pleines derrière le portillon du pantalon. En matière de goût nous sommes nos pires ennemis, car des goûts et des couleurs, n'est-ce pas. Mais que faire si à l'inverse nous voulons être au goût de quelqu'un? Que faire donc, sinon appel au sexe, que, dans notre paresse infinie, il nous décharge du travail?

Michael fait passer par-dessus ses épaules les jambes de la femme telles les perches aériennes d'un trolleybus. Explorateur scrupuleux, il examine attentivement au passage la fente non lavée, version spéciale et cartilagineuse, de ce que toute femme a sur soi dans la gamme des mauves ou des lavandes. Il se retire et observe avec précision le lieu par lequel il disparaît sans cesse pour brusquement réapparaître et jouir à part entière. Avec tous ses défauts bien sûr, dont le sport n'est pas le moindre. La femme l'appelle. Qu'a-t-il donc son présentateur, son séducteur? Vu qu'elle n'a pu s'offrir des ablutions, le trou apparaît terne, comme recouvert d'une pellicule plastique. Qui pourrait s'empêcher d'y mettre la patte (ou le menton ou encore des lentilles, petits pois, épingles de sûreté et billes de verre), certain de récolter sur-le-champ une approbation enthousiaste de sa part à elle, de cette minuscule part d'elle toujours plus ou moins souffreteuse. L'inflexible sexe féminin ne semble pas conçu selon un plan précis, et quelle est donc au juste sa fonction? Permettre à l'homme de se mesurer à la nature. Mais il sert aussi aux enfants et petits enfants, ils sortent fatalement de quelque part ces bambins qui viennent prendre leur goûter! Michael regarde l'architecture alambiquée de Gerti et crie tel un bœuf qu'on rôtirait vivant. Comme s'il voulait évider un cadavre, il tire sur les poils du con puant d'insatisfaction et de sécrétions et l'attire jusqu'à son visage. On reconnaît l'âge d'un cheval à sa dentition. Cette femme n'est pas si jeune que cela, mais l'oiseau de proie en colère n'en continue pas moins à voleter devant sa porte.

Michael rit, car il est unique. Saisirons-nous un jour la nature de cette activité, afin que l'un enjambant le fossé qui le sépare de l'autre, lui parle et le comprenne enfin? Les parties génitales de la femme, vicieusement tapies au fond de la montagne, se différencient, affirme l'expert, par nombre de leurs caractéristiques — semblables en cela au genre humain qui présente les couvre-chefs les plus divers. Les différences les plus frappantes se présentent chez les dames que nous disons nôtres. Aucune n'est semblable à l'autre, mais l'amant n'en a cure. Il voit ce qu'il a l'habitude de voir chez les autres, et dans le miroir se reconnaît comme son propre dieu qui marche dans l'eau profonde, va pêcher la morue, ferre, et peut sans barguigner agiter son goujon gouttant devant la prochaine cliente à fouetter et pénétrer. La technique ne rend pas l'homme omnipotent, c.-à-d. que ce n'est pas elle qui le rend tout-puissant.

Où que vous regardiez, vous ne verrez que des intoxiqués de l'extase — ce logiciel intégré — qui, les yeux hébétés vous rendent votre regard. Osez donc quelque chose qui en vaille la peine! Le sentiment peut-être, ce tour-opérateur en terrain inconnu — mais ne serait-il par hasard en train de germer au-dessus de vos tendons écartés qui enserrent un crâne? Nul besoin de surveiller sa croissance, mettons-nous en quête d'une autre plante endormie que réjouira notre présence. Toutefois les ingrédients en sont remués, comme nous. Notre pâte, mue par les seules bulles d'air qu'elle contient, lève et s'élève au-dessus des montagnes, tel un champignon atomique. Une porte claque, et nous nous retrouvons seuls. Le joyeux époux de Gerti qui, insouciant, agite à longueur de journée un pinceau dont les gouttes semblent tomber d'un tronc plus puissant, n'est pas là en cet instant pour étendre la main vers sa femme ou faire passer à l'enfant l'envie de l'instrument. À cette pensée la femme éclate de rire. Le jeune homme qui ferait très bien devant un mur lambrissé parce qu'il n'est pas raide comme une planche, tente d'élargir l'intérieur de la femme à grands coups de bélier. Il manifeste en ce moment un intérêt joyeux, il connaît les métamorphoses dont sont capables les femmes même insignifiantes, sous l'effet de l'ardent paquet de l'épousée fraîchement préparé et aromatisé. Certes le sexe est incontestablement notre centre, mais nous n'y résidons pas. Nous préférons des logements plus spacieux et pourvus d'accessoires que nous pouvons allumer et faire sauter selon notre bon plaisir. Déjà cette femme aspire intérieurement à retrouver son jardinet où elle grappillera sur son sillon incandescent les fruits de la passion, promenant sa propre main entre les deux lignes jaunes de sa souffrance. Même l'alcool se dissipe. Cependant le jeune homme, pleurant presque de joie devant sa propre métamorphose qu'il a voulue telle, explore toujours son confortable taxi. Il regarde même sous le siège. Ouvre Gerti et la referme aussitôt. R.A.S.!

Libre à nous d'enfiler des capuchons hygiéniques, pour éviter la maladie. Cela mis à part, tout va bien. Et même si les messieurs lèvent la patte et lâchent de l'eau dans leurs compagnes, ils ne peuvent se permettre de rester, il leur faut sans répit poursuivre leur course jusqu'au prochain arbre auquel ils s'agripperont de leurs vermisseaux en colère jusqu'à ce que quelqu'un les recueille. La douleur frappe les femmes comme la foudre, mais ne les endommage pas au point qu'elles aient à pleurer des meubles calcinés, des ustensiles carbonisés. La douleur finit toujours par passer son chemin. Votre compagne renoncera à tout, à tout sauf à vos sentiments, cette nourriture du pauvre qu'elle-même produit si volontiers. Je la crois du reste hautement spécialisée dans la cuisson à petit feu, pour enfin mettre en boîte le cœur des hommes. Les pauvres eux préfèrent se tourner sur le côté, aucun compagnon de route ne les débusque. Leurs queues se couchent devant eux, et leurs gouttes viennent du cœur. Ne laissant que quelques petites taches sur le drap, et comme elles nous disparaîtrons.

Quoi qu'il en soit, dans bien des verres le vin est souvent seul à garder raison. Le directeur plonge le nez dans son verre jusqu'à toucher le fond, et compte de la même façon vider jusqu'à la lie sa puissante citerne droit sur sa Gerti qu'il a plantée devant lui. Il se dénude dès qu'il l'aperçoit et de ses nuées s'abattra la foudre avant qu'elle puisse s'abriter. Son membre est gros et lourd, il remplirait un petit poêlon si l'on mettait les olives avec. Autrefois il l'offrait souvent aux femmes qui prenaient plaisir à le brouter. Mais les temps sont révolus où l'herbe ondoyante caressait le sol. Déformé par ses opulents loisirs, le sexe de l'homme se prélasse dans des transats et se traîne sur des allées gravillonnées qu'il contemple, satisfait, du haut de la pochette où il est transporté et dans laquelle doucement, paisiblement, il ballotte comme un petit ballon d'enfant. Mais le travail a vite fait de retransformer l'être humain et son arsenal en ce rude animal qu'il était au départ. Un caprice de la nature veut que les hommes voient souvent leur sexe rétrécir, avant même qu'ils aient appris à le porter correctement. Aussitôt les voici qui feuillettent des catalogues exotiques à la recherche de moteurs plus stimulants, plus performants et moins voraces en carburant. Ils fourrent leur thermoplongeur dans le premier récipient venu, souvent ce qu'ils ont de plus familier, leurs légitimes, dont cependant et légitimement ils se méfient. Ils aiment rester à la maison pour mieux les surveiller. Puis leurs yeux se tournent vers l'usine noyée de brume. Que n'ont-ils la patience d'attendre les vacances et l'Adriatique où ils pourraient plonger leur frétillant goujon que maintient avec soin l'élastique d'un slip de bain. Leurs épouses porteraient alors de chiches maillots. Elles ont des seins que lie une longue amitié, cependant ils aimeraient assez faire la connaissance d'une main étrangère qui toutefois ne saura que les arracher sans délicatesse à la chaise-longue où ils paressaient et se berçaient doucement, pour les froisser entre deux doigts avant de les balancer dans la première corbeille à papier venue.

Des indicateurs bordent la route, indiquent les villes. Pourquoi faut-il que cette femme se mêle de la vie d'enfants et leur apprenne à cheminer en cadence sur le sentier de la vie. Mais calmons-nous un peu et continuons plutôt à descendre en nous-mêmes! Aujourd'hui comme hier le froid et la forêt ont envahi cet espace. S'y ajoute une odeur de foin, de litière pour la bête en nous. Qui a déjà souvent fait sa petite promenade en ce lieu. Beaucoup en effet se sont envoyés en l'air ici même, comme s'ils avaient gagné une course automobile — et nombreux sont ceux qui donneraient le sexe tout entier de leur femme pour pouvoir en récolter d'autres à l'endroit où ils se sont répandus. L'un s'est débarrassé d'un préservatif avant de regagner ses pénates. La plupart n'ont pas idée de la sarabande que peut mener un clitoris. Mais tous ont lu des publications sur le sujet, prouvant que la femme a plus à offrir qu'on ne l'aurait cru. Si, si, ne serait-ce que quelques millimètres!

L'étudiant presse la femme contre lui. Le sifflement qui s'échappe de la soupape de sa marmite trop pleine, il y remédiera lui-même en un tournemain. Mais s'il est trop tôt pour tout lâcher, il ne veut pas non plus avoir attendu en vain. De ses mains irrespectueuses il pince la femme à l'endroit le plus respectable de sa chair mollement assise sur les sièges de sa voiture, afin que les jambes s'écartent davantage. Il fouille dans son sexe endormi, le tortille en un cornet qui se rétracte avec un claquement. Ne devrait-il pas s'excuser de la traiter moins bien que ses meubles-stéréo? Et une tape sur les fesses, pour la retourner sur le dos. Après il dormira bien, c'est sûr, en tout cas aussi bien que les gens qui ont travaillé honnêtement, échangé et goûté câlins et caresses.

Les mains agrippées aux cheveux de la femme, l'étudiant baise à tout va, sans un regard pour le monde alentour où seules les plus belles sont soignées et entretenues, avec tous les deux mille kilomètres une halte pour la révision. Il la regarde afin de lire quelque chose sur ce visage déformé par le mari. Aussi longtemps qu'ils le souhaitent les hommes sont capables de se détacher du monde, mais ils n'en rallieront que plus fermement leur groupe touristique habituel, oui, ils ont le choix et qui les connaît sait à qui nous pensons : aux grands de ce monde qui compte environ deux mille personnes, issues des milieux sportif, politique, économique et culturel où le commun se noie; mais qui enserre tendrement toutes ces petites gueules bouffies. Et que voit l'étudiant au-delà de la grandeur de son corps et de sa petitesse générale ? La bouche de la femme d'où jaillissent des torrents, et le sol d'où lui sourit son image. Ils n'ont besoin ni de la protection d'une salle, ni de celle du caoutchouc, et l'homme à présent s'écarte à demi, afin de surveiller les allées et venues de son sexe raidi. La boîte de la femme s'ouvre, le tiroir-caisse cliquette, il n'est destiné aux rentrées que pour restituer sur-le-champ ce qu'on vient d'y verser. Dans cet acte les deux mouvements sont d'égale importance, mais essayez donc de le dire à un entrepreneur moderne et il haussera les sourcils d'effroi, et élèvera ses enfants de sorte qu'ils n'entrent pas en contact avec la colère des couches inférieures.

Lentement chez la femme s'apaisent les spasmes que l'homme se proposait de provoquer sous cette forme. Elle en a eu pour son grade et ce n'est sans doute pas fini. Chut ! À présent seuls parlent les sens, que d'ailleurs nous ne comprenons pas, car sous nos sièges ils se sont mués en quelque chose d'incompréhensible.

Et l'étudiant de se répandre dans la mangeoire forestière. Ils voient à présent le jour passer, définitivement, son masque de nuit. D'autres, ailleurs, se retournent une fois encore avant de se blottir tendrement l'un contre l'autre en rêvant à des êtres tellement mieux bâtis qu'ils ont vus dans des magazines. Lorsque Michael a enlevé ses skis, il ne lui est pas venu à l'esprit que le sport, cette constante de notre monde qui a élu domicile fixe dans nos téléviseurs, ne s'arrête pas sous prétexte que nous avons retiré nos chaussures. La vie tout entière n'est que sport, et ses vêtements nous stimulent. Tous nos parents jusqu'à 80 ans passés ne portent-ils pas pantalons de jogging et T-shirts ? Les journaux du lendemain sont en vente, afin qu'on puisse dès vendredi pleurer sur le dimanche. Beaucoup nous sont supérieurs en beauté, en esprit, c'est écrit dedans. Mais que deviennent ceux dont on ne parle pas, que deviennent ces attachants pénis qui ne trouvent pas de port d'attache, où ces gens-là déversent-ils leurs petits ruisseaux ? Où est le lit dans lequel ils entrent assoiffés et dont ils ressortent apaisés ? Sur terre ils sont ensemble, inquiets pour leurs misérables organes, mais où déchargent-ils au printemps l'antigel censé les protéger l'hiver et empêcher leur moteur de caler ? Où se manipulent-ils tout en se faisant manipuler par des syndicats ? Quels corps parfumés se dressent, chaînes montagneuses, sur la voie qui les mène à leur cheptel domestique qu'ils égorgeront à coups de couteau et à leur famille domestiquée qu'ils défonceront à coups de bélier ? Car : ces gens attachants qui doivent aussi montrer le plus grand attachement à leur travail, ne sont pas qu'un simple élément décoratif dans notre existence, ils saisissent leurs membres et prétendent les caser quelque part ! N'oublions pas la façon dont les humains se cachent l'un dans l'autre, peut-être éviterons-nous ce faisant que l'atome nous détruise ?

Avant que la grande aiguille du bonheur ne les effleure tous deux, un fluide s'est échappé de Michael, une cuvée maison. Rien de plus. Mais au cœur de la femme partie pour connaître l'ivresse des cimes et s'en repaître, des particules de taille atomique se sont trouvées accélérées. Un gisement vient d'être découvert dont elle rêvait en secret depuis des décennies. De telles forces, invariablement déclenchées par ce coco qui tire en avant le corps de l'homme et qu'aiguillonnent les femmes attirantes, gagnent rapidement les ramifications les plus tortueuses du sexe féminin. Un feu galopant. La femme serre l'homme comme s'il s'enracinait en elle. Elle crie. Et bientôt s'en ira, fière de tant de sensations neuves, déposer l'engeance de vipère au sein de son foyer, afin que là où la semence touchera le sol, germent pour l'amour d'elle de petites mandragores et autres plantes naines. Car la femme appartient à l'amour. À partir de cet instant, rien ne la fera renoncer à de nouvelles incursions dans le parc de loisir. Dès l'instant où le jeune homme a rengainé son braquemart devenu quasi inutile jusqu'à la prochaine fois, son front avec ce petit bouton en haut à droite prend aux yeux de Gerti une signification nouvelle et toujours renouvelable. À l'avenir elle dépendra de la féconde armurerie que ce chasseur expert dissimule derrière le pont de son pantalon. Que dorénavant toute sa joie soit de demeurer en

Gerti. Mais l'orage approche, rapide comme l'éclair, et bientôt — car là-haut dans les montagnes les vacances échevellent, ébouriffent le bas-ventre des femmes et des jeunes fille qui ne demandent plus qu'à être brossées — à point nommé, Michael prendra ses quartiers au dancing du chef-lieu envahi par le morne, le blême essaim des vacancières prêtes à succomber lorsque tombe la nuit. Cependant, pour tirer, Michael devra s'encaoutchouter et trier sur le volet les femmes en tenue post-ski dans lesquelles il se coulera. En matière de beauté, boisson et sexe, il n'aime que le naturel, des boutons maquillés — comme il en a un lui-même — sur un visage étranger le feraient fuir à mille lieues.

Il est fort à parier que demain, bien avant l'ouverture, la pauvre Gerti fera le pied de grue devant le téléphone et l'importunera. Si les signes qu'il nous donne et qu'il tient de divers magazines ne trompent pas, ce Michael est l'image même du beau blond sur un écran de cinéma, il semble avoir passé des heures au soleil, les cheveux enduits de gel, dans le seul but d'amener nos doigts timides à effleurer, faute de mieux, nos propres sexes. Il est et demeure toujours lointain, même de près. Ce lui est une joie de vivre la nuit et d'animer la nuit. Cet homme n'aime pas s'imposer des limites. La foudre aussi s'explique malaisément : arrivées à la quarantaine, nous autres femmes sommes parquées dans l'enclos des week-ends campagnards, mais elle finira bien par frapper l'une ou l'autre, avant le grand départ !

Conduisez prudemment. Qui sait si vous n'avez pas encore un je-ne-sais-quoi dont pourraient faire usage des hommes de cette espèce!

Les animaux s'endorment, et le plaisir a libéré Gerti, transformant en brasier la petite étincelle jaillie d'un briquet de poche, mais d'où venait donc l'appel d'air? De cette lucarne en forme de cœur? D'un autre cœur aimant? L'hiver ils font du ski, l'été ils vont plus loin chercher l'aimable lumière dans laquelle ils joueront au tennis, nageront, se dévêtiront pour d'autres raisons ou éteindront d'autres foyers. Quand les sens des femmes ont fait un premier faux pas, on peut être certain qu'elles se fourvoieront dans d'autres domaines, qu'elles seront capables des pires saloperies. Cette femme exècre le sexe dont elle est issue.

Les modestes derrière leurs jardinets, se tairont bientôt tout à fait. Mais déjà cette femme appelle de ses cris son idole, Michael, qui lui a été promis sur des clichés qui lui ressemblent. Or à l'instant encore il sillonnait les Alpes à ski. Elle hurle et balance en tous sens le châssis de son corps. Elle est tombée de haut, pourtant, de son lit, la sage ménagère pleurant une mourante vie combine déjà le prochain R.D.V. avec le héros censé ombrager les heures chaudes et réchauffer le ciel frileux. Quand pourront-ils se revoir sans que pèse sur eux l'ombre indolente du mari de Gerti? Mais au fait, comment les choses se passent-elles pour les dames? L'image impérissable qu'elles gardent de leurs divertissements compte davantage à leurs yeux que l'original périssable qu'un jour ou l'autre il leur faudra exposer à la concurrence de la vie lorsque, fébrilement enchaînées à leurs corps, elles apparaîtront en public, dans quelque pâtisserie et dans une nouvelle robe, et en compagnie d'un nouveau compagnon. L'image du bien-aimé, ce beau visage, elles veulent pouvoir le contempler dans le calme de la chambre à coucherie conjugale, allongées contre quelqu'un qui de temps à autre, indolent, se réfugie en elles pour ne pas avoir à se retrouver toujours face à lui-même. N'importe quelle image est mieux protégée dans la mémoire que la vie, et à peine sommes-nous seules que nous en feuilletons, désœuvrées, les pages harmonieuses, et nous grattons les doigts de pieds à la recherche d'un souvenir : Ah que c'était bon d'avoir pour une fois pu s'ouvrir en grand ! Peut-être que Gerti pourra même s'échauffer au piano et servir à son mari ses échaudés tout frais. Les enfants y allant d'un joyeux tra la la la laire !

Nous méritons tous la plupart de ce que nous pouvons porter.

Dans les prairies tout est pris par le gel. Les inconscients songent lentement à aller se coucher pour se perdre en entier. Gerti s'agrippe à Michael, elle peut chercher jusqu'à Pampelune, elle n'en trouvera pas un deuxième comme lui. Ce n'est pas la première fois que ce jeune homme fait des étincelles à l'école de la vie, déjà d'autres s'inspirent de son look et font confiance à ses papilles qui s'entendent à repérer la marchandise de qualité parmi les produits frelatés. La plupart des maisons ici pendent de guingois entre leurs piliers d'angle. Cages à poules et à lapins s'agrippent aux murs avec l'énergie du désespoir. Ceux qui ont déjà entendu parler de l'amour mais négligé d'acquérir les biens matériels qui lui sont nécessaires, ne peuvent qu'avoir honte à présent devant leur téléviseur où quelqu'un est en train de perdre au jeu du souvenir qu'il souhaiterait laisser à ses chers amis et téléspectateurs. Toutefois : vous avez le pouvoir de conserver l'image dans votre mémoire ou de la repousser au-delà des rochers. Un doute m'assaille, aurais-je actionné la mauvaise détente de l'arme du regard ou pris le mauvais embranchement dans l'empire des sens ?

Michael et Gerti n'ont pas assez de mains pour se convaincre de leur présence. Elles s'agrippent mutuellement aux parties sexuelles bien aménagées et joliment parées comme pour une première. Gerti parle de ses sentiments — jusqu'où elle serait disposée à les suivre. Michael, qui lentement se réveille, s'étonne de cette main qui vient de tomber du ciel sur son canon. Voulant derechef faire feu, il l'écarte et dévoile son passionnant engin. Tire la femme par les cheveux jusqu'à ce qu'elle volette au-dessus, oiselet affolé. Réveillée de l'anesthésie sexuelle, celle-ci tente illico de se servir de sa bouche licencieuse pour parler. Au lieu de quoi elle doit l'ouvrir toute grande pour accueillir Michael dans son cabinet buccal. Où il pénètre, afin que naisse son doux rayon. Prise aux cheveux, la tête de la femme claque contre le ventre fier et ferme de Michael, puis valse en arrière pour l'instant d'après s'empaler sur sa dague. Et ainsi de suite un bon moment, et nous avons peine à croire qu'ailleurs, au même instant, se vautrent dans leurs soucis des milliers d'êtres insensibles qu'un dieu terrible dans son usine illuminée tient à longueur de semaine séparés de leurs bien-aimées. J'espère que votre destin a une ceinture réglable, afin qu'il contienne plus!

Ces deux-là veulent se dépenser, car ils ont beaucoup de ressources. Ils se déchaînent en un raz de marée, ces merveilleux libre-échangistes qui possèdent chez eux les plus récentes revues érotiques disponibles sur le marché. Mais songez à ceux qui n'en ont plus besoin parce que leur partenaire leur est suffisamment cher! Eux s'offrent en personne. Ils débordent, au-delà de leurs digues et remparts, se disent désemparés, à la merci de toutes les aventures, qui toutes échouent, car ils mettent le cap sur n'importe quoi. Gerti éprouve subitement le besoin d'abord timide, puis irrésistible, de pisser. L'espace est trop étroit pour son odeur. Elle replie sur ses genoux les pans de sa robe de chambre, mais la ceinture se mouille quand même. Michael, pour jouer, place ses mains en dessous et recueille un peu du jet nettement perceptible dans le creux de ses mains. Il se lave en riant la figure et le reste, culbute la femme du poing, mord les grandes lèvres encore toutes trempées et en presse le suc. Puis traînant Gerti dans sa propre mare, il la roule dedans. Les yeux de

Gerti se révulsent. Mais il n'y a pas de plafonnier, là-haut dans son crâne grimaçant il fait noir comme dans un four. C'est la fête, nous sommes seuls avec nous-mêmes, en compagnie de notre sexe, notre hôte préféré, qui hélas a des goûts de luxe et tient à les satisfaire. La femme qui vient juste de remettre toute sa robe de chambre se la voit de nouveau arrachée et, gigotant, s'enfonce dans le foin. Sur le plancher une tache terne, humide, comme émanant d'un être supérieur que nul n'a vu passer. Pour seul éclairage, le clair de lune, puisse-t-il s'attarder un peu, se poser sur une chère présence. Qui nous donnera un présent en retour.

Les sacs blêmes des seins qui reposent avachis sur son thorax, seuls un enfant et un homme y eurent, y ont encore accès. Oui, l'homme à la maison invariablement enfourne son fougueux pain quotidien. On peut aussi les faire opérer lorsqu'à table ils tombent dans l'assiette. Ils ont été fabriqués pour l'enfant, pour l'homme, et pour l'enfant qui sommeille en chaque homme. Actuellement leur propriétaire se vautre toujours dans ses excréments que le sol peu à peu absorbe. Le froid fait cliqueter ses os et ses charnières. Mugissant dans les profondeurs, Michael s'acharne sur les poils pubiens, tire et tortille les tétons. Bientôt monteront en lui les dons venus du ciel et ils chercheront la sortie. Allons, saisissons la lance de l'alliance et cognons, à moins que nous ne souhaitions attendre encore un peu. On voit le blanc des yeux et perçoit en même temps des cris stridents.

Soudain le jeune homme craint que sa folie dépensière ne l'entraîne à trop se disperser. Constamment en effet il refait surface, pour l'instant d'après inhumer à nouveau son oiselet volage dans la boîte. Voilà, il vient de laper Gerti de haut en bas, à présent il aimerait lui râper le visage avec sa langue sur laquelle persiste une odeur de pipi. La femme essaye de l'attraper, elle mord. Cela fait mal, mais aussi partie du langage tel que l'animal le pratique. Empoignant son crâne sur le sol, toujours par les cheveux, il lui cogne l'occiput par terre, à l'endroit même où il l'a ramassé. Aussitôt elle écarte les mâchoires et Michael, de son pénis, d'inspecter les lieux. Elle, cependant, garde les yeux clos. De violents coups de genou en biais l'amènent une fois de plus à écarter les cuisses. Hélas cela manque d'originalité, il se répète. Dire que vous êtes enfin dans votre peau, et que votre plaisir est toujours le même! Une chaîne infinie de répétitions qui chaque fois nous plaisent un peu moins, habitués que nous sommes par les médias et messageries électroniques à recevoir chaque jour du neuf à domicile. Michael l'écartèle comme s'il voulait la clouer en croix et non, ainsi qu'il en avait l'intention, l'accrocher dans une penderie afin qu'elle rejoigne les autres rossignols. Il examine sa fente — dont il connaît déjà le contenu. Lorsqu'elle se détourne, ne supportant plus le regard inquisiteur que seconde une paire de mains transformée en tenaille, elle reçoit des claques. Il veut tout voir, tout faire, c'est son droit. Bien des détails restent invisibles, la prochaine fois — s'il y en a une — il faudra prendre une lampe de poche et faire un peu de lumière avant d'entrer, transfiguré par la nuit, dans l'atelier de réparation. La femme doit apprendre à supporter le regard du maître sur son sexe, avant de devenir trop dépendante de sa queue, dont tant de choses dépendent.

Du foin tombe sur elle et la réchauffe un peu. L'œuvre du maître est achevée, la plaie de la femme enflée, et d'un coup sec Michael indique qu'il souhaite se retirer dans son propre corps dispos. Déjà il est devenu pour cette femme un magnifique piédestal du haut duquel elle parlera de ses propres élans et du corps élancé de l'homme. Voilà comment, sans se faire photographier et encadrer en petite tenue, on devient le centre d'une pièce bourgeoisement meublée. Ce jeune homme a créé et fabriqué seul cette merveille, cette montagne de chair, blanche et effrayante qui s'étend devant lui et dont il a coloré de rouge les pommettes, tel le gentil soleil du soir. Il a loué cette femme et peut donc quand il veut et avec son consentement explorer les replis cachés sous sa jupe.

Gerti couvre Michael d'un doux duvet de baisers. Bientôt elle rentrera chez elle, et retrouvera son petit maître qui a lui aussi ses qualités. Nous souhaitons toujours retourner sur les lieux de nos ardeurs et ouvrir le papier cadeau sous lequel nous avons camouflé des vieilleries que nous donnons pour neuves. Et notre étoile pâlissante ne nous apprend rien.

9.

Conduite par une voiture étrangère la femme qui s'enfuyait rejoint à présent la sérénité de son foyer. Il est temps qu'elle se rembuche dans son cinéma-maison. Cette petite fée du logis qui tape aussi dans l'œil des autres. Un filet de bave ruisselle le long de son menton, c'est la première chose qui frappe son mari. Le jeune homme à présent s'inquiète à son sujet, n'a-t-il pas brièvement sondé ses lointains les plus éloignés et pressé ses mains moites contre son visage. Bien que ce ne soit pas la saison où l'on s'expose au soleil en donnant bruyamment son corps en spectacle. La neige se remet à tomber. Le directeur a-t-il déjà contacté son assurance, pour éviter que sa femme ne le remplace tout simplement par un citoyen plus jeune? Autrefois il rentrait souvent droit du bordel, où il paressait avec application, se faisant faire shampooing, coupe et brushing. Oui, au lupanar du chef-lieu sa lourde barque était bercée en toute sécurité. Ces temps sont révolus. Aujourd'hui il doit s'amuser seul avec sa propre femme, et ce avec deux pattes, une paire de testicules et un derrière, équipement autorisé pour les rencontres à domicile, lorsque l'enfant est hors combat. Cet homme est lourdaud, même lorsqu'il offre au miroir l'image de sa nouvelle cravate. À coups de gueule il mène ses employés qui font la sourde oreille mais qui de toute façon n'entendent rien à rien.

À notre arrivée la maison est déjà étroitement drapée dans son repos nocturne. Seule brûle une lumière inquiète — une fois n'est pas coutume — dans la chambre du précieux enfant qui vomit dans son lit à l'idée d'aller à l'école. Dans cette chambre le directeur ose donner des mots à sa colère. Il n'est pas à l'aise ici, n'aime pas entendre les bruits de la chasse d'eau. Peu s'en faut que son humeur noire n'explose lorsqu'il découvre une fois de plus des bouteilles de blanc vides, du vin de table ordinaire. Ne peut-elle boire de l'eau minérale et accepter l'amour filial? Il lui a interdit le vol à voile de l'alcool, mais contre vents et marées elle persiste à soiffer. Sa vieille vache se serait-elle prodiguée ailleurs qu'avec son taureau domestique? Il plaque sa bouche sur l'enfant, si délicatement qu'il ne réveille pas sa langue. L'enfant dort à présent. Sans rien faire, l'enfant justifie l'existence du directeur. Il repose, bec ouvert, dans le lit-cage de sa chambrette, c'est plus que ce à quoi les enfants des petits paysans ici ont droit, même de vue, quand ils sont malades. Qui dans ce pays est un enfant et a suffisamment d'espace pour y loger tout son corps? Et de là contempler à loisir nounours, affiches de grands sportifs et de pop stars? Cet enfant-ci a été installé en un endroit tranquille en raison de la sexualité beuglante de ses parents. Mais il est assez malin pour s'approcher du trou de la serrure, et se mettre à beugler lui-même quand à la moindre salissure de l'entrejambe le bâton s'abat sur lui. Alors il pleure.

Devenu clairvoyant, le fils surgit souvent des recoins les plus sombres, car ses parents ne connaissent aucune retenue dans l'épanouissement de leurs corps, ils croient encore à l'effort physique ! La société chrét. qui jadis les maria, leur a accordé ce divertissement. Le père peut savourer la mère à l'infini, la froisser, ainsi que ses vêtements, jusqu'à ce qu'elle n'ait plus peur pour ses secrets.

Ceux qui sont loin de nous, les voici dans leur lit, ils ne répondent qu'à l'appel du sommeil, afin demain d'être dispos. Ils sont trop las pour entendre le Dieu terrible qui les appelle à rejoindre sur les montagnes du Temps la bien-aimée qui meurt trop tôt. Demain ils avaleront à la hâte leur petit déjeuner et prendront le car pour aller petitement œuvrer, flanqués de leurs minuscules chefs-d'œuvre, les enfants, qui eux doivent aller à l'école. Le directeur de la papeterie s'avance vers les stalles du chœur spéciales grand patron. Et ceux qui dans son usine comptent bénéficier de la retraite-maison, se rangent sagement derrière lui. Seul l'emploi de la force a empêché qu'ils ne deviennent des bêtes, pourtant ils vivent tout comme, confie leur supérieur à sa femme. Leurs pâles et plantureuses épouses ne les allument pas, aussi l'ardeur des sens, selon une expression que nous leurs seigneurs et maîtres affectionnons, ne brûle-t-elle pas en eux. Qui soupçonnerait qu'après l'office M. le directeur fait glisser la petite culotte de Madame, plongeant un doigt puis deux pour vérifier qu'elle est dans l'eau jusqu'au cou. Je me demande ce qui se passe chez les autres, n'aimeraient-ils pas, eux aussi, se blottir contre la direction supérieure?

Et chacun, dans ce pays cath. rom., d'expédier une ultime petite prière au bon Dieu, afin que tous voient que nous nous lavons les mains du sang innocent qu'Il a dans un ultime effort transformé en lui-même : l'homme et la femme, exact, c'est Son œuvre. Dans les lettres que les lecteurs adressent aux journaux, ils restent fidèles à eux-mêmes, vu qu'ils s'intègrent dans l'architecture chrét. qui aspire toujours vers le haut. Rien à dire contre le pape qui appartient à la Vierge Marie. D'où saurait-il sinon à quel point cette femme, malgré sa modestie, n'en est pas moins avide d'âmes? Cette femme-ci par ex. peut avec sa bouche former un tube où elle accueille à genoux le membre du directeur. Allons, ne faites pas semblant de n'avoir jamais vu cela au cours de vos séances de cinéma privé! Tout comme vous, Jésus, ce grand voyageur qui hante à jamais l'Autriche et ses représentants, sillonna, dit-on, sa contrée, à la recherche d'une rencontre, de choses à améliorer, ou à punir. Et dans sa quête il tomba sur vous, et il vous aime comme lui-même. Et vous? Vous n'aimez que l'argent des autres? Mais dites-moi, vous lui ressemblez, pourquoi ne pas écrire alors à la «Presse» et pester contre ceux qui n'ont pas de Dieu, et qui, s'ils en avaient un, seraient incapables d'établir une relation avec lui!

Tout ceci nous appartient !

La femme ne ménage en rien sa glotte lorsque la voiture s'arrête dans un crissement. Elle brame comme si elle était rétamée, car le vin blanc agit encore et la caresse de l'intérieur. Elle tempête et rouspète jusqu'à ce que la nuit se soit déployée et que çà et là des lumières s'allument. Bientôt sa demeure s'illuminera aussi, et le lourdaud qui dirige une usine vessiférera, énervé qu'il est d'avoir retrouvé l'objet qu'il avait cru perdu. Il se tient devant la chaude tanière pourvue d'un équipement haut de gamme, y compris dans la chambre de son enfant. Gerti, est-ce toi ? demande-t-il, sortant de son horizon étriqué. Qui de tous les êtres vivants aimerait à perdre son bien-être ? Dans un instant, Dieu soit loué, il pourra à nouveau taper dans le mille, entre les jambes, et vérifier qu'elle a tenu la dragée haute, aux autres. Puis son fidèle outil, guidé de main de maître, s'activera dans ce qui par mariage est devenu son apanage et que nul autre n'a encore foulé. À l'en croire. L'homme est lent lorsqu'il s'agit de choisir entre plusieurs dieux (du stade et de la politique), mais rapide malgré ses gros sabots dès qu'il entre dans l'arène de ses activités professionnelles ou privées. Le jeune homme n'hésite pas à lui rendre son regard et salue. Bascule la femme, ainsi que sa robe de chambre, par la portière, elle n'a pas l'air de se languir d'un nouvel appareillement. Elle s'est tournée et retournée, et a enseveli sous elle un chenapan, un corps jeune qui à cette heure songe mollement à son dîner. Lorsque son mari lui souhaite la bienvenue, elle sait qu'il ne tardera pas à lui suçoter au moins les oreilles. Il se sentira bien, car il dispose de sa femme comme il dispose de l'art, de ce chasseur en colère qui fait rage en nous et nos chaînes stéreo. Déjà le directeur lui chuchote à l'oreille une grivoiseté bien graveleuse, concernant — si elle y consent — la suite des événements. Qu'il est bon d'avoir à nouveau sa petite femme chez soi, d'ailleurs l'enfant aussi a besoin de sa maman. Elle lui montre des choses importantes que de toute façon il voit beaucoup mieux à la télévision.

Avec des voix Dieu apparaît tel que la nature dehors. Là demeurent les employés, et ouvrent grand les bras, mais rien n'y tombe. La chair qu'ils mangent exhibe les blessures que l'animal reçut de son vivant. Ils mangent également les étouffe-chrétiens qui sortent de leurs fours, tas informes à l'image de leurs corps, de leurs rires déplaisants. Informe aussi leur couvée, leur descendance en colère, qui leur court derrière, telle la morve dégoulinant du nez. Leurs enfants! Qui en longue caravane (sur le calvaire de la vie) tapent sur les nerfs des gens avec ce que la télé et eux-mêmes appellent «sport». Parfois une petite partie de l'humanité fait bande à part, ne les avez-vous jamais remarqués, ces êtres entièrement façonnés par la nature, obligés — comme vous — d'emprunter un moyen de transport public, faute d'avoir les moyens de se payer une voiture? Si oui, vous êtes bien le seul! Certains de leurs rejetons fabriqués au cours de la nuit sont même rejetés par l'usine. Ils sont le souffle qu'ils exhalent sous forme d'alcool. Même les graves maladies dont ils souffrent ne semblent pas les toucher. Cette charmante convivialité que vous pouvez observer ici chez Monsieur le directeur, à l'heure où l'on se retrouve au chaud avec femme et enfant, où les ombres se superposent, obscurcissant le midi, alors que tant d'autres sont en train de trimer : tout ceci et plus encore vous le voyez apparaître sur l'écran TV en réponse à votre pauvre curiosité (alors que vous ne voudriez voir que vous-même — dans un décor enfin différent, et de préférence pas en carton-pâte !). Les gens du village voient se promener leur directeur sous la cloche à fromage de ses désirs, et ils constatent que sous lui il reste de la place : au moins pour une personne, qu'il s'est lui-même choisie. Ils vont tous travailler dans son usine. Ces bestiaux qui tous les jours font la navette, parqués dans des compartiments de chemin de fer où ils mangent du saucisson en attendant tranquillement que l'État leur porte ombre (les prenne sous sa coupe). Mais la nuit, lentement, descend et prend place en nous. Dormons à présent.

Le directeur aide à demi sa femme à s'extirper de la voiture, à demi la femme s'extirpe elle-même des mains moites de l'étudiant et refait surface dans ce pays. Le jeune homme dont l'avenir est assuré et qui n'a nul besoin d'une papeterie, ce jeune homme vif et baraqué, nous le voyons poliment prêter la main, afin que cette femme retrouve sa place dans la vitrine de sa baraque. À présent tout est accompli. Il s'entend raconter comment cette femme en état d'ivresse fut par lui recueillie. Elle semble encore confuse, désorientée, tremble de froid. Juste devant l'entrée l'ordre lui est intimé de faire un effort pour franchir le seuil. C'est sa niche qui surgit là, y reposent des amours qu'elle a faites siennes par son travail. À peine l'œil de Dieu s'est-il détourné, que déjà des mains se glissent entre des cuisses. Oui, ils sont incapables de laisser reposer leur sexe en paix, leurs petits pistolets n'arrêtent pas de crier «feu». C'est à eux, ce membre qu'ils gonflent et qui, fauve silencieux (à en croire leurs sempiternels récits), rôde à patte de velours. Même l'enfant éprouve déjà le désir de jouir d'une double présence et il le clame (il crie deux fois je suis là! il y a moi, plus le représentant miniature mais fidèle de mon moi!). Le directeur bourre immodérément l'arme attachée à sa panse. Outre l'appel de l'art et du sport, l'enfant écoute aussi la musique pop à la radio, et ça bouge! À vrai dire cet enfant ne m'inspire aucune pitié, car sa mère a regagné son rivage, son emballage familier. Lourdement elle se colle, goudron visqueux, contre l'épaule de son mari. Dont l'outillage, de l'intérieur, gagne à tâtons la paroi du pantalon, aspirant à rejoindre son port d'attache. La femme n'est pas dans son assiette, bien qu'elle n'ait pas eu à faire la vaisselle, elle a du personnel pour ça. Les domestiques ne sont pas chers, dans les usines les femmes ne trouvent plus de place qui leur permettrait d'apparaître à la surface du monde sans avoir aussitôt à devenir source de vie. Ces femmes sont constamment exploitées à ciel ouvert ou rejetées dans la nuit. Elles mettent au monde des petits drôles. Nous avions déjà remarqué que la nuit, seuls les riches accèdent au royaume des plaisirs, si, si, et que là, enfin! ils travaillent. D'ailleurs il faut bien qu'ils s'y mettent à un moment ou à un autre, vu qu'ils sont là, et au volant d'une Mercedes : eux seuls ont droit à la conquête.

La robe de chance (achetée au royaume de la mode pour riches. À Vienne!) flotte autour de la femme épuisée. L'alcool en elle s'est refroidi. À quoi bon le tapage que mène à présent le directeur? Pour quelles raisons s'est-elle rendue, sous ce déguisement inconvenant, dans les antres interlopes de la nature? Depuis quand les chiens se promènent en liberté! Elle tousse lorsque son mari d'une main sèche lui secoue les puces et la conscience. Mais laissant l'inquiétude prendre le dessus, il serre sa femme contre son cœur, s'entortille autour d'elle, qu'avons-nous encore besoin de ta robe de chambre! Qu'attend-il pour partir, ce jeune homme qui permettrait d'établir une comparaison entre un corps et un autre dans sa conception première, telle qu'elle fut déposée à l'atelier de construction. Patience, le moment venu, nous pourrons tous nous amuser à sortir de notre mauvaise forme.

Dans sa version première ce patron d'une papeterie avait lui aussi meilleure allure que nous ne l'imaginons aujourd'hui dans notre inhumaine cruauté. Cette femme aime et n'est pas aimée, ce en quoi elle ne se distingue en rien. De même que je vous désigne maintenant du doigt, de même nul ne peut anticiper sur son destin. La femme est moins que trois fois rien. Le jeune homme se moque du directeur reconnaissant auquel il a rapporté son toutou. Il lit effrontément dans les mimiques d'un être qui se croit son rival. Toutefois il n'aurait rien contre une papeterie au lieu de se voir gavé à grand-peine d'articles de loi et de droit. Il ne peut se sentir l'égal, ni solidaire des gens qui entrent en titubant à l'usine par des escaliers inaccessibles, les yeux pleins de béatitude, car ils vont contempler celui qui les emploie, eux, leurs membres et leurs amours. Et quelles sont les pensées de l'étudiant ? Il pense à sa partie de tennis, demain.

Le directeur se livre à une flambée verbale. Au centre mijotent de pétillantes mignonnes vêtues de lingerie coquine qui excite leurs partenaires jusqu'au sang, lequel sang leur monte au moteur, si bien qu'ils ne songent plus qu'à turbiner. Le courroux du monde vise plutôt les pauvres, qui n'aiment guère l'entendre, cheminant avec leurs enfants le long de rives abruptes où la chimie ronge le ruisseau. L'essentiel c'est qu'il y ait du travail pour nous tous, et que nous rapportions à la maison une jolie petite maladie.

Comme une lourde porte arrachée à ses ferrures, Gerti tombe dans les fers de son mari. Reste à savoir si cela tiendra bon sous la tempête et sous la neige, par temps d'arrachement. Le jeune homme n'hésitera pas à s'abreuver une fois encore à sa source, de préférence dès demain. Mais pour l'instant c'est à un autre, un habitué, de tourner ses fusibles, jusqu'à la nuit noire. L'étudiant s'est entendu dire par le directeur dans le langage qui lui est propre, que cette femme n'a droit au repos qu'en ce lieu qu'IL lui a assigné comme tombeau. Afin qu'il puisse pincer et gratter toutes ses cordes sensibles. Oui, cet être fait partie de ses habitudes, comme le petit vase de nuit où il se soulage. Elle est toujours là, pour toujours, d'où son énervement si par hasard elle se dévoie et demeure introuvable. Les inventions les plus folles de l'imagination peuvent prendre corps avec un membre bien en chair qui tantôt enfle et tantôt désenfle, le tout c'est de choisir le bon. D'amour les yeux de la femme s'éclaircissent, comme si quelqu'un frappait contre le paysage, puis, tenant la baguette contre la paroi, regarde si l'eau consent enfin à jaillir de la roche. Le travail s'envole des mains des serviteurs. Sont-ils heureux pour autant ? Non.

Et l'enfant fait hou hou en coulisse, car il ne peut pas s'endormir tant que sa mère ne lui a pas répété que le monde est un paillasson sur lequel il peut s'essuyer les pieds. Maman, maman, le cri traverse les carreaux, une vilaine petite tête, le fruit piqué de ses entrailles, émerge. Il vaudrait mieux que cet enfant dorme à présent, qu'il n'ait pas à partager le spectacle. Sa pâte a été suffisamment pétrie pour qu'elle lève et monte pendant la nuit. Et à l'aube d'autres se lèveront, fatigués, aucune belle ne s'accroche à leur cou et ils erreront comme les cerfs. L'enfant est là maintenant. Demain matin il sera barbouillé de confiture comme sa mère de la boue de son père et St esprit. En un clin d'œil (franchissant le seuil) le fils est là, sa maman lui a manqué. Le père se fend d'une explication et ferme la porte au nez de l'étudiant, il se veut dieu aimable et médiateur amiable. Qu'en paix enfin il puisse écarter les cuisses de sa femme et vérifier si nul n'est venu paître le pré de sa vache sacrée. La mère parcourt l'espace qui la sépare de son enfant, un no man's land (truffé de mines signalant : nous sommes chez nous, entre nous, et nous n'échapperons pas à un bon savon). Bienvenue. Le directeur veut s'enrouler autour de sa femme comme l'année autour de l'été. Il ne manquerait plus que le jour s'éveille et s'en mêle. Oui, mais l'enfant a droit à un entourage correct. L'amour, ce maraudeur discret, qui de nous n'espère sa venue à toute heure? — vous avez bien un agneau en peluche, vous aussi! — mais qu'il se montre enfin! Qui a manqué à qui ici? Cette montagne n'a qu'une seule raison d'être : mettre un terme à la vallée et lui permettre de remonter. La neige est blême. L'homme tient beaucoup à son usine qui produit du papier pour notre bien-être à tous. Et pour que nous sachions pourquoi. Je n'hésite pas à l'écrire : Je suis comme cire dans la main du papier. J'aimerais tant, moi aussi, rencontrer un jour un être tel que lui qui aurait le pouvoir de me recréer à travers ce que je dis.

Mais que nous faut-il pour être heureux : recevoir notre salaire dans l'enveloppe de notre échec, en réalité, nous voulons devenir vraiment quelque chose et, du moins sur le papier, certainement aussi être un peu plus. Et le sentiment non plus ne doit pas manquer, alors que par notre faute nous restons chez nous avec le téléphone pour seul compagnon.

Il n'a pas de cœur, cet homme qui, pareil à l'incendie, consume sa maison et consomme sa femme. L'enfant commence à brailler. Dehors, un pot d'échappement solitaire lutte pour obtenir l'attention des dormeurs, qui à l'instar des bêtes flairent certes quelque chose, mais n'osent rien dire. Même de jour ils ne se dissimulent pas sous un joli corpselet hum. où leurs muscles pourraient jouer. Ils portent des fardeaux qui alourdissent leur bonheur : les pauvres (leurs pauvres bras) sont nécessaires. Le jeune homme s'en va à présent. À peine a-t-il quitté le nichoir qui a vu leur accouplement que la femme tambourine contre la porte de sortie que depuis des années déjà elle a percée dans sa cloison avec la hache de ses besoins. Sans yeux elle fixe la voie de l'égarement, où pourra-t-elle le rencontrer ? Mais la violence des hommes est telle que, négligents, ils incendient les maisons où leurs familles dorment encore sans rien comprendre aux chiffres des relevés bancaires. Cependant que nous nous déshabillons nous-mêmes pour leurrer un être avec nos parties génitales. Oui, les hommes couvrent tous les sentiers de leur présence. Mais peu vous importe à vous qu'un être ici éprouve de l'amour et s'allie au mauvais !

Le désir est un morceau de bois que cette femme a apporté pour elle-même. Elle a besoin de cette excitation, car sa maison tourne toute seule, ne manque de rien, aussi cherche-t-elle des objectifs à l'extérieur afin d'y rattacher ses pensées, de les délayer telle une soupe en sachet dans ses eaux par trop bouillantes et d'y incorporer un cœur étranger. Le synode des évêques allemands a lui aussi besoin de ce pape lointain dont nous attendons la venue. Mais à peine est-il là, dans notre patrie, qu'il apparaît soudain semblable à nous, un homme tout simple, tiens je le connais! Pour lui les premiers seront les derniers et n'ont plus qu'à perdre leurs objectifs de vue. Mais en amour il en va autrement. Un homme peut toujours prendre appui sur lui-même. La femme, elle, en matière de sentiment a besoin d'un appui extérieur. Ainsi les vœux du beau sexe agité errent et flottent inconstants, que pourrait-il bien s'acheter?

Où étais-tu passée, coups et questions frappent Gerti. L'enfant accroché au corps maternel dont il est issu en prend lui aussi un coup. Mais renonçons — une fois n'est pas coutume — à décrire plus amplement ce groupe laocoonique, où l'un s'agrippe à l'autre et veut se dresser dans toute sa grandeur.

La colère de l'homme a maintenant atteint sa taille adulte, de son tuyau sourd une excitation qu'il éteint d'un rayon d'écume. Que la femme se dénude sur-le-champ, qu'elle soit à la mesure de sa démesure. Il veut en elle détourner son éclair, mais d'elle jamais son feu ne restera captif! Il a bien assez d'allumettes pour à l'infini rallumer son brandon et se faire croquer, rôti, ou cuit, ou mariné. Un dernier jus de fruit et l'enfant va au lit. Qu'il se taise! Qu'il cède la femme au père. Qu'il cesse de sauter après elle en jappant comme un chiot et de s'agripper à son corps. Ta mère est revenue, cela suffit, non. Et l'oiseau du père chante déjà au-dessus du sillon. L'homme l'entraîne dans la salle de bains, pour monter de force à son bord. C'est bien qu'elle soit à nouveau là, elle aurait pu être morte!

Tel un mégot incandescent le directeur oscille devant la paille de son lit et se jette. Flamboiement de peur quand le Sacré s'accomplit dans cette nocturne litière autrichienne où Karl Heinz Waggerl a toujours cours avec ses histoires d'animal sacré et de pauvres hères qui se pressent autour de la crèche dans l'attente de prestations sociales. Noël est à peine passé où l'enfant se réjouissait de planches qui pourraient devenir son cercueil. Il en est déjà aux souhaits de printemps. Le père se tient au faîte de sa gloire professionnelle et sexuelle, et passe de l'un à l'autre. À chaque minute la femme voudrait être ailleurs, elle connaît la jeunesse, et sait ce qu'elle a perdu et là où elle n'a plus rien à perdre. Ainsi en va-t-il, lorsque sombrent les humains qui prirent la vie à la légère. Dans le gosier de la femme s'introduit une langue étrangère, il faut ensuite boire un bon coup pour en chasser le goût. Du tremplin de son corps l'homme s'abat sur la femme. Elle couvre d'ombre son visage, mais à quoi bon : aux serfs on prend de force ce qui leur appartient. Aucune puissance ne saurait se mesurer au sexe fougueux du directeur, il faut seulement qu'il y croie. Y croire : c'est bien ce qui fait la force de notre équipe nationale de ski ! Mais pour la femme il a déjà quasiment disparu de sa vie, comme certaines personnalités aujourd'hui en vue dont les noms feront sourire dans une dizaine d'années. Cette femme ne veut rien d'autre que la jeunesse dont elle prendrait volontiers les beaux corps en photo juste pour qu'ils la prennent en retour. De telles chimères lui tombent du ciel tandis que de sa face, déjà, ses bras sont écartés et que le chant du père descend sur ses joues, où apparaissent des taches rose clair dont vin et déveine sont la cause. De quoi les gens se nourrissent-ils (abstraction faite de leurs espoirs), j'aimerais le savoir. Ils semblent tout investir dans des appareils-photo et des chaînes stéréo. Au point que la vie n'a plus de place dans leurs maisons. L'achat une fois effectué, tout est passé, mais rien n'est terminé, sinon l'objet ne serait plus là. Et il faut bien aussi que les cambrioleurs trouvent sur quoi exercer leur talent.

L'homme attend que son eau bouillonne. Puis il y jette sa femme, dépouillée de la robe de chambre. Son signal s'est dressé, la voie est libre. Et ici comme ailleurs lui seul donne le la. Il expédie un coup de pied dans le ventre de sa femme. Il n'a nul besoin qu'elle le ragaillardisse, il est à présent tout gaillard. On dirait que sa queue plus jamais ne saurait trouver le repos. Car qui sait si quelque autre ne s'est pas terré dans ce con, en salissant le fond avec son bout de saucisse. La colère use avant l'heure cet homme et son entreprise, il gaspille trop d'énergie en beuglements, sa voûte en résonne. Dehors neige et glace règnent sans partage. La nature d'ordinaire fait assez bien les choses, il est rare qu'elle ait besoin d'aide pour savourer en paix à notre table ce qui lui appartient. L'homme, devant, derrière, se répand en pluie sur la femme qu'il traîne avec lui. Il secoue vigoureusement les petits paillassons qui lui servent de seins. Son barda pèse comme une pierre. Et sans crainte, sablant la femme de son grossier gravier, il chemine en elle, un sol ferme sous les pieds.

Que l'enfant ressuscité et somnolent cesse de tambouriner contre la porte de la salle de bains, sans quoi il sera jeté avec l'eau du bain. L'homme ploie en arrière la tête de la femme sur sa tige dressée, car elle fait mine de crier. Son oiseau, lui, veille et se voit enfermé dans la cage buccale où il est à son aise et volette vulgairement, jusqu'à ce que le cœur remonte aux lèvres de la femme, que la croissance crépite et que des vomissures glissent le long du fourreau et de la coupole à pendentifs. Le chêne aussitôt reprenant son gland, vivement culbute la femme par-dessus la baignoire. La queue se dresse tel un roseau au bord du lit où enfin elle se cloue, les seins, sonnés, balancent à toute volée, de la bouche coule un filet d'alcool et de vigoureuses gouttes bondissent dans le con. Non le directeur ne laissera pas cette femme tomber ainsi, tout simplement, hors du nid qu'il lui a préparé. Qu'au lieu d'écouter ses sens, elle l'écoute plutôt lui, son âme sœur.

La femme n'est apparue que quelques instants dans l'arène où les consommateurs apprennent à nager. Pour l'heure elle est assise dans l'eau du bain et se fait savonner. Sa robe de chambre est froissée, il va falloir la nettoyer, la rapetasser, la repasser. L'homme, en la savonnant, arrache par paquets des touffes de poils pubiens. Il s'agrippe aux branchies de sa pudeur et d'un doigt savonneux plonge dans les eaux profondes où à l'instant encore il se délestait de son lourd paquet. Elle gigote et pleurniche, Dieu que cela brûle! Devant, sur la poitrine où les désirs escaladent la ramure, des mains avides agrippent à tâtons des tétins qu'un autre a laissés pour compte, trois doigts les tournent sur eux-mêmes et lentement les lâchent. De leurs yeux froids comme des boutons les aréoles nous contemplent. Et jamais ces messieurs ne sont contents, fussions-nous reine. Déjà cliquettent les terribles vaisseaux chargés de recueillir le contenu des hommes. Et les portes des salles d'attente battent, diligentes, devant les os amoncelés des sans-emploi. Mais ces flots-là aussi, nous saurons les dompter un jour.

10.

Ils pourraient reposer dans la paix et la sécurité. Mais il faudrait auparavant que le soleil qui lorgne à travers les fourches de leurs corps projette sur eux son aveuglante lumière : ils peuvent en faire des choses qui valent la peine d'avoir un corps ! S'arracher les chapeaux, se traverser l'un l'autre en deux temps, trois mouvements. Leur résidence est au 7e ciel, et avant d'avoir en quelques bonds, tel le guépard, atteint l'abreuvoir des puissants, ils se sont déjà maintes fois appariés, poussière furtive dans un rai de soleil. Oui. À quoi bon sinon être ensemble, à quoi bon tant d'eaux suaves et d'émouvantes douches, comme s'ils devaient être canonisés ? Pour chaque parcelle de leur corps ils ont trouvé chez l'autre amour et respect. Tout comme les paysans-ouvriers qui tapent sur les nerfs des contremaîtres parce qu'ils s'endorment toujours au travail, et qui tapent sur leurs bêtes, leur tranchent la gorge, leur tondent la laine sur le dos, ainsi qu'ils l'ont vu faire si souvent sur eux-mêmes. En bottes de caoutchouc — les belles chaussures restent à la maison auprès de la belle qui se lave les aisselles au-dessus d'un lavoir — voilà comment le loge-petit sort de l'étable. Le sang du lapin que des enfants ont aimé goutte de ses manches. Néanmoins même cet homme qui est sur terre pour vivre, peut se révéler aimable derrière le buisson où pendant le bal il a entraîné une mignonne qui sait à peine de quoi elle se défend.

Mais pour ceux qui habitent dans la lumière que tamisent leurs persiennes, comme tout est différent : ils s'accommodent l'un de l'autre à merveille, même quand ils laissent, immobiles, le temps passer sur leurs corps; on le voit à peine, le temps — ce gel solaire de la création où certains, à l'abri des rayons, peuvent se conserver dans le calme et le confort. Sur des femmes comme celle que vous voyez ici en photo, le temps semble être passé sans laisser de traces dans la consigne où son mari l'a soigneusement entreposée pour sa consommation personnelle.

Les grands qui vont déjà à l'école du profit se font un sang d'encre au sujet du secteur nationalisé pendu de tout leur poids à nos bourses comme ce directeur aux sacs à lait de sa femme. Du côté des propriétaires on lui a fait comprendre que des konzerns — aux prodigieux appétits et prodigieuses colères — aimeraient faire avec les habitants une partie de poker dont l'enjeu serait leur existence. Les enfants des recalés apprennent très tôt de quel côté leur pain n'a pas été beurré : l'argent du beurre va droit sur le livret épargne-logement. Car il faut bien que les banques fassent leur gâteau avant d'en distribuer des miettes. Et peut-être que le directeur aura sa part et chantera hosanna!

Mais il a bien d'autres soucis, car nul ne supporte seul la vie. Il porte en haut la tête et en bas les bourses qu'il a rapportées à sa femme, attends un peu, tu verras comme tes yeux vont briller ! Ses hauts revenus mensuels sont source d'inépuisable bonheur et son crâne luit sous la pluie d'or. Mais nous dans notre servile déguisement, nous voici reconnus ! Reconnus car au fond de l'abîme s'agite la vie, et les gens affluent dans les tavernes. Nous avons tôt fait d'engraisser le petit cochon qui nous sert de tirelire sous la rosée empoisonnée des banques. Trop âpre est notre croissance, et les déchus en pâtissent, que leurs pieds ne portent pas plus loin que leur vue et qui capitalisent des heures de transport avant de se présenter, le chef découvert, devant leur chef. Leurs vœux ne peuvent être exaucés, et sombrent sous la faux des coupes budgétaires (oh les économies de l'être humain !). Oui, ce directeur est dans son élément. Il met fin aux démarches démesurées, car sa richesse est incommensurable aux yeux des gens qui à ses côtés apprennent à tomber comme les feuilles, en douceur. Pour ne pas troubler le jeu de son violon. Il ne voit d'ailleurs pas pourquoi il devrait se laisser cantonner dans les limites de sa ceinture qui le ceint si bien, car : un autre peut-être a habité sa femme, or à cette habitude lui seul a vraiment droit. Merci d'avoir prêté l'oreille à mes insultes.

Tendrement, à l'image du tonnerre apprivoisé qu'il peut être une fois bien disposé, sur sa femme, il se penche sur sa peau aux senteurs animales. Elle veut dormir à présent. Mais ce désir qui l'anime n'est point dicté par l'amabilité. Elle est emplie de son plus jeune passé; et si nous nous blottissons contre elle, nous aussi le constaterons : c'est aux jeunes qu'appartient l'avenir, à condition qu'ils aient fait des études et que leurs parents sachent les jouer les uns contre les autres à la foire aux bestiaux. Peu importe si les enfants du voisin tombent comme des poires blettes. Et cette femme s'est déjà ouverte à un amour sans espoir, doux comme la cage à lapin au lendemain de l'abattage, elle a déjà installé tous ses meubles et on lui a collé une tapisserie à petites fleurs! De son bijou ne part plus qu'une étroite sente où lui, l'étudiant, homme instruit et d'humeur clémente, se tient et attend, ainsi que tous mes lecteurs, le moment de pouvoir enfin y retourner. Si tous nous nous serrions les coudes, gardant sous le coude tout ce que nous avons, nos pressentiments pourraient se confirmer. Nous ne sommes pas indispensables! Et si nous pouvons espérer un jour connaître un certain bonheur, ce ne sera jamais que dans le souvenir d'une bête aimée que nous aurons nourrie ou d'un être cher qui se sera nourri de nous.

Le directeur pourrait à tout instant envoyer valser sa femme dans le jardin la tête la première, gare à elle si une fois de plus elle touche au mascara! Car dans ce cas il lui en touchera deux mots, dans ce cas il bondira telle la source au creux de la forêt, et des larmes inutiles viendront défigurer sa frimousse, et des taches pourpres (Gerti!) fleuriront sur la lande de son corps. Il existe mille et une manières, outre la pauvreté, de réduire quelqu'un à l'état de carpette, lorsque le jour s'embrase à l'aube et que le café vous descend dans la gorge. Nous n'allons pas bien, nous autres femmes, lorsque nous n'aimons rien hormis faire le ménage et que personne ne nous ouvre chaque jour pour vérifier si rien ne s'est adjoint à nos coquets organes. Mais n'ayez crainte, nous restons égales à nous-mêmes. Bientôt nous couvrirons l'abîme de nos corps, comme nous tentons de couvrir d'Eternit nos pavillons sur lesquels, telles des ombres, tombent les intérêts des emprunts. Le patron viendra alors nous trouver à l'étable, nous son cheptel, qui sommes écrasés, attachés à la chaîne de nos désirs. Ceux qui possèdent une petite exploitation avec une petite bicoque par-dessus le marché, seront les premiers à tâter du chômage : ainsi parlent les gens qui font leurs courses dans de sublimes boutiques et se retranchent ensuite derrière un bureau où nul ne peut plus les amadouer. Même la légère friction de l'eau sur les pinceaux des sexes avec lesquels l'un à l'autre ils se dépeignent leurs désirs, ne saurait les adoucir et leur inspirer quelque bienveillance envers leurs biens vivants, ces craintifs employés dans leurs cellules de condamnés à mort. Ceux-là ont parfois plusieurs heures de trajet avant de se retrouver chez eux, auprès de leur partenaire chéri, et de pouvoir brancher le courant qui traverse les chaises.

Vous n'allez pas vous restaurer dans une auberge étrangère quand vous avez construit une merveilleuse maison où l'on vous prend à la gorge. L'ombre tombe sur la rue. Ceux qui rentrent du travail veulent entrer, boire une bière, dans cette modeste demeure. Nul effort ne marque le front du directeur. Comme virtuose du violon c'est un bien petit calibre, mais sa femme il la traverse quand même en cinq sec. Il a du ressort, et le prouve en cognant lestement avec sa thermos contre ses mamelles, avez-vous vu comme il vient de lui fourrer son oiseau dans la bouche? Ses ailes ont encore un peu de peine à se caser. Mais les messieurs, véritables cataractes, aiment expédier leurs petites affaires, et ils sont toujours pressés. En vous aussi brûle le feu de la colère quand jour après jour on urine en vous! Au-dehors passe un policier affairé à dresser des P.V. Plus d'un a vu le fort faiblir devant un panneau d'interdiction, qui au foyer donne la chasse à sa femme! (Ce gibier-là est toujours en place. Les rideaux frôlent les mains froides qui n'ont jamais eu la haute main que sur la lessive.) Tel un signe du ciel ce seigneur en qui s'est manifesté un certain besoin d'agitation, se penche sur la femme. Sa langue émet une impulsion dans la boîte à jus coincée entre les cuisses. Il faut aussi savoir montrer le poing avec lequel on cogne sur la table. Ailleurs des rouspéteurs font vérifier leurs pots pétaradants et se penchent sur leurs moteurs pour ne pas arriver en retard à l'usine. Mais le soir ils s'animent comme des flammes et cassent la baraque si les femmes ont mal cuisiné! Et ils les font danser, et les femmes prennent de grands airs, comme si elles venaient de franchir les Alpes avec leurs plaies et leurs crevasses. Ces gens n'ont plus guère le temps de se consumer pour un idéal orné devant d'une paire de seins (qui donneraient un sens à leur flamme !). Car nos voitures consument nos dernières gouttes d'énergie.

Le directeur s'accroche à sa voisine de lit. Veut-il en finir avec celle qui si longtemps s'est couchée devant lui ? Elle habite la porte à côté, allez-y, regardez, artistiquement nourrie, elle n'a nul besoin d'explorer d'autres demeures à la recherche d'un partenaire qui jouerait à l'homme avec elle et de la langue caresserait son bijou. Le directeur n'use d'aucun contraceptif, tant est grand son désir de se contempler en plusieurs exemplaires, mais toujours en format miniature, bien sûr, car rien ni personne ne doit le dépasser. Il s'avance vers la grande clairière, écarte la bouche de la femme avec son vilebrequin. Ce mauvais pli qu'il a pris la fait tousser. Elle en est marquée de haut en bas. Il semble fasciné, cet homme, de pouvoir accoucher de toute la taille de son engin, bref il se transforme de telle manière qu'entre sa femme et lui éclate une dispute à propos de son poêle à feu continu. Un sacré carburant, un feu de tous les diables, mais plaise à Dieu qu'il réussisse son propre agrandissement, et ne termine pas cloué au mur comme un martyr — voici l'homme ! — d'où il tombera sur les siens en pluie bénite ! Ailleurs, pas vrai, de petits escaliers s'adossent à des maisonnettes où personne n'habiterait de son plein gré. Oui, les pauvres parmi les pauvres avancent à petits pas, pour enfin se retrouver eux-mêmes.

Avec un cri le directeur se vrille dans la bouche de Gerti. Mais auparavant il a fallu qu'il explose, c.-à-d. qu'il extraie le meilleur de lui-même, il en a l'habitude, dès sa jeunesse tous les filons de ses dons (y compris au violon) ont été exploités. Il est maître de ses chants, et de ses serviteurs. Ce n'est pas difficile, même son fils joue d'un instrument, et les collines secouent comme des mains leurs arbres acides. La femme donne et reçoit des coups de pied jusqu'à ce qu'elle crie. Non, ce n'est pas l'heure de se promener dans la maison, de fumer, de boire et de menacer la bonne de son courroux. Une fois de plus sa chemise de nuit lui est ôtée, afin qu'il puisse la palper dans différentes directions. Nous nous servons souvent du lit et passons en dormant à côté de la guerre des sexes. Alors qu'elle nous permettrait de l'emporter sur nous-mêmes, de nous élever au rang de simple soldat. Dans aucun autre domaine on ne monte aussi vite en grade sur la simple foi d'un joli minois. Le rocher, lui non plus, ne vient pas à la prairie, ce sont les bêtes qui accourent et se frottent les cornes contre sa paroi. La femme se débat à présent comme si elle voulait s'immortaliser au milieu de ses appareils électroménagers. Elle expire comme le cri que l'on pousse lorsqu'en plein jour la foudre ne se contenant plus frappe notre téléviseur. Et qu'il ne nous reste plus qu'à faire réparer ce viatique de nos soirées. Une fois encore le directeur veut décharger son fusil, afin de s'assurer à nouveau de sa femme, étendue dans son sang pour avoir croisé sa route hors de saison. Elle respire et s'étrangle. Le sommeil souffle de ses yeux. Une nausée pour un peu la prendrait, face à celui qui force sa demeure pleine de bruit et de fureur.

Élémentaire avec les pattes qu'il a de lui entrebâiller commodément et illico le cul ! Qui est sa propriété, ainsi que Dieu est la nôtre. Le muscle annulaire grince telle une vieille chaussure, dans moins de cinq minutes le volet roulant sera rabaissé. L'entrée doit toujours être dégagée, car tout compte fait cet homme ne supportant pas la vie seul, d'autres doivent le supporter, lui, à longueur de journée. De tout son corps la femme sert l'homme en quelque sorte jour et nuit, mais ne dirait-on pas que le soleil réapparaît ? Que ces gens prennent la clé des champs et ensemencent leurs sillons ailleurs ! Nous les avons quittés, rassasiés, et les retrouvons, rassasiés, et aucune lumière n'illumine leur couche. Ainsi couchent-ils avec leurs femmes et se couchent-ils devant le conseil des puissants, ce conseil d'entreprise aujourd'hui omniprésent mais totalement impuissant. Parfois en un clin d'œil, un nouvel O.S. se fait assaisonner, qui marinera ensuite à l'atelier. Jusqu'à sa fin son champ est limité. Au petit déjeuner que sert une employée de maison, peu de femmes sont assises en face de leur mari —des lunettes de soleil devant leurs yeux cernés. Elles n'ont droit qu'à une place et une seule. Au cours de la nuit elles furent chevauchées comme les adorables chevaux que les enfants apprennent à monter. Mais eux tiennent mieux en selle ! Cet homme se permet presque autant que notre président et pèse presque autant que lui sur les épaules des voyageurs que nous sommes et qui visent très haut, mais arrivent tout juste à décrocher leur manteau de sa patère! Il dit que Mozart composait à merveille. Et lui aussi joue avec plaisir, quoique son jeu reste un peu étriqué, surtout si l'on songe à son style habituel. Mais il garde de la place pour d'autres passe-temps. Au festival de Salzbourg il peut se soumettre à une révision complète par un test d'endurance. Le père est en harmonie avec lui-même. Allegretto le voici qui taraude le muscle constricteur de sa femme qui — n'est-elle pas en fin de compte liée à lui — retient le cri qui ronge sa laisse. Tout compte fait, nul n'apprend à lire sans souffrir.

Le directeur se laisse pendre dans ses eaux fraîches, puis hop passe des ténèbres au soleil! De toute façon il est bien loti. Qu'il se taise! On peut vivre dans une maison, comme la neige sur la prairie, cela va de soi, mais on peut aussi maintenir en marche, faire cliqueter ses parties. Il y a beaucoup de femmes, mais l'homme, lui, est seul. Suspendu au-dessus des pattes arrière de la femme, il parle dans un murmure de l'érotisme qu'à n'importe quelle heure un bordel pourrait lui offrir, et pourtant il préfère investir en ELLE! Érotisme — ce mot sied à une Erika, non à une Gerti. Il confère un sens à cette heure solennelle. L'homme doit compter avec la bête en lui, et quel lot le hasard lui réserve-t-il? Une conversation avec le monde et ses représentants en machines bien lubrifiés, dans une antichambre où ils attendent que des femmes leurs viennent en aide avec leurs trous étouffants provoqués par la grêle. L'œuvre de vies entières sera totalement oubliée par la terre. Mais invariablement l'homme trouve sous lui sa semence et il se vautre dans cette certitude : son enfant vivra après lui, et après lui sévira dans la ville. Passons. Qui donc dévaste tout et veut sans cesse tout recommencer? Bravo, vous y êtes! À cet enfant il achète de nouveaux habits, que la mère, limitée comme la nature, doit laver. C'est ce que montre la télévision. Cette mère-ci joue du piano aussi loin que les pédales la portent.

Le directeur qui s'est à satiété épanché dans la tuyauterie de sa femme, regarde à présent devant lui, s'observe, et tel un aimable étranger courbé sur son moteur qui ne veut plus tourner, tourne et retourne son animal domestique en tous sens. Comme on caresse un chien. Il l'ensalive partout, pardon. La patrie n'est pas là où un autre a pris pied. Cette femme est pour l'homme une constante commode (et toujours à la mode), car elle garde les pieds sur terre, tandis que lui va droit au cœur, et pour passer le temps écrit des logiciels devant lesquels tout un chacun reste baba. La lumière tombe sur le champ, et demain Gerti sera toujours là, forcément. Aucun autre homme n'a le droit de séjourner en elle et de jouer avec elle si parfois elle s'ennuie. Mais voici que le directeur bondit de son angle mort. Il tente de conquérir sa place, ruisseau dévalant vers la plaine. Voici ce que souhaiterait cette formule 1 : s'ériger et faire hurler son moteur sur la ligne de départ! Cependant qu'à l'entour cette même nuit ne purifie jamais les miséreux d'eux-mêmes, au contraire, ils ont froid et les chattes de leurs femmes ont à les chauffer. Demain ils ne veulent pas être en retard là où, à défaut d'être bien vus, ils sont très attendus — par l'usine, notre bien le plus imposant. On y brise leur envol. Beaucoup sont obligés de scier les branches de leurs arbres fruitiers cassées par le gel. Le directeur crache d'horribles grappes d'immondices dans l'oreille de la femme. Il pourrait la laisser tomber comme un sac à dos plein de vieilles croûtes de pain moisies, à elle de choisir! À tout moment! Elle vit, n'est-ce pas, et plutôt bien, du moment qu'elle ne lui mesure pas l'hospitalité dans son slip! Que le chemin est dégagé et sablé par lequel l'homme pourra se retirer si l'endroit cesse de lui plaire. Le ballon doit aller au but. Et elle? Il la retient par les cheveux comme s'il tenait encore le volant. Approchant du dénouement, frémissante, sa queue s'abat dans les broussailles. Au dernier moment il dérape, parce qu'elle se crispe. L'homme lui assène un coup de poing dans la nuque, oriente puissamment la voix dans sa direction. Cette femme songerait-elle à la douceur de l'air auréolant un membre plus cher? Serait-ce possible? Aussi le lourd calice du directeur passe-t-il devant elle, et se vide sur la décharge de sa peau, petit tas d'ordures désordonnées. Cette femme ne mérite en rien l'inclination à 45° qu'il lui témoigne. Et maintenant versons-nous à boire, bourrons-nous à demi, non aux trois quarts, de demis! Autrefois les joyeux conquérants était moins souvent dérangés. Aujourd'hui règne un souffle plus coupant.

Les habitants du pays devront bientôt se réveiller, chassés d'un endroit à l'autre, avant même d'avoir compris où ils ont échoué. Mais attention, eux aussi ont un privilège : le printemps les surprendra, comme nous, avec un soupir et beaucoup d'air frais. Entre-temps toutefois nous aurons atteint beaucoup plus, car NOUS avançons, nous nous risquons : au théâtre, au concert ou dans une exposition où nous nous reconnaissons, portés par le seul éclat tombé de LEURS pauvres yeux. Oui, nous figurons sur la liste ! Mais S.V.P. regardez en bas l'amoncellement sauvage des crédules au chômage réduits à la bonté des banques. La lumière de ces yeux, au bout de la nationale, ah, n'a jamais doré que les dividendes de l'usine. Ils ont un jour oublié de clignoter et, manquant le rendez-vous avec eux-mêmes, aveuglés par le brillant emploi qu'ils venaient enfin d'obtenir, ont souvent glissé dans le fleuve. C'est qu'on n'a pas le droit de s'endormir au volant à cette heure matinale. Et qu'advient-il pendant ce temps de nos contributions fiscales ? Elles sont bradées comme les gens et prennent la forme de coûteuses voitures de sport, dans un pays svelte et talentueux, là juste devant, où l'industrie prend des virages vertigineux. Ailleurs aussi habitent des gens qui se font écraser. Mais poursuivons notre route inconstante, ne laissant sur l'asphalte des nationales que de bien faibles traces, et à nos enfants un téléviseur et un magnétoscope par tête.

11.

Au petit déjeuner ils n'en finissent pas de se délecter. L'enfant dévale l'escalier, le petit coquin danse autour de son père. Une humeur si radieuse est payante. Le père veut un fils courageux qui jamais ne s'arrête devant l'obstacle. Mais au pis cet enfant ne s'arrête que pour flâner à son aise devant les magasins de farces et attrapes du chef-lieu. Et quand il achète, c'est toujours pour lui. Les camarades, il les reconnaîtra à peine de loin, ils voient fatalement qu'au fils du directeur aussi l'argent est compté (comme à eux le temps où ils peuvent encore frapper aux portes entrouvertes de l'économie). À l'école primaire le fils est assis sur le même banc que les enfants des pauvres, c'est logique d'un point de vue pédagogique, mais dans les chaumières c'est la guerre! Certains fils et filles gardent une odeur de porcherie des longues matinées passées près du bétail planté jusqu'aux jarrets dans sa fange de plomb. Ils sont descendus de leurs demeures inaccessibles après s'être levés à cinq heures du matin. Là-haut, les corps s'entassent jusqu'à ce que le manque d'argent les disperse dans les usines. N'y avez-vous jamais vu fleurir et faner ces fleurs des champs? Cet enfant impudent, lui, coupe droit à travers champs pour troubler les bons rapports entre nature et droit de la nature (c'est son droit, non, d'assommer une taupe à coups de gourdin ou telle la bise de filer à ski sur les pentes! Et le vôtre, de vous promener pour raison de santé dans des nuages de pure laine naturelle!). Parfois un fusil détone dans les entrailles de la forêt. Les fosses septiques devraient protéger la nature de l'homme et de ses excréations, mais qui protège l'homme de ses créanciers, les employés de banque, qui se lèvent tôt pour le seul plaisir de lever les yeux sur les Alpes? Dieu soit loué il y a eu cette nuit un léger dégel, ce qui tient le skieur en haleine : rentabilisera-t-il ses tickets de remontée? La glace est éparpillée aux pieds des arbres comme des confetti en polystyrène expansé tombés de l'emballage d'un bel appareil devant lequel comme des écailles nous tombent des yeux. Mais plus d'un verrait cela d'un autre œil. L'employée de maison arrive avec son chariot à provisions. Le sol encore gelé par endroits résonne sous les roues comme s'il était creux. Preuve qu'il y doit bien y avoir aussi quelque chose au-dessous de nous et pas seulement au-dessus. Et vous, vous n'avez pas quelque bonne relation avec laquelle aller au cinéma? Non? Dans ce cas attendez, un quidam, acculé sans doute par le chômage en ce monde allégé et body-buildé, finira bien par tirer aussi votre sonnette, pour vous vendre quelque abonnement. Qui vous familiarisera avec les besoins de vos représentants en : art, économie et politique.

En tant qu'homme le directeur peut se pencher sur sa femme, car elle est assise à sa place très habituelle, où nul rai de lumière ne peut l'atteindre. Il fait encore sombre. Gerti porte des lunettes de soleil. L'enfant entre en trombe, égayé par tant de choses vues au loin et à la télévision, il piaille d'avidité : précise qu'il veut des objets bien précis grâce auxquels il fuira ce beau monde : de rapides engins avec tenues assorties, qui rempliront ses jours de bonheur. Car avec la marée il compte bien repartir, l'enfant. De la puissante et sombre étoile qui chez le père fait office de tête s'échappent des paroles énergiques. Il a choisi la matinée pour visiter une fois de plus à l'improviste la mère de cet enfant. Améliorant ses performances nocturnes il s'est imposé, bref et preste. Comme on s'installe dans un fauteuil, juste un moment, dans la feinte sincérité des nouvelles du soir, il s'est lourdement laissé tomber dans la femme, s'arrimant par-derrière à sa pompe à essences vitales où il puise le réconfort du sacré sacrement. Qu'elle le laisse pour une fois faire le plein en paix! Super! Il s'est insinué dans ses oreilles avec des mots, il faut qu'elle lui rende compte une fois encore de son manquement de la veille. Car il est le comptable suprême, celui par qui les vagues se muent en lames de fond. L'herbe vraie, espérons-le, finira bien par pousser, même si nous la semâmes par erreur sous des cimetières de voitures et des relais d'autoroute, où ça chauffe sous les capotes caoutchoutées. Oui, là où nous nous épanchons, immergeons notre sexe, faisant en sorte que notre partenaire n'en apprenne jamais rien, afin de jouir à son insu. Les cuisses de la femme ne doivent s'apprêter que pour lui le directeur, ce terrible passager, doivent baigner dans l'huile bouillante de son désir, et lui en retour restera pour elle en activité, déchargera, frémissant, sur sa rampe et la récompensera par une broche clémente ou un bracelet d'acier. Encore un instant et tout sera fini, nous serons libres à nouveau, chez nous, dans nos pénates, plus riches cependant que l'instant d'avant où nous riions de nos voisins. Vous êtes cordialement invités au spectacle! Il ne vous arrivera rien quand frappera à votre porte ce membre de la clique des jouisseurs, une bouteille de veuve cliquot à la main! Au contraire, que la femme se réjouisse! Pour un peu il se serait transformé en paquet-cadeau! Le bleu du ciel ne plaisante pas avec le paysage, et le commerce est florissant.

À la première occasion cette femme courra sûrement chez le coiffeur se faire mignoter pour son Michael. Oui, elle doit faire en sorte de pouvoir s'offrir comme amuse-gueule, tout à fait entre nous, ah les beaux jours! Les parents, tout amour, s'entrechoquent avec fracas au-dessus du fils qui s'épuise sur ses jouets comme le père sur le sein de la mère où il joue seul. Dans un instant on viendra chercher l'enfant. Autrefois des herbes poussaient par ici, à présent des liens enserrent le cœur, nul ne peut rester tranquillement sur sa route, à regarder en paix. Il faut tous qu'ils vous balancent leurs souffrances ou pissent un jet créateur, pour être vus, et vous contraindre à les aimer. De tous côtés on interroge le fils sur sa plus-value par rapport aux enfants des petits paysans. Peu s'en faut que cette mère, si lasse, ne voie, d'effroi, son lait se figer en son sein, tant l'enfant lui semble dépourvu d'une âme immortelle, car il ne rend pas sa mère bien heureuse. Ne veut-il pas retourner skier là où les autres se font fesses-tirer. Pourvu seulement qu'ils ne se surestiment pas dans la descente! La mère embrasse goulûment l'enfant qui lui échappe. Le père, bonasse, gratte le tapis d'un pied nerveux. Vivement qu'il se retrouve seul avec sa femme, pour pouvoir lui faire un appel, du pied (ou carrément le prendre). Parfois profitant d'un moment d'inattention de l'enfant, il glisse deux doigts aussi prestes que lestes dans ce qu'elle a de plus captivant, cette fente qui le ravit au point qu'il achète à la femme de ravissantes tenues, dans le seul but de la couvrir. Puis d'un geste furtif il renifle sa main, une main de gagneur, comme lui. Tranchante comme la lumière. La mère cependant continue à aimer son enfant, toujours plus, et toujours plus loin, et toujours en descendant la rivière, cet enfant auquel elle tient comme une bien-aimée, et qu'elle retient par des joujoux et autre fatras. Le père, de bonne humeur, tape du poing sur la table. Pour l'instant lui n'a plus besoin de la mère, normal après tout qu'un enfant ait besoin de sa mère! À condition de ne pas exagérer! Que son fils apprenne à se modérer quand il prête aux modestes par nécessité ses beaux skis flambant neufs pour trois malheureux sous, afin de pouvoir s'amuser la gueule dans la première pâtisserie venue. Le fils, petit tram poussif de banlieue, a déjà organisé un florissant commerce avec ses équipements, il veut que ça roule même pour les plus sots (qui croient à l'utilité des patins à roulettes pour la course aux emplois dans le

système alpin!). Mais ces enfants ne comprenner qu'une chose : qu'il en coûte d'avoir des skis de con pétition sur le dos. Cet homme et cette femm divine, dans l'intimité recouvrent la vie. Leurs yeu attachés l'un à l'autre à grands points.

Son violoniste de père louerait pareil sens de affaires. Prenez exemple sur lui, vous les boutiquiers de la neige, qui exigez de l'argent pour l'utilisation du moindre flocon, des plus pâles fleurs du glacier! Toute la neige reste sur les champs labourés de ce pays, où voici une heure à peine, esclave du sport parmi tant d'autres, vous supportiez la vie, engoncé dans cette combinaison vivement colorée qui vous accompagne partout, des pistes aux discothèques. Vous êtes tous identiques, et tous uniques, en votre genre! Sauf qu'il faut d'abord qu'on vous hisse tout près de Dieu, où le cours du temps est plus élevé, mieux coté que les temps de vos descentes chronométrées par madame votre épouse qui vous a accompagné à pied. La vie soudain vous paraît plus familière quand vous vous tenez devant l'abîme d neige, pressant un instrument contre votre corp lui aussi lessivable. Les pauvres, eux, suent sang, eau qui gèle sous eux et qu'ils ne peuvent qu'enja ber prudemment au pied de la plus altière des m tagnes dont jamais aucune aide ne consent à d cendre. Quant à la macédoine de grosses légu que les boîtes déversent sur les pistes et qui gliss penchés sur leurs planches comme sur un être a eh bien pour ceux-là, y a d'la joie, et ils glissen simplement vers la vallée. Là, ils se désolida

des laissés-pour-compte de l'austérité devant une émission folklorrifique pleine de vie et d'humour. Les pauvres regardent aussi, mais ça leur reste étranger. Car ils ne comprennent pas pourquoi ces astres du petit écran montent au zénith. Le temps les chasse de-ci de-là.

La mère se fait chouchouter par l'employée de maison avec du café. Cependant depuis belle lurette elle a caché dans sa penderie une bouteille cachetée. Il vaudrait mieux que le groupe d'enfants ne vienne pas aujourd'hui et qu'il aille s'époumoner ailleurs. Mais non, c'est vrai, ce n'est que demain qu'il viendra, afin de répéter chants et flonflons pour la fête des pompiers. Les jours de repos, certaines choses s'unissent si bien sur le plateau à la passion selon saint Matthieu ou à quelque autre chanson digne d'affronter nos oreilles. Horrifiée la femme regarde ses mains qui lui sont totalement étrangères. Le langage se dresse en elle comme le pénis de son mari (là où l'on tire sur la chaîne et où tout dégringole). En son jour de repos, un sentiment l'a surprise en un lieu où la nature brillait toute blanche, mais était-ce bien la nature ? Nous voulons tous nous faire beaux pour, là-bas, rencontrer un être et rester paisiblement en lui, visible, de lui seul. Ce jeune homme qui l'a traversée en une demi-heure, pense-t-il encore à elle ? Il a méprisé ce qu'elle lui offrait à discrétion, car rien ne sert d'être discret. La femme va pouvoir vérifier ce que veut dire être la déesse d'un autre. Peut-être pouvons-nous nous aussi aller chez le coiffeur, puis regarder les

pauvres bougres dans leurs bouges où ils se préparent à fêter Noël.

Au passage le directeur plonge sa main dans le décolleté de la femme, où figure l'essentiel de ce qu'il faut pour faire bonne figure. Comme il se doit pour une image. Cette femme ne l'esquivera pas, elle doit contempler sa verge, la lécher et la laisser entrer. Et ne pas se laisser égarer par le premier venu. La campagne brille d'un éclat morne, mais ceux qui pourraient la voir ne voient rien, parce que leurs pauvres ombres se heurtent à celles des joyeux sportifs dont les corps se resserrent sur eux-mêmes pour être plus glissants dans le vent. Ailleurs, où l'irrésistible loi du tourisme n'engendre ni la vie ni les rires, le milieu, je le crains, est moins hospitalier. Au fond des cuisines encrassées crépite un feu de glace dans les yeux des maris contraints d'aller au travail à cinq heures du matin. L'infâme saucisson de montagne dans l'estomac les rend obtus dès cette heure matinale. Leurs femmes font irruption dans le réel avec fracas, elles exigent d'être adoptées par le monde en tant que travailleuses, et non comme simples pondeuses (d'autres se plaisent à visiter le haut lieu de l'enfance à Vienne Hadersdorf, où les maisons-jouets sont toutes petites. Ainsi l'enfant apprend-il à se faire — et rester — tout petit, comme les petites gens). Toutes ces femmes veulent arrondir leurs fins de mois, afin de pouvoir, elles aussi, pendant les vacances, telles des furies, dévaler les pentes sur leurs planches. L'air frais qui les aura lessivées à grand frais ne dure jamais longtemps.

Mais il n'y a rien à tirer des chambres de plomb de cette papeterie, en dehors des chiffres sur la fiche de paye. Au sein de l'union des puissants, le directeur a décidé de débarquer d'abord les femmes pour qu'au travail du moins les hommes en soient débarrassés. Et ce que les femmes n'encaissent pas, c'est le contremaître qui l'encaisse quand il surgit à l'improviste. Charmant tableau!

À la cantine les ouvriers se regardent en paix. À la lumière ils chantent comme des oiseaux, pour parfaire leur existence et plaire au directeur. Mais où se cache le sens de leur existence? Au sein de leurs femmes sensuelles à travers lesquelles la vie s'exprime parfaitement?

Le directeur a besoin de sa propre femme, car: à chacun la sienne, n'est-ce pas? Le jour s'est déjà montré et à sa lumière les affaires reprennent, dont certaines manquent de transparence. L'homme observe sous un angle où les seins, constate-t-il, paraissent quelque peu éteints, sa femme qui, nerveuse, bataille pour obtenir un rendez-vous chez le coiffeur. Dans son souvenir ces seins sont aussi vivants que s'il les avait engendrés et façonnés comme son enfant. En tout cas — ciel où est passé mon aiguillon? — nous pourrons bientôt la pétrir à nouveau. Car elle lui appartient, elle lui appartient, telle est la richesse des fruits que nous offre la terre. Après l'école l'enfant dévalera quelque dive montagne en moins de temps qu'il ne vous en faut pour souffler, aussi vous doublera-t-il aujourd'hui, et de toute façon, digne fils de son père, neige ou farine, vous doublera toujours. Qu'il est gâté ce garnement à peine sorti des limbes maternelles et qui s'imagine qu'ça va, qu'ça va, qu'ça — va durer toujours. Cependant cette femme veut se fournir en jeunesse chez un nouveau marchand, d'où aussi la nouvelle coiffure. Pour être vue et passer aperçue. Devant la demeure de cet homme, qui hier a nourri la bête en elle, là où l'hiver venu les bêtes se nourrissent. N'aurait-elle jamais vu aucun de ces jeunes gens qui peuplent les bars ? Qu'ils passent ou qu'ils restent, qu'ils sont beaux avant de passer, eux aussi. Ils sont tout occupés d'eux-mêmes, car ils ont tant à faire avant de débouler dans un week-end de neige et de parader avec leurs petites amies devant lesquelles ils se tiennent les mains vides, en se demandant comment ces tailles douces en quadrichromie ont bien pu se graver sur la face lisse de la vie et faire si profonde impression. Les cartes postales, me semble-t-il, sont moins dures avec la contrée que le temps avec la femme. Apaisé, le paysage se tait en son jour de repos sur la photo que vous achetez au bar-tabac et que vous gribouillez, mais le temps, lui, va résolument trop loin ! Tel l'ouragan il se grave dans les traits usagés de la femme. Qui — oh non ! — place une main effrayée devant son reflet brillant dans le miroir : il faudrait entreprendre une réfection générale, ne pas se limiter à la coiffure à géométrie variable selon les heures. Créer à grand-peine une petite variation, rien que pour le plaisir d'une petite musique de nuit. Son corps s'élance hors du miroir, vagabonde comme ses pensées. Elle connaît la maison, un skieur médaillé second choix l'y attend. Tous nous attendons que s'arrondisse enfin notre bourse, l'escarcelle de nos sens, où tournoient les nuages. Oui, car le climat, souvent, y est incertain. Songeons à la manière dont nous pourrions nous embellir, pour devenir plus et arriver au moins à la hauteur de nos chevilles.

La femme attend que son mari se mette comme il se doit en route pour le bureau. Le mari attend de pouvoir faire un dernier raid dans son sillon, avant de la laisser à ses fourneaux où elle se gardera au chaud pour lui. Les pauvres travailleurs, eux, s'en sont allés depuis longtemps, longeant les avalanches, un baluchon sur le dos. Et maintenant reposez-vous un instant! Le bus est parti. Avec l'enfant qui trône, condescendant, au-dessus de ses condisciples. Ses lignes de vie ont été soigneusement triées (sans doute par le même sort qui le guide sur les pentes glissantes et lui a déjà montré maintes villes étrangères). Aussi se porte-t-il très bien, depuis le jour où son berceau s'est dressé dans la demeure d'un homme qui paye bien quand il est content. Ses condisciples, eux, se contentent de glace sur laquelle ils patineront ad vitam aeternam. La lumière brille sur cette grande maison comme si elle avait grandi là, sur le sol rayonnant de cire. Oui, aujourd'hui il y a du soleil, ainsi en ai-je décidé. La femme aimerait dès que possible et pour avoir l'air avenante, se rendre en ville, dans une boutique. Pourquoi ne suffit-elle pas au jeune homme tout au long du jour, qu'a-t-il besoin de filer sur les rails des montagnes, sur la plus vierge des neiges, ce spécialiste de la neige profonde? D'aller où nul avant lui n'a jamais mis le pied! Sauf l'an dernier lorsqu'un autre jeune homme y a fait le fou avec ses amis. La femme ne pense à rien, à rien d'autre qu'aux vêtements à mettre pour aller plus vite, plus haut, plus loin. Aussi loin que ses sentiments la portent, mais en attendant remballons tout cela! Son mari ne saurait l'apaiser, d'ailleurs il s'en va à l'usine. Pour être juste (et juste pour rappeler qu'il est bien nanti), il est à 80 % responsable de son bonheur. Il l'en abreuve. Faites donc vous aussi un saut chez nous, le jour où, pensif, après un long voyage, vous voudrez semer la tempête dans les yeux d'un autre. Venez alors, et demandez à ce qu'on vous savoure.

Pour jouir d'une vue douillette sur le temps qui passe, depuis sa loge à quatre roues (seuls les véhicules les plus misérables n'ont pas de tapis de sol), la femme quitte la maison, ongles et visage peinturlurés. Admirable grandeur de cette nature où les pauvres ne font qu'apercevoir les panneaux de signalisation, ne les respectent pas, et se retrouvent avec leurs vilaines voitures mêlés à notre pâture. Le vagin de cette femme est imbibé du ferment de son mari. Collé aux cuisses sous son collant, le témoignage visqueux des habitudes quotidiennes du directeur. Lequel aime à signaler que, s'il voulait, il pourrait encore se reproduire, même si l'encre se raréfie. Qu'il est toujours en mesure de cuisiner, goûter et apprécier d'autres pains d'épice plus frais. L'air fraîchit vite en montagne. N'hésitez pas à parler de circonstances favorables, lorsque dans le lac la forêt se reflète et qu'aux fenêtres l'herbe pousse en hauteur, adoucissant la souvenance des souffrances domestiques. Mais il faut voir la colère des pauvres, lorsqu'on use d'eux et les abuse avec des ruses que nous soufflent les conseillers fiscaux. Le directeur de la papeterie n'en revient toujours pas de voir la horde humaine qu'il emploie acheter comme un seul homme les mêmes marchandises au même supermarché : en fait de goût, aucun d'eux n'est le maître chez soi. À la campagne, et ce n'est pas d'hier, les petits commerces ont fermé, ainsi faute d'y aller consommer bière et saucisses, les habitants, tristement, se renferment chez eux. Par la chorale de son entreprise (ah le concert de louanges auquel nos entreprises ont droit à l'étranger!) et le tintamarre choral, cet être souhaite nous inciter à trouver refuge contre sa poitrine, muraille où se brisent nos chants. Un léger coup de pied suffit à faire taire le plaisir, ce député blanc de l'être humain qui souhaite absolument faire entendre sa voix criarde. La femme alors se tient tranquille. Des pièces où elle se voit traquée en raison de son sexe, ce plaisir des dieux, les cris montent jusqu'au ciel, jusqu'à la clôture percent les hurlements commémorant la bataille. Mais l'homme et la femme jouent l'un sur l'autre depuis assez longtemps, bientôt ils se relèveront et se laveront des traces de l'autre.

Une fois de plus certains ne sont pas apparus à l'église où les statues gouttent, d'autres ne comptent même pas au nombre des élus. Le bûcheron, esclave des intempéries et de l'imperméable, connaît un bref éveil à la vie au sein de la femme qui travaille dans un grand magasin. L'itinéraire de cette dernière l'a conduite de l'école à la grange, et déjà ils sont trois, et se réjouissent de la cuisine, forge de leur vie, où ils liment et taraudent, car ils n'ont pas d'autre pièce. Bien obligés de se serrer les coudes. La nature à coups de maillet tasse l'homme à sa mesure naturelle, puis le conduit à la taverne, qu'il donne libre cours à sa démesure. Chez lui, il reste hébété devant le produit de ses sens, les enfants, et rêve de les chasser au galop et de les écraser contre le mur. Ici les enfants expirent parfois en moins de temps qu'on ne met à se labourer les muqueuses pour les fabriquer. Et on voudrait leur assurer longue vie et pérennité alors que les maîtres du pays leur empoisonnent les arbres sous le derrière et que d'ici cinquante ans le papier créé par les ouvriers se sera envolé en fumée comme des avertissements dans le ciel. Aussi vains que leur colère. Aussi vains que pour la femme le choix entre jupe ou jupe-culotte, car il n'est pas question qu'elle porte la culotte à la maison. Aussi vains que les blessures que leur inflige le travail jusqu'à ce qu'elles deviennent inaptes à l'emploi — et leurs jouissances se dissipent aussi trop vite. À la fontaine ils plongent une main sous le jet. Et le sein sensible des femmes se mue en d'informes bas-ventres où prolifèrent des excroissances que le médecin arrache d'une main en colère. C'est qu'on ne va pas à l'hôpital pour rien. Puis vient le jour où ces enragés connaissent vraiment la faim et se font sauter la cervelle avec un de ces fusils de chasse qui, telles des moisissures, pullulent dans les coins secrets de leurs maisons. Du moins ont-ils un jour trouvé un maître honnête, en vous, afin que vous inculquiez à leur enfant la mécanique automobile jusqu'à ce qu'il puisse lui-même attenter à ses jours.

La femme de M. le directeur, l'annonce se lit sur son visage, se fait belle. Elle se pomponne. Et la nature lui sert de couverture. Sous son make-up, où elle est humaine, elle parcourt des espaces plus vastes que la montagne ne peut en contenir. Aussi ne se fie-t-elle pas à la nature en ce qui concerne son visage; ces forces gigantesques lui coupent le souffle, il faut qu'elle monte dans sa voiture. Dans la patrie de sa tête elle voit déjà son nouvel écuyer et elle s'y voit aussi avec des yeux tout différents. Puissent ses pressentiments atteindre leur but! À l'entour les têtes d'oiseaux des perdantes, piquées sur les pieux des clôtures, l'observent. Ces femmes du village — elles regardent comme si elles n'avaient jamais vu d'autres pays que leurs petits royaumes où leur seigneur le soir leur insuffle son souffle. De leurs mères déjà elles ont appris à toujours surveiller l'argent et admirer la face qui s'y offre au regard. Quelle différence entre un billet de cent et un de mille! Un monde les sépare qui comble l'abîme. La femme grignote les virages serrés de la nationale. Elle veut que le jeune homme dont elle a, la veille, apprécié la prestance et la prestation, fasse de nouveau en elle acte d'autorité. Elle descendra parmi nous, au pied d'un escalier inaccessible. Des fossés sillonnent les montagnes, nous, cependant, restons en bas, trop maladroits pour le fauve en nous. Le jeune homme en fera des yeux, lorsqu'il verra la nouvelle coiffure. Tout comme ceux qui ici se partagent équitablement entre les bêtes dont ils se préoccupent — des centaines de truites mortes dans la rivière, car les vannes du barrage ont été ouvertes trop brutalement — et le travail qu'ils se sont procuré. Éphémère cadeau d'un patron. Tel est, selon nous, le bois dont sont faits les humains.

Ils batifolent sur les pentes. Le long de paysages damés par les planches, les téléskis traînent jusqu'aux sommets leur lourde cargaison imperméabilisée, où, sous la housse en plastique hermétique, pendille une invitation de la nature. Oui, ce pays autrefois si divers ou même simplement vert est aujourd'hui condamné par les planches. Les canons crachent leur poudreuse devant les touristes frénétiques venus de Vienne pour la journée. Chacun d'eux croit pouvoir pulvériser des records. Attardons-nous un peu ici, cela fait des siècles que nous sommes en ce monde, pour le transformer, et voici qu'il meurt sous notre règne. Les skieurs badinent seulement avec le paysage, n'ayez crainte, ils ne sont pas timorés. Ils évoluent sur terre de toute leur puissance, écrasant au passage tous les foyers. L'attrait de la vitesse attire les citadins sur les cimes, et cette même vitesse les précipite en bas. Ô, pouvoir une fois encore sortir de soi! Voler sous le soleil, maîtres sincères, montrant ce qu'on a fait et de soi et des autres! Ils se sont mêlés l'un à l'autre et ont engendré de nouveaux sportifs. Qui suivront un stage de ski, avec sur le visage les points de souillure, marque de fabrique de leurs parents. Le sport, cette absurdité douloureuse, pourquoi faudrait-il que vous y renonciez, vous qui précisément n'avez plus grand-chose à perdre? Ici point de course aux meubles d'époque, mais la course aux combinaisons de ski tape-à-l'œil, aux articles de luxe et autres accessoires (par ex. aux absurdes et grotesques couvre-chefs) ne connaît aucune limite, et s'il y en avait une, hop on sauterait par-dessus, ce n'est qu'une petite butte. Derrière, il y en aura une autre qui devra accueillir tout ce que nous contenons. La mode, la mort et les mœurs ravagent les Alpes depuis longtemps, et le soir nous nous tordons tous de rire devant l'accordéon d'un guignol qui se démène devant nous. À l'entour dorment les villageois. Devant eux la montagne ne s'ouvre pas lorsque le matin ils partent travailler, à vélo ou ceinturés dans leurs minis, obligés de se payer des chemins accidentés avant de pouvoir franchir enfin la grille du zoo des employés. Oui, certains réussissent l'ascension, à condition d'avoir de bons crampons aux pieds et à l'âme. Du calme, S.V.P. N'oubliez pas qu'il y a aussi des gens qui travaillent ici devant leurs bêtes, chacun dans sa propre cage.

Et nul ne tend la main vers l'une de ces créatures à skis qui creusent des cratères dans le sol, pour l'attraper et l'en empêcher. Personne n'échappe aux lois de la terre, ce qui est lourd est condamné à tomber, on l'apprend d'ailleurs à ses dépens. Certains chaussent des lunettes de soleil, se regardent et songent à leur pâture. Au menu du soir, un coït nouvelle cuisine, peu mais raffiné. Le temps dans son bol s'étire en fumée rouge, nos fourchettes cliquettent, les têtes d'or s'inclinent, les montagnes cependant sont immobiles. Des fumiers par milliers se déversent sur les pistes. Et quelques centaines de surnuméraires produisent du papier, une marchandise qui se dévalorise encore plus vite que l'homme n'est usé par le sport. Avez-vous toujours plaisir à lire et à vivre ? Non ? Vous voyez bien.

La femme s'aventure dans le chef-lieu où son mari garait autrefois sa voiture et respirait l'eau brûlante du sauna. Aucune importance. Car aujourd'hui à ses testicules et falaises attachés de biais à la rampe de son sexe, sa propre femme s'accroche, et c'est à ses côtés que le sommeil le trouve quand lui le cherche. Cette femme est devenue sa superfluité, il s'épanche en elle jusqu'à ce qu'elle déborde. L'homme venait là pour qu'on effectue sur son corps un petit rafistolage, et pour lui rendre son lustre des femmes s'habillaient osé ! L'établissement à ses fenêtres exhibe des lumières rouges, mais il est moins fréquenté qu'autrefois. Pour reprendre haleine, de plus en plus souvent, les hommes préfèrent recueillir les figues de leurs femmes dans le creux de leur main habile et les presser. Après avoir au préalable ligoté les pattes de leurs bêtes domestiques, afin de les retrouver là où ils les ont déposées sous une nouvelle robe. De nos jours ils sont obligés d'être à tu et à toi avec leurs légitimes, sans toutefois reconnaître en elles leurs égales. Le soleil éclaire le chemin. Les arbres se tiennent là. À présent eux aussi sont à bout.

La maladie, messieurs, vous ramène sur la voie du sexe familier qu'autrefois vous aspiriez tant à fuir. Il est devenu vital de pouvoir se fier à sa partenaire, sans quoi il ne vous restera plus qu'à prendre le chemin du spécialiste; dire qu'avant tous les chemins s'ouvraient à vous, grand explorateur de la chair, et que vous les empruntiez, jouant, dans votre joie d'être immortel, sur toute la gamme de votre harmonica de poche. Mais vos mornes instruments vous faisaient bien souvent grincer des dents! Aujourd'hui, les yeux dans les yeux, nous accordons nos violons, et nous nous présentons, fumant d'avidité, dans notre propre jus. Oui, l'horrible habitué du sexe dîne à présent chez lui où tout a meilleur goût. Voici l'homme enfin en accord avec ses breloques et pendeloques. Dans le temps il rabattait sa femme à tout bout de champ comme une haie, aujourd'hui devant elle il redevient sauvage. Facile! Chacun devra bien un jour apprendre la manœuvre permettant de passer, dans le calme et la paix du ciel, par l'entrée de service de sa divine partenaire, car il n'en existe plus d'autre sur la place, et de la place celle-ci en offre bien assez! À présent l'homme a pris du ventre et se vautre dans les sens qui sont à portée de sa main. Dans le temps toutes les femmes lui étaient servies, accommodées selon son goût. À présent il se vide dans la légitime, à elle de laver sa boutique. Cet hôte terrible fait ripaille de sa croupe brûlante de la chaleur du lit. Tout entier concentré sur l'érection censée perdurer sur la prairie fleurie de son bassin, parmi les bruissements et les bouillonnements. Tenaillé par la peur de perdre la forme et d'être supplanté par quelque aimable étranger. Ah, le plaisir, comme on aimerait qu'il fût le maître d'œuvre de notre vie. Mais à votre place, ma vie, je ne la bâtirais pas dessus.

Tels des fauves ils sillonnent leurs ruelles fleuries, ces hommes de la randonnée, la montagne les rejette. Leurs puissantes génitoires sont en quête d'un sein accueillant où se loger durablement. Pour l'heure ils forment encore un docile troupeau, pour l'instant leurs paquets de chair restent bien visibles sous la pellicule plastique de la transpiration, mais bientôt, quand le soleil les brûlera, ils s'épanouiront, et le suc jaillira de la minuscule déchirure qui s'agrandira vite. Et le soleil fondra sur eux dans un hurlement, le dépotoir humide explosera, l'âcre odeur du sexe flottera sur les parkings, et les yeux, deux par deux pour se comparer, s'attelleront jusqu'à ce que le char verse dans le fossé et que les désirs errent à l'abandon, en quête d'un nouvel animal qui puisse les entraîner. Ce n'est pas en vain que les hommes auront vécu. Sur simple demande on leur pisse au visage, et ils se prélassent sous l'arbrisseau du sexe dont ils ont eux-mêmes surveillé la plantation. En retour celui-ci les arrose. Pour une nouvelle broche, la froide Gerti en fait autant à la maison, il suffit d'envoyer un coup de poing dans ses plates-bandes fertilisées jusqu'à ce que sa terre se fende, qu'elle-même se détende et que ses sphincters se décontractent correctement. De tels divertissements sont à la portée de chacun d'entre nous sans que nous ayons à nous réfugier dans notre chagrin, dans notre coin, encerclés par nos seuls meubles. En gens qui visent toujours plus haut qu'eux-mêmes, afin de ne pas avoir à baisser leur train de vie.

Le temps consume le plaisir avec lequel nous nous transperçons et nous perçons les tympans, dans l'espoir un beau matin de déposer un corps encore plus vaste à côté de notre propre décharge. Mais ceux qui sont las, eux, se consument chair et os. D'un autre côté ils ont plus de chance, car ils n'ont ni à maigrir, ni à se décolorer, étant déjà ratatinés et incolores devant la machine à laquelle, fourbus, ils travaillent et qu'ils ont de surcroît à fourbir sans relâche. Et lorsqu'ils tournent la tête, ils voient les eaux usées de l'usine polluer la rivière. Tarissant du même coup la mamelle du pays : le travail et la papeterie. Et le directeur de ces installations que l'État renfloue et l'Étranger écume, ne rêve, lui que d'épanchements stériles, face à sa femme, cette peste. Du soir au matin elle est pour lui un véritable danger. Comment entrer par la porte de service sans être flanqué dehors ? Quand St Hubert, ce grand chasseur devant l'Éternel, pourra-t-il s'endormir enfin dans le terrier fétide où il a été piégé ? Qui, sinon lui, s'agenouillerait devant sa femme, darderait l'aiguillon de ses sens et rabattrait l'un après l'autre ses plis ? Elle prête son visage d'en haut, tandis que lui, du bas de son fond de commerce fait des promesses de son dard fourchu. Le champ est environné d'air et les femmes omniprésentes autour de nous. Nous nous nourrissons d'elles et avec elles. Et ce va-et-vient ne trouble pas le riverain, il s'en va là où rien ne viendra troubler son propre commerce.

Le directeur s'accroche à sa berline et pisse. Les nobles phares illuminent son visage. À tout moment il peut lui envoyer son viandox, suffit qu'elle bascul' son monticul'. Ce couple peut se garer n'importe où dans sa vaste demeure et tenter l'un dans l'autre des démarches légitimes. La femme part se faire coiffer. Derrière la montagne le jour se lève, les prairies s'environnent de lumière qui fait tout mieux ressortir. Seule cette femme farde les lézardes que le temps a creusées sur sa façade. Mais nous sommes toutes coquettes, n'est-ce pas mesdames. N'ayez pas peur de vous casser les dents, jetez votre robe aux orties et ruez-vous sur votre partenaire comme s'il ne venait pas à l'instant encore de vous mettre à mal! Domptez votre langage!

Puisse le rêve pour les couples ne jamais cesser. Ils vont au travail, et du chemin qu'ils connaissent lèvent les yeux sur un autre quidam qu'ils connaissent également. Et les voici, côte à côte, il faut bien que quelqu'un achète ces joggings bradés à vil prix pour qu'ils puissent être complètement avilis. Le chemin se fane sous leurs pas. Leurs femmes s'entrebâillent là où elles furent touchées, mais qui de nos jours prendrait à la légère un congé maladie. La boîte où nous trouvons à nous caser et une partenaire à aimer, froncerait aussitôt les sourcils. Comment l'image naît-elle quand nous avons appuyé sur le déclencheur? Aucune idée, mais en cas d'orage mieux vaut débrancher et retirer votre propre image de la terrible fente dans laquelle personne n'irait par simple curiosité glisser le moindre schilling. Et cependant vous vivez et vous êtes logés, plus souvent que vous ne le méritez, grâce à l'affection d'une femme qui se charge de vous recoller et replâtrer. Dans le seul espoir d'apercevoir au passage un peu d'amour.

Rassemblés sous les nuages ils franchissent le portail et ont disparu. Chaque jour, à grand-peine, ils s'exécutent, et chaque jour l'usine les exécute. À présent rentrez chez vous, auprès de votre femme, et reposez-vous, tandis que le caoutchouc fume dans le cimetière à voitures et que les postes à soudure autogènes génèrent leur propre sueur. La tôle gémit et les entrailles métalliques s'échappent des blessures de ces autos autrefois plus aimées que les femmes, qu'ils se payaient par le travail au noir. Mais j'y pense : Ne vous laissez pas guider par votre goût, car avant que vous ayez le temps de vous retourner, un nouveau modèle sera sur le marché qui n'attendait que vous, oui vous et personne d'autre! Et vous aurez l'air fin avec celle que vous avez déjà, celle qu'autrefois vous avez eue au baratin et avec votre livret A. Alors, passez votre chemin, direction la maison, à bon entendeur, salut!

12.

La femme, qui sous sa coiffure a pris pour son prétendant une toute nouvelle tournure, descend sur la rive de la petite ville. Ne pressant contre elle que son sac à main. Elle a laissé à l'école le fils accordé par le destin. Peu s'en faut que des policiers qui instantanément rougissent à sa vue ne l'aident à traverser la rue. Elle tangue. Mais elle ne chavire pas, nageuse agile sous laquelle murmure la source de tous les maux. Avec ses pattes, de vison, la femme pagaie dans le travail des autres tigres de papier que menacent deux mille mètres de sommets. Ce sont des hommes qui ont arraché la cellulose et le papier à ce paysage entêté et édenté. Les vêtements de cette femme : dans une version simplifiée, une couturière devrait pouvoir à tout moment les copier. Oh! là là! elle porte de ces choses! Coupé en petits morceaux le bois s'entasse autour des usines et des scieries. Pourquoi la femme du directeur a-t-elle mis des talons aiguilles alors que partout l'eau gelée dompte le sol et nous refrène? Nous n'osons avancer quand le feu rouge s'y oppose. Cette femme porte une aberration vestimentaire! Elle se met au volant et boit une gorgée. Contre elle vaporise un remède, droit sur ses dents. Son éphémère éphèbe ne tombera pas dans la neige, il est habile comme un singe. La jeunesse est une récompense suffisante, qu'importe une jambe cassée. Elle rit de sa propre force qu'elle dilapide effrontément, dans son manteau à la mode que les années n'ont pas encore distancé. Au pauvre comme au riche accordons un jour riant sur les vagues du sport, l'un et l'autre ont fait suffisamment de kilomètres pour y parvenir ! Pour connaître enfin la neige vierge et un peu d'excitation. Les riches toutefois aiment s'approcher davantage de l'origine des éléments (aller là où leurs postérieurs frôlent le pur élément). Qui poudroie, aveuglant, sur leur passage, ils sont comme nés de cette terre. Les autres, eux, sont attachés à la laisse de leur usine, et à leurs bien-aimées à la maison, et ils prennent aussi plaisir à la neige.

L'épouse du directeur s'installe au volant, après avoir gentiment fait son numéro. Les gueules de la ville se pressent aux vitres des pâtisseries et s'arrachent un sourire à son intention. Mais elle est ivre, de sa personne, a tiré une bouteille de sa fourrure ! Sa bouche sourit dans le froid. Derrière les vitres mesdames Machin et leurs machinations font force courbettes, comme pour lui plonger droit dans le cœur. Des jeunes femmes auxquelles robes et marmots s'accrochent comme autant de corps étrangers décident d'aller faire leurs courses en cet instant précis. Elles veulent voir. Veulent être, être comme cette femme, à sa place que ne feraient-elles pas ! Ah, connaître en plein jour la débâcle chez le coiffeur (comme nos skieurs à Olympie), et arracher de nos cheveux les engins avec lesquels on nous boucle, nous les femmes! Jamais elles n'ont osé! Ah, regarder sans crainte leur propre image, car les cheveux, n'est-ce pas, c'est ce qu'il y a de plus facile à changer, quand nous ne nous plaisons plus, mesdames.

Et nous voici un être neuf, doux et ému par notre beauté. Nous nous produisons simplement dans une autre version! Toute femme vieillissante doit payer le prix du shampooing, de la coupe, et de la mise à plat dans les ébats. Pour que nos cheveux en jettent plus que le solde de notre compte en banque. Ah, que de mets et gestes, que de peine prise, puis la tâche accomplie, armées de fourchettes devenues inutiles, nous errons jusqu'au soir, mangeons, faisons la vaisselle, et nous penchons alors sur une poitrine chérie qui nous a poussées sur quatre petites roues dans le débarras, afin que nous y raclions les résidus de vie incrustés dans nos poêles. Et si cela ne s'est pas encore produit, patience, on nous échangera bientôt, aussitôt que quelqu'un aura secoué la tête d'un air de regret et que la colère se sera étalée sur le visage des querelleurs. Il nous faudra alors rester bien tranquilles dans la pièce débarrassée, comme si nous-mêmes étions déjà vidées. Nous ne sommes pas près de pardonner, mais prêtes à tout instant à nous jeter sur les sens tremblants d'un autre, ce qui ne sert à rien. Un être plus jeune et sans défaut élevé aux aliments complets, nous remplacera bientôt complètement! Pourquoi moi? Pourquoi moi, qui avec la quarantaine passée suis difficile à conquérir et pèse plus lourd qu'un enfant dans la balance qui jamais ne penche en ma faveur? Moi qui pour chaque bonheur inattendu ai tenté de changer, en changeant de vêtement.

L'épouse du directeur donne des coups de pied à la voiture, et démarre non sans peine pour rattraper un Michael dont les pistes résonnent déjà. Riant et criant comme un policier, il dépasse ses amis, s'en paye une bosse. Sa mémoire retient, même de nuit, les lieux où il se rend. Et où se rencontrent des gens qui sont sur la même longueur d'onde que vous, c.-à-d. que la longueur de leurs chevelures ondulées dépend strictement de la mode et d'un coiffeur tyranniques. Mais attention : ne manquons pas la prochaine mode, qui d'abord nous laissera pantois, mais qu'à force de nous retourner sur elle, nous autoriserons finalement à nous accompagner un bout de chemin. Allez-y mirez ma tête, admirez le spectacle, il est gratuit ! Oui, nous nous trimballons dans le sac imprimé d'un magasin de sport où nous flottons, libres, comme un saucisson dans sa brioche. À quoi bon. Nous n'avons pas à faire attention à notre chemin, ce serait plutôt au chemin de faire attention à nous, avant que sa végétation ne soit détruite pour les cinq siècles à venir. Ce Michael, s'il chutait, ne fendrait pas la terre comme nous autres maladroits. Qui ne sommes pas des fleurs, mais voulons néanmoins percer de la tête la paroi de la nature. Michael, lui, fera tout au plus éclater le groupe de ses partisans. Depuis un bon moment déjà il leur raconte en riant son aventure avec cette femme qu'hier il a draguée et rejetée à l'eau. Sur bien d'autres épaules repose le poids des bûches qui nous tiendront au chaud. Nous n'avons plus qu'à les allumer, et en amour s'unit une bouche au souffle, où mûrs et cuits dans la flamme baignent des fruits. La femme n'a plus la conscience belle et claire. Elle passe la main dans ses cheveux et détruit le travail de gens sous le casque brûlant desquels elle trembla. Devant sa maison des enfants l'attendent sans doute, qui sont membres de son groupe de rythmes-et-mamours auquel des membres de leur famille les ont expédiés d'une main leste. Peu importe. Ils ne sont qu'un passe-temps, ces fils et filles de ceux qui gémissent sous la pauvreté. Qui crachent dans leurs mains pour se mettre au boulot, alors que le fantôme du licenciement étend déjà la sienne. La femme les a déjà oubliés et s'oublie. Se rend en bout de piste, où se manifeste le droit du plus rapide. Où, prisonniers et tolérés, les touristes décrochent leurs fixations, à moins que, bêtes patientes appariées, ils ne raccrochent patiemment au tire-fesses leurs postérieurs alourdis par la vie et les excès de boulettes en tout genre.

En avant, toujours en avant, ne regardons pas en arrière, nous n'avons pas d'yeux dans le dos. La femme s'empêtre dans la neige avec ses talons hauts et chics. Étonnés, les vacanciers d'hiver tanguent, tels des navires, sur ce paysage de carte postale où tout est harmonieux à l'exception d'une seule fausse note, la femme. Le flot humain dévale la pente. Un seul désir, devenir plus sains, plus croustillants. Ces touristes! Sous l'Eternit, au zénith de leurs costumes, ils passent en été de la montagne à la mer et à peine arrivés sur la plage veulent retrouver l'hiver, grimper tout en haut dans l'espoir d'y rencontrer un doux tendron : participer, voilà l'essentiel! Et ils se font remarquer, et se jettent de plus en plus haut, avec un plaisir grandissant, dans l'entonnoir de la vallée. Mais qu'ils aimeraient se faire oublier de leur supérieur quand celui-ci s'enflamme et explose comme une bouteille de propane. Que c'est mignon cette combinaison bleu ciel au capuchon bordé de fourrure, et le pull rouge-gifle qui dépasse au col! Nous pourrions être tentés d'oublier que nous sommes totalement dépareillés, que le haut jure avec le bas, nos têtes avec nos pieds, comme si nous appartenions, chacun à sa manière, à des êtres divers (c'est ainsi que nous sommes, nous, les femmes des générations mûres. Nous perdons quelque peu la forme en route, et ne sommes plus vraiment à croquer!), des êtres faits de bric et de broc et seulement comparables au bric-à-brac des classes inférieures martyrisées. Ainsi avons-nous tous notre croix à porter, mais que nous portons beau! Spectacle unique!

Ils se tiennent en groupe à fumer, braire, et boire jusqu'au vide, ces sujets du sport. Car ils ont peu de choses à communiquer, voyez-les, souriants, mouiller l'ancre dans la station de la vallée. Le summum de leur existence : manger pour vivre! Ils en parlent. Font des étincelles qui les éclairent et éclairent mieux le pays que ceux qui ont à charge de le cultiver. Oui, le tourisme, quel plus il nous apporte! À présent ils ramassent leurs bardas et leurs abattis, tandis que lourdement les branches ploient sous la neige et qu'une lumière hardie, à peine perceptible sur les vêtements en nylon, se fraie un chemin dans la jolie neige qui repose paisible sur ce qui fut un jour prairie et buvait de l'eau. Bientôt l'eau ne pourra plus pénétrer dans le sol, nous l'avons damé avec nos planches et laqué avec les semelles de nos skis. Chacun d'eux se soupçonne d'être en ce domaine le meilleur du pays, ce qui donne bonne tournure à leur existence. L'hiver, où le pays devrait dormir, c'est là qu'on le réveille à fond. Du bruit sort des visages. En quelques secondes les gens parcourent des espaces qui leur furent mesurés, courent vers des contrées où les chèvres ne sont pas attachées et broutent en liberté. Des enfants innocents tombent. Ne nous laissons plus remballer dans notre boîte d'origine, jambes inutilement écartées, entre-temps nous avons acquis un christiania impeccable ! Nous pourrions l'emporter sur un champion du monde, et cela vaut également pour nos véhicules dans leur catégorie, où notre puissance rivalise avec notre grandeur. Quelle journée. Les jeunes gens découvrent leur chef. La neige tombe dessus, mais ils n'ont rien à craindre, elle ne tient pas. Le club alpin autr. ne tremble pas devant nos âmes, il enserre fermement nos membres blessés dans leur fierté, et nous tire en bas, la tête la première. Autour de nos cuisses il enroule d'autres pansements et l'année prochaine nous reviendrons et pousserons plus loin ! Espérons qu'on ne nous chassera pas comme des mouches par manque de neige !

Sable dans l'horloge du monde, nous ruisselons vers la vallée. Nos carres tranchantes, qu'on a souvent voulu nous limer, taillent dans la glace, dans la neige, où les signes se rejoignent : chacun pour soi sur cette solennelle robe blanche où se répandent les ordures que nous sommes et qui, pour l'essentiel, appartient aux Eaux et Forêts autr. Le reste, un nectar de milliers d'hectares, est la propriété des nobles et autres squatters qui, en tant que propriétaires des scieries, ont signé avec la papeterie un contrat à durée illimitée, scellé par le sang. Dans des fauteuils où chaque mot pèse son poids d'or ! Merveilleux. Nous voulons tous le changement, il n'apporte que du bien, les vêtements de ski surtout changent tous les ans en mieux. Empressée, la terre recueille sportives et sportifs, nul père ne les accueille dans ses bras quand ils sont las, mais il reste cette femme du directeur de la papeterie : Approchez, si vous arrivez à vous déplacer assez rapidement sur vos supports, de la lumière ne tardera pas à sortir de sa bouche !

Michael rit et le soleil se prend à lui. Le paysage a tant changé au cours des dernières décennies qu'il aimerait ne plus accueillir que ceux qui lui réussissent. Les paysans n'en sont plus et restent chez eux devant leur téléviseur. Longtemps ils furent pour la terre des sauveurs déplaisants, répondant vertement aux coopératives agricoles, mais c'est fini, le changement, oui, le voici notre nouvel habit qui bouleverse à fond les us et costumes du pays. Vêtus de combinaisons colorées, nous sommes absolument imbuvables jusqu'au moment où nous gisons, membres brisés, dans la forêt, sur des planches qui à l'origine étaient la proie des rongeurs sauvages et qui aujourd'hui dans la douleur qui nous ronge, représentent pour nous l'univers. Mais enfin : sauvages, nous voulons l'être nous-mêmes ! Voulons crier à tue-tête, que de loin on dresse l'oreille et sursaute, avalanche, dans laquelle nous nous conservons quand l'envie nous prend de nous laisser aller. De sortir de nous-mêmes et de nous asseoir dans le sein des falaises ! Et la montagne bombarde de pierres les imprudents. Dont le pays se nourrit à présent et se réjouit, et les restaurants aussi tournent à plein régime, au service du goût qui nous caractérise.

La femme croit — et en cela fait tausse route comme nous dans nos forêts clairsemees — qu'elle a jeté la veille un filet terriblement ardent sur ce jeune homme. Elle a rabattu sur lui son effroyable image et maintenant il la porte dans sa poche de poitrine (il en pince pour elle) et la regarde constamment. Il ne doit plus pouvoir se soustraire à sa vue. Penser à lui dans le recueillement ne lui suffit pas, le sourd écho de la convoitise résonne en elle. Et la pente rejette aussitôt le chanteur de tyroliennes, car elle n'a nul besoin de lui. Elle a sa propre sono, en effet de tous côtés les gens crient comme s'ils rôtissaient vifs, taillaient dans le vif de la tempête avec leurs flancs étroits et tranchants. Refusant le soutien de la nuit où toutes les chattes sont grises, la femme veut resplendir aux yeux de Michael. Se montrer ici sous sa forme authentique, au naturel, exige un courage extrême, lui seul vous retient dans le harnachement où vous ont attelé les regards condescendants des descendeurs. Les talons des chaussures peu pratiques de la femme s'enfoncent dans la neige de la piste d'arrivée. Ne remarque-t-elle pas que, portée par son sentiment, elle grimpe déjà cahin-caha ? Jusqu'où ne montera-t-elle pas, je veux dire, où sa destinée, sa dextérité ne l'entraîneront-elles pas, juchée sur ses inadéquates échasses ? La voici déjà toute trempée, les talons creusent des brèches qui seront difficiles à colmater. Nous autres dames devons nous semer d'une poigne ferme sur la prairie, sur la piste des dancings où nous devons faire nos preuves devant des fêtards et des chauffards qui n'apprécient même pas le sens de notre conduite. Mais même dans le sport nous voulons récolter autre chose que des rires ! Partout nous devons d'abord faire nos preuves (ah les épreuves de la vie !) et en toutes circonstances revêtir les habits adéquats — pour nous entendre dire « va te faire rhabiller ! » La source inspiratrice tarit vite et nous apprenons ce que nous devons apprendre : qu'on se loge dans le sillon du champ comme on y a été semé.

Telle est prise qui croyait prendre : aucune main ne prend par ses boucles neuves la femme imbue et imbibée, pour l'extraire des trous dans la neige. Chère Madame, nous sommes au regret d'avoir à vous annoncer que nos amis sont déjà rentrés ! Mais nous, nous sommes encore là, l'abonnement grâce auquel nous remontons la pente accroché à notre chaude poitrine. N'y voyez nulle offense, mais vous avez installé votre sûr chalet à l'endroit le moins sûr, autant dire que vous n'avez pas de foyer du tout. Question soleil ces jeunes gens seront de la revue, il se couchera trop tôt. Mais même dans l'obscurité des couples se reformeront. Nous avons le droit de remonter la pente. Et notre comportement là-haut, aucune loi ne le régit, hormis celle de la gravité. Étonnés, nous évitons l'autre, mais parfois en dépit du bon sens, ce qui est à proscrire, car si nous crachons ou pissons, le vent alors ne nous renvoie que nous-même.

Quant aux autres, sortez donc de sa consigne n'importe lequel de ces employés! Sur la piste s'élève le serf, créature même de l'obéissance, être dépourvu de sens, mais qui dispose néanmoins d'une voix aux élections et croit pouvoir détourner son regard moqueur de cette femme. Avec pour seul atout la voix de sa jeunesse qui rebondit contre le coffrage de la femme, il a, à tout moment, le droit de se moquer d'elle. Au bureau, ces jeunes messieurs doivent se ménager, eux et leur chef, mais ici ils se perdent à corps et à cri dans la nature comme s'ils étaient assez généreux pour se prodiguer. Ah! devenir immortel grâce aux médailles d'or! Et celui qui tombe entre les piquets des slalom, comme dans la vie entre deux chaises agitées, court le risque de n'être pleuré par personne.

Sous la glace de la rivière des grappes de truites, on ne les voit pas bien en hiver. Les amis de Michael sont assis ensemble, se congratulant et s'observant derrière leurs lunettes de soleil. Un christiania, la neige poudroie, Michael s'est arrêté. Ça augure bien, car des filles bien roulées viennent aussi d'arriver pour se restaurer et se reposer. Indifférentes, elles se tiennent en face de nous, qui ne fleurissons pas comme la neige inaccessible là-bas sur la paroi. Elles demeurent encore trop proches du berceau d'où elles sont venues. Tous nous prenons plaisir à de nouvelles parures, mais elles seules ont fière allure dedans. Elles sont comme elles sont. Dérobées aux prairies sur lesquelles nous paissons, vaches grasses, honteuses des cuisses qui sont les nôtres. Notre aurore s'est perdue, lueur mystérieuse enfouie au-delà de notre mémoire, elle ne se répétera plus. Oui, nous ne sommes pas seulement prisonniers de notre situation sociale.

Mais repaissons-nous plutôt des exceptions, extravagances et excès humains : La femme, quittant sa sphère chrétienne & sociale, se jette sur l'étudiant. Aux poignets duquel les bâtons de ski pendent encore comme des rejets de placenta. Ce qui cette nuit fut récompensé par une riche éjaculation se croit maintenant autorisé à sortir au grand jour comme les gens. Que l'air nous fouette pareillement les oreilles, nous n'en avons pas l'habitude, nous habitons un deux-pièces-kitchenette! Par ces marches pénibles jamais nous n'atteignons les sommets d'où se jettent les ruisseaux et où le plaisir du ski touche aux sommets! Vous et moi nous ne nous retrouvons que dans des buvettes où mille autres attendent déjà. Nulle patrie où tombe le soir. C'est l'heure à laquelle beaucoup sont à éviter, mais peu à appeler, afin que tels des orages nous puissions, ennemi l'un de l'autre, peser lourdement sur l'épaule de l'adversaire.

Dans son manteau de vison et d'alcool la femme du directeur se jette pesamment contre la poitrine de son petit maître actuel. Avec lui elle veut quitter le monde, cracher les pépins et mener pour son propre compte la vie glamoureuse des illustrés. Elle veut tout recommencer à zéro, caressée par la brise de ce jeune éventé. Mais voyons plutôt les choses comme elles sont : ce Michael ne peut se faire au millésime de cette femme, au contraire, ce qui le gêne, c'est le temps écoulé depuis sa naissance! Surtout ici, où il fait clair, où les brides des sportifs crissent dans le froid. Il est certain que les feux de l'amour — qui depuis le début nous accompagnent mais n'importe quel briquet fait plus d'étincelles — ont foudroyé la femme et l'ont jetée à terre, tel un sac de déchets qui éclate dans sa chute. Et les gens du pays de rire. Entendez-vous au loin gronder le train du plaisir et rire les filles, de joie? Arrière, faites-leur place!

C'est à peine si ces gens ont besoin de lois, tant ils sont régis par leurs sentiments. La femme ne s'améliore pas à l'usage, mais si elle veut vraiment s'attaquer à un jeune homme, qui habite dans son village : alors là c'en est trop! Et les dextres fils du destin avancent les mains et se couvrent. La femme devient écrevisse, son visage brille, et elle n'existe pas. Elle n'apparaît pas dans le viseur de ce jeune homme. À ses yeux elle n'est pas belle. Comme le jour, la jeunesse grandit au contact d'elle-même, ensemble elle s'amuse et, accrochée à ses skis, détonne entre les murs et les murmures du village. Peu importe ce qui se présente, tout le présent lui va. Elle se sort. À elle tout appartient, à nous pas même la place que nous occupons à l'auberge, ignorés par un serveur qui refuse de se pencher sur notre sort. Gerti s'accroche à Michael, mais dérape sur le revêtement plastique importuné du jeune homme qui, bien guidé par ceux de son âge, a été écarté de la femme. Il est léger, se plaît là où il est. Des êtres tels que lui, l'office du tourisme les offre en prime aux prospectus, comme cadeau de fidélité. Où qu'il s'installe dans un restaurant, le souffle paisible des climatiseurs et ventilateurs passe au-dessus de sa tête. Nous cependant, mannequins peu mobiles, sommes accrochés tel du plomb aux cathéters par où s'écoulent nos pauvres, chaudes eaux. Les rues déjà nous sont hostiles. Nous randonneurs, élevés au biberon, habitués à biberonner, sommes pâture de la nature où nous nous repaissons de jambon et de fromage. Oui, de la nature, que pour une fois elle ait l'occasion de rire si par hasard ces aliments nous intoxiquent. Car d'ordinaire on meurt plutôt sur ses raides sentiers et de ses froids produits.

Michael s'est déjà à demi éloigné. La lumière brille aussi pour les morts, mais elle tient tout particulièrement à lui. Nos divins skieurs olympiques, quant à eux, ont déjà remporté deux médailles qui ornent leur cou, alors que nous n'en contemplons que le revers : l'éclat de la renommée qui sort du téléviseur sans jamais nous atteindre. Michael a beau être superficiel, intangible, insensible, il jubile de tout cœur en compagnie de nos gars et nos filles. La femme titube dans la neige profonde à côté de la barrière et s'assied. Cette corde solide où on a collé des bottes de foin sert à maintenir une séparation entre, d'une part, cette femme et tous ceux qui refusent, mais vraiment refusent de sortir de leurs chaumières, et d'autre part le peuple sportif qui vit sur des planches symbolisant son cercueil (et qui, sur la Heldenplatz, clame Karli Schranz! Karli Schranz avec nous!). Le corps de la femme s'arc-boute en une architecture désirante afin de raccourcir la distance entre elle et sa jeunesse envolée. Peut-être pouvons-nous au moins faire de la luge avec nos amis! Non hélas, le groupe de Michael est déjà constitué. Ils se voient constamment, mais aiment à l'occasion rester chez eux, pour vivre dans des revues spécialisées et lancer des vivats à leurs images. Ces jeunes hommes — en qui la femme aimerait s'abriter et dormir — au lieu de jouer ne songent qu'à se propulser dans un fauteuil de petit chef. Mais pour l'heure ils se promènent encore en chair, en os, et en toute gaieté dans les profondeurs de la forêt, et les chasseurs sont ravis.

La femme se dresse, titube, et se rassied, elle est tout simplement insortable. Cette femme a apporté son propre bistrot dans une petite bouteille. Elle boit. Michael l'appelle en riant, mais déjà un autre demi-dieu miniature qui par sa simple présence défigura plus d'un ennemi, délaisse son nectar (une boîte de bière) et attrape Gerti en riant pour l'arracher à la neige. Il la tire par les manches. Mais cela traîne. Aussi la pousse-t-il simplement vers un endroit moins profond, que lui-même éviterait, mais où l'on peut à coup sûr laisser un enfant qui en sera quitte une heure plus tard pour un coup de soleil. Sous les nuages les animaux se taisent, mauvais signe. Pour l'abattage, il faut toujours qu'ils déménagent, afin que leur sang puisse gicler. Sans penser ou presque la femme au chef fraîchement redoré fixe la lumière. Voici qu'elle rechute et qu'on l'entraîne plus loin. Les premières mains s'aventurent sous son manteau. Souvent les enfants tirent sur leurs sexes jusqu'à ce qu'ils puissent se réjouir d'un résultat. La femme étale sur la neige sa chevelure remodelée. Le manteau de vison se répand autour de Gerti. Devant les modestes demeures de la région des enfants tombent sous le poids des lourds baquets. Par ici les maisons sont construites au bord de l'eau, car à fond inondable, mise de fonds abordable. Jour après jour ils portent la lourde croix du sommet jusqu'en haut dans leur sac à dos, afin que Dieu sache pourquoi il a tout pris sur lui.

À quelque distance de la femme et du groupe, des débutants trébuchent, et l'on se demande pourquoi ils ne peuvent pas couler en silence, comme des bateaux, non, il faut qu'ils hurlent ! Et pourquoi ? Parce qu'ils n'aspirent qu'à avancer et qu'ils s'étaient imaginé la chose tout autrement. Et que les transports en commun sont en dessous de votre dignité, qui que vous soyez! Ils se transportent vers l'aventure et doivent en plus se coltiner piolets, crampons et thermos! Pourtant, visiblement, ils préfèrent ceci au monde qui d'habitude les entraîne de-ci de-là dans sa malice. Ils s'invitent l'un l'autre dans un sourire, leur souffle ne leur permet pas davantage. Ces jeunes gens, ils usurpent le monde, consommant ses produits dans lesquels ils vivent et qui à leur tour les consument. À commencer par les poumons. Affairés, ils vivent, apprennent et traînent. N'ayant jamais été couverts de souffrance, ils s'endorment sans peine, ces nouveaux venus, et au réveil regardent en dessous d'eux : Tiens! il y a déjà une ou deux parties d'engagées! Hou-hou! Ils n'ont pas à chercher longtemps de bons partenaires et de bons partis, au contraire c'est eux que l'on recherche par les haut-parleurs des aéroports, et dans les spots publicitaires. Qu'ils sont stimulants! Comparons-les aux curiosités qu'offre un quelconque pays et reconnaissons-le : ces gens-là méritent franchement le détour. Ils sont comme le poison qui dort dans le pavot, c.-à-d. qu'ils ne s'épanouissent vraiment qu'un millimètre en dehors de la loi. Il y en a toujours un qui attend en souriant et s'en va subitement quand nous le caressons de la main ou du regard, il y a toujours une portière de voiture qui claque quelque part, et toujours un restoroute où l'on comprend le langage de leur poésie. Leur vie est gonflée à bloc par le séjour entre deux vols de ligne. (Sortir de notre peau, une bonne fois, comme nous aimerions cela nous aussi!) C'est une curieuse idée, mais ils ont raison. Les jeunes. Ils ne sont qu'aspiration ! Je n'en fais hélas plus partie. Autre chose : en affaires, ils sourient toujours, même dans l'ombre de la forêt, où ils font aussi leurs affaires. Vides comme le chant, ils reposent sur l'air, même les branchages ne les freinent pas. Ainsi peuvent-ils retomber directement sur terre, éclairant le triste endroit où d'autres, de plus laborieuse stature, ont dégagé à la dynamite un chemin forestier, juste pour s'y promener un peu et prendre de l'exercice. Ils rient, c'est ce qu'ils ont de mieux à faire, pensent-ils, canalisent, insouciants, vers leurs oreilles les sons du walkman et en sont agités, parce qu'ils ne peuvent échapper à la musique qui coule en eux. Ma foi, si ça leur plaît ! Et dire qu'il faut que cette femme s'accroche précisément à un trou du cul comme Michael qui depuis longtemps s'est perdu de vue, lui, mais pas ses objectifs. Jamais, peut-être par paresse, il n'a encore trouvé une femme à son goût, non, il aspire à un logis plus humain, un loft peut-être, où il pourra enfin se dresser de toute sa taille et apaiser sa soif de meubles de race et de filles très classe. Bien entendu ici, autour de Gerti prise dans les racines tortueuses des pins, se forme un bouillonnement, un court-bouillon (qui ne manque pas de sel), non loin de ce petit ruisseau, où, dans la neige, ouvriers, employés et autres membres des comités d'entreprise ont le droit de se refaire une santé, après avoir été pressés comme des citrons et s'être éventuellement fait percer le fémur par une broche. Pourquoi sinon iraient-ils affirmer après coup qu'ils se sentent renaître après une journée de sport et plusieurs jours de dur labeur ?

Oui, nous avançons tous à pas de géant, à moins que nous ne prenions la voiture si on nous laisse. Mais que cette femme ait jeté son dévolu justement sur Michael, sous lequel elle croit s'épanouir et avec lequel, au moins quelques fois, elle aimerait sortir. Ou encore, ô combien, rester à la maison. Son mari, lui, est fidèle à son poste, à l'usine. Cet homme pourrait sans peine mettre dans sa poche, si elle n'était déjà pleine, Michael, ses amis, et la moitié du P.N.B. de la contrée, sans oublier le rôti de midi ! Les envies des skieurs seront, elles aussi, bientôt satisfaites, patience, l'auberge est là.

Une grappe jubilante de jeunes sportifs se jette, you hou! sur Gerti ivre. Eux aussi ont entre-temps puisé de bonnes rasades dans leurs propres réserves. La montagne les abrite et les met à l'abri des façons de voir de leurs semblables. En plus il y a ce gigantesque pin devant. On n'a pas lésiné avec eux. Pour preuve ils exhibent une asperge solitaire qu'ils tirent de leur vêtement de ski, pas mal comparée aux maigres pousses du reste de l'humanité, de ce ramas de chiures de mouches, ennemis de la terre. Ils rient à gorge déployée. Agitent leurs bâtons de ski. Ils sont si nombreux, factotums du sportswear (et facteurs d'économie) et c'est un sommet dans leur existence : ils veulent se divertir, tandis qu'ils passent et que passe le temps. Et qu'ils volent du stade alpin vers le but. De tout leur poids ils pèsent l'un sur l'autre, visage contre visage, et ils ont aussi un grand sabre au-dessus duquel ils respirent. Si nous nous serrions tous les coudes comme eux, jamais les serveurs dans les restaurants et les gardiens devant les portes des discos ne pourraient nous séparer! Ceux-là savent comment dans la mêlée protéger le bonheur contre nos mains avides. Notre richesse nous a conduits jusqu'ici. Loin dans la nature qui vient à nous de l'extérieur. Mais nous qui sommes fils de personne, nous sommes rangés en fonction de nos parures et devons rester dehors. Et le sol ronge nos pieds de vampire qui n'ont pas droit au repos.

13.

Ils incarnent la vie tumultueuse, les filles aussi, ce n'est pas pour rien s'ils sont amis, des amis qui se dénigreront l'un l'autre quand, concurrents après leurs examens, ils sauteront sur les postes. Tandis qu'à l'entour la vie tortueuse, les enfants malingres aux dents et vertèbres esquintées avec leurs vertébrés qu'ils élèvent pour l'abattage, louchent éblouis sur les brillants skieurs, et ne peuvent que rêver à l'or olympique. Autriche, ô facteur d'exportation, que ne t'exportes-tu toi-même en bloc dans le sport ? Quand nous, pauvres hères, passons enfin dans la Kronenzeitung, c'est que nous avons trépassé. Ne soyez pas tristes, osez enfin, prenez des risques ! Ce village ne se prélasse pas sur sa prairie uniquement pour que vous puissiez entrer dans le troupeau.

Michael rit le plus fort, normal, c'est lui qui a le programme le plus ambitieux. Cette femme sur la pente déclinante de ses jours, il la programmera peut-être une deuxième fois, ou peut-être pas. Braillant de curiosité comme un enfant, il sort son braquemart. Mais ça lui a peut-être échappé. Les filles qui semblent si superficielles dans les revues qui font d'elles des images, forment de leur front un paravent devant ce couple tombé droit du ciel. Elles rient, elles boivent, et deviennent inextricables. Il y a aussi un magnum dans la neige, et une bouteille de cognac. Quoi qu'elles fassent, elles restent attachées à la montagne et se serrent les coudes jusqu'à ce que l'avalanche les emporte. Jamais elles ne deviendront des Perrette pleurant l'envol de leurs espoirs. Leurs sexes ne fermentent pas encore, elles sont délicieuses, ces laitières. Mais qu'importe. Sous les hurlements de leurs voix intérieures Gerti et Michael se glissent dans une sapinière. Puis le calme se fait. Ils forment une île dans le bosquet, ça manquait au tableau! Michael exhibe un membre peu érigé et Gerti, sous le chiffon, des sillons protubérants, comme si elle espérait vraiment arriver quelque part avec sa barque trouée. Sapristi, là-bas sur la colline les gens font un tel bruit qu'on les dirait unis en un seul et même cri. Ils couvrent le monologue des bijoux indiscrets que Gerti aimerait tant voir caressés. Cette horde de skieurs, mère nature vient sans doute de la déballer de son emballage plastique, comme des saucisses! On expose à Gerti l'organe universel, on lui arrache les mains du sexe et du visage. Tous deux, à ce que je vois, pleins à craquer de chants courroucés. Les garçons maintiennent ses mains agitées au-dessus de sa tête. Dans une telle position, personne n'arriverait à faire signe à sa famille devant le petit écran. La femme se tend vers Michael. Son visage lentement se plisse, ainsi qu'on le fait savoir à l'assistance. Mais il parle d'amour. Des cantiques, c'est le plus antique, il nous magnifie et nous confère du prix. La robe en soie se voit remontée jusqu'à la taille, tandis que se taille la petite culotte dont jusqu'ici elle était contente. Et maintenant chatouillons l'obscurité jusqu'à ce qu'elle s'effondre, fracassante, sur nos têtes. Des amis nous ont été envoyés et dès leur arrivée ils ne peuvent s'empêcher d'écarter les grandes lèvres que présente la femme : d'aller au fond de la question, que s'anime la fourmilière. Cela grouille de vie comme la nuit dans les latrines d'une gare, où chacun peut se décanter, vider ses eaux, quand le vin a soufflé, car chacun est imbibé. Au tour à présent de ces chiffons, de ces paillassons qui tous quatre sont nôtres et que l'on écarte jusqu'à ce que Gerti hurle. On consent alors à les replier comme un vieux prospectus, très négligemment, mais nous y tremperons tout de même un doigt pour en humer l'odeur, avant que l'égout n'engloutisse le randonneur. Nous étions loin d'imaginer jusqu'où les ombres pénétraient à l'intérieur de cette créature, et ce par un canal qui reste à explorer ici, oui, ici, derrière la porte pudique couverte d'une toison que, braillant, on tiraille et tenaille. La musique pop comble les vœux des auditeurs, les jambes de Gerti sont écartées à l'extrême, et on lui colle le walkman à l'oreille. Elle doit rester ainsi, cependant que, négligemment, on tiraille sur son con, il est juteux, et son mari a l'habitude de le fréquenter au pas de charge. Ol diri diri, di holla, diriri laïlaïla! Fabuleux, tout ce qu'on peut faire avec ces grandes lèvres extensibles, pour ainsi dire prédestinées à être déformées. P. ex. on peut les tordre, en faire un cornet pointu — et du haut pays se courbe la montagne sous la robe de Gerti. Mais ça fait mal à la fin, personne n'y pense? Et pour terminer, une dernière petite rigolade, un pinçon, une tape, parfait ! Ces enfants parcourent le monde, volontiers, et racontent leurs hauts faits. L'œuvre du coiffeur aurait-elle pu être un ornement durable, comment le savoir à présent ? Gerti s'est effondrée derrière les monts, bafouée comme toutes celles de son sexe, ces reines de l'électroménager qui ne règnent même pas sur leurs propres corps. Qui sombrent dans l'humilité comme l'herbe sous la tonte. Cette chair tendre se partage aisément, et lorsqu'elle se repose, son sommeil est fructueux : ceci s'applique surtout aux jeunes filles, lorsqu'elles rient leurs propres dents leur déchirent le visage. Leurs cheveux peuvent encore se passer de cuisine capillaire, être appréciés à l'état brut. Elles aiment n'importe qui. Ainsi l'aigle couvant ses petits, là-haut, sur des cimes qui se perdent dans le néant, mais il a fallu d'abord qu'il hisse les œufs tout là-haut. Et l'ancien hait les enfants, et une culotte glisse un peu plus.

Bon, n'allons pas jusqu'à faire à Gerti ce que des serfs — et nous en sommes — feraient : prendre leur dû de force. Le vent et cette bande d'amoureux l'ont déjà bien assez transformée en un manteau outrageusement ballonné. Et chacun de tituber, sans but, ni retenue, quel intérêt. Je m'interroge, est-ce bien pour Michael le moment de montrer que ni sa mère ni encore moins son père n'ont lésiné avec lui en ce qui concerne son membre ? Certes, il parade avec, mais il ne se dresse pas vraiment, ce sexe si récemment pressé dans lequel nagent les glaçons. Il l'agite devant la femme. N'avez-vous pas entendu le tonnerre à l'instant? Alors pourquoi ne circulez-vous pas et me laissez à ma séance vidéo, où des gens en colère rengorgent leurs sexes? Votre place serait plutôt sur la touche, là où personne ne verrait vos culs fanés, vos mamelles fatiguées, lorsque, laborieusement, vous attisez les braises. Allez-donc vous cacher ou enduisez-vous de crèmes pour effacer la différence entre vous et les classes laborieuses (classées label A). Exposez vos malheurs au seigneur à l'étage au-dessus, mais ne réveillez pas les morts! Hormis un vif rayon, rien ne sort du dard de Michael, pourtant il en a attiré du monde par-delà les champs. La montagne surplombe le lac, seules rament les mains. Ces filles sont là et regardent, nulle voix ne sourd plus de leurs glottes, elles portent la main à leurs boucles, à leur sexe habile à accrocher les cœurs, prêtes à entortiller le premier venu qu'elles ont appris à reconnaître à sa coiffure, à ses vêtements et à son véhicule.

Michael de son petit bout fait une démonstration pour le bruyant commerce spécialisé. À la télévision les sens brûlent en petits bûchers. Ils sont la nourriture de notre jeunesse qui séjourne dans la neige ou dans l'eau dès qu'elle a besoin de reprendre son souffle. Oui, ce jeune homme est un joli moineau. Pauvre Gerti. Si méchamment éprouvée à l'école de la vie. Muets, ils se regardent les uns les autres, et songent à se consommer. Les montagnes, cependant, se dressent immobiles, pourquoi vouloir à tout prix les séparer par la voiture? Pour être heureux, il ne faut pas grand-chose, jouer les bergers sur les rives — comme dans les bergeries — et puiser dans les filets dorés des magasins de sport, cela ne vous suffit pas?

Et ces filles — un mot encore — qui viennent de se retrouver: des touffes de poils poussent dru comme des rhododendrons sur leurs douces pentes, un souffle de santé vient de ces filles qui se plaisent dans le corps qu'elles habitent et vous apparaissent à travers la vitrine des magazines. Mais voici qu'elles se penchent sur la femme, ma parole, elles sont ivres, elles aussi! Tout d'un coup elles disparaîtront. D'où sont-elles venues, qui les a envoyées, et quel genre de conversation mènent-elles dans leurs divins petits carnets intimes? Où voulons-nous séjourner, dans leurs girons bouclés peut-être? Ainsi les montagnes nous contemplent-elles à l'endroit où les arbres frisent. Aujourd'hui ces gens se rendront encore à une fête d'anniversaire et s'y frotteront à d'autres petits fêtards. Et ces chères têtes blondes, bouclées, permanentées, se prendront aux sangles de nos regards envieux, mesdames, vous dont le cheveu rare n'émeut plus personne, mais qui vous laissez émouvoir par des feuilletons télévisés. Les eaux en nous, nous ne pouvons les retenir, quand elles bouillonnent et veulent déborder. Soyons sincères, nous leur envions leurs visages multiples, tandis que l'âge nous rend de plus en plus semblables à nous-mêmes, et la plus coûteuse des eaux de toilette ne fait pas de nous des femmes de la plus belle eau. Reposez-vous enfin entre vos berges rétrécies! On ne met pas le vin nouveau dans une vieille outre, mes chéries! Ne voyez pas là les limites de notre entreprise, mais de simples conseils, auxquels notre prix ferait mieux de se tenir.

Enfin, Michael vient de la produire, au grand jour, son érection, témoignage de son irrésistible ascension. Mais il faut d'abord qu'il se fasse recharger. En riant il s'installe sur la poitrine de la femme et lui maintient les bras au-dessus de la tête. Il laisse pendre sa nouille dans sa bouche afin qu'elle s'exécute sur cette nourriture. Gerti voit tout en gros plan et quelque chose se passe dans sa culotte à demi descendue. Elle laisse échapper un filet chuintant, une fois de plus elle a trop bu. Les filles lui arrachent en riant le slip mouillé qu'elles ont fait glisser le long de ses jambes. Ses pieds sont à présent tout à fait libres. Tous boivent à la régalade, mais force est de constater que la queue de Michael reste une rigolade. La tête de Gerti, ce petit pavillon rattaché de guingois à la villa de ses sensations, se voit alors plongée dans des eaux fort douteuses. En riant, on explore et tripote son gentil con, son gentil cul, ô que le sommeil ne s'empare-t-il d'elle! Où voulons-nous être, où voulons-nous séjourner? Comme une grenouille elle replie ses jambes. Se débat par trop sauvagement. Pourtant on ne lui fait pas vraiment mal, à quoi bon sinon avoir fondé cette société anonyme où rien ni personne n'est responsable? Michael fourrage avec une baguette dans le monticule quelque peu dénudé, les petits garçons ont toujours besoin de jouer pour se calmer. Halte, pas si vite : il vide le fond de la bouteille dans sa chatte et lui flanque même — mais pas trop fort — une gifle. Aïe, nous brûlons.

Il neige de bon cœur à présent, nous n'en attendons pas moins de l'hiver. La dernière bouteille a été jetée. Personne ne songe sérieusement à prendre une gorgée de Gerti, pourtant elle s'offrirait gratis jusqu'à ce que la verdure revienne. On se contente de déplier son sexe, brochure éculée, et de le replier aussitôt dans un éclat de rire. Les chiffes claquent dans les mains expertes. C'est vraiment beaucoup de bruit pour rien. Au loin, là-bas, d'où nous avons traîné notre Gerti, les skieurs jubilent toujours dans leurs petits lacs de bière et de thé au rhum. Ils rayonnent et beuglent. Le sol de la forêt est presque ivre du poids de leur plaisir. La jupe se trouve rabattue sur la tête de Gerti comme un sac, où, au milieu des étiquettes, elle attend qu'on la chauffe. Les jarretières n'ont pas d'effets secondaires fâcheux quand l'envie prend l'homme de faire danser son sexe. Michael frétille de son organe précaire devant son visage. Elle ne le voit pas, et sous sa jupe rejette gauchement la tête tantôt dans l'une tantôt dans l'autre direction. Songeant à l'ambroisie inaccessible de Michael, conservée dans sa forme éternelle et son format unique. Alors on lui dégage le visage que des arbres contemplent en silence, et lui ouvre la bouche de force. Lui tapote les joues et sent que les dents en dessous ont peine à donner corps au visage. L'esprit de corps, ça vous concerne tout autant, chers petits, chères petites, mais vous l'avez de toute façon dans vos T-shirts moulés. Avec vos mains habiles et vos habits coûteux. Feignons-donc, en nous regardant, de regarder un film, un film tout bonnement renversant (avec ses parties de jambes en l'air). Voici en plus qu'ils ouvrent le haut de la robe de Gerti, exposant deux seins qu'ils font jaillir de la soie. Oh ! là là ! Quel tableau ! Mère nature les a bien mal dosées, ces deux boulettes de viande qu'elle a tirées de sa réserve pour les coller là ! On applaudit très fort, chers amis et téléspectateurs, et n'oubliez pas : après la séance, à vous de jouer ! Un destin plus noble repose souvent sous des pas légers, seulement : où ai-je bien pu coller le papier peint ? Ah, le voilà, il tient — à moi ! C'est ainsi qu'on vit à la colle ! Gerti est obligée d'ouvrir la gueule et de happer l'apparition. Au fait, la luge non plus, ce n'est pas mal, mais gardez-vous d'en faire au milieu des skieurs : eux, les derniers hommes debout sur cette terre, ne peuvent souffrir de se faire insulter et déranger par quelqu'un d'accroupi sur une seule et unique planche baladeuse. Leurs propres baladeuses de petits-bourgeois sont garées avec soin sur un parking et s'ouvrent à leurs propriétaires quelque peu roussis pour être restés trop longtemps au feu. C'est par ici qu'on les trouve, vous n'avez qu'à consulter la carte ci-joint ! Il vous suffit de renverser quelqu'un et vous voilà quelqu'un de renversant. Et en Gerti crépite toujours un joli petit feu sous la forme d'un boudin dans sa bouche. Allons, messires chasseurs, laissez-moi regarder par le viseur, n'avez-vous pas tous des membres saisissants !

Non, pour l'heure il n'y a pas de pièces détachées. L'orage qui procède de notre dieu, le sexe, nous fait courir à notre perte par le plus court chemin. Mais laissons à l'homme tous ses sens, afin qu'il puisse sensément réfléchir sur lui-même! Nous, femmes, n'avons qu'à mieux nous arranger, et à écouter l'écho lointain du silence, qui sort, messieurs, de vos appareils inanimés que vous espérez, tout tremblants, garantis à vie. À nous les hommes pensent en dernier! Michael a fait son entrée en étranger, étranger il se retire. Dédaigneux, à demi débandé, il goutte sur le visage de Gerti, qui n'a pas pu se mettre en sûreté à temps. Les filles, les garçons, le front empourpré de rires et de vie, eux aussi vont se retirer dans des contrées plus chaudes et taquiner leurs forces, avant de devenir force de travail. Ainsi va la vie. Car elle nous a faits frivoles pour nous consoler de nos misères! Sésame fermetoi, ordonne-t-on à Gerti. Michael, qui n'a même pas pu s'échauffer pour les préliminaires, rit de bon cœur. Et tel un torrent rafraîchissant, tous veulent à présent dévaler les Alpes à l'envi. Ainsi provoquent-ils la guerre en pleine lumière, les fils de la vallée, juste pour pouvoir faire claquer leurs fouets une dernière fois. Impatients ils se mêlent à ceux qui bientôt s'endormiront en silence. Ils se poussent en avant, les démunis de naissance ne leur en voudront pas pour si peu! Car ils connaissent les messagers du père! Précisons afin d'éviter tout malentendu: c'est devant l'arrêt du téléski qu'ils se poussent en avant, là où le sol est jonché de gobelets en carton. Les sots qui se sont aventurés sur un sol étranger où ils en croisent d'autres, à présent les voici écartés, obligés de rentrer en eux-mêmes. De faire patiemment la queue avec les belles cassettes longue durée que tout au long de leur vie ils ont collectionnées. Car leurs seigneurs à présent chantent en chœur et bien plus fort ! De plus la jeunesse marche toute seule, et même pas si mal que ça.

Je saisis, et vous êtes tout chaud au toucher.

Ils ne sont pas des enfants de la tristesse. Ils aident la femme à se remettre sur pieds, la brossent, la neige, en riant, crisse sous elle. Elle n'a pas eu trop à souffrir de ces fils. Quelqu'un lui glisse le slip mouillé, carte-postale-souvenir, dans la main. On lui boutonne même son manteau. La chaîne de ses productions corporelles s'est remise en marche et ses cheveux sont à nouveau graissés. Elle a déjà signé le chèque pour les nouvelles robes, la boutique n'a plus qu'à faire les retouches. Elle a voulu recouvrir son corps de neuf et néanmoins sent chaque jour davantage le poids des lourds sacs que sa peau doit porter. Ces fils et filles, ces œufs d'or dans les nids de l'enseignement sup., ne voulaient pas vraiment la bousculer. Nous aussi, nous risquons à tout moment d'être secoués sur notre faible tronc ! Comme des feuilles alors nous tomberions dans les beaux jardins des propriétaires, infestés par le mildiou, et la femme du directeur a beau compter et recompter jamais elle n'en amassera un tas assez grand pour brûler. Seuls les enfants chantent en chœur, guidés par le couple divin, quand ils entrent dans cette demeure, et ils se moquent de leurs parents en foulant aux pieds de merveilleux tapis. Mais nul n'en saura jamais rien. Maintenant qu'il est trop tard Michael se montre ouvert au dialogue. Une main fait irruption sous le manteau et sous la robe, pince et vrille les tétons en riant. L'autre se glisse entre les fesses. Puis il lui colle dans la bouche une langue raisonnable. Sa queue il l'a reprise de son plein gré, histoire de la fignoler un peu. Il est toujours content quand il en trouve l'occasion! Sacré chenapan. Il ne s'est rien passé, si ce n'est du temps. Les portières des voitures claquent, ils parlent du bon temps et des amis qu'ils se sont payés et auxquels ils se sont confiés comme aux appareils de musculation qu'ils possèdent ou qu'à défaut ils imitent. Mais en vain! Jamais les favoris des dieux ne seront semblables aux hommes, eux seuls peuvent se réjouir de rentrer chez eux. Ce que les gens ont bu leur échappe, sans qu'ils y puissent rien, c'est-à-dire que la boisson remonte des tripes. Alors qu'elle devait s'y reposer! Ils vomissent dans la neige, appuyés aux voitures. Les femmes sont bruyantes, les enfants larmoyants. Bon, le véhicule s'éloigne, mais le contenu de ces gens reste sur place et s'endort dans la nature où se produit le vrai et où les produits se laissent vraiment duper par leurs propres étiquettes. Tous réclament à grands cris rageurs le droit de durer éternellement et de tenir éternellement dans leurs bras un être attirant. Mais les maîtres ne nous nourrissent qu'une fois par mois, et nous nous prodiguons trop, ce que le temps mettra en lumière.

Gerti est casée dans sa voiture. Du calme! Qu'on m'aide plutôt à m'exprimer: elle a été aux mains et au langage de la violence. Elle s'est déjà à moitié enfuie, s'affairant rageusement sur ses attaches. Le moins qu'on puisse espérer d'une ceinture de sécurité c'est qu'elle crée des attaches. D'autres enchaînées le lui ont conseillé. Comme l'artiste vient à l'art, les enfants du village viennent recueillir auprès de cette femme leur lot de peines rythmiques. L'enfant se penche sur le violon, l'homme sur l'enfant pour le punir. La chorale de l'entreprise chante le dimanche pour exprimer sa personnalité. Ils chantent à plusieurs, mais en tant qu'ensemble. La raison d'être de cette chorale : permettre à ses membres de tirer comme un seul homme sur leurs cordes sentimentales tandis que l'usine au-dessus d'eux tire les fils. De temps à autre elle a soif et accueille le troupeau, et les lignes à haute tension en bas dans la vallée entendent le bourdonnement des pauvres gens, en rang. Comme les enfants. Beaucoup sont venus mais peu furent élus pour chanter en solo. Le travail du directeur est en même temps son passe-temps, c'est un type bien. Les jeunes gens se coulent dans leurs véhicules, en route pour les résidences de vacances où ils s'entasseront et se bourreront encore plus! Toutes les chambres sont complètes. Route chère de nos vacances, qui coupe à travers la plaine, afin que chacun connaisse la paix, sauf les riverains dont les oreilles saignent sous le vacarme jusqu'à ce qu'ils partent en vacances à leur tour.

À folle allure la femme traverse le pays. Sa raison fait rage dans sa tête et se heurte au barrage du crâne où elle est retenue, c'est-à-dire qu'elle touche à ses limites. La femme est prise en chasse par les skieurs qui, dans leurs nichoirs à quatre roues (parfois de la taille d'une grosse caisse, où s'entassent tous ces petits nigauds), regagnent leur cage en gazouillant. Nous contemplons la paix que la nature a semée dans nos cœurs, et la croquons sur le pouce. Les ampoules nous éclairent de leurs lueurs solitaires. Les dernières ordures ménagères sont ramassées. Les pères de famille tombent sur le dos de leurs insupportables proches, au gré de leur inspiration capricieuse, et tout au souvenir de la journée cherchent quelque nourriture, une dernière miette à se mettre sous la dent. Un chevreuil surgit justement, là, devant la morne forêt, nous l'emportons sur-le-champ, emballé dans nos papiers gras qui le tachent. Ils le mâchent et remâchent, puis se calment avec un beau livre et un programme douteux. Les derniers inlassables remontent une dernière fois l'étroit sentier qu'ils dévaleront aussitôt, tandis que sur les rives rôde déjà la vie sauvage à laquelle dès dix-sept heures on abandonne le paysage. Par paresse les gens du pays se tiennent cachés dans leurs maisons, les hommes s'abandonnent de plein gré à leur téléviseur où ils peuvent contempler la faune et le pays et s'instruire sur leurs propres coutumes ineptes. Les femmes sont au chômage. Le vent souffle sur les cimes et apaise la douleur juste assez pour vous permettre de vous distraire avec une série sur les brasseurs et les oléiculteurs. Toutefois la télévision va presque trop vite pour vous permettre de vraiment déconnecter, je veux dire qu'il ne suffit pas de brancher l'appareil pour que vous débranchiez.

La journée n'a plus sérieusement l'intention de nous bombarder de son bleu. Gerti fait une bonne halte dans l'auberge sur sa route. C'est merveilleux ce qui lui tombe là du ciel. Elle boit par penchant, beaucoup boivent par devoir, à l'écart des êtres chers qui réclament joyeusement à boire, tout comme eux réclamaient que l'air les caresse lorsqu'ils dévalaient les pentes. Toute une armée dont la journée fut couronnée se bouscule au comptoir et continue à écluser. La nature retrouve sa simplicité et sa couleur unie. Demain elle sera de nouveau réveillée par des voix hum. et elle rabattra son public des pistes en l'égrenant à joyeux coups de marteaux. Oui, le public, il s'est complètement retiré du décor naturel, mais les couleurs de la journée vécue lui collent encore à la peau, et l'auberge de service est bourrée de ces touristes-là. Une bagarre en germe autour de l'abreuvoir des hommes est tuée dans l'œuf par l'aubergiste. Merveilleux, voici que nous venons de lointains riants, jetés de la montagne dans la vallée, et que déjà la bière nous emplit. Quelques bûcherons, les plus fidèles serviteurs de la montagne, font déjà du tapage dans la salle, encouragés par les citadins, avant de mener la sarabande à la maison où leurs femmes ne savent déjà pas sur quel pied danser. Gerti, le front froissé, se tient tranquille parmi les invités occupés à friper leurs propres sandwichs et leurs salades. Dès demain ou ce soir même, cette femme se postera devant la maison de vacances de Michael, épiant par la fenêtre comment ses amis profitent de ses biens. Et elle, la dédaignée, s'évanouira — où? nul ne saura — pensée furtive, dans les lointains. Tandis que son mari décime les arbres de la contrée et assassine la musique. J'ai froid. Ils se sont fourrés l'un dans l'autre, fouillant les détritus à la recherche de l'image chérie, qui hier encore, s'offrait à eux au magasin de photo. Hier encore. Et aujourd'hui ils sont déjà à la recherche d'un nouveau partenaire, pour faire naître un sourire sur son visage avant d'appuyer sur le déclencheur. Ça nous ressemble! Que de souffrances avant de paraître, et nous voulons aussi paraître jolies pour d'autres, en effet que d'argent n'avons-nous pas dépensé pour nos vêtements, qui nous manque au moment où nous devons nous dévêtir et nous dépenser pour nos partenaires. En attendant cette femme se nourrit d'alcool, et ce que récoltent les autres qui dans leur infinie variété se soûlent comme elle, ne lui rapporte rien. Une légère dispute à propos de son manteau de vison sur lequel un skieur vient de marcher, s'élève, mais doit se rasseoir aussitôt. Examinons cette race d'hommes, ici, sous les feux de la lampe rustique: comme ils font valoir leurs formes dans le cadre de plastique chamarré qu'ils s'imposent par crainte précisément de perdre la forme, de n'être plus dans la norme, et de se faire dépasser par des modèles plus récents. Ils s'ornent aussi largement que leurs appartements et s'exposent à la ronde.

Ah comme ça y va, ça y va, ça y va. La femme recule d'un pas, indemne. Un verre se tend, le jour semble se hâter, le soir tombe déjà sur la montagne. Le maigre filet de l'opinion populaire éclabousse Gerti, comme de l'eau jetée par une main d'enfant. D'un pas lourd les pauvres des alentours délaissent les leurs pour être déversés avec leurs mains sales dans les auberges et bruire comme des sources de ce qu'ils vont ingurgiter. Quant à cette femme, elle ferait mieux de rejoindre son foyer, on ne saurait tolérer qu'elle boive ici, va-t-elle se taire à la fin, car ici gîte le troupeau avec ses bons bergers, pour connaître le programme consultez la page TV du journal! L'épouse du directeur est un gai nuage, du moins c'est l'impression qu'elle donne à glisser ainsi de sa chaise, là par terre où elle a fait son lit comme on se couche. Foncièrement compatissante la patronne de l'auberge l'attrape sous les aisselles. Du menton de Gerti coule un ruisselet qui s'étale. Ça ne peut pas continuer comme ça tous les jours. L'ultime flamboiement de la nature parvient de l'extérieur, et les troupeaux de ses usagers entrent, le dos patient, heureux de pouvoir enfin lever eux-mêmes le coude, au lieu d'avoir à faire le beau, fouettés par les retransmissions olympiques, ou de se faire pourchasser sur les pistes. Laissez ces gens entre eux, et vous verrez fondre comme neige au soleil ce qui fait leur attrait principal : ressembler aux stars du cinéma, avoir l'air tout mignon dans leur album de photos où nous nous mesurons à l'aune de nos exigences. Mais ici ils font des vagues, il faut qu'ils en imposent aux monotones autochtones. À grand renfort de sons, de couleurs, de parfum et d'argent. Un hymne est entonné à la gloire de ceux qui le chantent, l'heure a brutalement changé, les conditions météo se sont modifiées. Le vent hurle à travers la glace cristalline qui pend des arbres. D'autres gens s'agrippent à présent aux creux de la femme, regardez, deux hommes la soulèvent ! Leurs bourses se délient. On lui paie un verre de vin et un schnaps. Sous de phallacieux prétextes camouflant à peine leurs sexes grossiers, ils palpent la femme tout partout. Rires tonitruants des épouses qui tout aussi vivement arrangent leurs tranchées velues et prennent position avant que la lumière ne change. Tous dégoulinent encore de nature tant ils se sont imbibés de vie. Après tout, pour le prix, on peut se permettre de flotter comme des îlots et de rendre tripes et boyaux. Quelqu'un en manière de plaisanterie, charge une femme sur ses épaules, une rougeur, une dilatation se produisent entre les cuisses qui se pressent à droite et à gauche contre les joues de l'homme. Personne ne regrette de ne pas être parti. Ils sautillent, enfin l'insipide avant-programme de la soirée est terminé ! L'idée fait son chemin, à tout va, les organes sexuels s'ouvrent, déjà ils entrent l'un dans l'autre, appuient sur le champignon, appellent la délivrance de leurs gémissements, et leurs entrailles retentissent des nombreux verres qu'ils ont stockés pour des temps plus agités. L'obscurité aidant, les premiers se coulent déjà hors de leurs liens vestimentaires. On pince les seins de Gerti, inoffensives et joyeuses comme des légumes, nous proliférons au pays de nos pères, mesdames ! Cela vient de ce que nous séjournons dans des régions supérieures et de ce que nous aimons à nous laisser surprendre par les pulsions qui fusent de nos fuseaux.

Oh! hisse! et la femme se retrouve correctement installée sur le banc. Un autre verre se tend, un p'tit dernier pour la route, qu'elle balaie d'un revers de la main. Les casqueurs à bretelles hurlent de colère et la secouent par le bras. La patronne envoie la serveuse chercher une toile. Gerti se lève et jette par terre son porte-monnaie sur lequel se ruent aussitôt des êtres dont les visages suants changent de couleur devant l'argent. Les pauvres se serrent dans l'arrière-salle et se souviennent du travail qui autrefois s'étalait librement devant eux. Mais il n'est plus question qu'il leur ouvre les bras. Ô que ne l'ont-ils encore! Maintenant ils passent la journée entière à la maison avec pour seul emploi la vaisselle à faire. Et les autres clients? Ils ne demandent que du beau temps et une neige impertinente. Là-haut sur la montagne, demain, leur vie reprendra une route audacieuse ou peut-être trempée, si jamais comme prévu la température monte en flèche. La patronne: avec douceur, bonté même, elle mène sa barque. Gerti sous le bras elle semble marcher sur les eaux, par-dessus l'écume des vacanciers qui flotte à la surface. Voyez avec quelle assurance ces voyageurs surgis du néant se couvrent d'articles cadeaux nés au dernier salon des sports d'hiver, et courent dans la montagne au-devant de la mort. Sans se gêner on pousse un chant national. Les chanteurs n'ont rien d'une sirène, ou plutôt si, le son, mais pas le physique. Mais ils chantent quand même, chantent à tue-tête, redoublent d'effort! Effrayés, les habitants qui n'ont même pas droit au statut d'ouvrier-papetier, se tiennent devant leurs petits écrans et fixent les fictions astucieuses qui les représentent, n'y a-t-il donc personne qui compatisse à leurs souffrances? Et pourquoi la vie les a-t-elle quittés, congédiés avant même qu'on ait pu les remiser en sécurité à la cave, eux et leurs skis?

Jamais on ne devrait conduire ni seul ni à plusieurs dans cet état, ou alors c'est qu'on n'est même plus à l'abri de soi de son vivant! Gerti cependant s'adapte à ses quartiers et s'écarte de la rive. Elle s'installe et s'arrime. Se disperse librement dans ses sentiments. Michael : allons vite le sortir de sa maison avant qu'il ne refroidisse. Bientôt, cette femme poussée par ses sens pleurera devant une maison étrangère, parce qu'il n'y aura personne. Mais passons! Voici qu'elle allume les phares. Seule — comme nous la plupart du temps, seuls mais uniques — elle fonce sur sa proie, les autres automobilistes. Il ne se passe rien, on dirait un miracle permanent. Dans leurs chemises brunes, les messieurs grondent, car le dîner se fait attendre, les chiens foncent sur les invités et se refont une santé sur leurs mollets. C'est pourquoi nous aimons habiter chacun de notre côté, et prenons soin de nous comme autant d'animaux domestiques. Ne prenant que rarement une timide gorgée d'un autre qui prétend regorger d'un tendre désir. Mais qu'un jour on désire vraiment quelque chose, ce n'est pas de lui qu'on l'obtiendra.

14.

Bruissement des gouttes de graviers devant la maison, les chiens nous sautent au cou, et la porte s'ouvre. La femme fait même un pas de plus, vers la lumière plus clémente qui nimbe le charmant, le chaleureux mari qui l'attend. Depuis longtemps les enfants, privés de réconfort musical et rythmique, ont été renvoyés dans leurs foyers, où, battus par leurs pères, ils pointent le bout du nez hors de leurs cachettes. Soulagés d'avoir vu tarie à la source la fontaine artistique, la mine réjouie comme sur les photos de famille, à peine sur le chemin du retour les enfants se sont volé dans les plumes et se sont lacéré figure et vêtements. On ne gagne rien à rapprocher trop souvent les gens, si ce n'est des ennuis! Tout ce que Monsieur le directeur voulait, il l'a de nouveau, pour nous sa parole est un ordre. De sa bouche les baisers claquent. Il tient sous la lumière la cuiller pleine de ses sens débandés, mais rien ne s'échauffe. Il couvre la femme de baisers, telle la mère qui lèche son veau, sa langue cherche même les aisselles. Automatiquement il s'enflamme à sa vue, mais son corps moite reste fermé pour l'instant. Il est bâti comme un roc, et déjà les ruisseaux coulent sur son front, mais ce n'est rien comparé aux sueurs de ses ouvriers lorsque, épuisés par des cures (après les peines et pénitences infligées à leurs existences), ils reçoivent leur lettre de licenciement. Aucun d'eux toutefois en cet instant ne comprendrait sa femme aussi bien que ce directeur bouffi qui aimerait la reconduire dans ses eaux territoriales. Qu'est-ce donc, là, dans son sac, juste un slip mouillé, qu'il jette sur le parquet. Ce n'est pas la première fois, mais en général les domestiques sont là à cet office, lorsqu'une fois de plus on n'a pu retenir les eaux du robinet. Demain la femme de ménage enlèvera cette trace de vie. Il est temps que Gerti retrouve les limites non négligeables de son enclos. L'enfant qui a passé la journée à courir chez les uns et les autres et qui se fait fort bien comprendre malgré ses piailleries, vole dans les bras de sa mère, tout en sueur d'avoir tant tracassé ses amis. Un message céleste et terrestre lui vient par la voie des lèvres de la mère qui elle-même lui vient du ciel. La mère : est ce fardeau inéluctable que des peuples entiers supportent et redoutent. Mais qui vient de nous remettre ce programme «famille»? Qu'ils comprennent à la fin : ils ne sont jamais que trois et font tout au plus la pluie et le beau temps chez eux. La famille : essentiellement cette femme qui n'est plus sobre — ce que le père qui tient le carnet de chèques veut bien, bonhomme, inscrire en compte, sa propriété est ce qu'il chérit le plus au monde. L'homme caresse la femme en souriant, mais la seconde d'après, tel un terrier dans une tanière étrangère, il fouille comme un fou sous son manteau et gratte au revers de sa robe que la femme récalcitrante doit aussitôt ôter. Amoureusement il esquisse des caresses sur sa joue, comme si, le créateur ayant trop tôt cassé son crayon, la vie en personne avait maintenant à corriger son œuvre. La femme a du mal avec son embrayage automatique. Elle s'appuie lourdement sur son mari-relax.

Qui de nous n'aimerait rester un moment oublié sur les prairies de la vie, pour soudain ressusciter dans ses petits souliers (car tout est petit, standardisé comme des H.L.M., et néanmoins nous ne changerions pas pour un royaume)? Ah, s'abandonner entièrement à un autre, à quelqu'un qui passe si vite qu'il aura de nos nouvelles! Émerger de la masse, quitter les rails qui mènent à l'argent! Se jeter sur son enfant divin, puisque enfin il est né, représente plus qu'une idée pour la femme, oui, la sainte famille compte à présent faire la fête, festoyer entre vautours dans ses plus beaux atours! En avant! Sus à Vienne et ses concerts! Elle se roule avec son fils sur le tapis de l'entrée, sous prétexte de jouer, mais sa main (elle ne saigne pas) l'attrape fermement par la ceinture de son pantalon. Le mari s'efforce de sourire, car il veut avoir la femme pour lui seul, à supposer qu'il puisse tuer tant de vitalité d'un coup? Nous verrons. Un lourd bloc de chair résolue pèse déjà entre ses jambes, plus lourd que la tête avec laquelle il voit et pense. Tiens encore une correspondance, plutôt ratée non! La chair vous force souvent à tenir bon comme dans un car de tourisme qui fonce, rideaux tirés, à travers la nuit, les vitres défilent devant d'autres vitres, mais comme tout bouge, les gens ne peuvent se rapprocher.

La main déjà dans la poche du pantalon, le directeur caresse son bâton à travers le sac. Dans un instant son rayon arrosera la femme sans regarder à la dépense. L'enfant aussi rayonne. Ce n'est pas simple avec eux, l'enfant sombre déjà comme l'herbe à lapins sous la faux maternelle qui s'enfonce durement dans sa chair. La mère glousse, ses cheveux traînent dans la poussière du sol que la ménagère traite par le mépris. L'enfant aimerait raconter ce que ses camarades se sont permis avec lui. Mais le père n'a pas comme vous le temps d'aimer les enfants. À genoux, désarmé, il regarde de haut sa famille — petite, et en cela unique parmi tant de grandes œuvres qu'il a créées. Tous rient de bon cœur. Le père les chatouille tour à tour comme s'il voulait leur soutirer un peu de vie. Tous continuent de rire, l'homme est de moins en moins touché. L'enfant est le cadet de ses soucis! Il n'a qu'une envie, mettre le cap sur le giron de la mère où lui-même aimerait se reposer. Bonheur ou malheur, l'enfant prend tout à la légère, on doit pouvoir faire quelque chose, non! Qu'il rentre dans le rang, ou mieux qu'il aille lui-même ranger sa petite chambre! Si jouer les garde-malade est un rôle dévolu aux mamans, les femmes ont aussi le devoir de garder leurs maris en elles, que dans ces chapelles ardentes ils soient à l'abri du feu qui pousse les corps à sortir dans la nuit comme des toutous pour se vider et s'assurer ainsi un meilleur sommeil. Une opulente décoration est accrochée aux maigres branches d'un arbre de Noël. L'essentiel c'est d'avoir vécu et d'avoir été inscrit sur les tables de la vie, et qu'est-ce qu'on s'est tapé comme sacré bon dieu de menu! Non : ici sur ces papiers peints seul le bon goût a droit de cité! Le fils, notre public, connaît la lutte des corps et les vilains jeux de mains, pour les avoir vus maintes et maintes fois. Il extorque au père une promesse où le dieu et les idoles du sport jouent le premier rôle. Il succombera à l'appel des monts et merveilles, des passionnants tapis de neige qui recouvrent les cimes les plus éloignées. Je crois qu'il sera passionnant de voir tous ces skieurs parcourir la montagne jusqu'au nombril de la terre. L'enfant se voit promettre un événement, car le père se promet beaucoup du corps de la mère et de ses embranchements qui mènent au cœur de la nuit : ce paysage ne peut pas contenir plus de cinq mille personnes!

Ils éclatent dans leurs pantalons fonctionnels, ces messieurs, et déjà le fils en fait autant. Cet enfant auquel on ne saurait reprocher une croissance trop rapide due à la mère, puisqu'elle s'est offerte à lui en maigre pâture. Cet enfant qui appartient à une race alerte a été élevé, constamment remonté par sa mère, et maintenant plus rien ne l'arrête, il avance, il avance! Mais passons aux messieurs parmi lesquels le directeur tient le haut du pavé. À tout moment, en un rien de temps, sa queue peut dans une chaude baignoire s'éveiller à la vie, s'exhiber, travailler, puis l'homme satisfait se voit alors rejoint par son destin qui porte en lui la force de jouer au tennis, de conduire une moto ou d'accomplir d'autres travaux herculéens. Il y a du ballant quand vous marchez, messieurs, et dans les faibles ramures les hommes tentent mainte expérience, tandis que moi je suis seule. L'enfant pense à une période de l'histoire terrestre qu'hélas rétrospectivement il ne peut plus vivre (trop tard!). Tout à l'heure le père lui a sorti une encyclopédie et s'est cuistrement penché sur ce qui est son singleton de propos délibéré. Car une série diminuerait l'intérêt que la mère porte au père. Qui, vicieux comme une maladie, tient à clouer lui-même sa femme au lit : Dieu aussi est vicieux, mais il n'est pas visé ici.

Telle une cloche le directeur carillonne au-dessus du canapé qu'il a rejoint en touriste. Dehors les arbres se dressent, sombres, et attendent. La famille est réconciliée, lourds, discourtois, les testicules pendent dans leur déguisement favori, leur armoire tapissée, le caleçon et le pantalon de jogging ballonnant. Mais en un tournemain tout peut ressurgir. Car le sexe auquel nous appartenons, chacun au sien, bondit tel l'élastique qui lie en bottes les pauvres (car eux ne comptent pas isolément), bondit hors de sa pochette, lorsque le solitaire se penche sur son bien comme sur son ombre, de tous les êtres le seul taillé à sa mesure. Oui, quand ce fagot de vie se dresse, nous allons bien. Et quiconque en veut plus devra se l'acheter. Même l'enfant : il brille déjà comme un homme complet qui plie les uns à sa guise et se plie devant d'autres. Il passe de l'un à l'autre, exhibe sa silhouette qu'on ne peut plus améliorer, et se meut sur une piste semée d'envieux où il nous passe à toute allure sous le nez. Ce simple spectacle est très impressionnant. Cet enfant est encore petit, mais il a été spécialement conçu pour être un homme, me semble-t-il.

Pour l'heure ce n'est encore qu'un sale mioche, petit, mais il exerce sur nos tympans une pression à nous faire valser jusque chez nos pauvres voisins qui se plaindraient s'ils osaient. Tendre, la mère approche la bouche de sa chevelure. Le père se fait inépuisable, il n'y tient plus. N'endigue plus ce qu'il dissimule d'habitude à ses employés : ses pulsions. Il s'approche par-derrière de sa femme. Celle-ci, dédaigneuse, se penche en avant, afin que ses profondeurs s'animent. À force de rire, l'enfant chatouillé lâche un vent dans le visage maternel. Quand on chahute, ce sont des choses qui arrivent. La femme est sur le qui-vive, mais trop tard, elle est déjà à moitié dénudée derrière, alors que devant elle lèche encore son enfant et l'exhorte gentiment à aller ranger ses jouets. L'homme ne tente pas davantage sa chance et gagne quand même du terrain. En rase-motte l'oiseau caresse la croupe de la femme et tente de s'envoler. Le père sent aujourd'hui sa vigueur se déchaîner en lui, il pourrait gagner des parties gratuites. En catimini il pose sa mèche enflée, que camoufle l'ampleur de sa veste d'intérieur, contre la raie, tâtant le terrain dont il dispose. Et il n'a plus qu'à creuser un sillon, c'est ainsi que le paysan donne un coup de pouce à la terre. Aucun de nous ne supporte seul la vie. Mais pourquoi personne ne l'aide-t-il à choisir une voiture, un compagnon de route qui supporterait tout avec lui ? Les yeux grands ouverts, examinons mutuellement nos sexes, afin d'y trouver l'apaisement, nous qui nous efforçons de rester minces à l'aide de régimes et de médicaments. En concurrence acharnée avec d'autres, venus pour tracer leur propre voie. Même devant cette porte ouverte le directeur se demande encore par où entrer pour mieux se mettre en train, quel honneur de pouvoir se présenter sous forme de gerbe ! Seigneur, quel bonheur d'être une lourde charge sur un chariot embourbé qui se vautre avec délice dans la fange. Des gens ont arraché exprès les panneaux de signalisation !

Et la famille de continuer à s'embrasser et à péter. L'attente bienheureuse est terminée, des mots de bonheur traversent la pièce. La voix du seigneur de la maison s'élève, elle devient bataille qu'il gagne. Il est pris dans un tourbillon, le ciel en oublie presque ses ouvriers et employés qui se sont fait rouler par leur chef suprême et sa Ste Mère l'Église, et se retrouvent, bien bâtis mais mal lotis, parqués dans leurs stalles où ils carillonnent de leurs cloches en colère, et trépignent au bout de leurs attaches. Comment ? Leurs coups n'épargnent même pas l'unique pièce où ils s'entassent ?

La femme sait où le bât blesse son mari, ce sale bourrin qui dans un instant défoncera ses clôtures. Parfois il n'y tient même pas jusqu'au soir et la convoque dans son bureau directorial, à l'usine, où l'oiseau de proie qui ne se contient plus exige alors, toutes griffes dehors, de se nicher dans son nid maison. Il s'agrippe aux nuées de son sexe et celui-ci s'étend et croît pareil à l'incendie. Déjà s'extirpe du réduit du pantalon le petit gagnant qui s'était tapi tout au fond, attendant qu'on lui présente le ticket portant la destination de son rêve : le triangle d'or, le giron. Joie du propriétaire, de loin déjà les chiens flairent son odeur et s'entre-déchirent. C'est la fête tous les jours. Le sommeil nous trouvera-t-il aujourd'hui ? Nous l'aurions pourtant mérité, nous qui patientons sur les sommets sous nos chaudes pelures pour ne pas déclencher d'avalanches. Et dans les plis de leurs chemises, les hommes songent au jour nouveau !

Et pour la énième fois aujourd'hui des brèches s'ouvriront aussi dans les élégants vêtements de Gerti. Les messieurs sont des faiseurs de vent ; la brise estivale est bien plus aimable, l'hiver il nous faut respirer par nous-mêmes. L'enfant s'aperçoit à peine qu'il marche parmi nous et qu'on lui marche dessus. On ne va pas dîner bientôt ? Le directeur va-t-il devoir lâcher la femme ? Attendre qu'elle redevienne tout à fait sobre ? L'animal et sa laisse se fixent sans mot dire. Le directeur a plus d'un tour dans son sac : sur la table de la cuisine il veut mêler au corps informe de sa femme sa propre pâte qui, bien couverte, n'aura plus qu'à lever. Ainsi la famille se procure-t-elle elle-même sa nourriture et la terre ses habitants, et c'est aussi pourquoi les convives prennent congé sur le seuil de la porte, bien qu'ils aient déjà fait bonne chère ! Messieurs ! Certes je ne vous connais pas, mais vous vous dépensez à faire grincer les filets. Les assiettes anglaises s'abattent sur les tables, la famille s'installe, les lourdes miches de pain, grosses et chères, aux grains nettement détachés, se débattent dans des assiettes façon grain de riz, tout ce monde s'est rabattu ici pour qu'advienne la volonté du père. Il veut d'abord copieusement faire du plat à sa femme, puis, encore tout souriant au souvenir de sa journée — après tout il a gagné le pain qu'il distribue maintenant à sa famille — sa lourde baguette jouera du tambourin sur le bassin de sa femme. C'est du moins ce que je crois sans pour autant croire en moi-même ! Respectons les jours de fête et faisons aiguiser nos instruments par la chorale de l'entreprise ! Et vive l'enfant, puisque le sort en a ainsi décidé. Sans crier gare, sans sommation, comme le soleil qui parfois perce, fulgurant. Et qui au-dessus des cimes se prépare dès à présent à brûler demain, mais nous qui sommes fichtrement riches sur les fiches de paye des tigres en papier, nous avons déjà eu aujourd'hui notre feu crépitant et nous y avons tant réchauffé nos corps qu'ils ont failli partir en feu et en fumée. Je ne peux vous donner qu'un conseil : chargez-vous des boissons et vous serez déchargé de tout souci !

Un écho mourant vient encore du dehors, après tout il est tard, et la vie privée s'abrite pour s'amuser en toute intimité. Celles qui sont chargées des repas et des distractions, là-haut dans les petites maisons au-dessus de la rivière bruissante, et qui font cliqueter la vaisselle : ces créatures pour toujours à demi formées, à demi éduquées, oui, nous les femmes !

nous sommes chez nous, mais pas dans nos assiettes (ou plutôt si trop souvent). Pour grandir nos hommes nous ne pouvons que les gaver. La famille ferme maintenant sa porte aux bêtes qui du fond de la nuit ne peuvent plus nous fixer d'un regard menaçant. Partout au village on plonge sous les couvertures, et vous, plongez-vous donc dans vos propres papiers! Demain tous viendront transformer en papier les arbres des alentours, comme si c'était pour eux un jour de fête. Alors que le directeur ne songe qu'à rompre l'accord qu'il a passé avec les ouvriers et le syndicat. Seul celui qui chante juste connaîtra chez lui des lendemains qui chantent. Les salles informes des auberges du chef-lieu croulent sous les applaudissements lorsqu'ils s'y produisent, eux qui depuis longtemps sont destinés à d'autres appétits et frissonnent aux sonorités qu'ils mitonnent, amicaux, mais toujours prêts à s'entre-dévorer. Sans cesse des portions d'hommes escaladent les femmes qui leur appartiennent, afin de s'épuiser pour de bon. Rochers suspendus à leurs marmots et aux mamelles de leur épouse. C'est une habitude. Parfois une main caressante surgit de l'obscurité et les frôle, furtive, comme une branche armée de fruits. Que ne peuvent-ils paresser un moment à vide (ils se sentiraient alors libres comme l'air)! Pourquoi ramasser les bouteilles aussitôt vides! À présent les femmes caressent l'homme de leurs armes, dans le sens du poil, pour avoir un cadeau, une nouvelle robe par ex. en remerciement de leur insignifiance. Leur faculté à se résigner les rend plaisantes, mais elles ne plaisent pas à grand monde. Un goulasch attaché, et on s'en fait un monde!

Restons en contact.

Une fois la porte verrouillée, Gerti elle aussi se fait moins farouche dans son château fort en voilages. Mais est-ce une raison pour que le directeur en vienne à des voies de fait? L'enfant court de l'un à l'autre, s'enfle comme la grenouille. Le père voudrait offrir l'oubli à l'enfant, le soulève par un pan de sa salopette et le laisse retomber. Il serait temps que la mère régurgite une leçon de bonne conduite. Vite, un doigt dans la gorge! Seul l'enfant, joué par un gamin, trouble encore la scène en distillant sa vérité d'une gorge également oppressée : Il veut un cadeau. D'après quelles chimères cet enfant a-t-il bien pu être choisi? Les parents ainsi pressurés sont assis l'un sur l'autre, en silence, dans leur belle résidence. Les réserves de cette langue d'enfant semblent inépuisables, mais cela manque de variété, il n'est question que d'argent et d'achats. Cet enfant exige — il y croit — des trombes d'engins high tech taratata et tralala. Son langage sort, hésitant, de toutes les profondeurs que la maman avait recouvertes d'images d'animaux. La mère l'aime, cet enfant, car tous deux obéissent à la loi commune : ils ne sont pas nés de la terre mais du père. Des catalogues entiers fleurissent dans la bouche de cet enfant. Même un cheval y a sa place. Oui, l'enfant veut se sentir en totale harmonie avec la voix du sport, et non celle du violon. Et les marchandises se font verbe, et la parole argent comptant. Une fois de plus le père veut exécuter sa pantalonnade, dépêcher son engin, en effet : comment passer devant cette femme sans passer à l'acte ? Il finira bien par rabattre son caquet à l'enfant, quitte à le traîner à table par les cheveux, pourquoi pas ? Le téléviseur émet une source visuelle et sonore, méduse qui étend ses tentacules dans la pièce et permet à la jeunesse de se reconnaître dans les diverses célébrités. C'est très bruyant. En colère l'arbitre de ce club crie sa décision : certes tous trois ont été faits par un seul père, mais c'est moi qui les ai inventés !

La mère tangue et roule dans son corps ramolli par l'alcool et se cogne à ses appareils ménagers. Sans grande peine cette famille s'achète son environnement. Regardez, quelle paix ! Les tables ploient sous l'éclat de la lampe qui baigne la mystérieuse et sacro-sainte nourriture. Un sacré pays. La queue à demi bandée du père repose sage comme un chien de chasse entre ses cuisses sur un coin du canapé, rien ne manque, le gland perce à demi, le chêne ploie. Des torrents jaillissent des hommes, là, à l'embouchure des tripes, ils se hâtent avec lenteur, rôdant à travers les sous-bois. Non, ce sexe ne se couchera pas avant de s'être une fois encore dépensé et répandu en pluie. C'est du moins ce qu'il voudrait. Le père gigote sur sa chaise : qu'elle est variée, qu'elle est charmante, cette vallée tapie au fond des cuisses ! Il y a si longtemps, il y a si longtemps, il y a si longtemps qu'il attend — de mettre du charbon dans le fourneau. La femme regarde droit devant elle et de temps à autre tape du poing sur la table. Si on la laissait agir à sa guise, elle suivrait à nouveau ses plus récents désirs et volerait dans les bras de ses considérations actuelles qui ont nom Michael. Mais je crains qu'à cette heure l'accès ne lui en soit barré. De sombres paroles — un murmure — s'échappent de ses lèvres mi-closes. La résidence secondaire de l'étudiant, ce lieu de pèlerinage pour la chair de Gerti, nous nous y rendrons plus tard. Dans les maisons les enfants ne chantent pas, ils ne battent pas des menottes en cadence, et même le soleil n'ose plus rien faire. Le silence tombe. Quand, mais quand je me le demande, cette femme saisira-t-elle l'état d'urgence de son organe de sécurité local?

L'enfant batifole, à présent survolté, endiablé. Chaque fois avant de se coucher, lorsqu'on fait si peu de cas du souper, l'enfant se déchaîne par pure vitalité. La mère aussi pose brusquement la tête sur la table. Sa blessure bêlante est en rapport avec Michael. Elle indique qu'elle ne mangera pas mais qu'elle boira. Le père pour qui sonne l'heure de la chasse, dans sa tenue de descendeur, laisse champ libre à la vitesse. L'enfant l'importune, n'est-il pas chez lui, dans sa maison, où les gens meurent s'ils ne sont pas hospitalisés à temps. Les derniers ouvriers échappent au gros temps, et se précipitent dans leurs bienheureuses chaumières. Bientôt tout sera silencieux. La queue du père, musculature herculéenne, est attirée par la mère. Ce cabot despotique dort encore, mais bientôt l'odeur lui montera aux narines. En haut on parle de l'école avec l'enfant. Ensuite on pince sous ses chaudes aisselles la femme courbée en deux, on la prend par les épaules et la redresse. L'enfant de plus en plus préside au repas. Troublé dans son désir, le père rentre en lui-même, oui, nous voyons bien que la mère elle aussi n'est rentrée que pour repartir et revenir régénérée. Ces gens ne peuvent rester en place, c'est d'ailleurs le propre de ces inquiétants étrangers que sont les riches. Nulle part ils ne s'attachent, voyagent au gré des nuages et des vagues, leurs couronnes bruissent au-dessus de leurs têtes, et leurs bourses frémissent. Ailleurs c'est mieux, et ils ouvrent leur poitrine au soleil. Et toujours la même réponse à la question : Qui est à l'appareil ? L'enfant devient de plus en plus importun, il peaufine la liste des cadeaux pour son anniversaire, mais il ne rabat rien de ses vœux. Par principe le père en fait autant. Il revigorera la mère sous sa source pétillante. La vie bruit autour de ses chevilles, en vérité je vous le dis, dans la chaleur de ses sens qu'aucune capote ne saurait retenir, là est son corps, et de jolies flammèches s'en échappent. L'enfant exige beaucoup afin d'obtenir l'essentiel. Les parents (enfin casés dans le compartiment de leurs sensations par le contrôleur des wagons-lits, dehors le paysage défile, et leurs pulsions les dépassent, voulant gagner le large) souhaitent pour diverses raisons que l'enfant referme sa bouche ouverte. Des conventions sont rompues. Une heure de violon ce n'est pas le bout du monde. Pour finir la femme avale une bouchée de rien du tout. L'enfant ne mûrira pas de sitôt. Mieux vaut nous préparer !

Ils ne peuvent tout de même pas s'asseoir tout nus l'un autour de l'autre, l'enfant les dérangerait. Cet enfant est en plein delicium. On lui donnerait le bon Dieu sans confession, à le voir faire des bulles avec lc lait entre ses dents du même nom. C'est un lien très solide que cette architecture qui le relie, l'enfant, à ses parents. Mais en réalité le fils ne dérange pas seulement lorsqu'il est au goutte à goutte du violon. Il dérange toujours. Ce genre de superflu (les enfants) n'est que le produit de relations irréfléchies qui installent leurs propres trouble-fête à domicile, afin que de leur babil malhabile ils illuminent votre demeure, brillants et sots comme la lune. Alors que vous seriez mieux à faire les quatre cents coups tous ensemble dans tous les coins possibles et imaginables de vos maisons. Le père voudrait enfin arracher l'étoffe qui recouvre sa femme, et plein d'entrain dévaler ses collines, mais non, l'enfant emplit la pièce comme un jour de fête, son clairon envahit la demeure où tout invite à l'amour, surtout la structure spécifique du père qui, tel le grand canapé du salon, est brillamment adapté à l'amour. Qu'ils fleurissent joliment en bordure des chemins, ces commis-voyageurs du sexe, ces petites plantes protégées, gardez-vous de les arracher, du reste ils s'arracheront d'eux-mêmes pour la prochaine femme! Cache-toi dans la forêt, mais ne leur marche pas sur les pieds, au milieu de tant de verdure ils peuvent se montrer fort virulents!

Dans la cuisine le père jette quelques comprimés dans le jus de fruit de son fils pour réduire au silence ce caquet toujours de service. Le fils ne peut pas encore faire grand-chose de ses sucs, mais le père, hé, hé, quand tout sera calme, déboulera de son costume dans la mère, arpentant des plates-bandes déjà bien ratissées. Dieu envoie ses compagnons du mont et de la vallée faire leur tour du monde jusqu'à ce que, s'étant l'un l'autre dévastés, de guerre lasse, ils puissent continuer le voyage, avec leurs enfants, à tarif réduit. Ils entrent en scène avec des chants, enfilent des présomptifs, et lorsqu'ils quittent l'organe laissent derrière eux leur tas de fumier. Telle est la règle sur les parkings de notre vie, et le paysage se tapit, librement, dans la vallée. Le raidillon qui pour notre plaisir descend de la montagne, le père le prendra, et ira sans détours se désaltérer au self-service laitier de la mère. À l'ère de la fabrication en série, nul n'a droit à un service individuel, fût-il directeur. Le temps a bien oblitéré ces tétons, mais ils appartiennent, ô merveille, à son quotidien. Et bientôt le sommeil descendra sur cet enfant et de là sur la maison, mais auparavant il aura prétexté le violon pour jouer les prolongations. Mais assez parlé du bonhomme! Tout le monde au lit! Ce sera la dernière séance pour la mère, qui ne perçoit plus guère le visage de son fils. Heureusement il y a les photos! L'enfant rit et crie et chahute jusqu'à ce que le dernier comprimé ait coulé dans ses veines. Quel bavard, ce petit, on dirait que sous les projecteurs du soir il se vautre en lui-même, dans la sauce de ses richesses. Même de plus grands, même de plus forts hésitent à exposer devant lui leur engin. Dans leurs maisons à eux, y a des cages, et, les gens, y mangent juste à côté. La mère cherche à éviter tout commerce avec le sexe du père, ce dévastateur qui prétextant une sainte alliance érige son œuvre en elle. Oui, elle veut demeurer, sans être visitée.

Que ne ferions-nous pas pour échapper aux innombrables ramifications verbales de l'enfant et nous réfugier en Suisse où nous pourrions nous aussi enfin nous reposer, et comme l'argent, en dormant, prendre de la valeur. On dirait que cette bouteille ne pourra plus jamais être rebouchée. Plus adroits que des alpinistes mêmes sont leurs souvenirs, leurs relevés bancaires parlent clairement des montagnes d'intérêts et des sommets atteints par leur argent. Mais pour le moment, que l'enfant fasse pipi et dorme ! Il peut d'après moi se passer de bain aujourd'hui ! Eh bien, ce n'est pas trop tôt mais je vous l'avais prédit, voici que toute expression cessante il se blottit dans son fauteuil. L'instant d'avant, impertinent, il affirmait avec chaque mot ses connaissances, maintenant l'air et le temps déjà le recouvrent, comme s'il n'avait jamais existé. Tout se résume (pas d'effet sans cause) à un filet de boisson sur ses lèvres, sur son menton d'enfant où le sourire fleurissait. L'enfant, enfin tranquille, est enlacé, embrassé sans un mot par sa mère. On est tranquille jusqu'à demain. L'essentiel est que le fils soit hors de combat. Il nous a littéralement assiégés, cet enfant. Alors que dans la situation — d'amour — où nous étions, nous avions fort à faire à accoler toutes nos ouvertures. Les murs de la chambre d'enfant sont en pierre brute et lourdement chargés, le père monte le fils, l'extrait de ses vêtements et pouf le laisse tomber sur sa couche, comme un coussin tout mou. On ne bouge plus. L'enfant dort déjà, trop fatigué pour faire des étincelles avec sa quéquette. Les grands, mettant à profit leurs liens de parenté, se prennent par les branchies pour se prouver que l'âge ne les affecte en rien. Ils ne sont pas gênés, ils aiment moissonner, ils n'ont plus rien à perdre. Comme les insectes dans le ciel le père va sans tarder amorcer la descente et se jeter dans l'herbe fraîchement coupée. En moins de deux il aura embroché sa femme, un miracle vu sa balourdise. Messieurs, vous avez assez joué avec vos lances d'arrosage ! Place au géant-vert-galant, et le soir venu, ayant mouillé au port, à genoux ! Mettez-le à l'œuvre ! Les hommes : on leur a crevé les yeux, et maintenant ils n'ont de cesse de crever quelqu'un.

Cet enfant est si jeune et déjà si stupéfiant (bourré de stup.). Tendre, la mère s'allonge en prime dans le petit lit, une nuit aimante la préservera-t-elle ? Non, elle s'éteindra bientôt sous les muscles raidis de son époux qui ne songe qu'à écrémer. L'enfant dort à poings fermés. La mère s'épuise en d'absurdes baisers qu'elle répand sur la couverture. Elle pétrit la graisse inerte de son fils. Pourquoi ne s'épanouit-il plus aujourd'hui ? Que son esprit se soit si vite envolé n'est pas naturel. Car elle le connaît bien. Quel robinet le père a-t-il fermé ? Lui d'ailleurs a depuis longtemps disparu dans son atelier où à l'aide de Bacchus il recharge ses accus jusqu'à ce qu'il se sente à la hauteur. Les sucs du fils, il les a corrompus avec du sommeil, afin que l'enfant demeure dans la nuit apaisante, protégé par ses héros du sport, et la chimie. N'ayez crainte, il se réveillera et glissera de nouveau sur les lointaines collines, il a juste été écarté du flanc maternel. Et la mère doit rester avec cet enfant, car sait-on jamais ce qui adviendra.

Gerti s'insinue sous la couverture, dépose ses baisers sur l'oreiller à côté de l'enfant. Elle triture la couverture, pressent-elle que c'est sans espoir, que son talon s'est pris, irrémédiablement, dans la fixation de son mari ? Qu'elle n'a plus qu'à suivre la trace en silence et descendre ! Seule cette fixation la retiendra dans la montagne, jusqu'à ce qu'elle sombre de chagrin. Le père est déjà dans l'atelier, à charger sa batterie, une bonne bouteille n'est jamais de trop. Est-ce un droit que la nature qui nous l'a conféré nous reprend ? Quelques instants plus tard il se retrouve aux cabinets pour évacuer le tout. Cependant que la femme, cachée sous son manteau, quitte la maison à la hâte. Elle file à travers le jardin, tel le paysan à la poursuite d'un rongeur nuisible, zigzague sans s'en apercevoir, fait des détours. Tout en courant elle a sorti la clé de sa voiture. Quand les temps à venir commenceront-ils enfin ? Déjà elle est dans la voiture dont le lourd châssis arrière chassera si elle s'obstine à braquer aussi brusquement vers la nationale. La brave routière effraie les dernières âmes perdues qui regagnent, chancelant, leurs foyers où elles répondront à la tendresse par la brutalité. Les phares ne sont pas allumés, Gerti conduit comme en rêve, car les lieux ensoleillés sont à l'horizon et les collines familières et lointaines. Témoignons-lui un peu de bienveillance, elle en a bien besoin. Cependant l'enfant fleurit dans son lit et se laisse aller dans ses rêves. Le directeur s'exprime dans ses W.C. Au bruit de la voiture il court sur la terrasse, la queue encore dans la main, réglementairement coincée entre trois doigts. Où veut-elle aller, veut-elle, de son vivant, vivre au-dessus de ses idées? Et vous, messieurs, qui vous cramponnez à vos têtes foreuses, comment pouvez-vous donner des mots à vos désirs? Le directeur s'installe dans sa Mercedes. Les deux lourdes routières se jettent dans le paysage, luttant pour la pollution. Et tout au long de cette folle équipée, les riverains plus pauvres se précipitent, amoureux, l'un sur l'autre, quelques grincements s'échappent du fourbi mal dégrossi des employés, et c'est déjà fini, l'invitation à l'amour. Ah, les invités de l'amour! Ils ne se sentent pas à l'aise chez des étrangers! Les deux berlines foncent l'une derrière l'autre. Elles grimpent de petites montées qu'elles dévalent ensuite. Réjouissons-nous de la puissance sous les casquettes et de ce que les jeunes noctambules puissent au sortir des discothèques fouetter leurs dangereux chevaux-moteur. L'homme n'a même pas eu le temps de tâter les seins de sa femme. Ils roulent. Aujourd'hui la nature ne croîtra plus, mais demain il y aura peut-être une nouvelle livraison de sève. Il a neigé, mais un jour ou l'autre cet arbre portera à nouveau des fruits dont je n'ai pas bien retenu le nom.

Le directeur, lui aussi en pleine possession de ses produits naturels, traque sa rubrique contact, sa femme. Il DOIT la rattraper. À toute vapeur, tous deux fendent le vent. Bientôt la résidence secondaire de Michael surgira en bordure de la route, ah mes amis, vous qui n'avez pas croisé notre chemin aujourd'hui vous en avez eu de la chance! Derrière les fenêtres éclairées un fonctionnaire de l'élégance proclame sa grandeur dans l'obscurité. Les nombreux endroits usés sur le corps humain, voyez vous-même, peuvent à l'aide de l'industrie et d'entreprises étrangères se transformer en coquettes colonies de vacances où nous pouvons promener nos divers intérêts au bout d'une laisse. Et devant pointent nos lourdes muselières d'acier. Nul doute, où la vague du désir déferle sur la prairie, les messieurs se dépassent, d'au moins vingt centimètres. Puis ils nous entraînent sur leur étroite sente, et l'on dit d'eux qu'ils ne s'arrêtent jamais avant d'avoir épuisé leurs ressources en eau-gaz-électricité et temps. Un coup en avant, un coup en arrière, et le tour est joué.

15.

Depuis son champ illuminé où il ondoie derrière les vitres panoramiques, menace un Michael souriant. Son monde est bien ancré, et il mène bien sa barque, jeune et clean avec son équipement sanitaire personnel, il se trouve pour trois ans au moins à l'abri de tout. À cette heure sa porte ne s'ouvrira à aucun prix. Bruyamment deux êtres s'effondrent sur le seuil où fait halte d'ordinaire le joyeux train de vie de ses amis. Michael n'est pas disponible. La femme donne des coups de pied dans la porte, tambourine avec ses poings. Ce qui fut semble n'avoir été rien. Envolé, tout ce qu'il lui a dit et fait! Des mots, mais il est vrai que de ce côté-là les gens ne sont jamais en peine, d'ailleurs tous leurs mystères se résument à cela. La neige se met à tomber doucement. Ça manquait! Derrière son joli crépi vestimentaire, l'étudiant se tient à la fenêtre et regarde. Il a déjà épuisé une partie des charmes de la nuit. Ce jeune homme possède plusieurs combinaisons de ski et d'ailleurs aime à combiner ascensions et randonnées. Discrètement clinquant et constellé de sigles (sur lesquels il s'assied) il sillonne les crêtes. Jamais seul, jamais immobile, et bientôt le soleil brillera à nouveau sur lui. Des cris s'élèvent doucement. Des nuées de gibier passent de la forêt à la clairière et ce membre moyen du jeune troupeau se tient là, immobile, étonné de sa propre clarté qui semble attirer d'autres bestioles. Michael se tient là, légèrement survolté car il est sous tension. Il est chez lui et se garde pour lui. La femme pleure devant sa porte, son cœur travaille comme un fou. Ses sens ne sont pas d'accord, les heures supplémentaires qu'ils sont obligés de faire, et de plus au grand air, ne leur réussissent pas, surtout par cette température. Presque simultanément sa tension surchargée d'alcool chute et la femme s'écroule en tas à la porte. Fumier sur un parterre gelé. De jour les remonte-pentes processionnaires donnent accès au paysage où l'on tombe sans amour sur d'autres gens. Cette femme, jamais elle n'a le droit de se sentir chez elle sur terre. Alors qu'il n'est si petit buisson qui ne soit traversé par le courant qui passe entre les gens. Un scandale.

Toute la journée ils ont pataugé sur les plans inclinés, les sportifs et les sportives, mais maintenant qu'on aurait besoin d'eux, il n'y a personne pour sortir cette femme du guet-apens qu'elle s'est tendu, toucher son cœur et arrêter ses roues. En règle générale, c'est le directeur qui dans son usine veille à la régulation du flux économique où il se jette également avec toutes ses pulsions, engendrant lui aussi un joli petit courant. Il veille à ce que le liquide abonde toujours dans son sens, et que toujours ses sens en abondent. Présentement l'ombre des maisons, des arbres et de la nuit enveloppe le couple. Gerti, déjà effondrée sur le seuil, tambourine contre la porte impitoyable. Elle lui donne des coups de pied. Sans qu'il ait à lever le petit doigt, l'étudiant vaut tous les efforts. Il sourit et reste à sa place, après tout, Hermann, son mari, est là, jamais il ne voudrait lui ressembler. Et ce dernier tourne son regard vers le haut, où il n'a pas l'habitude de voir quelqu'un. Les regards des hommes se rencontrent à mi-course, tous deux sont motorisés. Un instant, presque simultanément, ils sentent leurs corps se révolter contre la mort. Michael s'incline de quelques imperceptibles degrés pour esquiver. Tous deux ont déjà entendu bruire à leurs oreilles la coquille de Gerti, merci, cela suffit ! Plus question de se faire déséquilibrer de quelques joyeux centimètres par la turbine à plaisirs qui vous souffle un vent coupant et cristallin à hauteur de la tête. Pour l'un d'eux au moins il ne vaut pas la peine d'écarter les coûteux vêtements, pour le plaisir de suivre le bon plaisir de cette femme. Le jeune homme allume une cigarette au flambeau qu'on vient de lui passer, enchaîné qu'il est à sa piste, au milieu du tintamarre des rapaces des montagnes. C'est qu'ils lui arracheraient la dernière étincelle de son briquet à gaz pour la porter à ces gens-là en bas qui se sentent bien plus proches de Dieu que lui. Peu lui importe le feu au village, il n'a pas à le leur apporter. Gerti s'est soustraite à l'appel de son foyer où les flammes là aussi crépitent joliment. Mais il suffit, que ce joyau directorial regagne son écrin ! L'examinant de près le directeur la saisit par la taille et l'entraîne sur le sol nocturne couvert de givre. Elle piétine et trépigne des quatre fers, il y a de quoi éclater ! Elle porte toujours la robe en soie de ce matin où des espoirs ont germé, et de dos comme de face, à l'image de Gerti, cette robe a l'air encore acceptable, quoique sur le déclin, comme cette journée enneigée. Mais l'étudiant n'est pas donnant, et il ne le sera jamais. Il regarde dehors, baisse les persiennes sur ses yeux, mais la lumière suffit à auréoler le couple de magnificence. Il ne refuse pas toujours ce qu'il connaît. Après tout, il a déjà essayé de traverser les champs avec insolence, de taquiner le gibier et de respirer l'air, pour le rendre, usé, aux pistes. Certes : son aura ne s'étend pas plus loin dans le paysage, elle peut au mieux servir de cadre à cette sainte famille et auréoler cette vision format carte postale. Michael abrite ses yeux de la main pour habituer son regard à l'obscurité. La nature n'est pas douce, la nature est farouche, et les hommes, fuyant le vide, se réfugient l'un dans l'autre, où il y a toujours déjà quelqu'un. Peut-être Michael ira-t-il boire un verre avec le directeur qui voudrait sans doute en personne achever avec son stupide pinceau — quel coquin — le tableau que le jeune homme a commencé à peindre. Au milieu des pins on peut se passer du langage. Dans ce cas jetons-le!

Le silence balaie les rues, et Dieu transfigure les habitants de cette région dont certains travaillent encore, les uns dans leurs appartements où ils bricolent, les autres à marteler leurs partenaires du moment au séjour incertain. C'est qu'il faut qu'ils ensemencent toujours plus d'autres sols (mais de toute façon tout part à vau-l'eau), afin que la nature tienne sa promesse de leur fournir travail et logement. Enfin les voici sédentaires! Retenus par les faux pas qu'ils doivent à la nature : leurs petits écarts devenus des hommes; et ce sont aussi des erreurs humaines qui ont détruit la forêt dont ils vivent. Et j'ajouterai une chose que la nature leur a promise : la législation du travail, qui stipule que chaque habitant ayant conclu un pacte avec son employeur peut — grâce à la mort — en être délivré par Dieu (révoltante cette délivrance par Dieu!). Tiens, un nouvel écart calamiteux! Et les princes du pays non plus ne savent comment sortir de ce dilemme : le travail se raréfie, les gens se multiplient et font tout pour que les choses restent ainsi et eux aussi. Comme en ce moment où, fatigués mais fiers, ils raccrochent au mur les insignes de leur vie, et passent le rabot. Tout à la ronde commence un déploiement de corps et naissent des formes de la plus curieuse architecture. Si le maître d'œuvre de ces usagers d'autoroutes pouvait les voir, ces résidus de fausses couches possédés par l'espoir, renaître au matin dans leur lit conjugal ravagé (et s'il voyait tout ce qu'ils possèdent!), il n'hésiterait pas à les retailler, lui dont la naissance dans sa petite étable fut bien plus fracassante, un modèle pour nous tous que chacun peut étudier dans les musées et les églises. Ces piètres témoignages que nous rendons tous au créateur par notre simple présence dont nous ne sommes pas responsables : voici qu'ils s'agitent tous, fredonnent et balancent leurs corps de travailleurs en cadence sur la pop musique de fréquence Autriche 3 ou d'un simple disque. Marx a été bien patient avec nous! Bêtement endettés, ils comptent, blottis l'un contre l'autre, rentrer dans leurs frais avec leur partenaire, qui d'autre d'ailleurs leur donnerait quoi que ce soit à l'heure qu'il est ! Même pas l'aubergiste sur le pont qui, dans sa sombre cupidité à vouloir encaisser plus qu'il n'a débité, se sert au passage dans les plats des clients, tandis que Josefa, l'aide cuisinière, âgée de 86 ans, ramasse les miettes et engloutit les restes. Il subsistera toujours quelque chose de ce travail auquel ils sont attachés comme à leur bien-aimée jamais. Les femmes ont été fraîchement cuisinées ou mises en boîte. Oui, elles aussi ont des désirs mais pas pour longtemps, à les entendre gémir sous le fouet du temps qui leur dicte jusqu'à leurs vêtements. Ainsi roulent-elles leurs lourdes et rondelettes silhouettes, et la vie perdure, l'homme disparaît durablement dans la mort, les heures déclinent, mais les femmes s'agitent, prestes, au foyer, jamais à l'abri des coups du sort. Comme leurs habitudes se ressemblent ! C'est chaque jour la même chose. Ce sera pareil demain. Un sursis ! Un sursis ! Mais demain n'est pas encore là, la ménagère ne peut pas encore y entrer et s'y faire assommer par plus de travail. Pour l'heure, ils demeurent, insensibles, l'un dans l'autre, les pistons cognent, le cap est mis — et manqué — sur les rives impraticables des corps, oui nous tombons, mais pas très profondément, car nous sommes à l'image de notre entourage : tout en surface. Si nous nous en tenions à ce que nous gagnons, nous pourrions tout juste nous offrir une paire de chaussures afin de déguiser nos pieds fatigués en randonneurs, rien de plus, et déjà voici nos chevilles devenues enjeu pour nos partenaires qui ne pensent qu'à jouer, se prennent pour des atouts, et ô horreur ils coupent pour de bon. Et la distance avec le ciel reste éternellement la même. Vite, sautons sur le marchepied de la voiture extorquée à nos corps sous la forme d'innombrables heures de travail à l'usine. Nous ressemblions aux enfants du bon Dieu, le premier jour où les portes de l'usine se sont ouvertes à nous, mais au bout de plusieurs années seule s'ouvre encore à nous la portière de notre break bas de gamme, car l'entrée de l'usine, elle, nous est barrée — à nous dont la vitesse de croisière a légèrement baissé — par un as de la manipulation installé depuis peu aux commandes. Oui, ils ont rayé notre petite place, sans compensations, entre-temps l'usine travaille presque seule, elle l'a appris de nous! Mais avant que la misère ne s'installe, avant de vendre la voiture, nous voulons nous aussi revenir deux ou trois fois de l'étranger. Voulons deux ou trois fois nous prodiguer à l'autre, et rien ne nous chassera de cette table d'hôte, ni quelque lubie de notre propriétaire, ni le costume en réclame dans le journal, ni la folie qui abrège notre vie parce que les pauvres haridelles que nous sommes n'ont pu résister à l'envie d'ajouter quelques chevaux à leur écurie. Et qu'en est-il du directeur? Jamais il ne règne seul! Même le konzern, ce busard enchaîné, ne peut prendre son essor comme il l'entend, car qui sait quel autre vautour il croiserait dans son vol?

Ainsi avons-nous tous nos soucis : qui aimer, que manger.

Ils n'ont pas l'air toc dans leurs sentiments, on les prendrait même pour de véritables bijoux dont d'autres s'ornent : ces troupeaux de corps en lambeaux, qui, apprêtés de leur mieux (de nouvelles chaussures!) s'apprêtent à rejoindre quelque amourette ou gigotent, impaticnts, dans leur chambrette. Chorale humaine qui par télésiège envoie dans les airs son écho multiple à l'adresse du père. Qui a créé les zones érogènes dont les femmes s'ornent le soir, mais que leur travail estompe rapidement bien avant que quiconque ait pu les honorer. Ahuris les hommes fixent les trous que la vie a creusés dans les corps de leurs femmes, oui, ils frémissent, ils s'en doutaient : la boîte qui depuis des années leur déverse les graines est désespérément vide. Mais vers un seul être l'amour élève sa ferveur. Et demain matin ils attraperont le premier car, il faut bien, non sans avoir d'abord cogné sur leurs femmes qui tiennent à eux et à leurs petits calibres : Mobilisez-vous! Le travail ne se trouve pas à tous les coins de rue.

C'est par des voies semblables que les autres aussi vont à la mort. Ils font un bout de chemin ensemble, respirent lourdement devant le portail, afin qu'on leur ouvre. Et d'autres les rejoignent qui se volent dans les plumes chétives, pour ne former qu'un. Pour faire corps unique face au contremaître. Il doit bien y avoir quelque chose à faire. Être plus fort et à plusieurs serait déjà un bon début, lorsqu'on sombre sous les coupes auxquelles l'usine procède jour après jour. Et parmi le butin, les propriétaires choisissent ce que vous avez vécu de mieux cette année sur les plages de Rimini et de Carola où, épanoui dans l'opulence, vous vous êtes englouti sous l'éboulis de vos joies éphémères.

Le directeur de cette usine traîne sa femme jusqu'à la voiture pour raccourcir la courte pause qu'il s'est accordée dans ses activités par une activité plus intense encore. De son émetteur des mots d'amour résonnent aux oreilles de la femme, elle les capte, bataillant et bégayant, les p'tits amoureux qui captent leur musique de danse sans stéréo après minuit ne font pas autrement. La fenêtre où dans l'échancrure nous apercevons une de ces tenues de jogging bigarrée que l'on voit d'ordinaire, en plus petit et en moins bien, se présenter dans les tavernes pour faire le plein, reste obstinément éclairée. Le jeune homme étend ses manches terminées par des côtes en solide tricot et fixe au-dehors ces êtres sans attraits, mais néanmoins parfaits à leur manière, si l'on considère le bénéfice qu'ils tirent du travail des gens et les ficelles qu'ils tirent au parlement. Qu'il est merveilleux de chanter en chœur avec les riches sans avoir à faire partie de leur chorale d'entreprise. D'apprendre leurs coutumes sans avoir à être aux champs et aux mains d'un coiffeur de campagne à l'époque de la moisson! Tels de lourds taureaux les deux voitures paissent côte à côte devant la maison, et l'une des bêtes ne tardera pas à se faire légèrement éventrer. La portière s'ouvre, le plafonnier s'allume. Des mots doux sont envoyés dans la patrie de Gerti. Non, il n'est pas venu punir, ce père de famille, mais consoler et reprendre possession de son bien, et une ville brille derrière ses portes. Il ne désire rien, hormis sa femme, dont il se contente, contrairement à d'autres qui n'en finissent plus de se contenter de peu, de chanter sur tous les tons les louanges de leurs photos préférées dans les magazines spécialisés des forçats du sexe. Il faut les voir turbiner après le travail, ces besogneux du cul! Et regardez un peu ce que ces loups ont pris dans leur bergerie : parfois la nature me semble sans merci. Le directeur est attaché à sa femme, ses larges rues lui sont familières. Et tandis que le prisonnier silencieux derrière la fenêtre balance, attachant autant d'importance à sa chère revue moto, le directeur, lui, culbute Gerti sur le siège avant (après avoir actionné un bouton, je ne vous dirai pas lequel), lui trousse sa robe par-dessus la tête, et force ses fesses, s'ouvrant ainsi la voie — interdite à toute personne non-autorisée — des entrailles. Des mains tendres pétrissent les pis, une langue aimable siffle à son oreille. Cela se fait souvent, car une maison aime se blottir contre une autre, non pour soutenir la voisine, mais pour la torturer. Bien sûr, cela manque un peu de confort, l'été est loin, la route au diable, les bêtes sont savoureuses, et ce qui se rassemble s'assemble, par collage ou en discontinu. La vague du plaisir peut déferler même sans qu'on y pense et s'installer sur le mirador au milieu de la nature. En dessous, dans le miroitement des jumelles, les membres associés courent, aux abois, entre l'argent, le travail et les puissants qui n'aiment pas être seuls. Il faut toujours qu'ils se couchent l'un sur l'autre ou couchent d'autres en joue. L'activité des hommes se nourrit d'objectifs nouveaux, il fait froid et chaque fois que le directeur retire un peu sa queue massive, il jette un regard puissant à son admirateur muet derrière la vitre. Au prix de quelques contorsions. Qui sait, peut-être que le jeune homme met également le paquet ! On dirait. À partir de la ceinture nous les hommes sommes tous solidaires. C'est-à-dire que nous appartenons tous à nos femmes et acceptons sans nous défendre qu'en pleine rue on nous glisse dans la main un dé, pipé, censé du hasard abolir le coup. Mais prenons place l'un dans l'autre ! Michael a, je crois, une main fourrée dans son jogging, il éclate dans son vêtement. La robe de Gerti est également déboutonnée et les outres en jaillissent, désolée ! Peu importe que le directeur diffuse des émissions peu prisées, en son for intérieur il veille à la qualité, à la solennité, donc nous l'excuserons. La femme est poussée dans la voiture, son visage s'enfonce dans les sièges comme si un doux sommeil se tapissait dans les ombres du cuir. Les jambes pendent par la portière ouverte. Et son mari, cet autochtone beuglant à qui nous avons cédé notre patrie afin qu'il en fasse du papier (mais les arbres étaient de toute façon condamnés à être rasés de près), cet homme-là est bien plus chez lui ici que nous ne pourrions jamais l'être ! J'entends son oiseau pousser des chants perçants. Il se met du côté de Gerti et lui dépêche quelques doigts caressants. Lui parle aimablement, lui décrit les gros lots qu'elle peut encore gagner. Puis il se rue dans son trou. Se retire brièvement et tâte son sceptre : ses pas, c'est l'évidence, ne sont ni mesurés ni comptés. À présent la femme est soumise à l'examen de l'expert qui, reprenant des forces sous son capot, relance son petit démarcheur, et mieux encore l'escorte en personne : une fois l'affaire bien goupillée, on pourra remettre les scellés.

Les secrets de Gerti sont depuis longtemps éventrés, ses portes les mieux cadenassées ouvertes aux quatre vents, on lui assène des coups sur le séant et sur la croupe, c'est ainsi qu'on se salue entre amis et on ne risque pas de se rater. La langue du directeur, véhicule du langage, entre également dans l'arène, mais qui va nous l'interpréter? Certains garçons du village se postent devant les posters des play-mates, dans l'espoir d'être retenus pour la course des postulants. Ils veulent gagner mais pas payer. Et les femmes les y aident grâce à leur immortalité et au taux de mortalité élevé de leurs emplois. Mais le directeur, lui, avance seul sur sa route brûlante. Tous connaissent son rayon si juvénile encore. Que la femme, qui forme avec lui une pelote informe, doit à présent tolérer dans son cul, alors que les sentiers de randonnée autrement mieux aménagés ne manquent pas. Tandis que les autres sont exposés à la maladie, ce monsieur-ci se sert invariablement au même comptoir à deux doigts de chez lui, qui lui a déjà servi un fils. N'ayez crainte, ici son membre est en sécurité. Pour l'heure l'animal excité trotte encore dans la femme à laquelle il doit sa croissance. C'est qu'il se prend facilement dans la chaîne qu'il a cassée, ce petit veau. Aussi reste-t-il immobile jusqu'à ce que le coup soit parti. La femme est déjà lourdement marquée par le séjour des pas familiers. Ce n'est rien, il y a de bonnes crèmes pour tout et un bon pourboire en espèces. Pour faire aller le chariot, il faut graisser la patte. Et une nouvelle verdure renaîtra bientôt, que l'homme pourra aussitôt arracher.

Quel couple divin, mais bientôt il devra se reposer. Corps à corps tous deux se menacent. Couinant après plusieurs dérapages, le directeur s'affale sur sa femme si judicieusement aménagée. Ses principaux attraits et centres d'intérêt ont été ratissés de fond en comble, le fourrage n'y repoussera pas de sitôt. Jaillit alors de lui un fleuve courroucé, cependant que les dieux et autres chefs du personnel dépossèdent de force leurs serviteurs qui leur sont servis sur des plateaux en or. Choisissez, vous aussi, ce qu'il y a de mieux, et vous verrez que vous l'avez déjà chez vous, appelez-le votre tendre moitié et laissez-la devant l'évier, à récurer et transpirer!

Cette fois le directeur a fait la preuve de sa validité et le bonheur de sa femme. Mais demain il pourra à nouveau dépasser les bornes, dégainer et s'embarquer pour n'importe où, n'a-t-il pas un ticket avec elle? Quoi qu'il en soit, sa femme est toujours bien gardée et désirée, qu'importe si les sentiers à l'entour s'effondrent, il y a tant de voies différentes qui mènent au théâtre, au concert, à l'opéra où l'on est abonné, qu'il vaut bien la peine de lécher et emballer ce que le directeur tend en couinant. Ce dernier l'a maintenant roulée sur le dos et se balance devant son visage. Un filet de bave dégouline et le petit pain en sauce, tendre nourrisson fatigué, se porte aux lèvres. Mmm... C'est parfait. À présent qu'elle nettoie ce qu'elle a fricoté et fait déborder dans sa cuisine. D'abord le rivage, ensuite le mât, que les moindres recoins soient fourbis, car on doit reprendre le volant et on ne veut pas salir les sièges avec sa mousse active. Et pendant qu'on y est, qu'elle baise le sac velu — pourvu qu'elle ne s'y pique pas! D'un coup sec le directeur arrache la robe de sa femme, comme la peau d'un serpent, tout en lui chuchotant à l'oreille qu'elle en aura deux neuves demain. De toutes ses forces il déchire la robe devant. Le corps de Gerti, maintenant à la bonne hauteur, est couvert de baisers puis attaché sur son siège où il reste, affalé, sans rendre aucun des regards qu'il a reçus. Le directeur déchire également la combinaison, dévoilant toute la façade délabrée; bientôt, encore un mois ou deux de joug hivernal et la verdure sourira à nouveau, mais dehors, hors des sacoches avachies de Gerti. Qu'importe si le vent et les derniers couche-tard contemplent la baraque à l'ombre de laquelle le directeur s'est vautré. La femme ne ressemble à aucune actrice, du moins à aucune de celles que je connais. Tout est calme. Michael épie par la fenêtre et s'efforce à nouveau de croître pour tirer de lui le meilleur, le maximum. Tout le monde ne peut pas déployer un si beau sexe, si propice aux amusements. Le directeur, lui, est né fidèle, comme il se doit. Nous sommes l'âtre de la maison et réchauffons les messieurs, si nécessaires.

Le jeune homme, songeant aux innombrables amis auprès desquels il placera son aventure, prend une douche sous un jet par trop brûlant. Ses esprits sont rassemblés et s'installent par terre, pour dormir comme des chiens sur leurs tapis. Peut-être son amie passera-t-elle plus tard, tandis que dehors des serfs prennent de force ce qui de droit leur revient. Il a longtemps condescendu à regarder une femme vieillissante, et longtemps encore il se délassera ainsi, cet enfant du monde. Je crois même qu'il dormira encore lorsque demain matin les petits paysans obligés d'aller à l'usine se piétineront à mort dans les autobus, jetant feu et flamme contre leurs voisins et leur bien au vent.

Vivant par voiture interposée, le directeur et sa femme rentrent ensemble à la maison, l'un protégé de l'autre, se vautrant d'une situation à l'autre. Partout ces gens peuvent baiser sans crainte, leurs actes sont toujours réparés, par l'amour, et par leurs amours de femme de ménage. Les employés, eux, reposent, bientôt les trompettes du réveil-matin sonneront l'ascension. En silence la voiture balaie la plaine. Les montagnes font relâche jusqu'à demain où l'administrateur de l'office du tourisme redistribuera le soleil à la grande joie des sportifs. Ainsi le couple directorial sur son radeau suit-il l'appel du foyer, sagement par la nationale, et avec une sage vitesse. Un bref instant leurs corps se sont saisis, ils ont rempli leurs réservoirs et les sources ont jailli sous eux, oui, les riches se rafraîchissent autant qu'il veulent. Dans les petites maisons rien ne bouge, car l'argent pour l'essence leur est compté. La violence tout au plus a libre cours, jusqu'à demain, où le cours de la vie de ces petites gens sera repris en main par l'usine, et dans la journée leurs femmes pataugent dans les mares du sexe fort. Frais et fruité est l'amour dans le gobelet, mais en quoi se mue-t-il une fois consommé ?

Le travail des sexes, aujourd'hui exécuté par monsieur le directeur et madame son épouse — merci pour le double axel et le grand écart ! — qui les fit s'épanouir, monstrueux, puis s'essuyer la bouche comme après un repas goulûment avalé, est peut-être, mais ce n'est pas sûr, terminé pour aujourd'hui. À demain matin ! Où nous nous retrouverons — heureux — dans la lumière des phares du car, à une heure fort matinale, demain, comme toutes les années à venir ! Rien hormis ces lumières ne frôle les pauvres corps qui se montrent à nous sans vergogne dans leur puanteur matinale, dans leurs gaz d'échappement, obsédés qu'ils sont par les bulletins du loto ! Il y a un temps pour tout, un temps pour encaisser, un temps pour distribuer.

Le directeur bredouille des mots impérieux, chaleureux, l'homme privé s'annonce, lui et son programme. Il vit à nouveau dans son élément : l'argent. Que serait-il sans sa femme, comme il s'obstine à l'appeler. Heureux, il dirige sa main libre, celle qui précisément ne dirige pas, vers sa femme et prend les choses en main. Tel un gentil animal apprivoisé, au-dessus de lui, se dresse la montagne, il l'a déjà complètement ratiboisée. La voiture en surnombre, ils l'ont anesthésiée et abandonnée, portières fermées, comme leur enfant. C'est qu'ils avaient la tête ailleurs, près de leur sexe guilleret. La femme pourra s'acheter tous les produits qui siéent à une femme. Le moment est venu de spéculer sur la journée à venir et ses possibilités d'expansion. Le directeur expose tous les raffinements avec lesquels il prendra sa femme plus tard et dans les journées à venir. Là-haut, dans son bureau, il a besoin d'agiotation, afin qu'en bas sa queue trouve auprès de sa femme paix et captivité. Qui sait si demain pendant ses emplettes, la femme n'aura pas un coup de foudre pour quelque objet qu'elle suivra aveuglément? Cet homme : jusqu'à demain matin la sûre étoile de sa femme brillera au-dessus de lui, tendrement il broute son cou, mais regardez donc votre route, ne vous laissez pas dérouter! Quelques gouttes s'échappent encore de l'homme, sueur et sperme, mais il ne perd rien de son importance, de sa grandeur ni de sa taille. Souriant, il adresse des prières à la femme qu'il a tenue sous son rayon. Ses bourses charnues reposent, calmes, sur leur tige tendineuse. Quel soulagement de pouvoir s'abandonner à la magie de la nuit sans avoir au matin, à se précipiter, un parmi tant d'autres, aveuglé par une lampe de cuisine, dans l'obscurité. Lorsqu'en nous brûle un feu que multi plie un autre, plus grand, dans notre moteur. Nettoyé, rénové, le directeur ne tardera pas à retourner au lit et renouer avec sa Gerti, à s'éterniser contre son buisson, nul ne lève la patte et ne se laisse aller en une vague brûlante aussi vite que lui. Peut-être que ces deux-là céderont une nouvelle fois aux cris légers de leurs corps qui réclament à manger, qui sait ? La femme veut resserrer sa robe sur sa poitrine, le froid la tenaille. Mais l'homme exige qu'elle continue à le distraire, lui et les habitants de la contrée parqués dans les antichambres de l'enfer, je t'en prie Brigitte, oh pardon, Gerti. La robe qui s'était refermée, il la lui arrache aussitôt, elle n'est sûrement pas encore éteinte, cette Gerti, je veux dire qu'elle continue sûrement à couver quelque chose sous les cendres. Le chauffage ne marche pas encore à fond, l'homme, par contre, si. Lui, démarre toujours au quart de tour, au menton il porte une écorchure, souvenir d'un ongle de Gerti. Aucun voyageur solitaire ne croise leur route, personne ne fait un brin de causette dehors avant de se faner à la maison. Plus personne pour admirer le sceau du pouvoir au front du directeur. C'est pourquoi d'ailleurs il est obligé d'imprimer son sceau à sa femme, pour marquer qu'elle a payé l'entrée et qu'elle a eu le courage d'exposer au grand air le cachet de son sexe. Les pauvres dans leur cuisine ont pour seule distraction l'entretien du fourneau.

Mon trésor, c'est ainsi que l'homme appelle sa femme, oui, l'enfant aussi en est un. Ils occupent une place en or, une position clé au village. Et le gouvernement avisé saupoudre les gens d'offres spéciales, ce qui permet aux propriétaires d'usines de prendre leurs décisions et d'excuser le gaspillage des subventions et des ressources humaines auquel ils se livrent. Eux ont toujours droit au bonheur au milieu de leurs biens, et les autres ne parlent que de soucis, sur leurs lopins grands comme des mouchoirs de poche qu'ils hérissent de palissades, à peine ont-ils de la semence pour plus de deux. Pensant déjà à s'enrichir d'une tierce personne !

Nous sommes arrivés, l'enfant est plongé dans un sommeil plombé.

Le fils sommeille patiemment, tenu en laisse par Linz Chimie S.A. Nous aussi nous allons au lit, pour avoir un avant-goût de ce qui précède la mort. Mais il faut commencer par se coucher, les pauvres, eux, le savent depuis longtemps, ils meurent aussi plus tôt et le temps jusque-là leur paraît encore trop long. L'homme se repaît une dernière fois de la peau surcosmétiquée de sa femme, dans un instant il la suivra au lit au pas de charge. Bruit affairé de l'eau et remue-ménage à la salle de bains. Sans pitié on jette un corps pesant dans l'eau brûlante pour le rendre appétissant. Sur la poitrine brosses et savon reposent. Les miroirs s'embuent. Le directeur charge sa femme de lui frictionner le dos, qu'elle se savonne bien les mains et continue à masser son sexe imposant, il est tout entier entre ses mains. La lune dérape derrière le carreau. Ils appellent déjà, l'homme et la livre de chair (jamais on n'avouerait moins) qui est son maître. Et qui se gonfle et s'élève à nouveau dans l'eau chaude, dominant l'opulent buffet froid du corps. Ensuite, après les peines du jour, il baignera sa femme, c'est peu de chose, il le fait volontiers. Tout alentour les mortels vivent de leur labeur et de leur salaire, ils ne vivent pas éternellement et ils ne vivent pas bien. Mais pour l'heure ils sont déjà passés de la peine au repos, et aucun désir n'aiguillonne leur sein, car ils n'ont pas de salle de bains. Le corps du directeur se dissout dans l'eau, mais une partie reste toujours solide au poste. Une nouvelle fois il appelle sa femme, plus fort à présent, c'est un ordre. Elle ne vient pas. L'eau seule devra l'attendrir. Paisible, il se coule de l'autre côté de la baignoire, faut-il qu'il hurle pour qu'elle vienne? Qu'il est agréable de prendre les eaux, sans devoir apprendre à marcher dessus. Quel plaisir, et pour pas cher! À la portée de tous! Au diable la femme, ô vapeurs brûlantes, emportez-moi! Il ouvre le robinet d'eau chaude, le masse et s'apaise, d'aise. Les flots mugissent autour du corps pesant dont les dures mâchoires broient les existences et engloutissent la concurrence. Les pauvres eux aussi sont comme l'eau, précipités du haut des rochers, mais du moins restent-ils à leur place dans leurs petits lits, ils ne vous submergent pas de placets, ces fâcheux auxquels il faut verser des allocations. Voyez-les ces hommes et les cordes sacrées que les femmes ont eu tant de peine à installer dans le châssis de leurs corps, aveuglément, d'une heure à l'autre, se faire happer par les machines. Que de sang! Et tout cela en vain, vain comme en dernier ressort les violents coups de fouet de leur cœur, car ils n'ont plus de sang à stimuler. Et parfois — me semble-t-il — on voit les enfants errer dans la nature jusqu'à l'aube. Aujourd'hui encore en voici un ou deux qui rentrent ivres, de la discothèque.

Le fils, lui, depuis tant d'années impopulaire ici, à cette heure dort dans son lit, et la lune paisible suit sa course. Il respire lourdement, l'enfant, couvert de sueurs froides, de pareils comprimés dans le sang, ça vous change un sommeil ! Elle est inconfortable la position de l'enfant sous le regard de la mère qui s'approche de son lit et le redresse. Il est sans vigueur l'enfant, mais il est tout son univers : et silencieux comme lui. Il se réjouit sûrement de grandir, à l'image du membre paternel. Tendre, la mère embrasse son petit navire qui fait le tour de l'univers. Puis elle prend un sac en plastique, le passe sur la tête de l'enfant et le resserre en bas, afin que le souffle de l'enfant s'y brise en paix. Sous la tente en plastique qui porte l'adresse d'une boutique, se déploient une dernière fois les forces vitales de l'enfant qui hier encore s'était vu promettre croissance et équipement sportif. Voilà ce qui arrive lorsqu'on veut artificiellement forcer la nature ! Hélas, il ne vivra plus. Le fils vogue déjà vers les eaux létales où il sera dans son élément (maman !) et se servira du tuba et du masque à travers lesquels ses camarades apprennent, eux, dès l'origine à voir le monde comme à travers des vitres maculées : tant il leur fut supérieur, un petit dieu de la guerre, agile dans le travail, le sport et les jeux. Ses camarades voient tout certes, mais ils voient peu. La mère quitte la maison. Elle porte le fils dans ses bras comme un buisson en fleurs qu'il faut planter. Du haut des sommets sur lesquels l'enfant a glissé aujourd'hui et comptait glisser demain (un demain à vrai dire entamé avant l'heure par l'impatience), la terre lui dit adieu. Impressions révoltantes sur le tapis de neige. Allons, tournez en rond dans la nuit, laissez-vous dévorer par le feu, quelle aventure, vous parlez d'un drame!

La mère porte l'enfant, puis, fatiguée, le traîne. Derrière une délicate écharpe, la lune. Voici la femme au bord de la rivière, et dans l'instant qui suit, le fils y glisse, satisfait. Un merveilleux repos lui fait signe, et les sportifs aussi se font des signes, pour peu que leur public apprécie. Voici que les choses ont, contre toute attente, tourné de telle manière que c'est précisément le cadet de la famille qui le premier pourra contempler la face stupide de l'éternité, cachée derrière tout l'argent qui pour s'investir parcourt la terre en liberté, si personne ne le met en laisse. Les hommes, à grand bruit, rivalisent de vitesse et courent sans cesse après le beau temps. Et les skieurs vont à la montagne, peu leur importe si d'autres y habitent, qui veulent eux aussi être gagnants.

L'eau a enserré l'enfant et l'emporte, il ne disparaîtra pas de sitôt par ce froid. La mère vit, son temps est accompli, dans les chaînes duquel elle se débat. Les femmes vieillissent tôt, et voici leur erreur: Elles ne savent pas où cacher tout ce temps qu'elles traînent derrière elles, afin qu'il passe inaperçu. Devraient-elles par exemple l'avaler comme le cordon ombilical de leurs enfants?

Mort et meurtre!

Mais à présent reposez-vous!

ENTRETIEN AVEC ELFRIEDE JELINEK

Yasmin Hoffmann :

Comment qualifier ce texte ? Lust *(que nous avons renoncé à traduire à la fois en raison de l'étendue du champ sémantique et de la simplicité dans l'usage courant, afin que chacun y puise la connotation qu'il y décèle : plaisir... désir... volupté... luxure...) comporte certes des personnages, une trame narrative, un «je», un «nous», une sorte de conscience supérieure qui pourrait être le narrateur, mais l'ensemble forme plutôt une cascade d'images, un «parcours métaphorique» auquel des concepts tels que prose ou roman ne rendent qu'insuffisamment justice.*

Elfriede Jelinek :

La structure atypique de *Lust* (qui ne s'intègre dans aucun genre, parce qu'il ne peut y avoir de genre pour ce type de récit) vient de ce que, malgré la présence d'une action «racontable», les acteurs ne sont plus les porteurs de leur destin, mais des porte-voix. La structure romanesque du 19e siècle où l'individu apparaissait encore comme le maître d'un destin individuel est une structure dépassée, et je tiens comme beaucoup d'autres auteurs à rompre avec cette tradition. Prenez Beckett, vers la fin vous ne trouverez plus dans ses textes de sujets nettement délimités. Toutefois il me semble que Beckett a travaillé dans le sens d'un réductionnisme radical, tandis que les personnages chez moi ne s'assurent une existence qu'en parlant. Ils ne vivent que tant qu'ils parlent, parler devient une question de vie ou de mort. Beckett, en les réduisant au minimum, met à nu les mécanismes du discours hégémonique, alors que les femmes, elles, en sont encore à écrire pour exister, et de ce fait ont besoin de plus de mots. Tant qu'elles parlent (plus précisément tant qu'on parle d'elles, qu'on leur accorde un langage), elles peuvent également exister. Et ce, bien qu'elles ne prennent jamais la parole, du moins dans *Lust*. Il en va de même de ce «nous», qui lui aussi est atypique. Il englobe à la fois l'apostrophe au lecteur, un nous collectif dans lequel l'auteur s'implique, mais il représente en même temps toute la palette des «lieux communs», proverbes, maximes, calembours, langage prétendument individuel, langage de la publicité, de l'industrie pornographique, etc. Un «nous» qui est là par dérision pour mieux mettre en évidence la destruction de ce type de discours, car il s'agit pour moi de démasquer l'idéologie véhiculée par les modèles collectifs.

Yasmin Hoffmann :
Quel est le processus qui mène à Lust? *Dans quelle mesure peut-on parler d'une évolution de votre écriture?*

Elfriede Jelinek :

Je dirais que l'évolution est la suivante : mes tout premiers textes *(Bukolit. Wir sind lockvögel, baby! Michael, ein Jugendbuch für die Infantilgesellschaft)* sont encore très marqués par la culture pop et le Wiener Gruppe qui ont beaucoup travaillé avec des montages et des collages. Ces textes avaient un caractère très expérimental, très artificiel (par opposition à un quelconque réalisme ou naturalisme), il n'y avait guère d'action, mais ils étaient déjà empreints d'un engagement politique, visant une critique sociale à travers l'analyse des «mythes de la vie quotidienne». À partir de cet univers de magazines, de romans à l'eau de rose, que je m'efforçais de décomposer, je suis passée à un univers plus réaliste. Aussi bien *Les Exclus* que *La Pianiste* sont des romans d'une facture plus conventionnelle, ils comportent une structure narrative, des personnages, et s'insèrent dans une tradition plus satirique, plus polémique, où la réalité est soumise à une distorsion, ce qui est le propre de la satire. Dans *Oh Wildnis...* et *Lust,* la structure narrative est à nouveau brisée, décomposée en éléments selon des principes structuralistes. Dans le sens d'une réduction, mais pas dans celui où l'entendait Beckett. Il s'agit toujours de dénoncer les mythes, mais cette fois le langage même des mythes et non seulement leur contenu. Comment se compose le langage, voilà une question qui m'a toujours préoccupée. Et il en découle pour mes textes un principe de travail qui est bien plus proche de la musique que de la littérature. Chaque mot est pour moi un matériau de base en soi, comme la plus petite pierre d'un édifice qu'il faut travailler, tailler en fonction d'assonances, d'allitérations, etc. Ce sont en partie des méthodes empruntées à la rhétorique grecque qui fonctionnait souvent d'après le principe de la métathèse, c'est-à-dire l'inversion de syllabes et de lettres. Par une modification minime le mot se voit en quelque sorte ausculté, examiné sous toutes ses coutures idéologiques, c'est une technique analogue aux anagrammes qui réservent parfois des surprises. (Quand Heidi Pataki, une poétesse viennoise, fait des anagrammes à partir des petites phrases de Waldheim, il lui reste toujours deux lettres : SA et SS!) La langue peut être très parlante, il suffit de la laisser parler. Comme je l'ai déjà dit : il est temps que la langue se mette à parler!

Y. H. : *On vous reproche souvent une trop grande simplification dans la guerre des sexes et la lutte des classes, alors qu'il me semble que vous mettez à nu et dans une tradition brechtienne (donc exemplaire) les mécanismes sociaux dans toute leur banalité. Ce qui me frappe dans* Lust, *c'est la manière impitoyable avec laquelle vous traquez l'idéologisation, les déterminismes socio-politiques jusque dans la sexualité et les phantasmes.*

E. J. : Oui, ce que j'appelle mon réductionnisme n'a rien à voir avec une simplification. C'est au contraire un travail de cristallisation : lorsque je réduis un état de fait, les structures sociales par exemple, au minimum, c'est pour mieux faire ressortir la charpente, le squelette, donc l'essentiel. Quant aux lambeaux de chair (la langue) accrochés à l'ossature, ils n'en deviennent que plus éloquents, en fait ils disent TOUT. Disons que je pars de l'hypothèse suivante : l'individualisme est devenu impossible dans un système aussi fermé que le système capitaliste (ce sont précisément ceux qui campent sur leur individualisme qui succombent le plus à l'illusion, qui se conforment le plus à des images proposées, quelle que soit la variété proposée). Partant de cette impossibilité, on se retrouve donc avec des personnages qui n'agissent plus en leur nom propre, mais qui agissent simplement comme des révélateurs d'un langage. Évidemment cela ne fait plaisir à personne d'apprendre que son comportement peut en réalité se réduire à quelques structures, mais c'est la vérité. Ainsi la sexualité dans *Lust* se réduit-elle à des rapports de force dans une économie de marché tels qu'ils s'exercent partout dans la société : l'appropriation des corps et l'impuissance des «possédés», de ceux qui ne possèdent rien.

Y. H. : *Quel est le rapport entre saint Jean de la Croix, dont vous avez mis un cantique en exergue, et* Lust*?*

E. J. : L'exergue symbolise la forme la plus accomplie de l'amour spirituel chez les mystiques (saint Jean de la Croix était le maître de Thérèse d'Avila), donc l'union, la fusion de l'âme avec Dieu à laquelle s'oppose toute la brutalité du réel : l'appropriation des êtres humains par d'autres, lorsque le maître (l'homme) s'approprie son objet, la femme, la servante, celle qui doit accomplir le travail de l'amour.

Y. H. : *Vous avez dit dans une interview que vous ne vouliez en aucun cas que le lecteur se vautre dans* Lust *comme dans une auge. Que vous préfériez le voir pâlir, chanceler. Cependant il me semble que tous vos textes font fi du confort de la lecture, tous ébranlent des certitudes politiques et esthétiques surtout, et souvent ils me font penser à cette phrase de Barthes qui dans* Le plaisir du texte *disait que «le texte... (devrait être) cette personne désinvolte qui montre son derrière au Père Politique».*

E. J. : Oui, mes textes sont très proches de Barthes en ce qu'ils ne font rien d'autre que détruire des mythes, c'est-à-dire rendre aux choses leur histoire, leur vérité. Quand dans une pièce comme *Wolken. Heim* * (qui est un montage basé sur les

(*) : Dans le cadre d'un cycle littérature et théâtre de langue allemande, dirigé par Guy Walter à la Villa Gillet de Lyon, la première partie de ce texte a été mise en scène par Anne Dimitriadis sous le titre *Au Pays. Des Nuées.* en mars 1990.

textes des plus grands représentants de l'idéalisme allemand), j'aligne et modifie des citations, je les examine uniquement en fonction de l'image qu'elles donnent de l'Allemagne pour voir ce qu'il en ressort. Et pour moi il en ressort que l'effroi que ce pays a répandu est un effroi qui a toujours été ancré dans sa pensée. On ne peut lire un texte comme *Wolken. Heim* qu'à travers les grilles de l'histoire allemande qui n'a répandu que la mort, il faut lire les lettres de feu derrière le texte et toujours les avoir présentes à l'esprit. Il n'y a pas de lecture innocente et pas de citation innocente. C'est un cas où le lecteur lui-même en tant que personne, doit de tout son corps faire ce travail de démystification, de «mythologue», dont parlait Barthes, et ce par sa connaissance de l'histoire allemande, car ce faisant il imprime a posteriori une marque infamante aux citations des poètes et penseurs allemands qui ont également participé à l'élaboration de cette histoire.

Mais parlons des mythes de l'amour produits par les hommes et que nous connaissons bien. Depuis des siècles l'homme s'est approprié le travail de l'amour des femmes, l'a transformé en poèmes d'amour, tandis que le prolétaire de la relation, la femme, ne disposant pas du métalangage, écrit sur l'amour dans le langage-objet. Seuls les plus grands écrivains ont percé ce problème à jour (Flaubert!) et se sont catapultés dans le rôle du prolétaire de l'amour, parce que l'opprimé dit mieux la vérité que l'oppresseur

Y. H. : *Vous avez parlé d'échec au sujet de* Lust *et la presse allemande n'a pas manqué de relever cette expression pour la tourner très violemment contre vous.*

E. J. : L'échec ne concernait que le point de départ de *Lust,* celui d'un contre-projet à *L'Histoire de l'œil* de Georges Bataille, mais cela s'est révélé irréalisable. Quand j'ai parlé d'échec, cela signifiait seulement qu'il ne PEUT y avoir de langue spécifiquement féminine du plaisir et de l'obscénité, parce que l'objet de la pornographie ne peut développer de langue qui lui soit propre. En d'autres termes, ce sur quoi le regard est braqué, cet objet-là ne parle pas, seul peut parler — et il le fait couramment — le maître, celui qui a un «droit de regard». Le droit de voir. Le plaisir de l'opprimé, le plaisir de la femme, son plaisir de la langue, ce plaisir ne peut à mon avis exister qu'à travers la négative, donc une dénonciation et une ridiculisation de la langue pornographique, celle-là même que les hommes ont créée. L'objet se dresse et raille la langue de son seigneur et maître. C'est la seule manière pour celle dont on ne parle pas, qui ne peut et n'a pas le droit de parler, de régner sur son objet à elle. Elle ne peut que réduire à son noyau la langue de son maître : le mensonge, l'infinie richesse du mensonge.

Y. H. : *Ce qui dans* Lust *me paraît bien plus subversif que l'énoncé, c'est son esthétique totalement minée, mais contrairement à un certain formalisme, la syntaxe reste intacte et toute la logique du texte me paraît se situer dans les interstices, les failles et les ruptures.*

E. J. : Comme j'ai voulu mettre en scène un certain type de discours et que je prends chaque mot pour unité de travail, la syntaxe paraît indemne à la surface. Mais ce sont des mots infirmes qui se promènent à travers le texte, des éclopés qui tentent de désigner le coupable. Ce n'est qu'en y regardant à deux fois qu'on s'aperçoit du détournement des éléments habituels. C'est-à-dire que le lecteur perçoit, reconnaît les éléments, sans être en mesure de recoller les morceaux, de les reconstituer à son habitude

Y. H. : *Une des surprises que* Lust *réserve au lecteur (allemand) c'est qu'il perçoit dès la première page des accents typiquement hölderliniens. Et lorsqu'on approfondit la question on s'aperçoit qu'une soixantaine de poèmes sont intégrés sous différentes formes dans le corpus. Ce ne sont d'ailleurs pas de simples citations émaillant le récit, c'est Hölderlin qui donne le ton à travers tout le livre. À quoi correspond ce travail ? Peut-on mettre le travail révolutionnaire de Hölderlin sur la langue allemande en parallèle avec vos préoccupations esthétiques ?*

E. J. : Il faut évidemment faire abstraction du culte du génie hérité du 19e siècle. Et je ne saurais assez le répéter, il ne peut plus y avoir aujourd'hui d'originalité, tout a été dit, nous ne pouvons que répéter, citer. Quand je cite Hölderlin, cela signifie tout simplement qu'en plus de tous les clichés véhiculés par la langue et les divers médias, j'intègre également le plus haut niveau de la langue allemande : Hölderlin ou la prose de Kleist. En même temps je manipule, modifie, détourne ces bribes d'une autre culture. Dans *Lust* ce sont surtout ceux qui n'ont pas le pouvoir — les exploités parmi les exploités qu'on pourrait appeler les trous noirs de la langue, ceux qui sont dans l'œil du cyclone — qui sont élevés et transposés sur un autre niveau, celui-là même dont l'accès de leur vivant leur est barré par les détenteurs du pouvoir. Ainsi deviennent-ils les porteurs d'une culture qui leur est inaccessible, dont ils sont exclus. Tandis que les maîtres du langage sont repoussés dans la trivialité, c'est un simple renversement des niveaux de langue à l'intérieur des rapports de force. Mais sous-jacent à tout cela, il y a bien sûr la conscience de l'échec, car à bien des égards la vie de Hölderlin a été un échec : Suzette Gontard! ses espoirs révolutionnaires, et surtout sa fin dans la folie.

Yasmin Hoffmann,
Vienne,
janvier 1991.

GROUPE CPI

Achevé d'imprimer en octobre 2004
par **BUSSIÈRE**
à Saint-Amand-Montrond (Cher)
N° d'édition : 14615/3. - N° d'impression : 044161/1.
Dépôt légal : février 1996.
Imprimé en France

Collection Points

DERNIERS TITRES PARUS

P860. Le Quintette de Buenos Aires
par Manuel Vázquez Montalbán
P861. Y'en a marre des blondes, *par Lauren Anderson*
P862. Descente d'organes, *par Brigitte Aubert*
P863. Autoportrait d'une psychanalyste, *par Françoise Dolto*
P864. Théorie quantitative de la démence, *par Will Self*
P865. Cabinet d'amateur, *par Georges Perec*
P866. Confessions d'un enfant gâté, *par Jacques-Pierre Amette*
P867. Génis ou le Bambou parapluie, *par Denis Guedj*
P868. Le Seul Amant, *par Eric Deschodt, Jean-Claude Lattès*
P869. Un début d'explication, *par Jean-Marc Roberts*
P870. Petites Infamies, *par Carmen Posadas*
P871. Les Masques du héros, *par Juan Manuel de Prada*
P872. Mal'aria, *par Eraldo Baldini*
P873. Leçons américaines, *par Italo Calvino*
P874. L'Opéra de Vigata, *par Andrea Camilleri*
P875. La Mort des neiges, *par Brigitte Aubert*
P876. La lune était noire, *par Michael Connelly*
P877. La Cinquième Femme, *par Henning Mankell*
P878. Le Parc, *par Philippe Sollers*
P879. Paradis, *par Philippe Sollers*
P880. Psychanalyse six heures et quart
par Gérard Miller, Dominique Miller
P881. La Décennie Mitterrand 4
par Pierre Favier, Michel Martin-Roland
P882. Trois Petites Mortes, *par Jean-Paul Nozière*
P883. Le Numéro 10, *par Joseph Bialot*
P884. La seule certitude que j'ai, c'est d'être dans le doute
par Pierre Desproges
P885. Les Savants de Bonaparte, *par Robert Solé*
P886. Un oiseau blanc dans le blizzard, *par Laura Kasischke*
P887. La Filière émeraude, *par Michael Collins*
P888. Le Bogart de la cambriole, *par Lawrence Block*
P889. Le Diable en personne, *par Robert Lalonde*
P890. Les Bons Offices, *par Pierre Mertens*
P891. Mémoire d'éléphant, *par Antonio Lobo Antunes*
P892. L'Œil d'Ève, *par Karin Fossum*
P893. La Croyance des voleurs, *par Michel Chaillou*
P894. Les Trois Vies de Babe Ozouf, *par Didier Decoin*
P895. L'Enfant de la mer de Chine, *par Didier Decoin*
P896. Le Soleil et la Roue, *par Rose Vincent*

P897. La Plus Belle Histoire du monde, *par Joël de Rosnay Hubert Reeves, Dominique Simonnet, Yves Coppens*
P898. Meurtres dans l'audiovisuel, *par Yan Bernabot, Guy Buffet Frédéric Karar, Dominique Mitton et Marie-Pierre Nivat-Henocque*
P899. Tout le monde descend, *par Jean-Noël Blanc*
P900. Les Belles Âmes, *par Lydie Salvayre*
P901. Le Mystère des trois frontières, *par Eric Faye*
P902. Petites Natures mortes au travail, *par Yves Pagès*
P903. Namokel, *par Catherine Lépront*
P904. Mon frère, *par Jamaica Kincaid*
P905. Maya, *par Jostein Gaarder*
P906. Le Fantôme d'Anil, *par Michael Ondaatje*
P907. Quatre Voyageurs, *par Alain Fleischer*
P908. La Bataille de Paris, *par Jean-Luc Einaudi*
P909. L'Amour du métier, *par Lawrence Block*
P910. Biblio-quête, *par Stéphanie Benson*
P911. Quai des désespoirs, *par Roger Martin*
P912. L'Oublié, *par Elie Wiesel*
P913. La Guerre sans nom *par Patrick Rotman et Bertrand Tavernier*
P914. Cabinet-portrait, *par Jean-Luc Benoziglio*
P915. Le Loum, *par René-Victor Pilhes*
P916. Mazag, *par Robert Solé*
P917. Les Bonnes Intentions, *par Agnès Desarthe*
P918. Des anges mineurs, *par Antoine Volodine*
P919. L'Ingénieux Hidalgo Don Quichotte 1 *par Miguel de Cervantes*
P920. L'Ingénieux Hidalgo Don Quichotte 2 *par Miguel de Cervantes*
P921. La Taupe, *par John le Carré*
P922. Comme un collégien, *par John le Carré*
P923. Les Gens de Smiley, *par John le Carré*
P924. Les Naufragés de la Terre sainte, *par Sheri Holman*
P925. Épître des destinées, *par Gamal Ghitany*
P926. Sang du ciel, *par Marcello Fois*
P927. Meurtres en neige, *par Margaret Yorke*
P928. Heureux les imbéciles, *par Philippe Thirault*
P929. Beatus Ille, *par Antonio Muñoz Molina*
P930. Le Petit Traité des grandes vertus *par André Comte-Sponville*
P931. Le Mariage berbère, *par Simonne Jacquemard*
P932. Dehors et pas d'histoires, *par Christophe Nicolas*
P933. L'Homme blanc, *par Tiffany Tavernier*
P934. Exhortation aux crocodiles, *par Antonio Lobo Antunes*
P935. Treize Récits et Treize Épitaphes, *par William T. Vollmann*

P936. La Traversée de la nuit
par Geneviève de Gaulle Anthonioz
P937. Le Métier à tisser, *par Mohammed Dib*
P938. L'Homme aux sandales de caoutchouc, *par Kateb Yacine*
P939. Le Petit Col des loups, *par Maryline Desbiolles*
P940. Allah n'est pas obligé, *par Ahmadou Kourouma*
P941. Veuves au maquillage, *par Pierre Senges*
P942. La Dernière Neige, *par Hubert Mingarelli*
P943. Requiem pour une huître, *par Hubert Michel*
P944. Morgane, *par Michel Rio*
P945. Oncle Petros et la Conjecture de Goldbach
par Apostolos Doxiadis
P946. La Tempête, *par Juan Manuel de Prada*
P947. Scènes de la vie d'un jeune garçon, *par J.M. Coetzee*
P948. L'avenir vient de loin, *par Jean-Noël Jeanneney*
P949. 1280 Âmes, *par Jean-Bernard Pouy*
P950. Les Péchés des pères, *par Lawrence Block*
P951. Les Enfants de fortune, *par Jean-Marc Roberts*
P952. L'Incendie, *par Mohammed Dib*
P953. Aventures, *par Italo Calvino*
P954. Œuvres pré-posthumes, *par Robert Musil*
P955. Sérénissime Assassinat, *par Gabrielle Wittkop*
P956. L'Ami de mon père, *par Frédéric Vitoux*
P957. Messaouda, *par Abdelhak Serhane*
P958. La Croix et la Bannière, *par William Boyd*
P959. Une voix dans la nuit, *par Armistead Maupin*
P960. La Face cachée de la lune, *par Martin Suter*
P961. Des villes dans la plaine, *par Cormac McCarthy*
P962. L'Espace prend la forme de mon regard
par Hubert Reeves
P963. L'Indispensable Petite Robe noire, *par Lauren Henderson*
P964. Vieilles Dames en péril, *par Margaret Yorke*
P965. Jeu de main, jeu de vilain, *par Michelle Spring*
P966. Carlota Fainberg, *par Antonio Muñoz Molina*
P967. Cette aveuglante absence de lumière
par Tahar Ben Jelloun
P968. Manuel de peinture et de calligraphie, *par José Saramago*
P969. Dans le nu de la vie, *par Jean Hatzfeld*
P970. Lettres luthériennes, *par Pier Paolo Pasolini*
P971. Les Morts de la Saint-Jean, *par Henning Mankell*
P972. Ne zappez pas, c'est l'heure du crime, *par Nancy Star*
P973. Connaissance de la douleur, *par Carlo Emilio Gadda*
P974. Les Feux du Bengale, *par Amitav Ghosh*
P975. Le Professeur et la Sirène
par Giuseppe Tomasi di Lampedusa
P976. Éloge de la phobie, *par Brigitte Aubert*

P977. L'Univers, les dieux, les hommes
par Jean-Pierre Vernant
P978. Les Gardiens de la vérité, *par Michael Collins*
P979. Jours de Kabylie, *par Mouloud Feraoun*
P980. La Pianiste, *par Elfriede Jelinek*
P981. L'homme qui savait tout, *par Catherine David*
P982. La Musique d'une vie, *par Andreï Makine*
P983. Un vieux cœur, *par Bertrand Visage*
P984. Le Caméléon, *par Andreï Kourkov*
P985. Le Bonheur en Provence, *par Peter Mayle*
P986. Journal d'un tueur sentimental et autres récits
par Luis Sepúlveda
P987. Étoile de mère, *par G. Zoë Garnett*
P988. Le Vent du plaisir, *par Hervé Hamon*
P989. L'Envol des anges, *par Michael Connelly*
P990. Noblesse oblige, *par Donna Leon*
P991. Les Étoiles du Sud, *par Julien Green*
P992. En avant comme avant !, *par Michel Folco*
P993. Pour qui vous prenez-vous ?, *par Geneviève Brisac*
P994. Les Aubes, *par Linda Lê*
P995. Le Cimetière des bateaux sans nom
par Arturo Pérez-Reverte
P996. Un pur espion, *par John le Carré*
P997. La Plus Belle Histoire des animaux, *par Boris Cyrulnik, Jean-Pierre Digard, Pascal Picq, Karine-Lou Matignon*
P998. La Plus Belle Histoire de la Terre, *par André Brahic, Paul Tapponnier, Lester R. Brown, Jacques Girardon*
P999. La Plus Belle Histoire des plantes, *par Jean-Marie Pelt, Marcel Mazoyer, Théodore Monod, Jacques Girardon*
P1000. Le Monde de Sophie, *par Jostein Gaarder*
P1001. Suave comme l'éternité, *par George P. Pelecanos*
P1002. Cinq Mouches bleues, *par Carmen Posadas*
P1003. Le Monstre, *par Jonathan Kellerman*
P1004. À la trappe !, *par Andrew Klavan*
P1005. Urgence, *par Sarah Paretsky*
P1006. Galindez, *par Manuel Vázquez Montalbán*
P1007. Le Sanglot de l'homme blanc, *par Pascal Bruckner*
P1008. La Vie sexuelle de Catherine M., *par Catherine Millet*
P1009. La Fête des Anciens, *par Pierre Mertens*
P1010. Une odeur de mantèque, *par Mohammed Khaïr-Eddine*
P1011. N'oublie pas mes petits souliers, *par Joseph Connolly*
P1012. Les Bonbons chinois, *par Mian Mian*
P1013. Boulevard du Guinardó, *par Juan Marsé*
P1014. Des lézards dans le ravin, *par Juan Marsé*
P1015. Besoin de vélo, *par Paul Fournel*
P1016. La Liste noire, *par Alexandra Marinina*

P1017. La Longue Nuit du sans-sommeil, *par Lawrence Block*
P1018. Perdre, *par Pierre Mertens*
P1019. Les Exclus, *par Elfriede Jelinek*
P1020. Putain, *par Nelly Arcan*
P1021. La Route de Midland, *par Arnaud Cathrine*
P1022. Le Fil de soie, *par Michèle Gazier*
P1023. Paysages originels, *par Olivier Rolin*
P1024. La Constance du jardinier, *par John le Carré*
P1025. Ainsi vivent les morts, *par Will Self*
P1026. Doux Carnage, *par Toby Litt*
P1027. Le Principe d'humanité, *par Jean-Claude Guillebaud*
P1028. Bleu, histoire d'une couleur, *par Michel Pastoureau*
P1029. Speedway, *par Philippe Thirault*
P1030. Les Os de Jupiter, *par Faye Kellerman*
P1031. La Course au mouton sauvage, *par Haruki Murakami*
P1032. Les Sept Plumes de l'aigle, *par Henri Gougaud*
P1033. Arthur, *par Michel Rio*
P1034. Hémisphère Nord, *par Patrick Roegiers*
P1035. Disgrâce, *par J.M. Coetzee*
P1036. L'Âge de fer, *par J.M. Coetzee*
P1037. Les Sombres Feux du passé, *par Chang-rae Lee*
P1038. Les Voix de la liberté, *par Michel Winock*
P1039. Nucléaire Chaos, *par Stéphanie Benson*
P1040. Bienheureux ceux qui ont soif..., *par Anne Holt*
P1041. Le Marin à l'ancre, *par Bernard Giraudeau*
P1042. L'Oiseau des ténèbres, *par Michael Connelly*
P1043. Les Enfants des rues étroites, *par Abdelhak Sehrane*
P1044. L'Ile et Une nuit, *par Daniel Maximin*
P1045. Bouquiner, *par Annie François*
P1046. Nat Tate, *par William Boyd*
P1047. Le Grand Roman indien, *par Shashi Tharoor*
P1048. Les Lettres mauves, *par Lawrence Block*
P1049. L'Imprécateur, *par René-Victor Pilhes*
P1050. Le Stade de Wimbledon, *par Daniele Del Giudice*
P1051. La Deuxième Gauche, *par Hervé Hamon et Patrick Rotman*
P1052. La Tête en bas, *par Noëlle Châtelet*
P1053. Le Jour de la cavalerie, *par Hubert Mingarelli*
P1054. Le Violon noir, *par Maxence Fermine*
P1055. Vita Brevis, *par Jostein Gaarder*
P1056. Le Retour des caravelles, *par António Lobo Antunes*
P1057. L'Enquête, *par Juan José Saer*
P1058. Pierre Mendès France, *par Jean Lacouture*
P1059. Le Mètre du monde, *par Denis Guedj*
P1060. Mort d'une héroïne rouge, *par Qiu Xiaolong*
P1061. Angle mort, *par Sara Paretsky*

P1062. La Chambre d'écho, *par Régine Detambel*
P1063. Madame Seyerling, *par Didier Decoin*
P1064. L'Atlantique et les Amants, *par Patrick Grainville*
P1065. Le Voyageur, *par Alain Robbe-Grillet*
P1066. Le Chagrin des Belges, *par Hugo Claus*
P1067. La Ballade de l'impossible, *par Haruki Murakami*
P1068. Minoritaires, *par Gérard Miller*
P1069. La Reine scélérate, *par Chantal Thomas*
P1070. Trompe la mort, *par Lawrence Block*
P1071. V'là aut' chose, *par Nancy Star*
P1072. Jusqu'au dernier, *par Deon Meyer*
P1073. Le Rire de l'ange, *par Henri Gougaud*
P1074. L'Homme sans fusil, *par Ysabelle Lacamp*
P1075. Le Théoriste, *par Yves Pagès*
P1076. L'Artiste des dames, *par Eduardo Mendoza*
P1077. Les Turbans de Venise, *par Nedim Gürsel*
P1078. Zayni Barakat, *par Ghamal Ghitany*
P1079. Éloge de l'amitié, ombre de la trahison
par Tahar Ben Jelloun
P1080. La Nostalgie du possible. Sur Pessoa
par Antonio Tabucchi
P1081. La Muraille invisible, *par Henning Mankell*
P1082. Ad vitam aeternam, *par Thierry Jonquet*
P1083. Six Mois au fond d'un bureau, *par Laurent Laurent*
P1084. L'Ami du défunt, *par Andreï Kourkov*
P1085. Aventures dans la France gourmande, *par Peter Mayle*
P1086. Les Profanateurs, *par Michael Collins*
P1087. L'Homme de ma vie, *par Manuel Vázquez Montalbán*
P1088. Wonderland Avenue, *par Michael Connelly*
P1089. L'Affaire Paola, *par Donna Leon*
P1090. Nous n'irons plus au bal, *par Michelle Spring*
P1091. Les Comptoirs du Sud, *par Philippe Doumenc*
P1092. Foraine, *par Paul Fournel*
P1093. Mère agitée, *par Nathalie Azoulay*
P1094. Amanscale, *par Maryline Desbiolles*
P1095. La Quatrième Main, *par John Irving*
P1096. La Vie devant ses yeux, *par Laura Kasischke*
P1097. Foe, *par J.M. Coetzee*
P1098. Les Dix Commandements, *par Marc-Alain Ouaknin*
P1099. Errance, *par Raymond Depardon*
P1100. Dr la Mort, *par Jonathan Kellerman*
P1101. Tatouage à la fraise, *par Lauren Henderson*
P1102. La Frontière, *par Patrick Bard*
P1103. La Naissance d'une famille, *par T. Berry Brazelton*
P1104. Une mort secrète, *par Richard Ford*
P1105. Blanc comme neige, *par George P. Pelecanos*

P1106. Jours tranquilles à Belleville, *par Thierry Jonquet*
P1107. Amants, *par Catherine Guillebaud*
P1108. L'Or du roi, *par Arturo Perez-Reverte*
P1109. La Peau d'un lion, *par Michael Ondaatje*
P1110. Funérarium, *par Brigitte Aubert*
P1111. Requiem pour une ombre, *par Andrew Klavan*
P1113. Tigre en papier, *par Olivier Rolin*
P1114. Le Café Zimmermann, *par Catherine Lépront*
P1115. Le Soir du chien, *par Marie-Hélène Lafon*
P1116. Hamlet, pan, pan, pan, *par Christophe Nicolas*
P1117. La Caverne, *par José Saramago*
P1118. Un ami parfait, *par Martin Suter*
P1119. Chang et Eng le double-garçon, *par Darin Strauss*
P1120. Les Amantes, *par Elfriede Jelinek*
P1121. L'Étoffe du diable, *par Michel Pastoureau*
P1122. Meurtriers sans visage, *par Henning Mankell*
P1123. Taxis noirs, *par John McLaren*
P1124. La Revanche de Dieu, *par Gilles Kepel*
P1125. À ton image, *par Louise L. Lambrichs*
P1126. Les Corrections, *par Jonathan Franzen*
P1127. Les Abeilles et la Guêpe, *par François Maspero*
P1128. Les Adieux à la Reine, *par Chantal Thomas*
P1129. Dondog, *par Antoine Volodine*
P1130. La Maison Russie, *par John le Carré*
P1131. Livre de chroniques, *par António Lobo Antunes*
P1132. L'Europe en première ligne, *par Pascal Lamy*
P1133. Les Nouveaux Maîtres du monde, *par Jean Ziegler*
P1134. Tous des rats, *par Barbara Seranella*
P1135. Des morts à la criée, *par Ed Dee*
P1136. Allons voir plus loin, veux-tu ?, *par Anny Duperey*
P1137. Les Papas et les Mamans, *par Diastème*
P1138. Phantasia, *par Abdelwahab Meddeb*
P1139. Métaphysique du chien, *par Philippe Ségur*
P1140. Mosaïque, *par Claude Delarue*
P1141. Dormir accompagné, *par António Lobo Antunes*
P1142. Un monde ailleurs, *par Stewart O'Nan*
P1143. Rocks Springs, *par Richard Ford*
P1144. L'Ami de Vincent, *par Jean-Marc Roberts*
P1145. La Fascination de l'étang, *par Virginia Woolf*
P1146. Ne te retourne pas, *par Karin Fossum*
P1147. Dragons, *par Marie Desplechin*
P1148. La Médaille, *par Lydie Salvayre*
P1149. Les Beaux Bruns, *par Patrick Gourvennec*
P1150. Poids léger, *par Olivier Adam*
P1151. Les Trapézistes et le Rat, *par Alain Fleischer*
P1152. À livre ouvert, *par William Boyd*

P1153. Péchés innombrables, *par Richard Ford*
P1154. Une situation difficile, *par Richard Ford*
P1155. L'éléphant s'évapore, *par Haruki Murakami*
P1156. Un amour dangereux, *par Ben Okri*
P1157. Le Siècle des communismes, *ouvrage collectif*
P1158. Funky Guns, *par George P. Pelecanos*
P1159. Les Soldats de l'aube, *par Deon Meyer*
P1160. Le Figuier, *par François Maspero*
P1161. Les Passagers du Roissy-Express, *par François Maspero*
P1125. À ton image, *par Louise L. Lambrichs*
P1162. Visa pour Shanghaï, *par Qiu Xiaolong*
P1163. Des dahlias rouge et mauve, *par Frédéric Vitoux*
P1164. Il était une fois un vieux couple heureux *par Mohammed Khaïr-Eddine*
P1165. Toilette de chat, *par Jean-Marc Roberts*
P1166. Catalina, *par Florence Delay*
P1167. Nid d'hommes, *par Lu Wenfu*
P1168. La Longue Attente, *par Ha Jin*
P1169. Pour l'amour de Judith, *par Meir Shalev*
P1170. L'Appel du couchant, *par Gamal Ghitany*
P1171. Lettres de Drancy
P1172. Quand les parents se séparent, *par Françoise Dolto*
P1173. Amours sorcières, *par Tahar Ben Jelloun*
P1174. Sale Temps, *par Sara Paretsky*
P1175. L'Ange du Bronx, *par Ed Dee*
P1176. La Maison du désir, *par France Huser*
P1177. Cytomégalovirus, *par Hervé Guibert*
P1178. Les Treize Pas, *par Mo Yan*
P1179. Le Pays de l'alcool, *par Mo Yan*
P1180. Le Principe de Frédelle, *par Agnès Desarthe*
P1181. Les Gauchers, *par Yves Pagès*
P1182. Rimbaud en Abyssinie, *par Alain Borer*
P1183. Tout est illuminé, *par Jonathan Safran Foer*
P1184. L'Enfant zigzag, *par David Grossman*
P1185. La Pierre de Rosette, *par Robert Solé et Dominique Valbelle*
P1186. Le Maître de Petersbourg, *par J.M. Coetzee*
P1187. Les Chiens de Riga, *par Henning Mankell*
P1188. Le Tueur, *par Eraldo Baldini*
P1189. Un silence de fer, *par Marcello Fois*
P1190. La Filière du jasmin, *par Denise Hamilton*
P1191. Déportée en Sibérie, *par Margarete Buber-Neumann*
P1192. Les Mystères de Buenos Aires, *par Manuel Puig*
P1193. La Mort de la phalène, *par Virginia Woolf*
P1194. Sionoco, *par Leon de Winter*
P1195. Poèmes et Chansons, *par Georges Brassens*

P1196. Innocente, *par Dominique Souton*
P1197. Taking Lives/Destins violés, *par Michael Pye*
P1198. Gang, *par Toby Litt*
P1199. Elle est partie, *par Catherine Guillebaud*
P1200. Le Luthier de Crémone, *par Herbert Le Porrier*
P1201. Le Temps des déracinés, *par Elie Wiesel*
P1202. Les Portes du sang, *par Michel del Castillo*
P1203. Featherstone, *par Kirsty Gunn*
P1204. Un vrai crime pour livres d'enfants, *par Chloe Hooper*
P1205. Les Vagabonds de la faim, *par Tom Kromer*
P1206. Mister Candid, *par Jules Hardy*
P1207. Déchaînée, *par Lauren Henderson*
P1208. Hypnose mode d'emploi, *par Gérard Miller*
P1209. Corse, *par Jean-Noël Pancrazi et Raymond Depardon*
P1210. Le Dernier Viking, *par Patrick Grainville*
P1211. Charles et Camille, *par Frédéric Vitoux*
P1212. Siloé, *par Paul Gadenne*
P1213. Bob Marley, *par Stephen Davies*
P1214. Ça ne peut plus durer, *par Joseph Connolly*
P1215. Tombe la pluie, *par Andrew Klavan*
P1216. Quatre Soldats, *par Hubert Mingarelli*
P1217. Les Cheveux de Bérénice, *par Denis Guedj*
P1218. Les Garçons d'en face, *par Michèle Gazier*
P1219. Talion, *par Christian de Montella*
P1220. Les Images, *par Alain Rémond*
P1221. La Reine du Sud, *par Arturo Perez-Reverte*
P1222. Vieille Menteuse, *par Anne Fine*
P1223. Danse, danse, danse, *par Haruki Murakami*
P1224. Le Vagabond de Holmby Park, *par Herbert Lieberman*
P1225. Des amis haut placés, *par Donna Leon*
P1226. Tableaux d'une ex., *par Jean-Luc Benoziglio*
P1227. La Compagnie, le grand roman de la CIA
par Robert Little
P1228. Chair et sang, *par Jonathan Kellerman*
P1230. Darling Lilly, *par Michael Connelly*
P1231. Les Tortues de Zanzibar, *par Giles Foden*
P1232. Il a fait l'idiot à la chapelle !, *par Daniel Auteuil*
P1233. Lewis & Alice, *par Didier Decoin*
P1234. Dialogue avec mon jardinier, *par Henri Cueco*
P1235. L'Émeute, *par Shashi Tharoor*
P1236. Le Palais des Miroirs, *par Amitav Ghosh*
P1237. La Mémoire du corps, *par Shauna Singh Baldwin*
P1238. Middlesex, *par Jeffrey Eugenides*
P1239. Je suis mort hier, *par Alexandra Marinina*
P1240. Cendrillon, mon amour, *par Lawrence Block*
P1241. L'Inconnue de Baltimore, *par Laura Lippman*

P1242. Berlinale Blitz, *par Stéphanie Benson*
P1243. Abattoir 5, *par Kurt Vonnegut*
P1244. Catalogue des idées reçues sur la langue *par Marina Yaguello*
P1245. Tout se paye, *par Georges P. Pelacanos*
P1246. Autoportrait à l'ouvre-boîte, *par Philippe Ségur*
P1247. Tout s'avale, *par Hubert Michel*
P1248. Quand on aime son bourreau, *par Jim Lewis*
P1249. Tempête de glace, *par Rick Moody*
P1250. Dernières Nouvelles du bourbier *par Alexandre Ikonnikov*
P1251. Le Rameau brisé, *par Jonathan Kellerman*
P1252. Passage à l'ennemie, *par Lydie Salvayre*
P1254. Le Goût de l'avenir, *par Jean-Claude Guillebaud*
P1255. L'Étoile d'Alger, *par Aziz Chouaki*
P1256. Cartel en tête, *par John McLaren*
P1257. Sans penser à mal, *par Barbara Seranella*
P1258. Tsili, *par Aharon Appelfeld*
P1259. Le Temps des prodiges, *par Aharon Appelfeld*
P1260. Ruines-de-Rome, *par Pierre Sengès*
P1261. La Beauté des loutres, *par Hubert Mingarelli*
P1262. La Fin de tout, *par Jay McInerney*
P1263. Jeanne et les siens, *par Michel Winock*
P1264. Les Chats mots, *par Anny Duperey*
P1265. Quand j'avais cinq ans, je m'ai tué *par Howard Buten*
P1266. Vers l'âge d'homme, *par J.M. Coetzee*
P1267. L'Invention de Paris, *par Eric Hazan*
P1268. Chroniques de l'oiseau à ressort *par Haruki Murakami*
P1269. En crabe, *par Günter Grass*
P1270. Mon père, ce harki, *par Dalila Kerchouche*
P1271. Lumière morte, *par Michael Connelly*
P1272. Détonations rapprochées, *par C.J. Box*
P1273. Lorsque la nature parlait aux Égyptiens *par Christian Desroches Noblecourt*
P1274. Le Tribunal des Flagrants Délires, t. 1 *par Pierre Desproges*
P1275. Le Tribunal des Flagrants Délires, t. 2 *par Pierre Desproges*
P1276. Un amant naïf et sentimental, *par John le Carré*
P1277. Fragiles, *par Philippe Delerm et Martine Delerm*
P1278. La Chambre blanche, *par Christine Jordis*
P1279. Adieu la vie, adieu l'amour, *par Juan Marsé*
P1280. N'entre pas si vite dans cette nuit noire *par António Lobo Antunes*